21 世纪高等教育规划教材

数据库：原理、技术与应用
（SQL Server 2008 版）

主　编　祝锡永
副主编　徐小玲　冉宇瑶　季江民
参　编　邢　泉　赖玉霞　代　丽　王世雄
主　审　潘旭伟

机 械 工 业 出 版 社

本书系统全面地阐述了数据库系统的主要原理，深入详细地介绍了 SQL Server 2008 数据库技术及其在管理信息系统开发中的应用。全书共 10 章，以一个完整的销售管理数据库实例贯穿教材，有助于帮助读者真正了解企业信息化过程中数据库的设计方法与步骤。本书具有实用性强、技术先进、知识全面及实例丰富等特点。全书提供近 400 个实例，每一个实例都经过精心设计，不同实例往往体现不同的知识点，很多实例根据实际应用开发而提出。

本书可作为高等院校计算机、信息管理、电子商务及其他相关专业本科生和研究生教材，也可作为软件开发人员和工程技术人员的培训或参考用书，同时还可作为计算机水平或等级考试的辅导用书。

图书在版编目（CIP）数据

数据库：原理、技术与应用/祝锡永主编. —北京：机械工业出版社，2011.6

21 世纪高等教育规划教材

ISBN 978-7-111-34351-6

Ⅰ. ①数…　Ⅱ. ①祝…　Ⅲ. ①关系数据库—数据库管理系统，SQL Server 2008—高等学校—教材　Ⅳ. ①TP311. 138

中国版本图书馆 CIP 数据核字（2011）第 087214 号

机械工业出版社（北京市百万庄大街 22 号　邮政编码 100037）

策划编辑：易　敏　责任编辑：易　敏　马　超　版式设计：张世琴

责任校对：陈立辉　封面设计：马精明　　　　责任印制：乔　宇

北京铭成印刷有限公司印刷

2011 年 9 月第 1 版第 1 次印刷

184mm×260mm　·19.25 印张·473 千字

标准书号：ISBN 978-7-111-34351-6

定价：36.00 元

前　言

　　数据库技术是计算机科学的一个重要组成部分，基于数据库技术的计算机应用已成为当今计算机科学与技术应用的主流，是企业开展信息化和电子商务的技术基础。数据库原理、技术与应用是掌握计算机应用开发技术的基础性课程，也是一门实用性很强的课程。

　　自关系数据库系统流行以来，计算机硬件和软件技术发生了巨大变化。一些传统的数据库原理与设计思想已经不太符合当代数据库应用的特点。例如，就很多数据库应用系统而言，数据存储空间不再是软件开发人员优化系统的重点，而数据检索效率和数据库安全则成为关注的重点。因此，数据库课程的教学内容和教学模式也应该从以往偏理论原理转变到重应用技术上来。

　　本书与同类书籍相比，具有以下特色。

　　① 剔除了数据库原理中一些过时的内容，减少了一些概念性和论述性内容，重点突出数据库原理中关系代数、E-R 图设计方法和规范化理论，同时突出数据库应用技术，强调将原理运用于技术和应用之中。

　　② 以一个完整的数据库实例贯穿全书，从而深入、透彻地阐述数据库原理、技术和应用的各个知识点。全书提供近400个实例，每一个实例都经过精心设计，不同实例体现不同的知识点。

　　③ 以销售管理数据库为例，使读者可以更加直观地了解企业管理过程中的信息需求。本书贴近企业信息化实战的需求，有助于培养读者分析问题和解决问题的能力。

　　本书分为 3 篇共 10 章。第 1 篇由第 1~4 章组成，介绍数据库基本原理。

　　第 1 章数据库系统基础，介绍数据库的基本概念、数据管理技术的发展过程、数据库系统结构和数据库应用系统的组成等内容，并引入概念模型和数据模型。

　　第 2 章关系数据库，介绍关系模型的基本概念与组成部分，以及关系代数及其各种运算，同时介绍查询优化的基本概念。

　　第 3 章关系数据库设计理论与方法，介绍采用 E-R 图设计数据库的方法和步骤，具体描述关系数据库规范化理论与模式分解方法。

　　第 4 章关系数据库设计实例，以企业销售管理数据库设计为例，分别采用 E-R 图和规范化理论两种不同途径描述一个数据库设计的完整过程，以一个实例贯穿 1NF、2NF、3NF、BCNF 和 4NF 的模式分解与设计优化过程。

　　第 2 篇由第 5~9 章组成，介绍 SQL Server 2008 数据库管理技术、数据检索技术及T-SQL 程序设计技术。

　　第 5 章数据库与表的管理，介绍数据库的创建、备份与恢复方法。运用多个实例，对表的创建与维护、数据完整性约束、表数据更新、索引、临时表与表变量等内容进行了阐述。

第 6 章数据检索，运用近 200 个实例，系统并详细地介绍各种数据检索技术，包括条件检索、函数检索、分组汇总、多表连接（JOIN）检索、子查询、衍生表、CTE（公共表表达式）、CASE 检索、组合检索等。

第 7 章 T-SQL 程序设计，运用 100 多个实例深入并详细地介绍视图、存储过程、用户定义函数、触发器及游标等数据库对象的概念，并运用这些对象进行 T-SQL 程序设计。

第 8 章 SQL Server 数据安全管理，介绍 SQL Server 的安全管理体系，包括登录用户管理、数据库用户管理、角色管理、权限管理等概念，同时介绍事务控制与并发处理的相关知识。

第 9 章 SQL Server 高级技术及查询优化，介绍 SQL Server 数据的导入/导出技术、系统表的检索与编程技术、数组模拟实现技术及树状结构实现技术；具体分析和阐述一些常用的数据库查询优化技术。

第 3 篇由第 10 章组成，介绍数据库技术在实际管理信息系统（MIS）开发中的综合应用。除提供一些常用的 MIS 用户定义函数外，该章还介绍了会计核算系统中常用的数据处理技术和销售营销系统中常用的数据分析挖掘技术。

本书建议理论教学课时为 54～64 学时，实验教学课时为 20～40 学时，第 8、9、10 章可以根据需要作为选学内容。全书由浙江理工大学祝锡永、冉宇瑶、赖玉霞、代丽、王世雄，浙江外国语学院徐小玲，浙江大学季江民和浙江工业大学邢泉等共同编写。具体分工如下：第 1 章：冉宇瑶；第 2 章：徐小玲；第 3 章：邢泉、代丽；第 4 章：祝锡永、季江民；第 5 章：祝锡永、王世雄；第 6、7 章：祝锡永；第 8 章：赖玉霞；第 9、10 章：祝锡永。全书由祝锡永负责统稿。研究生谷闪闪、黄园、林宝川、陆忠芳、王瑞明、周益辉、李晟等先后参与了相关实例的调试与资料收集整理工作。潘旭伟审阅了全稿，并提出了许多宝贵的意见。在此一并表示衷心的感谢。

本书以销售管理数据库 mySales 为例，以 SQL Server 2008 为技术平台，同时兼顾 SQL Server 2000，具有技术先进、知识全面、实例丰富及实战性强等特点。

本书提供下列电子辅导资料：PPT 课件、mySales 数据库及其模拟数据、各个实例的源代码、各章图表、习题答案，以及一个学习管理系统（包括各个实例的程序注释、解题过程、Delphi 应用程序等）。

使用本书作教材授课的教师可联系作者（sqldemo@126.com）或通过机械工业出版社教材服务网站（www.cmpedu.com）注册下载相关资料。

由于计算机技术发展很快，加之编者水平有限，书中难免存在不足之处，恳请读者提出意见和建议。

编　者

目　　录

第2篇 SQL Server 数据库技术

第 3 篇　数据库应用

第1篇

数据库原理

第 1 篇由第 1~4 章组成。

第 1 章数据库系统基础，介绍数据库的基本概念、数据管理技术的发展过程、数据库系统结构和数据库应用系统的组成等内容，并引入概念模型和数据模型。

第 2 章关系数据库基础，介绍关系模型的基本概念与组成部分，重点介绍关系代数及其各种运算。

第 3 章关系数据库设计理论与方法，详细介绍采用 E-R 图设计数据库的方法和步骤，具体描述关系数据库规范化理论与模式分解方法。

第 4 章关系数据库设计实例，以企业销售管理数据库设计为例，分别采用 E-R 图和规范化理论两种不同途径，描述一个数据库设计的完整过程；以一个实例贯穿 1NF、2NF、3NF、BCNF 和 4NF 的模式分解与设计优化过程。

第 1 章　数据库系统基础

数据库技术产生于 20 世纪 60 年代中期，它是计算机科学的一个重要分支，已成为计算机应用最广泛的一个领域。随着计算机科学技术的发展，数据库技术应用领域已从数据处理、信息管理及事务处理扩大到计算机辅助设计、计算机集成制造、人工智能、电子商务和网络应用等新的领域。数据库系统的广泛应用使得计算机应用迅速渗透到企业和社会信息化的每一个角落，并改变着人们的工作和生活方式。因此，数据库系统已成为计算机应用系统中一种重要的支撑性软件。

1.1　数据库简介

1.1.1　数据库基本概念

数据、数据库、数据库管理系统及数据库应用系统是与数据库技术密切相关的几个基本概念。

1. 数据

数据（Data）是对客观事物的符号表示，用于描述客观事物的原始事实。在计算机科学中，数据是指所有能输入计算机并被计算机程序处理的符号的介质的总称。数据的含义极为广泛，其表现形式也多种多样。数据不仅可以是数字，也可以是文字、图形、图像、语音、视频等，它们都可以通过编码而归于数据的范畴。从数据管理技术上说，数据是数据库中最基本的存储对象。

2. 数据库

数据库（Database），顾名思义，就是存储数据的“仓库”。具体地说，数据库是存储在计算机内的、有组织的、可共享的数据集合。数据库中的数据按一定的数据模型进行组织、描述和存储。它可以被多个用户或应用程序共享，具有最小冗余度、较高的数据独立性和可扩展性。

3. 数据库管理系统

数据库管理系统（Database Management System，DBMS）是专门管理数据库的计算机系统软件。数据库管理系统可以为数据库提供数据的定义、创建、维护、查询和汇总等操作功能，并能够对数据库进行统一控制，以保证数据的安全性、完整性，同时保证多用户对数据的并发使用以及发生故障后的数据恢复。

数据库管理系统都是基于某种数据模型的，因此可以把它看成是某种数据模型在计算机系统上的具体实现。例如，目前应用最广泛的基于关系模型的数据库管理系统有 Oracle、DB2、SQL Server、Sybase、Informix 等。

4. 数据库应用系统

数据库应用系统(Database Application System)是指利用数据库技术管理数据的应用软件系统。它一般由数据库、数据库管理系统(及其开发工具)、应用程序、数据库管理员和用户构成,其应用范围十分广泛。典型的应用领域包括事务处理、管理决策、电子商务、计算机辅助设计、计算机集成制造、计算机图形分析与处理以及人工智能等系统。

管理信息系统(Management Information System,MIS)是数据库应用系统的一个重要分支,是企业信息化的核心。MIS 以数据库技术为基础,通常由数据库中记录的新增、修改、删除、查询、统计和报表输出等操作模块组成。目前企业 MIS 主要包括企业资源计划系统(ERP)系统、供应链管理(SCM)系统、客户关系管理(CRM)系统和知识管理(KM)系统等。

1.1.2 数据库技术的产生和发展

数据管理是指如何对数据进行分类、组织、编码、存储、检索和维护,这些是数据管理的核心。从 20 世纪 50 年代中期开始,计算机应用从单纯的科学计算开始扩展到其他应用领域,应用系统中数据管理任务也开始变得越来越繁重和复杂。在数据管理应用需求的推动下,在计算机硬件和软件技术发展的基础上,数据管理技术经历了人工管理、文件系统和数据库系统 3 个发展阶段。

1. 人工管理阶段

20 世纪 50 年代中期以前,计算机主要用于科学计算。在硬件上,外部存储器只有磁带、卡片和纸带等,还没有磁盘等直接存取的存储设备。在软件上,只有汇编语言,没有操作系统,也没有数据管理软件。当时,程序和数据相互结合成为一个整体,数据管理基本上是手工的、分散式的,数据处理方式基本是批处理。人工管理数据具有以下主要特点。

(1) 数据不保存在存储器中

由于当时计算机主要用于科学计算,一般不需要将数据长期保存,数据主要随程序一起输入内存,运算处理后将结果数据输出。计算任务完成后,数据会随程序一起从内存中释放。

(2) 没有专用的数据管理软件

数据需要由应用程序自己管理,没有相应的软件系统负责数据的管理工作。应用程序不仅要规定数据的逻辑结构,而且还要涉及物理结构,包括数据的存储结构、存取方法、输入/输出等。程序员编写应用程序时,还要安排数据的物理存储,负担很重。

(3) 数据不具有独立性

数据的独立性是指数据与应用程序之间相互依赖的程度。人工管理阶段由于数据的组织方式与应用程序相互依赖,数据与程序是一个整体,数据只为某个程序所使用。当数据的类型、格式或输入/输出方式等逻辑结构或物理结构发生变化时,必须对应用程序做出相应的修改。在这个数据管理阶段,所有程序的数据都不单独保存,只有程序文件的概念,没有数据文件的概念。

(4) 数据不共享

数据共享是指相同的数据可以被不同的应用程序使用。由于人工管理阶段数据是面向程序的,一组数据只能对应一个程序。当多个应用程序涉及某些相同的数据时,必须各自定义,数据无法在程序间实现共享,因此程序之间存在大量的冗余数据(Data Redundancy)。

人工管理阶段应用程序与数据之间的对应关系如图 1-1 所示。

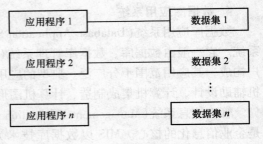

图 1-1　人工管理阶段应用程序与数据之间的对应关系

2. 文件系统阶段

20 世纪 50 年代后期到 20 世纪 60 年代中期，计算机不仅用于科学计算，还大量用于管理工程中。那时计算机硬件方面已有了磁盘、磁鼓等直接存取的存储设备，软件方面有了高级语言和操作系统，在系统软件中出现了专门的数据管理软件，称为文件系统。文件系统的处理方式不仅有文件批处理，而且还能够进行联机实时处理。

文件系统虽然比手工管理阶段在数据管理手段和管理方法上有了很大的改进，但还不是真正的数据库系统，只是数据库系统发展的初级阶段。文件系统管理数据具有以下主要特点。

（1）数据可以长期保存

在文件系统中，借助磁盘、磁鼓等外存设备，计算机处理的数据可以用文件的形式长久保存起来，并通过对数据文件的存取来实现对文件的查询、插入、修改和删除等操作。

（2）简单的数据管理功能

由文件系统进行数据管理时，数据按记录进行存取，程序和数据之间按文件名访问。应用程序与数据之间有了一定的独立性，程序员可以不必太多地考虑数据物理存储的细节，而可以将精力集中于算法的分析与设计上。同时，数据在存储结构上的改变也不一定反映在程序上，这使得程序设计和维护的工作量大大减少。

（3）数据的独立性差

由于文件系统中数据文件还是为某一特定应用服务的，文件逻辑结构也是按照应用程序的用途而设计的。当数据的逻辑结构发生改变时，必须修改它的应用程序，同时也要修改文件结构的定义；同样，当应用程序改变时（例如应用程序使用不同的高级语言时），也将引起文件的数据结构的改变。因此在文件系统中，数据对程序依然有较高的依赖性。

（4）数据共享性差

在文件系统中，数据文件是与应用程序相对应的。当不同的应用程序所需要的数据有部分相同时，也必须建立各自的文件，而不能共享相同的数据，因此造成数据冗余度大，浪费存储空间。同时由于相同数据重复存储在不同的文件中，给数据的修改和维护带来困难，容易造成数据的不一致。

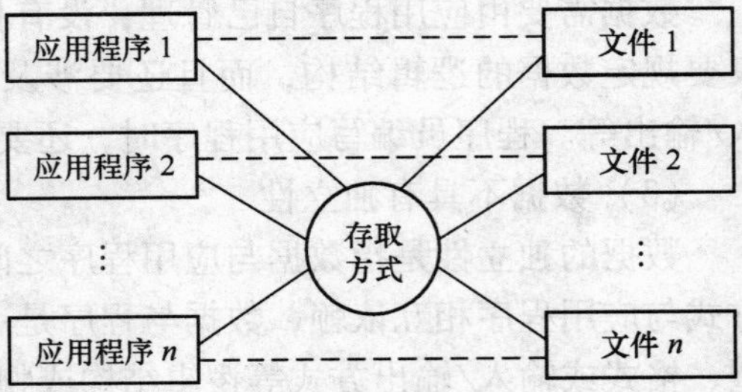

文件系统阶段应用程序与数据之间的对应关系如图 1-2 所示。

图 1-2　文件系统阶段应用程序与数据之间的对应关系

3. 数据库系统阶段

20 世纪 60 年代后期，计算机在管理领域的应用越来越广泛，数据量急剧增长，同时人们对多种应用程序、多种程序设计语言相互覆盖地共享数据的需求也越来越大。这时计算机硬件已有了大容量磁盘，硬件价格下降，同时软件价格上升，为编制和维护计算机软件所需的成本相对增加，因此文件系统管理数据技术已经无法满足应用的需求，人们需要一种使用方便、功能强大的数据管理技术手段。为解决多用户、多应用共享数据的需求，使数据为尽可能多的应用服务，人们对文件系统进行了扩充，研制了一种结构化的数据组织和处理技术，对数据进行统一管理，于是出现了数据库技术，随之也产生了统一管理数据的专门软件系统——数据库管理系统。

数据库系统阶段应用程序与数据之间的对应关系如图 1-3 所示。

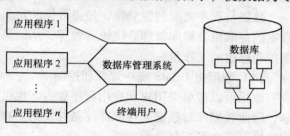

图 1-3　数据库系统阶段应用程序与数据之间的对应关系

数据库技术是在文件系统的基础上发展起来的，它解决了文件系统中存在的数据冗余大和数据独立性差等问题。与文件系统相比，数据库系统具有以下主要特点。

（1）数据结构化

数据库是按照一定的组织结构存储在一起的大量相关数据的集合，因此数据结构化是数据库系统的基础，也是数据库系统与文件系统的根本区别所在。

在文件系统中，相互独立的文件的记录内部是有结构的，但这种结构只是面向某个应用的。数据库是面向多个应用的，在设计数据库时不仅要考虑某个应用局部的数据结构，还要考虑整个组织全局的数据结构。

在数据库系统中，不仅数据是结构化的，而且数据的存取方式也具有灵活性，应用程序可以提取数据库中的某一条记录或一组记录、一个数组项或一组数据项，而在文件系统中数据的最小存取单位是记录。

数据库系统以数据模型为基础，数据结构化是由数据库系统所支持的数据模型体现出来。

（2）数据共享性高，冗余度低

数据库系统从整体角度描述数据，数据不再面向某个应用而是面向整个系统，因此数据可以被多个用户、多个应用共享使用。数据共享使得相同数据不必重复存放，这可以大大减少数据冗余，节约存储空间。

数据共享还能够避免数据之间的不相容性与不一致性。所谓数据的不一致性，是指同一数据在不同存储地址中的值是不同的。采用文件系统管理时，由于数据被重复存储，当不同的应用程序使用和修改不同地址的数据时就很容易造成数据的不一致。在数据库中数据共享，同一数据的增加、修改或删除操作只在一个应用程序上进行，这样可以避免由于数据冗余造成的不一致现象。

（3）数据独立性高

数据库系统提供两种映像（Mapping）功能实现数据的独立性。

全局逻辑结构与局部逻辑结构之间的映像使得数据具有逻辑独立性。也就是说，当数据的总体逻辑结构改变时（如修改数据模式、改变数据间的联系等），数据的局部逻辑结构不变。由于应用程序是依据数据的局部逻辑结构编写的，因此应用程序不必修改，从而保证了数据与程序间的逻辑独立性。

全局逻辑结构与物理结构之间的映像使得数据具有物理独立性。也就是说，当数据的物理结构发生改变时（如存储结构、存取方式等），可以通过对映像的相应修改而保持数据逻辑结构不变，使得数据库的逻辑结构不受影响，从而不会引起应用程序的改变。

数据与程序之间的独立性，使得数据的定义和描述可以从应用程序中分离出去。另外，数据的存取由数据库管理系统统一管理，从而简化了应用程序的编制，大大减少了应用程序维护和修改的工作量。

（4）数据由 DBMS 统一管理和控制

数据可以被单个用户和应用程序独占，也可以在同一时间内为多个用户和应用程序所共享，因此数据库对数据的存取往往是并发的。在多用户并发式共享数据时，数据的安全性、完整性以及并发控制尤为重要。

DBMS 提供了一种数据保护和控制机制，通过以下 4 个方面实施数据控制功能。

① 数据的安全性（Security）：保证数据的安全和机密，防止非法使用造成数据的泄露和破坏。保护数据的安全性有多种方法。例如，通过口令检查或其他手段来验证用户身份，防止非法用户使用系统；对数据的存取权限进行限制，用户按照权限使用和处理数据；将数据以密码的形式存储在数据库内。

② 数据的完整性（Integrity）：保证数据的正确性、有效性和相容性，即将数据的值控制在一定的范围内，或要求数据之间满足一定的、符合业务规则的关系。

③ 并发控制（Concurrency）：当多个用户同时存取、修改数据库时，防止可能因相互干扰导致错误的结果或使数据库的完整性遭到破坏。

④ 数据库恢复（Recovery）：计算机系统的硬件故障、软件故障、操作失误以及人为破坏可能影响数据的正确性，或者导致数据库中部分数据或全部数据丢失。DBMS 提供一种机制，它能使数据库从错误的状态恢复到正确的状态或某一时刻正确的状态。

1.2　概念模型与数据模型

数据库技术以数据模型为基础。建立一个数据库的数据模型，首先需要对现实世界中的数据进行抽象、表示和处理，使用概念模型描述数据对象本身及其相互之间的联系，然后将概念模型转换成数据模型。

1.2.1　概念模型

概念模型也称信息模型，是一个与特定数据库管理系统无关的模型。

由于计算机不能直接处理现实世界中的具体事物，所以必须将具体事物转换成计算机能够处理的数据。数据库就是模拟现实世界中某个应用环境（如一个单位或部门）所涉及的数据的集合。在实际数据处理过程中，为了把现实世界中的具体事物抽象、组织为某一数据库管理系统支持的数据模型，首先需要将现实世界的事物及联系抽象成信息世界的概念模型，然后再抽象成计算机世界的数据模型。

数据处理过程经历了**现实世界**、**信息世界**和**计算机世界**这 3 个不同的世界，经历了两级抽象和转换（如图 1-4 所示）。现实世界中的主要概念有对象、事务和特征；信息世界中的主要概念有实体集、实体和属性；计算机世界中的主要概念有文件、记录和数据项。

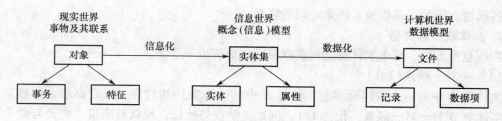

图 1-4 数据的抽象与转换

1. 信息世界中的基本概念

（1）实体（Entity）

客观存在并且可以相互区别的"事物"称为**实体**。实体可以是可触及的对象，如一个学生、一本书、一个供应商、一辆汽车等，也可以是抽象的概念或联系，如学生的选课、客户的订货、员工和部门之间的工作关系等。

（2）属性（Attribute）

实体的某一特性称为**属性**。如学生实体有学号、姓名、年龄、性别、所属专业等属性，产品实体有编码、名称、计量单位、规格型号和单价等属性。

属性有"型"和"值"之分，"型"即为属性名，如姓名、年龄、性别是属性的型；"值"即为属性的具体内容，如（D09540101,张立明,20,男,计算机科学），这些属性值的集合表示了一个学生实体。

如果一个属性的值基于其他属性的值，则称该属性为**派生属性**（Derived Attribute），如员工的年龄可以由员工的出生日期得到，它是一个派生属性。

（3）实体型（Entity Type）

具有相同属性的实体构成**实体型**，或者说实体名与其属性名集合共同构成实体型，如学生（学号,姓名,性别,出生日期,籍贯,所属专业）就是一个实体型。

值得注意的是，实体型与实体（值）是有区别的。实体只是实体型中的一个特例，例如，（D09540101,张立明,20,男,计算机科学）是学生实体型中的一个实体。

（4）实体集（Entity Set）

同型实体的集合称为**实体集**，或者说具有相同特征的实体的集合称为实体集。例如，所有的学生（10000 个学生）实体组成一个学生实体集。

（5）域（Domain）

属性值的取值范围称为该属性的**域**。例如，员工年龄的域为大于 18 且小于 65 的整数，性别的域为（"男","女"）的集合，身份证号的域为 18 位数长度的字符串集合。

（6）码（Key）

码也称为关键字，它能唯一标识一个实体的属性或属性集。如学生实体集中，属性学号和身份证号都可以作为码；如果学生姓名没有重名，那么姓名也可以作为码。当一个实体集包含多个码时，通常需要选定其中的一个码作为**主码**（Primary Key），其他的码就是**候选码**。

码可以是一个属性或属性组，如果码是属性组，则其中不能含有多余的属性。也就是说，如果从属性组中去掉任何一个属性，该属性组就不能唯一地标识一个实体。

（7）联系（Relationship）

在现实世界中，事务内部及事务之间是有**联系**的，这些联系反映在信息世界中的实体集内部各属性之间的联系以及实体集之间的联系。

2. 实体联系的类型

在信息世界中，两个实体集之间的联系可以分为以下 3 类。

（1）一对一联系（1:1）

实体集 A 中的一个实体至多与实体集 B 中的一个实体相对应，反之亦然，则称实体集 A 与实体集 B 为**一对一联系**，记为 1:1。例如，学校与校长、观众与座位、丈夫与妻子等。

（2）一对多联系（1:n）

一对多联系是指实体集 A 中的一个实体与实体集 B 中的多个实体相对应，实体集 B 中的一个实体至多与实体集 A 中的一个实体相对应，记为 1:n。例如，公司与职员、班级与学生、省与市。

（3）多对多联系（m:n）

多对多联系是指实体集 A 中的一个实体与实体集 B 中的多个实体相对应，实体集 B 中的一个实体与实体集 A 中的多个实体相对应，记为 m:n。例如学生与课程，一门课程可以同时有多个学生选修，而一个学生可以同时选修多门课程。

两个实体集之间的这 3 类联系如图 1-5 所示。

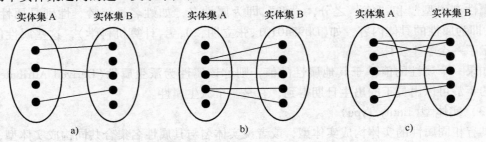

图 1-5　实体集 A 与实体集 B 之间的 3 种联系

a）一对一联系　b）一对多联系　c）多对多联系

实际上，一对一联系是一对多联系的特例，而一对多联系又是多对多联系的特例。实体集之间的这种一对一、一对多、多对多联系不仅存在于两个实体集之间，也存在于两个以上的实体集之间。

同一实体集内的各个实体之间也可以存在一对一、一对多或多对多联系。例如，员工实体集内部具有领导与被领导的联系，即某个员工（部门经理）领导部门内若干个员工，而一个员工仅被另外一个员工直接领导，因此这是同一实体集内的一对多联系。

3. 概念模型的表示方法

概念模型是对信息世界的建模，因此概念模型应该能够方便、准确地表示出上述信息世界中的常用概念。概念模型的表示方法很多，其中最为常用的方法是 P. P. S. Chen 于 1976 年提出的实体-联系方法（Entity-Relationship Approach）。该方法利用 E-R 图来描述现实世界的概念模型，提供了实体集、属性和联系的表示方法。E-R 图也称为 E-R 模型。在 E-R 图中有如下规定。

① 实体集用矩形表示，矩形内写明实体集名。

② 属性用椭圆形表示，并用无向边将其与相应的实体集连接起来。

③ 联系用菱形表示，菱形内写明联系名，并用无向边将其与有关实体连接起来，同时

在无向边旁注明联系的类型$(1:1, 1:n$ 或 $m:n)$。

当实体集的属性很多时，在 E-R 图中可以不直接画出属性，但需要用文字加以说明。

需要指出的是，联系本身也是一种实体型，也可以有属性。如果一个联系具有属性，则这种属性也要用无向边与该联系连接起来。

实例 1-1 根据教务管理系统，描述简单的实体型间及实体型的联系图。使用 E-R 图描述两个实体型之间的联系、多个实体型之间的一对多联系和一个实体型内部的一对多联系。

本例定义 5 个实体型：班级、学生、课程、教师和参考书。

图 1-6a 描述班级与班长之间的一对一联系，即一个班级只有一个班长，一个学生只能担任一个班级的班长。

图 1-6b 描述班级与学生之间的一对多联系，即一个班级有多个学生，但一个学生只能属于一个班级。

图 1-6c 描述课程与学生之间选课的多对多联系，即一门课程可以由多个学生选修，一个学生可以选修多门课程，选修也是一个实体型，它有一个"成绩"属性。

图 1-6d 描述课程、教师与参考书之间的多对多联系，即一门课程可以由多个教师讲授，可以有多本参考书，同时一个教师可以讲授多门课程，一本参考书可以用于多门课程。

图 1-6e 描述学生实体型内部的一对多联系，即一个学生(班长)领导多个学生，而一个学生仅被一个领导(班长)所管，而班长也是学生实体型中的一个实体。

图 1-6f 描述课程实体型内部的多对多联系，即一门课程可以有多门前修课程(在选修这门课程之前必须选修的课程称为前修课程)，同时也可以成为其他多门课程的前修课程。

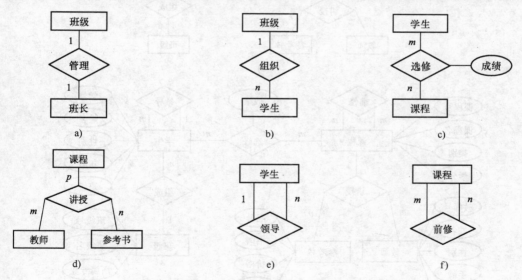

图 1-6 简单的教务管理系统中实体型之间的联系

a) 两个实体型间的 $1:1$ 联系　b) 两个实体型间的 $1:n$ 联系　c) 两个实体型间的 $m:n$ 联系

d) 3 个实体型间的 $1:n$ 联系　e) 1 个实体型间的 $1:n$ 联系　f) 1 个实体型间的 $m:n$ 联系

实例 1-2 根据教务管理系统，描述包含实体属性及其联系的概念模型图。

本例根据实例 1-1 中的 5 个实体型，描述各个实体型的属性图和实体型间的联系图。这 5 个实体型的属性描述如下：

- 学生（学号、姓名、性别、年龄、班级）
- 班级（班级号、班级名、所属专业）
- 课程（课程号、课程名、类别、学分）
- 教师（教师号、姓名、性别、年龄、职称）
- 参考书（书号、书名、价格、摘要）

图 1-7a 是这 5 个实体型的属性 E-R 图；图 1-7b 是这个概念模型中各个实体型间的联系图。这里采用两张 E-R 图，可以更加清晰地描述概念模型。如果将图 1-7a 和图 1-7b 合并，可以得到如图 1-7c 所示的一个完整的关于教务管理系统中关于选课的概念模型。

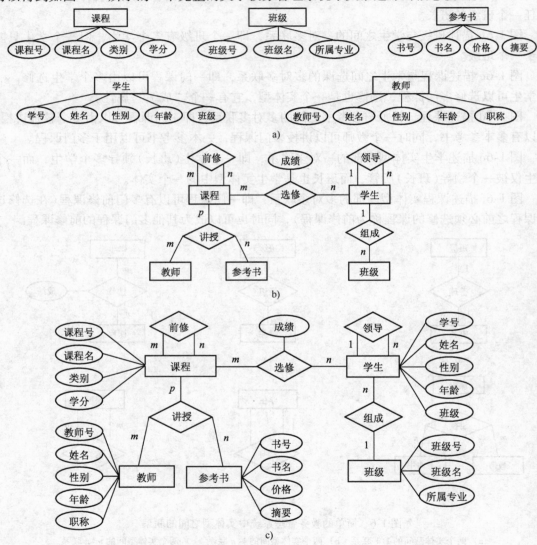

图 1-7　E-R 图实例

a）实体及其属性图　b）实体及其联系图　c）实体属性及其联系图

实体-联系方法（E-R 方法）是数据库技术中抽象和描述现实世界的有力工具。用 E-R 图表示的概念模型独立于具体的 DBMS 所支持的数据模型，它是各种数据模型的共同基础，因此它比数据模型更一般、更抽象、更接近现实世界。

1.2.2　数据模型

数据模型是数据库系统的核心和基础，是对现实世界的第二层抽象，是直接面向数据库的逻辑结构。计算机上实现的 DBMS 软件都是基于某种数据模型的。

1.2.2.1　数据模型概述

1. 数据模型的三要素

数据模型是一组严格定义的概念集合，这些概念精确地描述系统的静态特征、动态特征和完整性约束条件。因此，数据模型通常由数据结构、数据操作和完整性约束三个要素组成。

（1）数据结构

数据结构用于描述系统的静态特性，研究的对象是数据库的组成部分。它包括两类内容：一类是与数据类型、内容、性质有关的对象，例如网状模型中的数据项、记录，关系模型中的域、属性、关系等；另一类是与数据之间联系有关的对象，例如，在网状模型中由于存在记录型之间的复合联系，为了区分记录型之间不同的联系，对联系进行命名，命名的联系称之为系型（Set Type）。

数据结构是刻画一个数据模型性质最重要的方面。因此，在数据库系统中，通常按照其数据结构的类型来命名数据模型。例如，层次结构、网状结构、关系结构和面向对象结构的数据模型分别命名为层次模型、网状模型、关系模型和面向对象模型。

（2）数据操作

数据操作用于描述系统的动态特性，是指对数据库中的各种对象允许执行的操作集合，包括操作及有关的操作规则。数据库中的数据操作主要分为数据检索和数据更新两个大类，而数据更新又包括数据插入、数据删除和数据修改等操作。

数据模型必须对数据库中的所有操作进行定义，包括每项数据操作的确切含义、操作对象、操作符号、操作规则以及实现操作的语言。

（3）数据完整性约束

数据完整性约束是一组完整性规则的集合。**完整性规则**是指数据模型中的数据及其联系所具有的制约和依存规则。数据完整性约束条件用来限定符合数据模型的数据库状态以及状态的变化，以保证数据库中数据的正确性、有效性和相容性。

每种数据模型都有基本的完整性约束条件，这些完整性约束条件要求所属的数据模型都必须满足。例如，在关系模型中，任何关系都必须满足实体完整性和参照完整性两个基本条件。

此外，每个数据模型还提供用户自己定义的完整性约束条件的机制，以满足具体应用中的数据必须遵守的特定语义约束条件。例如，在教务管理数据库中规定学生成绩不能是大于 100 或小于 0 的整数、学生的身份证号必须是一个 18 位数长度的字符串等。

2. 常用的数据模型

目前最常用的数据模型是**层次模型**（Hierachical Model）、**网状模型**（Network Model）、**关系模型**（Relational Model）。层次模型和网状模型为非关系模型（也称为格式化模型）。非关系模型的数据库系统在 20 世纪 70 年代非常流行，然而到了 20 世纪 80 年代，关系模型的数据库系统以其独特的优点逐渐占据了主导地位，成为数据库系统的主流。目前流行的数据库管理系统大多是基于关系模型的。

在非关系模型中，实体集用**记录**表示，实体的属性对应于记录的**数据项**（或称字段），实体之间的联系转换成记录之间的两两联系。非关系模型的数据结构的基本单位是基本层次联系。所谓基本层次联系是指两个记录以及它们之间的一对多（包括一对一）的联系，其结构和表示方法如图1-8所示。这里，R_i位于联系L_{ij}的始节点，称为父节点（或称双亲节点），R_j位于联系L_{ij}的终节点，称为子节点（或称子女节点）。

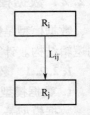

图1-8 基本层次联系

1.2.2.2 层次模型

层次模型是数据库系统中最早出现的数据模型，采用层次模型的数据库的典型代表是 IBM 公司的 IMS（Information Management System）。在现实世界中，许多实体之间的联系都表现出一种很自然的层次关系，如家族关系、行政机构等。

1. 层次模型的数据结构

层次模型采用树形结构来表示实体以及实体间的联系。从图论的观点可以给树下各种定义，但在数据处理中为了与网状模型相比较，定义满足下列两个条件的基本层次联系为层次模型。

- 有且仅有一个节点，无双亲节点，这个节点称为树的根节点。
- 根以外的其他节点有且仅有一个双亲节点。

在层次模型中，使用节点表示记录，每个记录类型可包含若干个字段，记录类型描述的是实体，字段描述实体的属性。记录之间的联系用节点之间的连线表示，这种联系是父节点与子节点之间的一对多实体联系。层次模型中的同一个双亲的子节点称为兄弟节点，没有子节点的节点称为叶子节点。图1-9给出的是层次模型树形结构的示意图，R_1是根节点，R_2和R_3都是R_1的子节点，R_2和R_3为兄弟节点，R_4和R_5都是R_3的子节点，R_4和R_5也为兄弟节点，R_2、R_4和R_5为叶子节点。

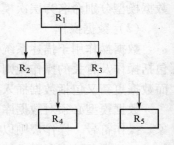

图1-9 层次模型树形结构的示意图

层次模型采用树形结构很好地表示了实体间的一对多（包括一对一）的联系，但它无法直接表示多对多联系。当多对多联系需要用层次模型去表示时，一般采用分解的方法，即将一个多对多联系分解转换成多个一对多联系。分解方法主要有两种：冗余节点法和虚拟节点法，具体分解方法这里不进行详细介绍，读者可参阅相关书籍。

层次模型具有一个基本特点：如果要存取某一节点的记录，可以从根节点起，按照有向树层次向下查找。任何一个给定的节点值只有按其路径查看时，才能显出它的全部意义，没有一个子节点能够脱离双亲节点而独立存在。

2. 层次模型的数据操作与完整性约束

层次模型的数据操纵主要有节点记录的查询、插入、删除和修改等操作，这些操作必须满足层次模型的完整性约束条件。

① 进行插入操作时，如果没有相应的双亲节点值就不能插入子女节点值。

② 进行删除操作时，如果删除双亲节点值，则相应的子女节点值也被同时删除。

③ 进行修改操作时，应修改所有相应的记录，以保证数据的一致性。

3. 层次模型的优缺点

层次模型的主要优点如下。

① 从数据结构、数据操作来看，层次模型比较简单，只需很少几条命令就能操纵数据库，使用比较容易。

② 对于实体间的联系是固定的，且预先定义好的应用系统，采用层次模型结构来实现，其性能优于关系模型，也不亚于网状模型。

③ 结构清晰，节点间联系简单。只要知道每个节点的双亲节点，就可以知道整个模型结构。现实世界中许多实体间的联系本来就呈现出一种很自然的层次关系。

④ 提供了良好的数据完整性支持。

层次模型的主要缺点如下。

① 不能直接表示两个以上实体型间的复杂的联系和实体型间的多对多联系，只能通过引入冗余数据或创建虚拟节点的方法来解决。这样容易产生不一致的问题，而且编程复杂，用户不易掌握。

② 对数据的插入和删除的操作限制太多，制约于完整性约束条件。

③ 查询子女节点必须通过双亲节点，缺乏快速定位机制；由于树形结构层次顺序严格且复杂，使得编写操作数据的应用程序也很复杂。

④ 由于结构严密，层次命令趋于程序化。

1.2.2.3 网状模型

在现实世界中，许多事物之间的联系更多的是非层次结构的，用层次模型表示非树形结构是很不直接的，网状模型则可以克服这一弊端。网状模型的典型代表是 DBTG 系统(也称 CODASYL 系统)，它是 20 世纪 70 年代数据库系统语言研究会(Conference on Data System Language,CODASYL)下属的数据库任务组(DBTG)提出的一个系统方案。

1. 网状模型的数据结构

满足下列两个条件的基本层次联系称为网状模型。

① 有一个以上的节点没有双亲节点。

② 一个节点可以有多于一个的双亲节点。

网状模型是一种比层次模型更具普遍性的结构，它取消了层次模型的两个限制，允许多个节点没有双亲节点，允许节点可以有多个双亲节点。此外，它还允许两个节点之间有多种联系。因此网状模型可以更直接地描述现实世界，而层次结构实际上是网状结构的一个特例。

网状模型的数据表示方法如下。

① 与层次模型一样，网状模型也使用记录与记录值表示实体集和实体；每个节点也表示一个记录实体，每个记录类型可包含若干字段。

② 使用节点间的有向连线表示记录类型(实体)之间的父子关系。每个有向边线表示一个记录间的一对多的联系。网状模型中的联系简称为系。由于网状模型中的系比较复杂，两个记录间可以存在多种系，一个记录允许有多个双亲记录，所以网状模型中的系必须命名，即用系名来标识不同的系。

网状数据结构可以有很多种，例如，图 1-10a、b、c 都是网状模型的例子。图 1-10a 中

R_3 有两个双亲记录 R_1 和 R_2，因此把 R_1 和 R_3 之间的联系命名为 L_1，R_2 和 R_3 之间的联系命名为 L_2。另外网状模型中允许有复合链，即两个记录之间可以有两种以上的联系，如图 1-10b 所示。

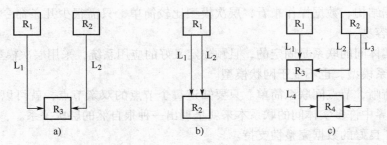

图 1-10　网状模型举例

网状模型的数据结构在物理上易于实现，效率也较高，但是程序设计比较复杂，程序员必须熟悉数据库的逻辑结构。

2. 网状模型的数据操作与完整性约束

网状模型的数据操作主要包括查询、插入、删除和修改等操作。一般地说，网状模型没有层次模型那样严格的完整性约束条件，但具体的网状数据库系统对数据操作都加了一些限制，提供了一定的完整性约束。

① 插入数据时，允许插入尚未确定双亲结点值的子女节点值。

② 删除数据时，允许只删除双亲节点值。

③ 修改数据时，可直接表示非树形结构，而无须像层次模型那样增加冗余节点，因此，修改操作时只需更新指定记录即可。

3. 网状模型的优缺点

网状模型的优点如下。

① 能更为直接地描述客观世界，可表示实体间的多种复杂联系。如一个节点可以有多个双亲、允许节点之间为多对多的联系等。

② 具有良好的性能，存储效率较高。

网状模型的缺点如下。

① 结构复杂，其数据描述语言极其复杂。同层次模型一样，网状模型也提供导航式的数据访问机制，一次访问一条记录中的数据。这种机制使得系统实现非常复杂。因此，DBA、数据库设计人员、程序员和终端用户都必须熟悉内部数据结构。

② 缺乏结构独立性。在网状数据库里，如果数据库结构发生改变，那么在应用程序访问数据库之前所有的子模式定义也必须重新确认。换句话说，虽然网状模型实现了数据独立，但没有实现结构独立。

③ 用户不容易掌握和使用。网状模型没有设计成用户容易掌握和使用的系统，使用它需要较高的技能。

1. 2. 2. 4　关系模型

关系模型是目前较流行的一种数据模型。关系数据库管理系统（Relational Database Management System，RDBMS）采用关系模型作为数据的组织方式。1970 年，IBM 公司的 E. F. Codd

首次提出了数据库系统的关系模型，开创了数据库关系方法和关系数据理论的研究，为关系数据库技术奠定了理论基础。20 世纪 80 年代以来，计算机厂商推出的数据库管理系统几乎都支持关系模型。本书的重点也将放在关系模型上，以后各个章节讨论的也都基于关系模型。

1. 关系模型的数据结构

在现实世界中，人们经常用表格形式表示数据信息。在关系模型中，数据的逻辑结构是一个二维表，它由行和列组成。如图 1-11 所示的学生学籍表就是一个关系模型。

图 1-11　学生学籍表关系模型的结构

图 1-11 中，学籍表的左侧所标注的是日常生活的一般术语，而右侧所标注的是关系模型的一些主要术语。

① **关系**（Relation）：一个关系对应一个二维表，如学生学籍表对应一个关系。

② **元组**（Tuple）：表格中的一行即为一个元组，如学生学籍表中的一个学生记录即为一个元组。

③ **属性**（Attribute）：表格中的一列即为一个属性，相当于记录中的一个字段。

④ **主码**（Primary Key）：可唯一标识元组的属性或属性集，也称为关系键或关键字，如学生学籍表中的学号可以唯一确定一个学生，为学生关系的主码。

⑤ **域**（Domain）：属性的取值范围，如性别的域是（男，女），出生年月的域可以是（1900.01.01 ～ 2050.12.31）。

⑥ **分量**（Element）：每一行对应的列的属性值，即元组中的一个属性值，如学号、姓名、年龄等均是一个分量。

⑦ **关系模式**（Relational Schema）：对关系的描述，表现为关系名和属性的集合，一般表示为：关系名（属性 1，属性 2，…，属性 n）。例如，学生学籍表关系可以描述如下。

学籍表（学号，姓名，性别，年龄，籍贯，所属专业）

在关系模型中，实体集以及实体间的联系都是用关系来表示的。

关系模型要求关系必须是规范的，即要求关系模式必须满足一定的规范要求。这些规范条件很多，但最基本的一条就是关系的每一个分量必须是不可分的数据项，也就是说不允许表中还有表。在表 1-1 中，成绩被分为英语、数学、数据库等多项，这相当于在大表中还有一个小表（成绩表），因此表 1-1 不符合关系模型的规范要求。

表 1-1　学生学籍与成绩表

学号	姓名	性别	出生年月	籍贯	所属专业	成　　绩			
						英语	数学	…	数据库
D09540101	沈雅萍	女	1991.07.20	浙江	计算机科学	85	82		90
D09540102	王丹倩	女	1990.12.15	江苏	计算机科学	77	92		86
D09570201	姚芳泉	女	1991.06.18	北京	计算机应用	79	67		67
D09410126	张智明	男	1991.10.08	北京	电子商务	68	80		79
⋮									
D09210226	施洪波	男	1991.04.30	安徽	信息管理	84	86		92

2. 关系模型的数据操作与完整性约束

关系模型的数据操作主要包括查询、插入、删除和更新等操作，这些操作必须满足关系的完整性约束条件。关系的完整性约束条件包括 3 大类：实体完整性、参照完整性和用户定义的完整性。

在层次模型和网状模型中，操作对象是单个记录，而在关系模型中则是集合操作，操作对象和操作结果都是关系。另外，关系模型把存取路径向用户隐蔽起来，用户只要指出"干什么"，不必详细说明"怎么干"，从而大大地提高了数据的独立性，提高了应用开发效率。

3. 关系模型的优缺点

关系模型的主要优点如下：

① 与非关系模型不同，它是建立在严格的数学概念基础上的。关系及其系统的设计和优化具有很强的数学理论根据。

② 数据结构简单、清晰，用户易懂易用，不仅用关系描述实体，而且用关系描述实体间的联系。

③ 关系模型具有更高的数据独立性、更好的安全保密性，简化了数据库的建立和开发工作，减轻了程序员的工作负担。

关系模型的主要缺点如下：

关系模型的查询效率往往不如非关系模型，因此，为了提高查询性能，必须进行优化，这就增加了开发数据库应用系统的工作量。

1.3　数据库管理系统

1.3.1　数据库管理系统的功能

人们通常所说的"数据库"，实质上是指"数据库管理系统"，它是一个建立在操作系统之上且位于操作系统与用户之间的一个通用的管理数据库的系统软件。数据库管理系统（DBMS）负责数据库的定义、创建、操纵、管理和维护，用户发出的或应用程序中的各种数据库操作命令都要通过数据库管理系统来执行。数据库管理系统还承担着数据库的维护工作，能够按照数据库管理员所规定的要求，保证数据库的安全性和完整性。

不同的数据库管理系统在功能与性能上存在一定的差异，但一般来说，它的功能主要包括以下 6 个方面。

（1）数据定义

数据定义包括定义构成数据库结构的模式、存储模式和外模式，定义各个外模式与模式之间的映射，定义模式与存储模式之间的映射，定义有关的约束条件，例如，为保证数据库中数据具有正确语义而定义的完整性规则、为保证数据库安全而定义的用户口令和存取权限等。

（2）数据操纵

数据操纵是指对数据库数据的查询、插入、修改和删除等基本操作。

（3）数据库运行管理

数据库运行管理包括对数据库进行安全性控制、完整性约束条件的检查和执行、多用户环境下的并发控制、数据库的内部维护（如索引、数据字典的自动维护）、数据库的恢复等。所有访问数据库的操作都要在这些控制程序的统一管理下进行，以保证数据的安全性、完整性、一致性，保证多用户对数据库的并发使用。

（4）数据组织、存储和管理

数据库中需要存放多种数据（如数据字典、用户数据、存取路径等），DBMS负责分门别类地组织、存储和管理这些数据，确定以何种文件结构和存取方式物理地组织这些数据以及如何实现数据之间的联系，以便提高存储空间利用率，同时提高随机查找、顺序查找、增加、删除、修改等操作的速度。

（5）数据库的建立和维护

建立数据库的工作包括数据库创建、初始数据的装入（输入）与数据转换等；维护数据库工作包括数据库的备份与恢复、数据库的重组织与重构造、性能的监视与分析等。

（6）数据通信接口

DBMS需要提供与其他软件系统进行通信的功能。例如，提供与其他DBMS或文件系统的接口，从而能够将数据转换为另一个DBMS或文件系统能够接受的格式，或者接收其他DBMS或文件系统的数据。

1.3.2　数据库管理系统的组成

为了提供1.3.1节中提到的6个方面的功能，DBMS通常由下列4个部分组成。

1. 数据定义语言及其翻译处理程序

DBMS提供数据定义语句（Data Definition Language，DDL）供用户定义数据库的模式、存储模式、外模式、各级模式间的映射以及有关的约束条件等。

2. 数据操纵语言及其编译（或解释）程序

DBMS提供数据操纵语言（Data Manipulation Language，DML）实现对数据库的查询、插入、修改、删除等基本操作。DML分为宿主型DML和自主型DML两类。

宿主型DML必须嵌入其他高级程序设计语言中使用，本身不能独立使用。被嵌入的计算机语言称为主语言，常用的主语言有C语言、COBOL和Fortran等。在由宿主型DML和主语言混合设计的程序中，DML语句只完成有关数据库的数据存取操作功能，其他功能由主语言的语句完成。

自主型DML既可以嵌入主语言使用，也可以单独使用。自主型DML可以作为交互式命令与用户对话，执行独立的单条语句功能。

3. 数据库运行控制程序

DBMS 提供系统运行控制程序，负责数据库运行过程中的控制与管理，包括系统初始化程序、文件读/写与维护程序、存取路径管理程序、缓冲区管理程序、安全性控制程序、完整性检查程序、并发控制程序、事务管理程序、运行日志管理程序等，它们在数据库运行过程中监视着对数据库的所有操作，控制管理数据库资源，处理多用户的并发操作。

4. 实用程序

DBMS 通常还提供一些实用程序，包括数据初始装入程序、数据备份程序、数据库恢复程序、性能监测程序、数据库再组织程序、数据转换程序、通信程序等。数据库用户可以利用这些实用程序完成数据库的建立与维护，以及数据格式的转换与通信。

数据库技术从 20 世纪 60 年代后期到现在，经过几十年的迅猛发展，已成为计算机科学领域内一个独立的学科分支。20 世纪 60 年代末出现了第一代数据库——网状数据库和层次数据库，20 世纪 70 年代出现了第二代数据库——关系数据库。目前关系数据库已经淘汰了网状数据库和层次数据库，成为当今主导的商用数据库系统。20 世纪 80 年代出现的以面向对象模型为主要特征的第三代数据库系统正在向关系数据库系统发起挑战。

1.3.3 关系数据库管理系统实例

关系数据库管理系统是目前应用最为广泛的数据库管理系统。目前主流的关系数据库产品有 Oracle、DB2、Microsoft SQL Server、Informix、Sybase 等，它们都是关系数据库管理系统，都以结构化查询语言（Structured Query Language，SQL）为基础。

Oracle 是目前较流行的大型关系数据库管理系统。Oracle 的特点是它可以在所有主流的操作系统平台（包括 Windows、UNIX 系列）上运行，而且适合海量数据的存储和处理。Oracle 在自己的数据库平台上为用户开发了电子商务套件，其中包括 ERP、CRM 和 SCM 等企业应用软件，这样可以使用户直接获得一套整体解决方案，而不必考虑系统集成问题。

DB2 是 IBM 公司开发的大型关系数据库管理系统。DB2 以性能稳定著称，被广泛地应用于银行等金融业务的处理系统中。IBM 公司通过 DB2 与 WebSphere、Tivoli 和 Lotus 共同提供电子商务基础架构。目前一些主要的管理软件厂商以及电子商务软件厂商与 IBM 建立了合作关系，将 IBM 公司的数据库作为其应用软件的开发平台。

Microsoft SQL Server（以下简称 SQL Server）是微软公司在 Windows 系列平台上研发的一个大中型数据库管理系统，广泛应用于中小企业信息化和电子商务系统中，是目前使用较广泛的数据库管理系统。SQL Server 虽然只能在 Windows 平台上运行，但由于与 Windows 平台的整体结合程度较好，因此 SQL Server 在 Window 平台上的整合性能比 Oracle 要强很多。

Sybase 作为客户机/服务器的倡导者，其开发工具 PowerBuilder 与 Sybase 数据库结合在一起拥有众多的使用者。除此之外，还有一些中小型数据库，如 MySQL、FoxPro、Access 等。

SQL Server 与一些小型数据库管理系统不同，它是一个功能完备的数据库管理系统，包括支持开发的引擎、标准的 SQL、扩展的特性（如复制、OLAP、分析）、存储过程、触发器等大型数据库的功能特性。SQL Server 2008 是目前功能最强大和最全面的 SQL Server 版本。

1.4 数据库应用系统的结构

1.4.1 数据库应用系统的组成

数据库应用系统(也称数据库应用)是指带有数据库并利用数据库技术进行数据管理的计算机系统。数据库应用系统中的硬件及软件结构如图 1-12 所示。

1. 硬件平台

由于数据库应用系统建立在计算机硬件基础之上,它在硬件资源的支持下工作,因而硬件配置是影响数据库应用系统运行效率的一个重要因素。数据库应用系统所需的计算机硬件资源包括计算机(服务器及客户机)、数据通信设备(计算机网络和多用户数据传输设备)及其他外围设备(特殊的数据输入/输出设备,如图形扫描仪、大屏幕的显示器及激光打印机)。

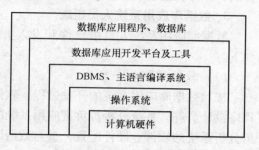

图 1-12 数据库应用系统的硬件及软件结构

数据库应用系统数据量大,数据结构复杂,软件内容多,因而要求其硬件设备能够快速处理数据库中的数据。这就需要硬件的数据存储容量大,数据处理速度和数据输入/输出速度快,同时要求系统有较高的通道能力,从而提高数据传送率。具体来说,计算机内存和外存容量尽量要大且计算机传输速度要尽量快。

2. 软件平台

数据库应用系统的软件包括操作系统、DBMS、主语言编译系统、数据库应用开发平台及工具、数据库应用程序和数据库。

(1)操作系统

操作系统是所有计算机软件的基础,在数据库应用系统中起着支持 DBMS 及主语言系统工作的作用。

(2)DBMS 和主语言编译系统

DBMS 是为定义、建立、维护、使用和控制数据库而提供的有关数据管理的系统软件。主语言编译系统是为应用程序提供的诸如程序控制、数据输入/输出、功能函数、图形处理、计算方法等数据处理功能的系统软件。由于数据库的应用很广泛,涉及的领域很多,DBMS 不可能提供全部功能。因此,应用系统的设计与实现需要 DBMS 和主语言编译系统支持才能完成。

(3)数据库应用开发平台及工具

数据库应用系统不仅有数据管理和处理功能,还包含用户界面、人机交互与对话、复杂流程处理等内容。DBMS 往往无法提供应用系统开发所需的一个完整环境,需要专门的应用软件开发平台与之集成,才能实现数据库应用的开发与维护。目前流行的客户/服务器(C/S)模式的数据库应用开发平台有 Delphi、C++ Builder、VB、VC++、Power Builder 等,浏览器/服务器(B/S)模式的数据库应用开发平台有 J2EE、ASP. NET、PHP 等。这些平台对开发者的要求比较高,需要具备一定的专业知识。

除此之外，还有许多数据库应用开发工具，如应用生成器、报表生成器、表单生成器、第 4 代程序设计语言、查询和视图设计器等，它们可以帮助开发人员和用户提高软件开发效率，降低软件开发难度。

（4）数据库应用程序及数据库

数据库应用程序包括为特定应用环境建立的数据库、各类应用程序及软件开发文档资料，它们是一个有机整体。数据库应用系统涉及各个领域，如企业信息化、电子商务、人工智能、计算机控制和计算机图形处理等。

3. 数据库应用系统人员组成

数据库应用系统人员由软件开发人员、终端用户及数据库管理人员组成，其主要职能如下。

（1）软件开发人员

按照数据库应用系统的开发过程，软件开发人员主要包括系统分析员、数据库设计员和程序设计员等。系统分析员负责应用系统的需求分析和规范描述，并配合用户及数据库管理员分析系统的软件、硬件配置，参与数据库应用系统的总体设计。数据库设计员负责数据库各级模式的设计，参与用户需求调查和系统分析，设计出合理的数据库。数据库设计人员可以由数据库管理员兼任。程序设计员负责编写程序代码，并进行系统安装和调试，指导用户使用数据库应用系统。

（2）终端用户

终端用户（End User）为数据库应用系统的使用人员。终端用户通常通过应用程序对数据库进行查询、更新和访问。也有一些终端用户，他们比较熟悉数据库管理系统的功能，能熟练使用数据库查询语言访问数据库，甚至还能自己编制具有特殊功能的应用程序。

（3）数据库管理员

数据库管理员（Database Administrator，DBA）负责全面管理和控制数据库应用系统，保证其正常运行和维护，他们是数据库应用系统中最重要的人员。

4. DBA 的职责

（1）决定数据库中的信息内容和结构

DBA 参与数据库和应用系统设计的全过程，与系统分析员、应用程序员及用户密切合作，设计数据库概念模式、逻辑模式以及各个用户的外模式，设计数据库的内模式。

（2）决定数据库的存储结构和存取策略

综合各方面用户的应用需求，DBA 与数据库设计人员共同决定数据的存储结构和存取策略，以提高存取效率和存储空间利用率。

（3）定义数据的安全性要求和完整性约束条件

为了保证数据库的安全性和完整性，DBA 要确定各个用户对数据库的存取权限、数据的保密级别和完整性约束条件。

（4）监控数据库的使用和运行，备份与恢复数据库

DBA 要监视数据库应用系统的运行情况，及时处理运行过程中出现的问题，监控用户对数据库的存取访问，控制不同用户访问数据库的权限。同时，为了减少硬件、软件或人为故障对数据库应用系统的破坏，DBA 必须定义和实施适当的备份后援和恢复策略，例如，周期性地备份数据、维护日志文件等。一旦系统发生故障，DBA 必须能够在最短时间内把

数据库恢复到某一正确状态，并且尽可能不影响或少影响计算机系统其他部分的正常运行。

（5）数据库的改进、重新组织和重新构造

DBA 负责在系统运行期间监控系统的空间利用率、处理效率等性能指标，对运行情况进行记录、统计分析，并根据实际应用环境，不断改进和优化数据库设计。不少数据库产品都提供了对数据库运行状况进行监视和分析的实用程序，DBA 可以使用这些实用程序完成这项工作。另外，在数据库运行过程中，大量数据不断插入、删除、修改，会影响数据的物理布局，导致系统性能下降，因此 DBA 要定期地或按一定的策略对数据库进行重新组织，以提高系统的性能。当用户的应用需求改变时，DBA 需要对数据库进行较大的改造，包括修改内模式或模式，即重新构造数据库。

（6）负责监控和帮助终端用户使用数据库应用系统

DBA 承担培训终端用户的责任，并负责解答终端用户日常使用数据库应用系统时遇到的问题。

综上所述，DBA 不仅要有较高的技术专长和较深的资历，并应具有了解和阐述业务需求的能力。特别对于大型数据库应用系统，DBA 极为重要。对于常见的单机数据库应用系统，通常只有一个用户，不必设 DBA，其职责可以由应用程序员或终端用户替代。

1.4.2　数据库应用系统的三级数据模式结构

数据模式是数据库的框架。数据库的数据模式通常由逻辑模式、外模式和内模式三级结构构成，它们分别反映了看待数据库的三个角度，其结构如图 1-13 所示。

1. 数据库的三级模式结构

数据库三级模式是指逻辑模式、外模式、内模式。

（1）逻辑模式

逻辑模式（Logical Schema）又称模式，它是数据库中全体数据的逻辑结构和特征的描述，是所有数据库用户的公共视图。逻辑模式位于数据库应用系统模式结构的中间层，不涉及数据的物理存储细节和硬件环境，与使用的应用开发工具及高级程序设计语言无关。

逻辑模式是数据库数据在逻辑级上的视图。一个数据库只有一个逻辑模式。数据库模式以某一数据模型为基础，综合统一地考虑了不同用户的需求，并将这些需求有机地结合成一个逻辑整体。逻辑模式定义的内容不仅包括数据库中数据

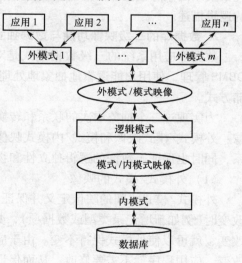

图 1-13　数据库应用系统的三级模式结构

记录的数据项构成、数据项的名称、类型、取值范围等，同时也包括数据安全性、数据完整性条件和数据寻址方式等。

以逻辑模式为框架的数据库称为概念数据库或 DBA 视图。

（2）外模式及用户数据库

外模式（External Schema）又称为子模式，它是对各个数据库用户或应用程序所涉及的局

部数据的逻辑结构和数据特征的描述，是某个数据库用户的数据视图，是与某一应用程序有关的数据的逻辑表示。

子模式完全按用户自己对数据的需求、从局部的角度出发而进行设计的。由于一个数据库应用系统有多个用户，所以就可以有多个数据子模式。子模式通常是模式的子集，也就是说一个数据库可以有多个子模式。子模式可以在数据组成、数据间的联系、数据项的类型、数据名称上与模式不同，也可以在数据的完整性和安全性方面与模式不同。此外，同一子模式可以为某一用户的多个应用系统所使用，但一个应用程序只能使用一个子模式。

外模式是保证数据库安全性的一个有力措施。每个用户只能看到和访问所对应的外模式中的数据，数据库中的其余数据对他们来说是不可见的。

以外模式为框架的数据库称为用户数据库或外视图。

（3）内模式及物理数据库

内模式（Internal Schema）也称存储模式或物理模式，它是对数据物理结构和存储结构的描述，是数据的内部表示或底层描述。内模式不仅可以定义数据的数据项、记录、数据集、索引和存取路径在内的一切物理组织方式等属性，而且还可以规定数据的优化性能、响应时间和存储空间需求，并规定数据的记录位置、块的大小与数据溢出区等。以内模式为框架的数据库称为物理数据库或内视图。

在数据库应用系统中，外模式可以有多个，而模式、内模式只能各有一个。用户数据库、概念数据库和物理数据库三者的关系是：概念数据库是物理数据库的逻辑抽象形式；物理数据库是概念数据库的具体实现；用户数据库是概念数据库的子集，也是物理数据库子集的逻辑描述。

2. 数据库的二级映像功能与数据独立性

数据库应用系统的三级数据模式是对数据的三个抽象级别，它把数据的具体组织交由DBMS管理，使用户能逻辑地抽象地处理数据，而不必关注数据在计算机中的具体表示与存储方式。

为实现这三个抽象层次的联系和转换，数据库应用系统在这三级模式之间提供了两层映像：外模式/模式映像和模式/内模式映像。二级映像功能不仅在三级数据模式之间建立了联系，同时也保证了数据的逻辑独立性和物理独立性。

（1）外模式/模式的映像

外模式/模式之间的映像定义并保证了外模式与数据模式之间的对应关系。当模式发生改变时（例如新增记录类型或数据项），数据库管理员只要对各外模式/模式的映像做相应的改变，就可以使外模式保持不变。由于应用程序是依据数据的外模式编写的，只要外模式不改变，应用程序就不需要修改，从而保证了数据与程序的逻辑独立性。

（2）模式/内模式的映像

模式/内模式之间的映像定义并保证了数据的逻辑结构与内模式之间的对应关系。当数据库的存储结构改变时，数据库管理员只要相应地改变模式/内模式映像，就可以使模式保持不变，应用程序也不必改变，从而保证了数据与程序的物理独立性。

数据库的二级映像的作用就是保持外模式的稳定不变，即应用程序的稳定不变。由于应用程序是在外模式描述的数据结构上编写的，外模式的修改会造成应用程序的无法使用。有了二级映像就可以保证数据库外模式的稳定性，从而从底层保证了应用程序的稳定性。因此，除非应用需求本身发生了变化，否则应用程序一般情况下是不需要修改的。

1.4.3 数据库应用系统的体系结构

从数据库管理系统的角度看，数据库应用系统通常采用三级数据模式结构，这是数据库应用系统内部的体系结构；从数据库最终用户的角度看，数据库应用系统的结构分为集中式结构、分布式结构和客户机/服务器结构，这是数据库应用系统外部的体系结构。

1. 单用户数据库应用系统

单用户数据库应用系统是一种早期的和最简单的应用系统，其体系结构如图1-14所示。在单用户系统中，整个系统的应用程序、DBMS以及数据都安装在一台计算机上，由一个用户独占，不同机器之间不能共享数据和程序，因而数据冗余度大。

2. 主从式结构的数据库应用系统

主从式结构是由一个主机连接多个终端的多用户结构。在这种结构中，应用程序、DBMS以及数据都集中存放在主机上，所有的处理任务由主机完成，多个用户可同时并发地存取数据，共享数据资源，其体系结构如图1-15所示。这种体系结构简单且易于维护，但是当终端用户增加到一定数量后，数据的存取将会成为瓶颈问题，使系统的性能大大降低。另外当主机出现故障时，整个系统都不能使用，因此系统的可靠性不高。

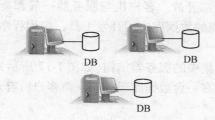

图1-14 单用户数据库应用系统

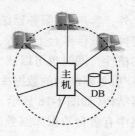

图1-15 主从式结构的
数据库应用系统

3. 分布式结构的数据库应用系统

分布式结构的数据库应用系统是指数据库中的数据在逻辑上是一个整体，但物理分布在计算机网络的不同节点上，每个节点上的主机又连接多个用户，其体系结构如图1-16所示。网络中的每一个节点都可以独立地处理数据，执行全局应用。

分布式结构的数据库应用系统是计算机网络发展的产物，它满足了地理上分散的企业、团体和组织对数据库的需求，但给数据的处理和维护带来困难。此外，当用户需要经常访问远程数据库时，系统效率会明显地受到网络"交通"的制约。

4. 客户机/服务器结构的数据库应用系统

随着工作站功能的增强和广泛使用，人们开始把DBMS功能和应用分开，在网络中将某个（些）节点的计算机专门用于执行DBMS核心功能，这台计算机就称为数据库服务器；其他节点上的计算机安装DBMS外围应用开发工具和应用程序，支持用户的应用，称为客户机。这种把DBMS和应用程序分开的就是客户机/服务器（Client/Server，C/S）结构的数据库应用系统。

在客户机/服务器结构中，客户机的用户请求被传送到数据库服务器，数据库服务器进

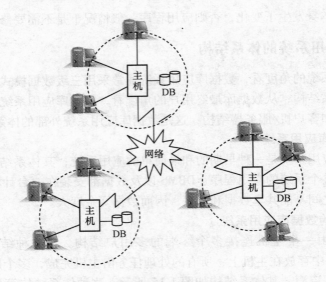

图 1-16　分布式结构的数据库应用系统

行处理后，只将结果返回给用户，从而显著地减少了网络上的数据传输量，提高了系统的性能和负载能力。

　　除此之外，客户机/服务器结构的数据库往往更加开放。客户机与服务器一般都能在多种不同的硬件和软件平台上运行，可以使用不同厂商的数据库应用开发工具，应用程序具有更强的可移植性，同时也可以减少软件维护开销。

　　客户机/服务器结构的数据库应用系统可以分为集中的服务器结构（如图 1-17 所示）和分布的服务器结构（如图 1-18 所示）。前者在网络中仅有一台数据库服务器，而客户机有多台，后者在网络中有多台数据库服务器。

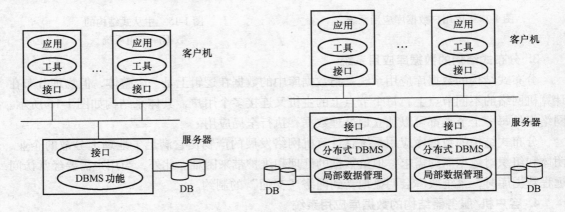

图 1-17　集中的服务器结构　　　　　　　　图 1-18　分布的服务器结构

　　与主从式结构相似，在集中的服务器结构中，一个数据库服务器要为多个客户机服务，往往容易成为瓶颈，制约系统的性能。与分布式结构相似，在分布的服务器结构中，数据分布在不同的服务器上，这给数据的处理、管理与维护带来不少困难。

1.4.4　数据库应用系统的设计过程

数据库应用系统设计包括数据库设计和应用系统设计两个方面。数据库设计的任务是在 DBMS 的支持下，按照应用系统的要求，设计一个结构合理、使用方便、效率较高的数据库及其应用系统，数据库设计应该与应用系统设计相结合。

在设计数据库应用系统时，首先需要进行数据库结构设计。数据库结构设计是否合理直接影响系统中各个处理过程。

1. 数据库设计方法

目前常用的数据库设计方法大多属于规范设计法，即运用软件工程的思想与方法，根据数据库设计的特点，提出各种设计准则与设计规程。这种工程化的规范设计方法是目前技术条件下最实用的方法之一。

在规范设计方法中，数据库设计的核心与关键是逻辑数据库设计和物理数据库设计。逻辑数据库设计是根据用户要求和特定数据库管理系统的具体特点，以数据库设计理论为依据，设计数据库的全局逻辑结构和每个用户的局部逻辑结构。物理数据库设计是在逻辑结构确定之后，设计数据库的存储结构及其他实现细节。

新奥尔良（New Orleans）方法是规范设计方法中的一种，它将数据库设计分为 4 个阶段：需求分析（分析用户要求）、概念设计（信息分析和定义）、逻辑设计（设计实现）和物理设计（物理数据库设计）。其后，许多研究人员对其进行改进，认为数据库设计应分为 6 个阶段进行：需求分析、概念结构设计、逻辑结构设计、物理结构设计、数据库实施和数据库运行与维护。

此外，还有一些为数据库设计不同阶段提供的具体实现技术与实现方法。例如，基于 E-R 模型的数据库设计方法、基于 3NF（第三范式）的设计方法、基于抽象语法规范的设计方法等。

规范设计法在具体使用中又可以分为两类：手工设计和计算机辅助数据库设计。手工设计是指按规范设计法的工程原则与步骤手工设计数据库，其工作量较大，设计者的经验与知识在很大程度上决定了数据库设计的质量。计算机辅助数据库设计有助于减轻数据库设计的工作强度，提高数据库设计效率和设计质量。目前，这类工具有很多，除计算机辅助软件工程（CASE）工具外，还有一些模拟某一数据库设计范式和 E-R 图的设计工具，例如 Oracle Designer 2000、Power Designer 等。

2. 数据库设计步骤

设计步骤可以分为以下 6 个阶段（如图 1-19 所示）。

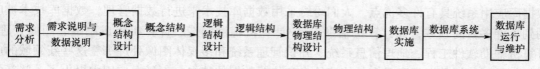

图 1-19　数据库设计的步骤

（1）需求分析

需求分析是数据库设计的第一步，是整个设计过程的基础。需求分析的任务是正确了解并分析用户对系统的需求，确定系统要达到的目标和实现的功能。需求分析结果是否准确地反映了用户的实际要求，将直接影响到后面各个阶段的设计，并影响到设计结果是否合理和实用。错误的需求分析往往是导致应用系统开发失败的主要原因，因此需求分析的重要性不能被低估。

（2）概念结构设计

概念结构设计是整个数据库设计的关键。由于数据库逻辑结构依赖于具体的 DBMS，在需求分析后直接设计数据库的逻辑结构会增加设计人员对不同数据库管理系统的数据库模式的理解负担，因此在将用户需求转换成计算机模型之前，需要对用户需求进行综合、归纳和抽象，形成独立于具体 DBMS 的概念模型。

（3）逻辑结构设计

逻辑结构设计的主要任务是将抽象的概念结构转换为某个具体的 DBMS 所支持的数据模型，并对其性能进行优化。

（4）数据库物理结构设计

物理结构设计的主要任务是为逻辑数据模型选取一个最适合应用环境的物理结构，包括存储结构和存取方法等。

（5）数据库实施

在数据库实施阶段，设计人员运用 DBMS 提供的结构化查询语言及其宿主语言，根据逻辑设计和物理设计的结果创建数据库，编制与调试应用程序，组织数据入库，并进行系统试运行。

（6）数据库运行与维护

数据库应用系统经过试运行后即可投入正式运行。在系统运行过程中必须不断地对其结构和性能进行评价、调整与修改。

设计一个完善的数据库应用系统，往往需要不断反复地进行上述 6 个阶段。

1.5 数据库技术的研究与发展方向

20 世纪 80 年代以来，数据库技术在商业应用上的巨大成功加大了其他领域对数据库技术的需求。这些新的领域为数据库应用开辟了新的天地，并在应用中提出了一些新的数据管理需求，直接推动了数据库技术的研究与发展。

1.5.1 传统数据库技术的局限性

一般来说，第一代数据库和第二代数据库称为传统数据库。由于传统数据库尤其是关系数据库应用系统具有许多优点，人们纷纷采用数据库技术来进行数据管理，数据库技术被应用到了许多新的领域，如计算机辅助设计/计算机辅助制造、计算机集成制造、图像处理、计算机辅助软件工程、地理信息系统、知识管理系统和多媒体图像处理等。这些新领域的应用不仅需要传统数据库所具有的快速检索和修改数据的特点，而且在应用中提出了一些新的数据管理的需求，例如要求数据库能够处理声音、图像、视频等多媒体数据。在这些新的数据库应用领域，传统关系数据库管理系统暴露出很多问题，主要表现在以下几个方面。

（1）面向机器的语法数据模型

传统数据库采用的数据模型是面向机器的语法数据模型，只强调数据的高度结构化，只能存储离散的和有限的数据与数据之间的关系，而且语义表示能力较差，无法表示客观世界中的复杂对象，从而限制了数据库技术在处理超文本、声音、图像、视频、CAD 图件等多种复杂对象，以及工程、地理、测绘等领域非格式化数据的处理能力。此外，传统数据模型缺乏数据抽象，无法揭示数据之间的深层含义和内在联系。

（2）数据类型简单而且固定

传统的数据库应用系统主要面向事务处理，其根本缺陷在于缺乏直接构造与工程应用有关的信息类型的表达能力。从理论上看，关系数据模型不直接支持复杂的数据类型，这是由于第一范式的要求，所有的数据必须转换为简单的数据类型（如整数、实数、字符串、日期等），而不能根据特定的需要定义新的数据类型。在传统的数据库管理系统中，复杂数据类型只能由程序员借助高级语言编写程序用简单的数据类型来构造、描述和处理，这就加重了程序员的负担，也不能保证数据的一致性。

（3）结构与行为完全分离

从应用程序设计的角度来看，在某一应用领域内标识的对象可以包含对象的结构和对象的行为两个方面的内容。传统的数据库可以采用一定的数据库模式来表示对象的结构，但无法直接存储和处理对象的行为，必须通过编写其他应用程序加以实现。

传统数据库主要关心数据的独立性以及存取的效率，它是语法数据库，其语义表达差，难以抽象化地模拟行为。例如，对于多媒体数据，虽然可以用简单的二进制代码形式存储其结构，但却无法存储其行为（如播放声音、显示图像等）。这样，这些多媒体数据必须由相应的应用程序来识别。对于不了解其格式的用户来说，数据库中存储的是没有任何意义的二进制数据。由此可见，在传统数据库中，对象的结构可以存储在数据库中，而对象的行为必须由应用程序来表示，对象的结构与行为完全相分离。

（4）阻抗失配

在关系数据库系统中，数据操作语言（如 SQL）与程序设计语言之间的不匹配称为阻抗失配。这种不匹配主要表现在两个方面：一是编程模式不同，描述性的 SQL 与指令式的编程语言（如 C 语言、PASCAL）不同；另一方面是类型系统不匹配，编程语言无法直接表示数据库结构，在其界面就会丢失信息。由于是两个类型系统，自动的类型检查也会成为问题。

（5）被动响应

传统数据库系统只能响应和执行用户要求它们完成的任务，从这种意义上讲，它们是被动响应。而在实际应用中，往往要求一个系统能够管理它本身的状态，即在发现异常情况时能及时通知用户，或者能够主动响应某些操作或外部事件，自动采取规定的行动等。

（6）存储和管理的对象有限

传统的数据库系统只存储和管理数据，缺乏知识管理和对象管理的能力，它主要进行的是数据的存储、管理、检索、排序和报表生成等这些简单的、离散的信息处理工作，数据库反映的也只是客观世界中静态的、被动的事实。此外，传统的 DBMS 还缺乏描述和表达知识的能力，不具有演绎和推理功能，因而无法满足诸如商务智能系统、知识管理系统、办公自动化和人工智能系统进行高层管理和决策的要求，从而限制了数据库技术的高级应用。

（7）事务处理能力较差

传统数据库系统只能支持非嵌套事务，对于较长事务的响应较慢，而且当长事务发生故障时恢复也比较困难。

上述种种缺陷使得传统数据库无法满足新领域的应用需求，在这种情况下，新一代数据库技术应运而生。

1.5.2 第三代数据库系统

第三代数据库系统是指支持面向对象数据模型的数据库系统。20 世纪 80 年代出现的面向对象的方法和技术对计算机各个领域，包括程序设计语言、软件工程、信息系统设计以及计算机硬件设计等，都产生了深远的影响。数据库研究人员借鉴和吸收了面向对象的方法和技术，提出了面向对象模型，以克服传统数据模型的局限性，促进了数据库技术在新技术的基础上向前发展。

1990 年 9 月，一些长期从事关系数据库理论研究的学者组建了高级 DBMS 功能委员会，发表了《第三代数据库系统宣言》，提出了第三代 DBMS 应具有的 3 个基本原则。此宣言从 3 个原则导出了 13 个具体的特征和功能。经过多年研究和讨论，目前对第三代数据库管理系统的基本特征已经有了共识。

（1）第三代数据库系统应支持面向对象的数据模型

除提供传统的数据管理服务外，第三代数据库系统应支持数据管理、对象管理和知识管理，支持更加丰富的对象结构和规则，以提供更加强大的管理功能，支持更加复杂的数据类型，以便能够处理非传统的数据元素（如超文本、图片、声音等）。

（2）第三代数据库系统必须保持或继承第二代数据库系统的技术

第三代数据库系统不仅能很好地支持对象管理和规则管理，还要更好地支持原有的数据管理，保持第二代数据库系统的非过程化的数据存取方式和数据独立性。

（3）第三代数据库系统必须具有开放性

数据库系统的开放性是指必须支持当前普遍承认的计算机技术标准，如支持 SQL 和多种网络标准协议，使得任何其他系统或程序只要支持同样的计算机技术标准即可使用第三代数据库系统。开放性还包括系统的可移植性、可连接性、可扩展性和可互操作性等。

1.5.3 数据库技术与其他相关技术的结合

数据库技术与其他相关技术的结合是当前数据库技术发展的重要特征。通过这种方法，人们研究出了各种各样的新型数据库。例如：数据库技术与面向对象的方法和技术相结合，出现了面向对象数据库；数据库技术与分布处理技术相结合，出现了分布式数据库；数据库技术与人工智能技术相结合，出现了演绎数据库、主动数据库和知识库等；数据库技术与多媒体技术相结合，出现了多媒体数据库。下面将对其中的几个新型数据库进行简单的介绍。

1. 面向对象的数据库

面向对象的程序设计方法是目前程序设计中主要的方法之一，它简单、直观、自然，十分接近人类分析和处理问题的自然思维方式，同时又能有效地用来组织和管理不同类型的数据。

把面向对象的程序设计方法和数据库技术相结合能够有效地支持新一代数据库应用。于是产生了面向对象数据库管理系统研究领域，并已经获得了大量的研究成果，开发了许多面向对象数据库管理系统（Object-Oriented Database System），比较典型的有 PostgreSQL 系统和 Gemstone 系统。其中，PostgreSQL 系统以 Ingres 关系数据库系统为基础，扩充了功能，使之具有面向对象的特性；Gemstone 系统是在面向对象程序语言基础上扩充得到的。目前，各个关系数据库厂商都在不同程度上扩展了关系模型，推出了符合面向对象数据模型的数据库系统。

2. 分布式数据库

分布式数据库（Distributed Database）是相对于集中式数据库系统而言的。所谓集中式数据库就是集中在一个中心场地的计算机上以统一处理方式处理所支持的数据库。这类数据库无论是逻辑上还是物理上都是集中存储在一个容量足够大的外存储器上。其基本特点是：集中控制处理效率高，可靠性好；数据冗余少，数据独立性高；易于支持复杂的物理结构，以获得对数据的有效访问。

但是随着数据库应用的不断发展，人们逐渐地感觉到过分集中化的系统在处理数据时有许多局限性。例如，不在同一地点的数据无法共享；系统过于庞大、复杂，显得不灵活且安全性较差；存储容量有限，不能完全适应信息资源存储要求等。正是为了克服这种系统的缺点，人们采用数据分散的办法，即把数据库分成多个，建立在多台计算机上，这种系统称为分散式数据库系统。计算机网络技术的发展，使得并排分散在各处的数据库系统可以通过网络通信技术连接起来，这样形成的系统称为分布式数据库系统。近年来，分布式数据库已经成为信息处理中的一个重要领域，并且其重要性还将迅速增加。

分布式数据库是一组结构化的数据集合，它们在逻辑上属于同一系统而在物理上分布在计算机网络的不同节点上。网络中的各个节点（也称为"场地"）一般都是集中式数据库系统，由计算机、数据库和若干终端组成。数据库中的数据不是存储在同一场地，这就是分布式数据库的"分布性"特点，也是与集中式数据库的最大区别。

分布式数据库可以建立在以局域网连接的一组工作站上，也可以建立在广域网（或称远程网）的环境中，但分布式数据库系统并不是简单地把集中式数据库安装在不同的场地，而是具有自己的性质和特点。

一个完全分布式数据库系统在站点分散实现共享时，其利用率高，有站点自治性，能随意扩充逐步增生，可靠性和可用性好，有效且灵活，用户完全感觉像使用本地的集中式数据库一样。

分布式数据库已广泛应用于企业人事、财务、库存等管理系统，百货公司、销售店的经营信息系统，电子银行、民航订票、铁路订票等在线处理系统，国家政府部门的经济信息系统，以及如人口普查、气象预报、环境污染、水文资源、地震监测等大规模数据资源的信息系统中。此外，随着数据库技术深入到各个应用领域，除了商业性、事务性应用以外，在以计算机作为辅助工具的各个信息领域中，同样适用分布式数据库技术，而且对数据库的集成共享、安全可靠等特性有更多的要求。

3. 主动数据库

主动数据库（Active Database）是相对传统数据库的被动性而言的。在传统数据库中，当用户要对数据库中的数据进行存取时，只能通过执行相应的数据库命令或应用程序来实现。数据库本身不会根据数据库的状态主动做些什么，因而是被动的。

然而在许多实际应用领域中，例如，在使用计算机集成制造系统、管理信息系统、办公自动化系统过程中用户常常希望数据库系统在紧急情况下能够根据数据库的当前状态，主动、适时地作出反应，执行某些操作，向用户提供某些信息。这类应用的特点是事件驱动数据库操作以及要求数据库系统支持涉及时间方面的约束条件。为此，人们在传统数据库的基础上，结合人工智能技术研制和开发了主动数据库。

主动数据库的主要目标是提供对紧急情况及时反应的能力，同时提高数据管理系统的模块化程度。主动数据库通常采用的方法是在传统数据库系统中嵌入 ECA（Event-Condition-Action，即事件—条件—动作）规则，这相当于给系统提供了一个"自动监测"机构。它主动、经常地检查着这些规则中包含的各种事件是否已经发生，一旦某事件被发现，就主动触发执行相应的动作。

实现主动数据库的关键技术在于它的条件检测技术能否有效地对事件进行自动监督，使得各种事件一旦发生就很快被发觉，从而触发执行相应的规则。此外，如何扩充传统的数据库系统使之能够描述、存储、管理 ECA 规则以适应主动数据库，如何构造执行模型（也就是 ECA 规则的处理和执行方式），如何进行事务调度，如何在传统数据库管理系统的基础上形成主动数据库的体系结构，如何提高系统的整体效率等，都是主动数据库需要集中研究解决的问题。

4. 多媒体数据库

多媒体是在计算机控制下的文字、声音、图形、图像、视频等多种类型数据的有机集成。数字、字符等称为格式化数据，而文本、声音、图形、图像、视频等称为非格式化数据。

多媒体数据库（Multimedia Database Management System，MDBMS）实现对格式化和非格式化的多媒体数据的存储、编辑、检索和演播等操作。多媒体数据库应当能够表示各种媒体的数据。由于非格式化的数据表示起来比较复杂，需要根据多媒体系统的特点来决定表示方法。例如，可以把非格式化的数据按一定算法映射成一张结构表，然后根据它的内部特定成分来检索。

多媒体数据库应当能够协调处理各种媒体数据，正确识别各种媒体之间在空间或时间上的关联。多媒体数据库还应该提供比传统数据库关系更强的适合非格式化数据查询的搜索功能，同时还提供新的操作功能，如对图形数据提供覆盖、邻接、镶嵌、交接、比例、剪裁、颜色转换、定位等功能，对声音数据提供声音合成、声音信号的调度、声调和声音强度的增减及调整等功能。

多媒体数据库是计算机多媒体技术与数据库技术相结合的产物，是当前最有吸引力的技术之一。多媒体数据库的研究历史虽然不长，但目前却是计算机科学技术中的一个重要分支。从理论上说，它涉及的内容大到可以把一切对象装进一个数据库系统，因而所遇到的问题复杂，需要有深刻的理解，不但有技术问题，也有对现实世界的认识和理解问题。随着多媒体数据库系统本身的进一步研究，随着不同介质集成的进一步实现，商用多媒体数据库必将蓬勃发展，多媒体数据库领域必将在高科技领域有越来越重要的地位。

通过以上介绍，可以了解到，传统的数据库技术和其他计算机技术相互结合、相互渗透，使数据库中新的技术内容层出不穷。数据库的许多概念、技术内容、应用领域，甚至某些原理都有了重大的发展和变化。新的数据库技术不断涌现，这些新的技术大大地提高了数据库的功能和性能，并使数据库的应用领域得到了极大的扩展。

习题

一、单项选择题

1. 数据管理技术的发展经历了几个阶段，其中数据独立性最高的是（   ）阶段。

A）数据库系统　　　B）文件系统　　　　C）人工管理　　　　D）数据项管理

2. （   ）属于信息世界的模型，是现实世界到机器世界的一个中间层次。

A）数据模型　　　　B）概念模型　　　　C）E-R 图　　　　　D）关系模型

3. 反映现实世界中实体及实体间联系的信息模型是（   ）。

A）关系模型　　　　B）层次模型　　　　C）网状模型　　　　D）E-R 模型

4. 下列条目中，（   ）是数据模型的要素。

Ⅰ．数据管理　　　Ⅱ．数据操作　　　Ⅲ．数据完整性约束　　Ⅳ．数据结构

A）Ⅰ、Ⅱ和Ⅲ　　　B）Ⅰ、Ⅱ和Ⅳ　　　C）Ⅱ、Ⅲ和Ⅳ　　　D）Ⅰ、Ⅲ和Ⅳ

5. 数据库的概念模型独立于（   ）。

A）E-R 图　　　　　　　　　　　　　　B）具体的机器和 DBMS

C）现实世界　　　　　　　　　　　　　D）用户需求

6. 按所使用的数据模型来分，数据库可分为（   ）等 3 种模型。

A）层次、关系和网状　　　　　　　　　B）网状、环状和链状

C）大型、中型和小型　　　　　　　　　D）独享、共享和分时

7. 层次模型不能直接表示实体间的（   ）。

A）1∶1 关系　　　B）1∶n 关系　　　C）m∶n 关系　　　D）1∶1 和 1∶n 关系

8. 在对层次数据库进行操作时，如果删除双亲节点，则相应的子女节点值也被同时删除。这是由层次模型的（   ）决定的。

A）数据结构　　　　B）完整性约束　　　C）数据操作　　　　D）缺陷

9. 下列条目中，（   ）是数据库应用系统的组成成员。

Ⅰ．操作系统　　　Ⅱ．数据库管理系统　　Ⅲ．用户

Ⅳ．数据库管理员　　Ⅴ．数据库　　　　　Ⅵ．应用系统

A）仅Ⅱ、Ⅳ和Ⅴ　　　　　　　　　　　B）仅Ⅰ、Ⅱ、Ⅲ、Ⅳ和Ⅴ

C）仅Ⅰ、Ⅱ、Ⅳ和Ⅴ　　　　　　　　　D）都是

10. 在数据库中，产生数据不一致性的根本原因是（   ）。

A）数据存储量过大　　　　　　　　　　B）访问数据的用户太多

C）数据冗余　　　　　　　　　　　　　D）数据类型太复杂

11. 关系模型的完整性规则不包括（   ）。

A）实体完整性规则　　　　　　　　　　B）参照完整性规则

C）用户自定义的完整性规则　　　　　　D）数据操作性规则

12. 数据库管理系统中数据操纵语言（DML）所实现的操作一般包括（   ）。

A）查询、插入、修改、删除　　　　　　B）排序、授权、删除

C）建立、插入、修改、排序　　　　　　D）建立、授权、修改

13. 关系模型中，一个主码（   ）。

A）可由多个任意属性组成   B）至多由一个属性组成

C）可由一个或多个其值能唯一标识该关系模式或任何元组的属性组成

D）以上都不是

14. 现有学生关系模式：学生（宿舍编号,宿舍地址,学号,姓名,性别,专业,出生日期），这个关系模式的主码是（　　　　）。

A）宿舍编号   B）学号

C）宿舍地址，姓名   D）宿舍编号，学号

15. 在关系数据库中，用来表示实体之间联系的是（　　　　）。

A）树形结构   B）网状结构   C）线性表   D）二维表

16. 逻辑数据独立性是指（　　　　）。

A）逻辑模式改变，外模式和应用程序不变

B）逻辑模式改变，内模式不变

C）内模式改变，逻辑模式不变

D）内模式改变，外模式和应用程序不变

17. 数据库三级模式体系结构的划分，有利于保持数据库的（　　　　）。

A）数据独立性   B）数据安全性   C）结构规范化   D）操作可行性

18. 在数据库的三级模式结构中，内模式的个数（　　　　）。

A）只有 1 个   B）与用户个数相同

C）由系统参数决定   D）有任意多个

19. 在数据库的三级模式结构中，当模式改变时，通过修改外模式/模式的映像而使外模式不变，从而不必修改应用程序，这是保证了数据与程序的（　　　　）。

A）存储独立性   B）物理独立性

C）用户独立性   D）逻辑独立性

20. 数据库系统的体系结构是（　　　　）。

A）二级模式结构和一级映像   B）三级模式结构和一级映像

C）三级模式结构和二级映像   D）三级模式结构和三级映像

二、设计题

1. 已知某图书销售数据库由图书、出版商、作者、书店、订单等实体集（对象）组成，各个实体的属性如下。

① 出版商：出版商编码、名称、地址、所在城市、联系电话。

② 图书：书编码、书名、类型、单价、出版日期。

③ 作者：作者编码、姓名、出生日期、地址、联系电话。

④ 书店：书店编码、名称、地址、联系电话。

⑤ 订单：订单编号、订单日期、订购数量。

数据库语义如下。

① 一个出版商可以出版多本图书，但一本图书只能由一个出版商出版。

② 一个作者可以写多本图书，一本图书可以由多个作者编写。

③ 图书销售情况以订单形式加以存储，一张订单可以有多本图书，一本图书可以在多个订单中出现，但同一订单中同一本图书只能出现一次。

④ 一个订单只属于一个书店，一个书店可以有多张订单。

画出该数据库的 E-R 图。

2. 某工厂（包括厂名和厂长名）需要建立一个数据库，其语义如下。

① 一个工厂内有多个车间，每个车间有车间号、车间主任姓名、地址和电话。

② 一个车间有多名工人，每名工人有职工号、姓名、年龄、性别和工种。

③ 一个车间生产多种产品，产品有产品编号、产品名称、规格型号和价格。

④ 一个车间生产多种零件，一个零件也可能由多个车间制造，零件有零件号、零件名、重量和价格。

⑤ 一个产品由多种零件组成，一种零件也可装配出多种产品。

⑥ 产品与零件均存入仓库中。

⑦ 工厂内有多个仓库，仓库有仓库号、仓库主任姓名和电话。

画出该数据库的 E-R 图。

第 2 章　关系数据库

关系数据库是目前应用最广泛的数据库，它以关系代数作为语言模型，有坚实的数学理论基础。关系模型提出后，很快便从实验室走向了社会。20 世纪 80 年代以来，几乎所有新开发的数据库管理系统都是关系型数据库。这些商用数据库系统的应用，特别是微机 RDBMS 的推广使用，使得数据库技术日益广泛地应用到企业管理、电子商务、信息检索、辅助决策等各个领域，成为实现和优化信息系统的支撑技术。本书主要介绍关系数据库的原理及其应用技术。

2.1　关系数据结构

关系模型的数据结构非常单一，它用二维表的结构来表示实体及实体之间的联系。但关系模型的这种简单的数据结构能够表达丰富的语义，描述出现实世界中实体以及实体间的各种联系。

第 1 章已经介绍了关系模型及一些相关的基本概念。关系模型建立在集合代数的基础之上，下面将从集合论和数理逻辑的角度给出关系数据结构的形式化定义。

2.1.1　关系

1. 域（Domain）

定义 2-1　域是一组具有相同数据类型的值的集合。

域用 D 表示。例如，整数、实数、A ~ Z 这 26 个字符集合、学校所有专业的名称、{男,女}、{0,1}、{优,良,中,及格,不及格}、大于等于 0 且小于等于 100 的正整数等，这些都可以是域。

域中所包含的值的个数称为域的基数（用 m 表示）。关系中用域表示属性的取值范围。例如，一个学生关系中：

$$D_1 = \{李伟,王丽,刘峰\} \qquad m_1 = 3$$
$$D_2 = \{男,女\} \qquad m_2 = 2$$
$$D_3 = \{计算机科学,信息管理\} \qquad m_3 = 2$$

其中，D_1、D_2、D_3 为域名，分别表示某个学生关系中的姓名、性别、所属专业的集合。域名无排列次序，如 $D_2 = \{男,女\} = \{女,男\}$。

2. 笛卡儿积（Cartesian Product）

定义 2-2　给定一组域 $D_1, D_2, \cdots, D_n$，这些域可以完全不同，也可以部分或全部相同。$D_1, D_2, \cdots, D_n$ 的笛卡儿积为

$$D_1 \times D_2 \times \cdots \times D_n = \{(d_1, d_2, \cdots, d_n) \mid d_i \in D_i, i = 1, 2, \cdots, n\}$$

其中每一个元素 $(d_1, d_2, \cdots, d_n)$ 叫做一个 n 元组（n-tuple），或简称为元组（Tuple）。元素中的每一个值 d_i 叫做一个分量（Component）。

若 $D_i(i=1,2,\cdots,n)$ 为有限集，其基数（Cardinal Number）为 $m_i(i=1,2,\cdots,n)$，则 $D_1 \times D_2 \times \cdots \times D_n$ 的基数为

$$m = \prod_1^n m_i$$

例如，上述表示学生关系中的姓名、性别和所属专业 3 个域的笛卡儿积为

$D_1 \times D_2 \times D_3 =$

{（李伟,男,计算机科学），（李伟,男,信息管理），（李伟,女,计算机科学），（李伟,女,信息管理），（王丽,男,计算机科学），（王丽,男,信息管理），（王丽,女,计算机科学），（王丽,女,信息管理），（刘峰,男,计算机科学），（刘峰,男,信息管理），（刘峰,女,计算机科学），（刘峰,女,信息管理）}

其中（李伟,男,计算机科学）、（李伟,男,信息管理）等都是元组，而"李伟"、"男"、"计算机科学"是 3 个分量。该笛卡儿积的基数：$3 \times 2 \times 2 = 12$，即 $D_1 \times D_2 \times D_3$ 一共有 12 个元组。

笛卡儿积可以表示为一个二维表。表中的每行对应一个元组，表中的每列对应一个域。例如，前面所述的学生关系的笛卡儿积可以表示成一张二维表，见表 2-1。

表 2-1　D_1，D_2，D_3 的笛卡儿积

姓　名	性　别	所属专业	姓　名	性　别	所属专业
李伟	男	计算机科学	王丽	女	计算机科学
李伟	男	信息管理	王丽	女	信息管理
李伟	女	计算机科学	刘峰	男	计算机科学
李伟	女	信息管理	刘峰	男	信息管理
王丽	男	计算机科学	刘峰	女	计算机科学
王丽	男	信息管理	刘峰	女	信息管理

3. 关系的数学定义

定义 2-3　$D_1 \times D_2 \times \cdots \times D_n$ 的子集称为定义在域 $D_1,D_2,\cdots,D_n$ 上的 n 元关系，用 $R(D_1,D_2\cdots,D_n)$ 表示。这里，R 表示关系的名称，n 是关系的目或度（Degree）。关系中的每个元素是关系中的元组，通常用 t 表示。

当 $n=1$ 时，称为单元关系。

当 $n=2$ 时，称为二元关系。

……

关系是笛卡儿积的子集，所以关系也是一个二维表，表的每行对应一个元组，表的每列对应一个域。由于域可以相同，为了加以区分，必须对每列起一个名字，称为属性（Attribute）。n 元关系必有 n 个属性。

可以在表 2-1 的笛卡儿积中取一个子集构造一个关系。由于一个学生只有一个性别，因此该笛卡儿积中的许多元组是无实际意义的。可以从 $D_1 \times D_2 \times D_3$ 中取出认为有意义的元组来构造关系，则这个关系可以表示为

学生（姓名,性别,所属专业）

假设一个学生只能属于一个专业，这样"学生"关系可以包含 3 个元组，见表 2-2。

表 2-2 学生关系的二维表

姓　　名	性　　别	所 属 专 业
李伟	男	计算机科学
王丽	女	计算机科学
刘峰	男	信息管理

4. 关系的性质

尽管关系与二维表、传统的数据文件非常类似，但它们之间又有重要的区别。严格地说，关系是一种规范化了的二维表中行的集合，为了使相应的数据操作简化，关系模型对关系做了种种限制。关系数据库中的基本关系具有以下 6 个性质。

（1）同一属性的数据具有同质性

同一属性名下的各个属性值必须来自同一个域，是同一类型的数据。例如，学生选课关系为：选课(学号,课程号,成绩)。这里，"成绩"这个属性中的值不能既有百分制的成绩又有五级制的成绩，而必须统一语义（如都采用百分制）。

（2）同一关系中的属性名不可以重复，而不同关系中的属性名可以相同

例如，一个员工关系中要存储员工的两种联系电话，不能把员工关系定义为：员工(员工编号,姓名,性别,电话,电话)，而应定义为：员工(员工编号,姓名,性别,固定电话,移动电话)。

（3）关系中列的顺序无所谓，即列的次序可以任意交换

由于列顺序是无关紧要的，因此在许多实际关系数据库系统中（如 Oracle、SQL Server 等）新增加的属性总是排列至最后一列。但也有一些小型数据库系统（如 FoxPro）仍然区分属性的顺序，可以将列插入到中间位置。

（4）关系中行的顺序无所谓，即行的次序可以任意交换

与列位置的顺序无关性一样，在许多实际关系数据库系统中（如 Oracle、SQL Server 等），新插入的元组总是排列至最后一行。但也有一些小型数据库系统（如 FoxPro）仍然区分了元组的顺序，可以将元组插入到中间位置。

在数据检索中，可以按各种排序要求对元组的次序进行重新排列。例如，学生选课表中的元组可以按学号排列，使得同一个人选修的所有课程排列在一起；也可以按课程排列，使得选修同一门课程的学生排列在一起。

（5）任意两个元组不能完全相同

关系中的一个元组是现实世界中的一个实体或联系，元组重复存储不仅会浪费空间，而且还会带来数据查询、插入、修改和删除时的困难或错误。虽然在大多数关系数据库系统中，如果用户没有定义有关的约束条件，它们都允许关系表中存在两个完全相同的元组，但应该尽量避免这种情况的出现。

（6）分量必须取原子值，即每一个分量都必须是不可分的数据项

关系模型要求关系必须是规范化的，即要求关系模式必须满足一定的规范条件，这些规范条件中最基本的一条就是：关系的每一个分量必须是一个不可分的数据项，即是一个确定的值，而不是值的集合。

5. 关系的码

（1）候选码与主码

能唯一标识关系中元组的属性或属性集，则称该属性或属性集为候选码（Candidate Key），也称候选键。例如，在学生关系中，学号和身份证号都能唯一标识一个学生，则属性学号和身份证号都是学生关系的候选码；在选课关系中，只有属性"学号"与"课程号"的组合（学号，课程号）才能唯一地区分每一条选课记录，因此属性集（学号，课程号）是选课关系的候选码。

设关系 R 有属性 $A_1, A_2, \cdots, A_n$，其属性集 $K = (A_i, A_j, \cdots, A_k)$，当且仅当满足下列条件时，$K$ 被称为候选码。

① 唯一性（Uniqueness）：关系 R 的任意两个不同元组，其属性集 K 的值是不同的。

② 最小性（Minimally）：组成关系键的属性集 $(A_i, A_j, \cdots, A_k)$ 中，任一属性都不能从属性集 K 中删掉，否则将破坏唯一性的性质。

例如，对于选课关系中的候选码，在（学号，课程号）这个属性集中去掉任一属性，都无法唯一地标识选课记录。

如果一个关系中有多个候选码，可以从中选择一个作为查询、插入或删除元组的操作变量。被选用的候选码称为主码，或称为主键、关键字。

例如，虽然在学生关系中学号和身份证号都可以作为学生关系的候选码，但如果选定"学号"作为数据操作的依据，则"学号"为主码。

主码是关系模型中的一个重要概念。每个关系应当选择一个主码，选定以后，不要随意改变。每个关系必定有且仅有一个主码，因为关系的元组是无重复的，至少关系的所有属性的组合可作为主码。

（2）主属性与非主属性

包含在任何一个主码中的属性称为主属性（Prime Attribute）。不包含在任何主码中的属性称为非主属性（Non-Prime Attribute）或非码属性（Non-key Attribute）。

在最简单的情况下，一个候选码只包含一个属性，如学生关系中的学号，教师关系中的教师编号。在最极端的情况下，所有属性的组合是关系的候选码，这时称为全码（All-key）。

例如，一个用来管理教师不同学期授课记录的授课关系：授课（教师编号，课程编号，开课学期）。它的三个属性相互之间都是多对多关系，即一名教师可以讲授多门课程，一门课程可以由多名教师讲授，同一名教师可以在不同学期讲授同一门课程。但同一名教师、同一门课程、同一学期只能在关系中出现一次。因此，（教师编号，课程编号，开课学期）这 3 个属性的组合才是授课关系的候选码，称为全码，而教师编号、课程编号和开课学期 3 个都是主属性。

2.1.2 关系模式

定义 2-4 关系的描述称为关系模式。关系模式可以形式化地表示为

$$R(U, D, DOM, F)$$

其中，R 为关系名，U 为组成该关系的属性集合，D 为属性集 U 中属性所来自的域，DOM 为属性向域的映像的集合，F 为属性间数据的依赖关系集合。

有关属性间的数据依赖问题将在第 3 章中专门讨论，本章中的关系模式仅涉及关系名、属性名、域名和属性向域的映像 4 部分。

关系模式通常简记为：$R(U)$ 或 $R(A_1, A_2, \cdots, A_n)$

其中，R 为关系名，$A_1, A_2, \cdots, A_n$ 为属性名，而域名及属性向域的映像常常直接说明为属性的类型、长度。对于作为主码的属性通常被放置在前面并用下画线做标记，以区别于其他一般属性。

关系模式是对关系的描述，是一个关系的框架或结构。关系实质上是按关系模式组织的二维表，关系既包括结构也包括其数据，关系的数据是元组，也可以称它为关系的内容。一般来说，关系模式是稳定的、静态的，关系数据库一旦定义后，其结构不能随意改动；而关系的数据是动态的，关系数据库中的内容可以不断增加、修改或删除。在实际应用中，常常把关系模式和关系统称为关系，读者可通过上下文加以区别。

2.1.3　关系数据库

在关系模型中，实体以及实体间的联系都是用关系来表示的。在给定的一个应用领域中，所有实体集及实体之间的联系所形成关系的集合就构成了一个关系数据库。

关系数据库也有型和值之分。关系数据库的型也称为关系数据库模式，是对关系数据库的描述，它包括若干域的定义以及在这些域上定义的若干关系模式。关系数据库的值也称为关系数据库，是这些关系模式在某一时刻对应的关系的集合，也就是所说的关系数据库的数据。关系数据库模式与关系数据库系统通常称为关系数据库。

下面给出一个有关学生选课成绩管理的关系数据库实例 Education，它包含学生、课程、教师、选课和授课等 5 个关系模式，分别用 Students，Courses，Teachers，StudCourses，Instructions 表示。各个关系具体内容见表 2-3 ~ 表 2-7。

Students(<u>Sno</u>, Sname, Gender, BirthDate, PID, Major)

Courses(<u>Cno</u>, Cname, Pcno, Type, Credit)

Teachers(<u>Tno</u>, Tname, Gender, BirthDate, Title, Major)

StudCourses(<u>Sno</u>, <u>Cno</u>, Grade)

Instructions(<u>Tno</u>, <u>Cno</u>, Period)

2.2　关系操作概述

关系模型与其他数据模型相比，一个重要特色就是关系操作语言。关系操作语言灵活方便，具有强大的查询表达能力。

1. 关系操作的类型

关系模型中的关系操作分为数据查询、数据维护和数据控制 3 个部分。数据查询用于数据的检索、统计、排序和分组汇总；数据维护用于数据的插入、修改和删除；数据控制是为了保证数据的完整性而采用的数据存取控制与并发控制。

关系操作的数据查询功能主要使用关系代数中的选择（Select）、投影（Projection）、连接（Join）、除（Divide）、并（Union）、交（Intersection）、差（Difference）和笛卡儿积（Extended Cartesian Product）等 8 种操作来表示，其中前 4 种为专门的关系运算，后 4 种为传统的集合运算。

表 2-3 关系数据库实例 Education 中的学生关系 Students

Sno 学号	Sname 姓名	Gender 性别	BirthDate 出生日期	PID 身份证号	Major 所属专业
S1	李红	女	1990-12-21	330602XXXX12211234	信息管理
S2	张雷	男	1991-01-15	110103XXXX01156789	计算机科学
S3	胡斌	男	1989-11-09	321001XXXX11091234	电子商务
S4	陈龙	男	1991-04-12	360101XXXX04123456	信息管理
S5	赵敏	女	1990-12-06	440605XXXX12067891	计算机科学
S6	王涛	男	1990-10-17	330101XXXX10178901	信息管理

表 2-4 关系数据库实例 Education 中的课程关系 Courses

Cno 课程号	Cname 课程名	Pcno 前修课程	Type 类别	Credit 学分
C1	数据库	C2	自然科学	4
C2	C 程序设计		自然科学	3
C3	电子商务		经济管理	2
C4	数据结构	C2	自然科学	3
C5	编译原理	C4	自然科学	3
C6	操作系统	C5	自然科学	4
C7	Web 技术	C1	自然科学	3

表 2-5 关系数据库实例 Education 中的教师关系 Teachers

Tno 教师号	Tname 姓名	Gender 性别	BirthDate 出生日期	Title 职称	Major 所属专业
T1	赵宏民	男	1967-12-15	教授	信息管理
T2	钱敏霞	女	1976-04-16	副教授	电子商务
T3	孙一维	男	1980-10-23	讲师	计算机科学
T4	李晓明	男	1978-11-06	副教授	信息管理

表 2-6 关系数据库实例 Education 中的选课关系 StudCourses

Sno 学号	Cno 课程号	Grade 成绩	Sno 学号	Cno 课程号	Grade 成绩
S1	C1	90	S2	C5	82
S1	C2	86	S3	C1	65
S1	C3	75	S3	C3	50
S1	C4	70	S4	C1	69
S2	C1	82	S4	C6	55
S2	C4	88	S5	C7	76

表 2-7 关系数据库实例 Education 中的授课关系 Instructions

Tno 教师号	Cno 课程号	Period 开课学期	Tno 教师号	Cno 课程号	Period 开课学期
T1	C1	2010-1	T3	C5	2010-1
T1	C2	2010-1	T3	C7	2010-1
T1	C1	2010-2	T3	C5	2010-2
T2	C3	2010-1	T3	C7	2010-2
T2	C1	2010-1	T4	C6	2010-1
T2	C3	2010-2	T4	C6	2010-2

2. 关系操作的特点

关系操作采用集合操作方式，即操作的对象和结果都是集合。这种操作方式也称为一次一集合（Set-at-a-time）的方式。相应地，非关系数据模型的数据操作方式则为一次一记录（Record-at-a-time）的方式。

关系操作语言具有强大的表达能力，它是一种非过程化的第四代语言（Non-procedural 4th Generation Language，4GL），使用简单，语句集成度高。例如，关系查询语言中的数据检索、统计、排序或分组汇总中的一条语句，等效于其他高级语言的一大段程序。用户在使用关系语言时，只需要指出做什么，而不需要指出怎么做，数据存取路径的选择、数据操作方法的选择和优化都由 DBMS 自动完成。关系操作语言的这种高度非过程化的特点使得关系数据库的使用非常简单，由此得到了广泛的接受和应用。

关系运算可以对关系的二维表进行任意的分割和合并。

3. 关系操纵语言的种类

关系模型中早期的关系操纵能力通常是用代数方式或逻辑方式来表示的，分别称为关系代数和关系演算。关系操纵语言分为以下 3 种。

（1）关系代数语言

关系代数语言是用对关系的运算来表达查询要求的语言。关系代数语言的典型代表是 ISBL（Information System Base Language）。

（2）关系演算语言

关系演算语言是用谓词来表达查询要求的语言。关系演算语言又可以分为元组演算语言和域演算语言两种。元组演算语言的谓词变元的基本对象是元组变量；域演算语言的谓词变元的基本对象是域变量。域演算语言的典型代表是 QBE（Query by Example）。

（3）基于映像的语言

基于映像的语言是具有关系代数和关系演算双重特点的语言。结构化查询语言（SQL）是基于映像的语言。SQL 不仅具有丰富的查询功能，而且具有数据定义和数据控制功能。SQL 简洁，使用方便，充分体现了关系数据语言的特点和优点，是关系数据库的标准语言和主流语言。

关系代数、元组关系演算和域关系演算都是抽象的查询语言，这些抽象的语言与具体的 DBMS 中实现的实际语言并不完全一样，但它们能用做评估实际系统中查询语言能力的标准或基础。实际的查询语言除了提供关系代数或关系演算的功能外，还提供了许多附加功能，如集合函数、关系赋值、算术运算等。关系数据库查询语句将在本书的数据库技术部分进行详细介绍。

2.3 关系的完整性

关系模型的完整性规则是对关系的某种约束条件，以保证数据的正确性、有效性和相容性。关系模型中可以有 3 类完整性约束：实体完整性、参照完整性和用户定义的完整性。其中实体完整性和参照完整性是关系模型必须满足的完整性约束条件，被称做是关系的两个不变性，应该由关系数据库系统自动支持。

1. 实体完整性（Entity Integrity）

现实世界中的实体是可区分的，即它们具有某种唯一性标识。与此相对应，关系模型中以主码来唯一标识元组。如果主属性取空值，就说明存在某个不可标识的实体，即存在不可区分的实体，这与现实世界的应用环境相矛盾，因此这个实体一定不是一个完整的实体。

规则 2-1 实体完整性规则：若属性 A 是基本关系 R 的主属性，则属性 A 不能取空值。

实体完整性规则规定所有主属性都不能取空值，而不仅仅是主码不能取空值。所谓空值（NULL）就是"不知道"（unknown）或"不能确定"（not yet specified）的值。

例如，在学生关系 Students 中，属性"学号"可以唯一标识一个元组，也可以唯一标识学生实体，它是主码，因此它不能取空值。同样，在选课关系 StudCourses 中，属性集（学号，课程号）为主码，则所有选课记录的学号和课程号两个属性均不能取空值。

2. 参照完整性（Referential Integrity）

参照完整性也称为引用完整性。现实世界中的实体之间往往存在某种联系。在关系模型中实体及实体间的联系都是用关系来描述的，这样就自然存在着关系与关系间的引用。

定义 2-5 设 F 是基本关系 R 的一个或一组属性，但不是关系 R 的码，如果 F 与基本关系 S 的主码 K_s 相对应，则称 F 是基本关系 R 的外码（Foreign Key），**并称基本关系 R 为参照关系**（Referencing Relation），**基本关系 S 为被参照关系**（Referenced Relation）**或目标关系**（Target Relation）。**关系 R 和 S 不一定是不同的关系。**

外码（FK，也称外键）用来加强关系的完整性，通常用来建立和加强两个关系中数据之间的链接。外码规定其取值不能超出被参照关系中主码的取值范围，否则将视其为非法数据。

以表 2-3 ~ 表 2-7 所示的数据库 Education 为例，学生关系 Students 中的<u>学号</u>为主码，课程关系 Courses 中的<u>课程号</u>为主码，在选课关系 StudCourses 中，属性<u>学号</u>定义为外码，它参照学生关系中的<u>学号</u>，也就是说选课关系中<u>学号</u>的取值必须在学生关系的<u>学号</u>中是已经存在的。同样，选课关系中的属性<u>课程号</u>也是外码，它参照课程关系中的<u>课程号</u>，即选课关系中<u>课程号</u>的取值必须在课程关系的<u>课程号</u>中是已经存在的。

图 2-1 描述了这 3 个关系中外码与主码之间的联系。由于在选课关系 StudCourses 中定义了<u>学号</u>和<u>课程号</u>两个外码，其<u>学号</u>的取值必须是学生关系 Students <u>学号</u>中的其中一个，即 {S1,S2,S3,S4} 中的某一个；<u>课程号</u>的取值也必须是课程关系 Courses <u>课程号</u>中的其中一个，即 {C1,C2,C3,C4,C5} 中的某一个。因此，元组（S5,C8,70）和（S7,C1,78）两个元组都无法插入到选课关系中去，因为课程号 C8 在课程关系的课程号中是不存在的，学号 S7 在学生关系的学号中也是不存在的。

实例 2-1 已知某教务管理系统中的课程、教师、授课和专业等 4 个关系模式描述如下（主码由下画线标识），**定义这些关系的外码，并用图表描述关系间的参照和被参照关系。**

课程（<u>课程号</u>，课程名称，前修课程，学分）= Courses （ <u>Cno</u>，Cname，Pcno，Credit ）

教师（<u>教师号</u>，姓名，职称，所属专业）= Teachers （ <u>Tno</u>，Tname，Title，MajorNo ）

授课（<u>教师号</u>，<u>课程号</u>，开课学期）= Instructions （ <u>Tno</u>，<u>Cno</u>，Period ）

专业（<u>专业号</u>，专业名称，专业负责人）= Majors （ <u>MajorNo</u>，Major，LeaderNo ）

假设一名教师只属于某个专业，一个专业可以有多名教师。教师关系中的所属专业，参照专业关系中的专业号；授课关系中的教师号和课程号都是外码，它们分别参照教师关系中的教师号和课程关系中的课程号；专业关系中的专业负责人是外码，参照教师关系中的教师号，因为专业负责人也是教师。这些外码参照关系可用如图 2-2 所示来表示。

需要指出的是，外码并不一定要与相应的主码同名。例如，实例 2-1 中专业负责人 LeaderNo 参照的是教师关系中的教师编号 Tno，它们并不同名。不过，在实际应用中，为了

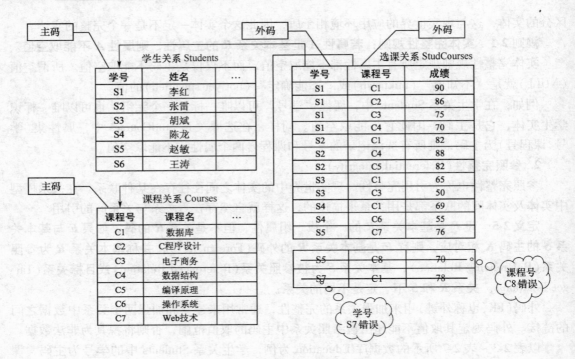

图 2-1　外码与主码之间的参照和被参照关系的实例

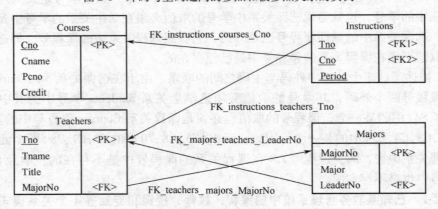

图 2-2　外码及其关系参照图

便于识别，当外码与相应的主码属于不同关系时，往往给它们取相同的名字。

规则 2-2　**参照完整性规则**：若属性（或属性组）F 是基本关系 R 的外码，它与基本关系 S 的主码 K_s 相对应（基本关系 R 和 S 不一定是不同的关系），则对于 R 中每个元组在 F 上的值必须满足以下条件。

- 或者取空值（F 的每个属性值均为空值）。
- 或者等于 S 中某个元组的主码值。

例如，在实例 2-1 中，教师关系中每个元组的"专业编号"属性只能取下面两类值：

① 空值，表示尚未给该教师分配专业。

② 非空值，这时该值必须是专业关系中某个元组的专业编号值，表示该教师不可能分配到一个不存在的专业中。

实例 2-2 求下列"员工"和"部门"两个关系模式中的主码和外码。

员工(员工号,姓名,性别,出生日期,雇佣日期,直接主管,所在部门号)

部门(部门号,部门名称,部门负责人)

如规则 2-2 所述,在参照完整性规则中,R 与 S 可以是同一个关系。在员工关系中,属性"员工号"是主码,属性"直接主管"是指当前员工应该由其他哪位员工来领导,或者说他应该向其他哪位员工汇报工作。因此,属性"直接主管"表示的是与自己不同的另一个员工,它引用了自己所在的员工关系中的"员工号"这个主属性,因此"直接主管"是外码,而员工关系既是参照关系也是被参照关系。

在"部门"关系中,属性"部门号"是主码。"员工"关系中的属性"所在部门号"与"部门"关系主码"部门号"相对应,也就是说"所在部门号"是"员工"关系的外码,而"部门"关系是被参照关系。另一方面,"部门"关系中的部门负责人也是一个员工,因此属性"部门负责人"是"部门"关系的外码,它参照"员工"关系中的主码"员工号"。因此,这两个关系模式相互之间既有参照关系又有被参照关系。

当参照和被参照是同一关系时,应当注意,被参照的元组必须先插入,因为只有它的存在,参照它的另一个元组才可以被插入进去。

尽管外码约束的主要目的是控制存储在外码表中的数据,但它还可以控制对主码所在关系中数据的更改。例如,如果在学生关系 Students 中删除一名学生,而这名学生的学号在选课关系 StudCourses 中记录成绩时已被使用,这时两个表之间关联的完整性将被破坏。也就是说,选课关系 StudCourses 中该学生的成绩因为与学生关系 Students 中的数据没有链接而变得孤立了。外码约束可以防止这类情况的发生。

3. 用户定义的完整性(User-defined Integrity)

任何关系数据库系统都应当具有实体完整性和参照完整性。除此之外,不同的关系数据库系统根据其应用环境的不同,往往还需要一些特殊的约束条件。用户定义的完整性就是针对某一具体关系数据库的约束条件,它反映某一具体应用所涉及的数据必须满足的语义要求。例如,学生关系中的属性"身份证号"必须是独一无二的,"姓名"不能取空值,"成绩"取值也必须在 0~100 之间等。关系模型应提供定义和检验这类完整性的机制,以便用统一的、系统的方法去处理它们,而不要由应用程序承担这一功能。

关系完整性的用户自定义方法将在第 5 章中进行详细的阐述。

2.4 关系代数

关系代数是一种抽象的查询语言,是关系数据操作语言的一种传统表达方式,它是用对关系的运算来表达查询的。

关系代数的运算对象是关系,运算结果也为关系。关系代数用到的运算符包括 4 类:集合运算符、专门的关系运算符、比较运算符和逻辑运算符,见表 2-8。

比较运算符和逻辑运算符是用来辅助专门的关系运算符进行操作的,所以关系代数的运算按运算符的不同主要分为传统的集合运算和专门的关系运算两类。其中传统的集合运算将关系看成元组的集合,其运算是从关系的"水平"方向即行的角度来进行的,而专门的关系运算不仅涉及行而且涉及列。

表 2-8　关系代数运算符

运　算　符		含　义	运　算　符	含　义
集合运算符	∪	并	>	大于
	−	差	> =	大于或等于
	∩	交	<	小于
	×	笛卡儿积	< =	小于或等于
专门的关系运算符	σ	选择	=	等于
	∏	投影	< > 或 ≠	不等于
	⋈	连接	┐	非
	÷	除	∧	与
			∨	或

比较运算符对应 >、> =、<、< =、=、< > 或 ≠。逻辑运算符对应 ┐、∧、∨。

为了方便叙述，这里先引入以下几个记号。

（1）分量

设关系模式为 $R(A_1, A_2, \cdots, A_n)$。它的一个关系设为 R。$t \in R$ 表示 t 是 R 的一个元组。$T[A_i]$ 则表示元组 t 中相应于属性 A_i 的一个分量。

（2）属性列或域列

若 $A = \{A_{i1}, A_{i2}, \cdots, A_{ik}\}$，其中 $A_{i1}, A_{i2}, \cdots, A_{ik}$ 是 $A_1, A_2, \cdots, A_n$ 中的一部分，则 A 称为属性列或域列。$\overline{A}$ 则表示 $\{A_1, A_2, \cdots, A_n\}$ 中去掉 $\{A_{i1}, A_{i2}, \cdots, A_{ik}\}$ 后剩余的属性组。$t[A] = (t[A_{i1}], t[A_{i2}], \cdots, t[A_{in}])$ 表示元组 t 在属性列 A 上诸分量的集合。

（3）元组的连接

R 为 n 目关系，S 为 m 目关系。$t_r \in R$，$t_s \in S$。$\widehat{t_r t_s}$ 称为元组的连接（Concatenation）。它是 $(n+m)$ 列的元组，前 n 个分量为 R 中的一个 n 元组，后 m 个分量为 S 中的一个 m 元组。

（4）像集

给定一个关系 $R(X, Z)$，X 和 Z 为属性组。可以定义，当 $t[X] = x$ 时，x 在 R 中的像集（Image Set）为

$$Z_x = \{t[Z] \mid t \in R, t[X] = x\}$$

它表示 R 中属性组 X 上值为 x 的诸元组在 Z 上分量的集合。

2.4.1　集合运算

传统的集合运算都是二目运算，包括并、差、交、广义笛卡儿积 4 种运算，如图 2-3 所示。

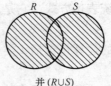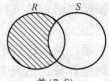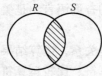

并 $(R \cup S)$　　　差 $(R-S)$　　　交 $(R \cap S)$　　　笛卡儿积 $(R \times S)$

图 2-3　传统的集合运算

1. 并（union）

设关系 R 和关系 S 具有相同的目 n（即两个关系都有 n 个属性），且相应的属性取自同一

个域，则关系 R 与关系 S 的并由属于 R 或属于 S 的元组组成，其结果关系仍为 n 目关系，记作 $R \cup S$。形式定义如下：

$$R \cup S = \{t \mid t \in R \vee t \in S\}$$

2. 差（difference）

设关系 R 和关系 S 具有相同的目 n，且相应的属性取自同一个域，则关系 R 与关系 S 的差由属于 R 但不属于 S 的元组组成。其结果关系仍为 n 目关系，记作 $R - S$。形式定义如下：

$$R - S = \{t \mid t \in R \wedge t \notin S\}$$

3. 交（Intersection）

设关系 R 和关系 S 具有相同的目 n，且相应的属性取自同一个域，则关系 R 与关系 S 的交由既属于 R 又属于 S 的元组组成。其结果关系仍为 n 目关系，记作 $R \cap S$。形式定义如下：

$$R \cap S = \{t \mid t \in R \wedge t \in S\}$$

关系的交操作也可以用差操作来表示，即 $R \cap S = R - (R - S)$，因此交操作不是关系代数的基本操作。

4. 广义笛卡儿积（Extended Cartesian Product）

两个分别为 n 目和 m 目的关系 R 和 S 的广义笛卡儿积是一个 $(n+m)$ 列的元组的集合。元组的前 n 列是关系 R 的一个元组，后 m 列是关系 S 的一个元组。若 R 有 k_1 个元组，S 有 k_2 个元组，则关系 R 和关系 S 的广义笛卡儿积有 $k_1 \times k_2$ 个元组，记作 $R \times S$。形式定义如下：

$$R \times S = \{\widehat{t_r t_s} \mid t_r \in R \wedge t_s \in S\}$$

表 2-9 和表 2-10 分别具有 3 个属性列的关系 R 和 S，表 2-11 为关系 R 与 S 的并，表 2-12 为关系 R 与 S 的交，表 2-13 为关系 R 与 S 的差，表 2-14 为关系 S 与 R 的差，表 2-15 为关系 R 与 S 的广义笛卡儿积。

表 2-9　R

A	B	C
a1	b1	c1
a1	b2	c3
a2	b1	c2

表 2-10　S

A	B	C
a1	b1	c1
a1	b1	c2
a1	b2	c3
a3	b2	c3

表 2-11　$R \cup S$

A	B	C
a1	b1	c1
a1	b2	c3
a2	b1	c2
a1	b1	c2
a3	b2	c3

表 2-12　$R \cap S$

A	B	C
a1	b1	c1
a1	b2	c3

表 2-13　$R - S$

A	B	C
a2	b1	c2

表 2-14　$S - R$

A	B	C
a1	b1	c2
a3	b2	c3

表 2-15　$R \times S$

A	B	C	A	B	C
a1	b1	c1	a1	b1	c1
a1	b1	c1	a1	b1	c2
a1	b1	c1	a1	b2	c3
a1	b1	c1	a3	b2	c3
a1	b2	c3	a1	b1	c1
a1	b2	c3	a1	b1	c2
a1	b2	c3	a1	b2	c3
a1	b2	c3	a3	b2	c3
a2	b1	c2	a1	b1	c1
a2	b1	c2	a1	b1	c2
a2	b1	c2	a1	b2	c3
a2	b1	c2	a3	b2	c3

2.4.2 专门的关系运算

专门的关系运算（Native Relational Operations）包括选择、投影、连接、除等。

1. 选择（Selection）

选择又称为限制（Restriction），是根据某些条件对关系进行水平分割，即在关系 R 中选择满足给定条件的元组。

关系 R 关于条件 F 的选择运算记作 $\sigma_F(R)$，形式定义如下：

$$\sigma_F(R) = \{t \mid t \in R \land F(t) = '真'\}$$

其中，σ 是选择运算符；F 表示选择条件，它是一个逻辑表达式，取逻辑值"真"或"假"；F 由逻辑运算符 $\lnot$、$\land$ 和 $\lor$ 连接各个条件表达式组成。

条件表达式的基本形式为：

$$X_1 \theta Y_1$$

其中，θ 表示比较运算符，它可以是 >、$\geqslant$、<、$\leqslant$、$=$ 或 $\neq$ 中的一种；X_1、Y_1 是属性名、常量或简单函数。属性名也可以用它的序号来代替（如 1、2…）。

下面的关系代数实例根据表 2-3 ~ 表 2-7 所示的关系数据库 Education 中的各个关系进行运算。

实例 2-3 查询学生关系中信息管理专业（IS）的全体学生。

$$\sigma_{\text{Major} = '信息管理'}(\text{Students}) \quad 或 \quad \sigma_{6 = '信息管理'}(\text{Students})$$

这里的 6 是 Major 在学生关系中的属性序号。

实例 2-4 查询学生关系中 **1990** 年出生的全体男学生。

$$\sigma_{\text{BirthDate} > = '1990\text{-}01\text{-}01' \land \text{BirthDate} < = '1990\text{-}12\text{-}31' \land \text{Gender} = '男'}(\text{Students}) \quad 或$$

$$\sigma_{4 > = '1990\text{-}01\text{-}01' \land 4 < = '1990\text{-}12\text{-}31' \land 3 = '男'}(\text{Students})$$

这里，1990 年出生这个条件需要两个逻辑表达式 BirthDate > = '1990-01-01' 和 BirthDate < = '1990-12-31' 的"与"运算才能实现。

2. 投影（Projection）

投影是从关系 R 中选择若干属性列组成新的关系，即对关系进行垂直分割，消去某些列，并重新安排列的顺序。

关系 R 关于属性 A 的投影运算记作 $\prod_A(R)$，形式定义如下：

$$\prod_A(R) = \{t[A] \mid t \in R\}$$

投影不仅取消了原来关系中的某些列，而且应该删除完全重复的元组，因为取消了某些属性后，就有可能出现重复的元组。

实例 2-5 查询学生关系在学生姓名及其所属专业两个属性上的投影。

$$\prod_{\text{Sname, Major}}(\text{Students}) \quad 或 \quad \prod_{2,6}(\text{Students})$$

如果查询在学生关系中有哪些专业，即查询学生所属专业属性上的投影，表示为

$$\prod_{\text{Major}}(\text{Students})$$

实例 2-6 查询选修了 **C1** 课程的所有学生的学号。

$$\prod_{\text{Sno}}(\sigma_{\text{Cno} = 'C1'}(\text{StudCourses}))$$

本实例把选择运算和投影运算相结合，先在选课关系中选取满足条件的元组，再在学号（Sno）属性上进行投影。

3. 连接（Join）

连接运算是从两个关系的笛卡儿积中选取属性间满足一定条件的元组。

连接运算从关系 R 和 S 的广义笛卡儿积 $R \times S$ 中选取（R 关系）在 A 属性组上的值与（S 关系）在 B 属性组上的值满足比较关系 θ 的元组，记作 $R\underset{A\theta B}{\bowtie}S$，形式定义如下：

$$R\underset{A\theta B}{\bowtie}S = \{\widehat{t_r t_s} \mid t_r \in R \wedge t_s \in S \wedge t_r[A]\theta t_s[B]\}$$

其中，A 和 B 分别为关系 R 和 S 上度数相等且可比的属性组；θ 是比较运算符。显然，连接运算是笛卡儿积和选择操作组合而成的，因此，连接操作等价于

$$R\underset{A\theta B}{\bowtie}S = \sigma_{A\theta B}(R \times S)$$

连接运算中有两种最为重要也最为常用的连接，一种是等值连接（Equi-join），另一种是自然连接（Natural Join）。

θ 为 "＝" 的连接运算称为等值连接。它是从关系 R 与 S 的笛卡儿积中选取 A、B 属性值相等的那些元组，即等值连接为

$$R\underset{A=B}{\bowtie}S = \{\widehat{t_r t_s} \mid t_r \in R \wedge t_s \in S \wedge t_r[A] = t_s[B]\}$$

自然连接是一种特殊的等值连接，它要求两个关系中进行比较的分量必须是相同的属性组，并且要在结果中把重复的属性去掉。即若 R 和 S 具有相同的属性组 B（通常要求 R 和 S 必须至少有一个相同属性），则自然连接可记为

$$R\bowtie S = \{\widehat{t_r t_s} \mid t_r \in R \wedge t_s \in S \wedge t_r[B] = t_s[B]\}$$

一般的连接操作是从行的角度进行运算，但自然连接还需要取消重复列，所以是同时从行和列的角度进行运算。

实例 2-7　设关系 R 和 S 分别如表 2-16 和表 2-17 所示，则 $R\underset{C<E}{\bowtie}S$ 的结果见表 2-18，等值连接 $R\underset{R.B=S.B}{\bowtie}S$ 的结果见表 2-19，自然连接 $R\bowtie S$ 的结果见表 2-20。

由于 R 和 S 具有的相同属性组为属性 B，因此，R 和 S 的自然连接结果是从表 2-19 中去掉一个重复的属性 $R.B$ 或 $S.B$。

表 2-16　R

A	B	C
$a1$	$b1$	5
$a1$	$b2$	6
$a2$	$b3$	8
$a2$	$b4$	15

表 2-17　S

B	E
$b1$	3
$b2$	8
$b3$	13
$b3$	2
$b5$	2

表 2-18　$R\underset{C<E}{\bowtie}S$（一般连接）

A	$R.B$	C	$S.B$	E
$a1$	$b1$	5	$b2$	8
$a1$	$b1$	5	$b3$	13
$a1$	$b2$	6	$b2$	8
$a1$	$b2$	6	$b3$	13
$a2$	$b3$	8	$b3$	13

表 2-19　$R\underset{R.B=S.B}{\bowtie}S$（等值连接）

A	$R.B$	C	$S.B$	E
$a1$	$b1$	5	$b1$	3
$a1$	$b2$	6	$b2$	8
$a2$	$b3$	8	$b3$	13
$a2$	$b3$	8	$b3$	2

表 2-20　$R\bowtie S$（自然连接）

A	B	C	E
$a1$	$b1$	5	3
$a1$	$b2$	6	8
$a2$	$b3$	8	13
$a2$	$b3$	8	2

4. 除（Division）

给定关系 $R(X,Y)$ 和 $S(Y,Z)$，其中 X，Y，Z 为属性组。Y 与 S 中的 Y 可以有不同的属性名，但必须出自相同的域集。R 与 S 的除运算得到一个新的关系 $P(X)$，P 是 R 中满足下列条件的元组在 X 属性列上的投影：元组在 X 上分量值 x 的像集 Y_x 包含 S 在 Y 上投影的集合。形式定义如下：

$$R \div S = \{t_r[X] \mid t_r \in R \wedge Y_x \supseteq \textstyle\prod Y(S)\}$$

其中 Y_x 为 x 在 R 中的像集，$x = t_r[X]$。

除操作是同时从行和列角度进行运算。

实例 2-8 设关系 R 和 S 分别如表 2-21 和表 2-22 所示，则 $R \div S$ 的结果见表 2-23。

在关系 R 中，A 可以取两个值（$a1$, $a2$）。其中：

$a1$ 的像集为 $\{(b1,c2),(b2,c1),(b2,c2),(b2,c3),(b2,c4),(b1,c5)\}$

$a2$ 的像集为 $\{(b1,c1),(b1,c2)\}$

S 在 (B,C) 上投影为 $\{(b1,c2),(b2,c1)\}$

显然只有 $a1$ 的像集 $(B,C)_{a1}$ 包含 S 在 (B,C) 属性组上的投影，所以 $R \div S = \{a1\}$。

表 2-21 R

A	B	C	A	B	C
a1	b1	c2	a2	b1	c2
a2	b1	c1	a1	b2	c3
a1	b2	c1	a1	b2	c4
a1	b2	c2	a1	b1	c5

表 2-22 S

B	C	D
b1	c2	d1
b2	c1	d2

表 2-23 R÷S

A
a1

下面再以表 2-3 ～ 表 2-7 中的数据库 Education 为例，给出几个综合运用多种关系代数运算进行查询的例子。

实例 2-9 查询选修了 **C2** 课程的学生的学号和姓名。

$$\textstyle\prod_{Sno,Sname}(\sigma_{Cno='C2'}(StudCourses \bowtie Students)) \quad 或$$

$$\textstyle\prod_{Sno,Sname}(\sigma_{Cno='C2'}(StudCourses) \bowtie Students)$$

这里通过选课表与学生表的自然连接，得到选课表中学号对应的学生表中的姓名和其他学生信息。

实例 2-10 查询没有选修 **C3** 课程的学生的学号。

$$\textstyle\prod_{Sno}(Students) - \textstyle\prod_{Sno}(\sigma_{Cno='C3'}(StudCourses))$$

这里通过在全部学号中去掉选修 C3 课程的学生的学号，得到没有选修 C3 课程的学生的学号。由于在减、交、并运算时，参加运算的关系应结构一致，因此应当先投影，再执行减操作。

实例 2-11 查询既选修了 **C1** 又选修了 **C3** 课程的学生的学号。

$$\textstyle\prod_{Sno}(\sigma_{Cno='C1'}(StudCourses)) \cap \textstyle\prod_{Sno}(\sigma_{Cno='C3'}(StudCourses))$$

这里采用先查询选修 C1 课程的学生，再查询选修 C3 课程的学生，最后采用交运算的方法求解。由于选择运算为元组运算，在同一元组中，课程号不可能既是 C1 同时又是 C3，因此下列运算无结果集。

$$\prod\nolimits_{Sno}\left(\sigma_{Cno='C1'\wedge Cno='C3'}\left(StudCourses\right)\right)$$

实例 2-12　查询选修了 **C1** 或 **C3** 课程的学生的姓名。

$$\prod\nolimits_{Sname}\left(\sigma_{Cno='C1'}\left(StudCourses\right)\bowtie Students\right)\cup\prod\nolimits_{Sname}\left(\sigma_{Cno='C3'}\left(StudCourses\right)\bowtie Students\right)\text{ 或}$$

$$\prod\nolimits_{Sname}\left(\sigma_{Cno='C1'\vee Cno='C3'}\left(StudCourses\right)\bowtie Students\right)\text{ 或}$$

$$\prod\nolimits_{Sname}\left(\sigma_{Cno='C1'}\left(StudCourses\bowtie Students\right)\right)\cup\prod\nolimits_{Sname}\left(\sigma_{Cno='C3'}\left(StudCourses\bowtie Students\right)\right)$$

这里使用"并"运算和使用选择条件中的"或"运算先得到选修了 C1 或 C3 课程的学生，再通过自然连接得到学生姓名。

实例 2-13　查询选修了课程名称为"数据库"的学生的姓名。

$$\prod\nolimits_{Sname}\left(\sigma_{Cname='数据库'}\left(Courses\right)\bowtie StudCourses\bowtie\prod\nolimits_{Sno,Sname}\left(Students\right)\right)\text{ 或}$$

$$\prod\nolimits_{Sname}\left(\prod\nolimits_{Sno}\left(\sigma_{Cname='数据库'}\left(Courses\right)\bowtie StudCourses\right)\bowtie\prod\nolimits_{Sno,Sname}\left(Students\right)\right)$$

第一种方法先从 Courses 关系中选择课程为"数据库"的元组，并与 StudCourses 关系进行自然连接，同时从 Students 关系中选择学生学号和姓名，然后将 3 个关系进行自然连接得到学生姓名。第二种方法先通过 Courses 关系与 StudCourses 关系的自然连接求出选修"数据库"课程的学生学号，同时从 Students 关系中选择学生学号和姓名，然后再将两个关系进行自然连接得到学生姓名。

实例 2-14　查询至少选修了 **C1** 和 **C3** 课程的学生的学号。

首先建立一个临时关系 K，$K=\prod\nolimits_{Cno}\left(\sigma_{Cno='C1'\vee Cno='C3'}\left(StudCourses\right)\right)$，即

Cno
C1
C3

然后求：

$$\prod\nolimits_{Sno,Cno}\left(StudCourses\right)\div K$$

求解过程与实例 2-8 类似，先对 StudCourses 关系在 Sno 和 Cno 属性上投影，然后对其中每个元组逐一求出每一名学生的像集，并以此检查这些像集是否包含 K。

实例 2-15　查询哪些学生至少选修了学号为"**S1**"这个学生所选修的课程，并得到这些学生的学号和姓名。

$$\prod\nolimits_{Sno,Sname}\left(\prod\nolimits_{Sno,Cno}\left(StudCourses\right)\div\prod\nolimits_{Cno}\left(\sigma_{Sno='S1'}\left(StudCourses\right)\right)\bowtie Students\right)$$

这里需要注意几个问题：

① 除关系和被除关系都为选课表。

② 对除关系的处理方法是先选择后投影。通过选择运算，求出学号为"S1"的学生所选课程的元组；通过投影运算，得出除关系的结构。这里，对除关系的投影是必需的。如果不进行投影运算，除关系就会与被除关系的结构一样，将会产生无结果集的问题。

③ 对被除关系的投影运算后，该除运算的结果关系中仅有学号属性。

实例 2-16　查询至少选修了两门自然科学类课程的学生姓名。

先通过 Courses 与 StudCourses 的自然连接，得到每个学生选修的自然科学类课程，记为

关系 K（K 包含 Sno 和 Cno 两个属性），然后通过关系 K 与其自身的笛卡儿积，求出至少选修了两门不同自然科学类课程的学生学号，最后通过与 Students 的自然连接得到学生姓名。

$$K = \prod_{Cno} (\sigma_{Type = '自然科学'} (Courses)) \bowtie \prod_{Sno, Cno} (StudCourses)$$

$$\prod_{Sname} (\prod_{Sno} (\sigma_{1 = 3 \cdot 2 \neq 4} (K \times K))) \bowtie Students$$

实例 2-17 查询哪些学生至少选修了一门学号为"S1"的这个学生所选修的课程，求这些学生的学号和姓名。

先求出学号为"S1"的这个学生选修过的课程，得到的关系设为 K，然后将 StudCourses 与 K 进行自然连接，在 StudCourses 关系中提取有一门课程编号与 K 相同的学生学号，最后通过与 Students 的自然连接和投影得到这些学生的学号和姓名。

$$K = \prod_{Cno} (\sigma_{Sno = 'S1'} (StudCourses))$$

$$\prod_{Sno, Sname} (\prod_{Sno} (\sigma_{Sno < > 'S1'} (StudCourses \bowtie K))) \bowtie Students$$

2.5 查询优化

2.5.1 查询优化概述

在数据库应用中，数据查询操作在各种数据库操作中占有很大比重。当数据库中数据量比较小时，查询速度较快，很多程序员在编程阶段往往忽略对数据查询时间进行分析。当数据库中的数据累积到一定程度后，数据查询耗时将成倍增加。充分利用数据库系统自身的优化技术，采用较好的查询策略，可以大大提高数据查询的效率。下面通过一个简单的例子来阐述查询优化的必要性。

在表 2-3 ~ 表 2-7 所示的数据库 Education 中，学生 Students 和选课 StudCourses 的关系模式如下：

学生（学号，姓名，性别，出生日期，身份证号，所属专业）= Students（Sno, Sname, Gender, BirthDate, PID, Major）。

选课（学号，课程号，成绩）= StudCourses（Sno, Cno, Grade）。

查询选修了课程号为 C1 的学生姓名。

假定学生选课库中有 1000 个学生记录，10000 个选课记录，其中选修 C1 课程的选课记录有 50 个左右。这个查询操作可以用多种等价的关系代数表达式来完成。这里列出其中 3 种查询方式：

$$Q1 = \prod_{Sname} (\sigma_{Students. Sno = StudCourses. Sno \wedge StudCourses. Cno = 'C1'} (Students \times StudCourses))$$

$$Q2 = \prod_{Sname} (\sigma_{StudCourses. Cno = 'C1'} (Students \bowtie StudCourses))$$

$$Q3 = \prod_{Sname} (Students \bowtie \sigma_{StudCourses. Cno = 'C1'} (StudCourses))$$

下面针对这 3 种不同的查询策略，分析它们对查询时间效率产生的不同影响。

在内存中，元组的读取和存放是分块进行的。在两个表连接过程中，一个关系的元组与另一个关系的元组连接后产生的新的元组在装满一块后就保存到中间文件中。因此，数据查询时间主要包括以下几个方面。

① 分块读取两个关系中的各个元组装入到内存中所花费的时间。

② 两个关系连接过程中产生新的元组被分块写入到中间文件中所花费的时间。

③ 执行选择运算时从中间文件分块读取元组到内存中所花费的时间。

④ 执行投影操作时从中间文件读取元组到内存中所花费的时间。

假设在内存中每个物理块可以存放 50 个学生关系元组或选课关系元组，内存中分配给查询学生关系的内存空间为 5 块，分配查询其他关系的空间为 1 块，每块读写花费 t 个单位时间。下面就上述 3 种查询策略分别做时间复杂度分析。

1. 第一种查询策略（Q1）分析

学生关系的元组装入内存的块数为：$1000/50 = 20$ 块。为了较好地执行笛卡儿积，先将学生关系中的第一组 5 块装入内存，然后将选课关系逐块装入内存区执行元组的连接，接着再把学生关系中的第二组 5 块装入内存，然后将选课关系逐块装入内存区执行元组的连接。重复上述过程（这里只有 4 次），直至学生表全部处理完毕。因此，为执行笛卡儿积，学生关系和选课关系共需装入块数为：$\left(\dfrac{1000}{50} + \dfrac{1000}{50 \times 5} \times \dfrac{10000}{50}\right) = 820$ 块，花费时间 $820t$。笛卡儿积连接后的元组个数为 $10^3 \times 10^4 = 10^7$。按每块装入 50 个元组，则将这些块写入到中间文件需要花费的时间为 $(10^7/50)t = 2 \times 10^5 t$。在进行选择操作时，需要依次从中间文件读入连接后的元组，花费的时间同样需要 $2 \times 10^5 t$。满足条件的元组为 50 个，可放在内存中，不必写入中间文件。假设所有内存处理（包括进行投影操作）时间忽略不计，那么第一种查询策略执行查询的总花费时间为 $820t + 2 \times 2 \times 10^5 t$。

2. 第二种查询策略（Q2）分析

执行自然连接仍需读取学生和选课表，因此读取块数仍为 820 块，但自然连接的结果比广义笛卡儿积减少了很多，只有 10^4 个，所以写入这些元组到中间文件的时间为 $10000/50$ 块 $\times t = 200t$，仅为第一种策略的千分之一。执行选择运算花费时间也为 $200t$，因此第二种查询策略执行查询的总时间为 $820t + 2 \times 200t = 1220t$，比第一种策略大大减少。

3. 第三种查询策略（Q3）分析

先对选课表进行选择运算，只需读一遍选课表，存取花费时间为 $10000/50$ 块 $\times t = 200t$。读取学生表把读入的学生元组和内存中的选课表进行连接，同样只需读一遍学生表，花费时间为 $1000/50$ 块 $\times t = 20t$。因为满足条件的元组为 50 个，可以不使用中间文件，因此第三种查询策略执行查询的总时间为 $200t + 20t = 220t$，比第二种策略又减少了很多。

如果在选课关系的课程号上建有索引，那么就不必读取所有的选课元组，而只需读取课程号为 "C1" 的那些元组（50 个）。存取的索引块和选课表中满足条件的数据块大约只有几块。同样，如果学生关系在学号上也建有索引，则不必读取所有的学生元组，因为满足条件的选课记录只有 50 个，最多涉及 50 个学生元组，因此读取学生关系的块数也可大大减少。这样，第三种策略总花费的时间将进一步减少到几个 t 时间单位。

从这个例子可以看出在查询操作中查询优化的必要性，合理安排选择、投影和连接的顺序是十分重要的。有关 SQL Server 查询性能优化，将在第 9 章中进行更多具体的讨论。

2.5.2　查询优化的一般准则

下面介绍的优化策略能提高查询的效率，虽然它们不一定是最优的策略，但都是在实际应用开发过程中需要特别注意的问题。

① 尽可能先做选择运算。选择运算可以使中间计算结果大大减少，降低读取外存储块的次数。在优化策略中，这是最重要、最基本的一条，通常可以使查询效率提高几个数量级。

② 让投影运算和选择运算同时进行。如果对同一个关系进行若干投影和选择运算，则可以在扫描此关系的同时完成所有的这些运算以避免重复扫描关系。

③ 把笛卡儿积和它后面的选择操作合并成连接运算，尤其是等值连接运算，这样可以比同样关系上的笛卡儿积节省很多时间和空间开销。

④ 找出公共子表达式。如果在一个表达式中重复出现某个子表达式，则应该将这个子表达式计算出来的结果保存起来，以免重复处理。

⑤ 在执行连接前对关系进行适当的预处理。可以在连接属性上建立索引和对关系进行排序，然后执行连接，这样可以提高连接运算的效率。

实例 2-18 以数据库 **Education** 中查询"胡斌"这个学生选修的全部课程名称为例，运用查询优化一般准则，对下列关系代数进行优化，写出比较优化的关系代数表达式。

$$\prod_{\text{Cname}}(\sigma_{\text{Sname}='\text{胡斌}'}(\text{Students}\bowtie\text{Courses}\bowtie\text{StudCourses}))$$

① 将上式中的 σ 移到 Students 之前，先对 Students 进行选择运算，再与其他关系进行连接运算，得到如下关系代数表达式。

$$\prod_{\text{Cname}}(\text{Courses}\bowtie(\text{StudCourses}\bowtie\sigma_{\text{Sname}='\text{胡斌}'}(\text{Students})))$$

② 在每个操作之后添加一个投影操作，只选择那些以后操作中需要的属性，这样可以减少中间处理的数据量，提高整体检索效率。

$$\prod_{\text{Cname}}(\text{Courses}\bowtie(\text{StudCourses}\bowtie\prod_{\text{Sno}}(\sigma_{\text{Sname}='\text{胡斌}'}(\text{Students}))))$$

③ 由于关系 Courses 与 StudCourses 直接参与连接操作，因此也有必要添加一个投影，将不需要的属性去掉。

$$\prod_{\text{Cname}}(\prod_{\text{Cno,Cname}}(\text{Courses})\bowtie\prod_{\text{Cno}}(\prod_{\text{Cno,Sno}}(\text{StudCourses})\bowtie$$
$$\prod_{\text{Sno}}(\sigma_{\text{Sname}='\text{胡斌}'}(\text{Students}))))$$

这个比较优化的代数表达式执行效率较高，耗费时间较少。

2.5.3 关系代数等价变换规则

各种关系查询语言都可以等价地转换为关系代数表达式，因此关系代数表达式的优化是查询优化的基础，而研究关系代数表达式的优化问题要从其等价变换规则开始。两个关系代数表达式等价是指用相同的关系替代两个表达式中相应的关系时所得到的结果是一样的，即得到相同的属性集和元组集。

假设两个关系表达式 E_1 和 E_2 是等价的，则记作 $E_1\equiv E_2$。常用的等价变换规则有：

（1）连接、笛卡儿积交换

设 E_1 和 E_2 是关系代数表达式，F 是连接运算的条件，则有：

$$E_1\times E_2\equiv E_2\times E_1$$
$$E_1\bowtie E_2\equiv E_2\bowtie E_1$$
$$E_1\underset{F}{\bowtie}E_2\equiv E_2\underset{F}{\bowtie}E_1$$

（2）连接、笛卡儿积的结合

设 E_1、E_2 和 E_3 是关系代数表达式，F_1、F_2 是连接运算的条件，则有：

$$(E_1\times E_2)\times E_3\equiv E_1\times(E_2\times E_3)$$

$$(E_1 \bowtie E_2) \bowtie E_3 \equiv E_1 \bowtie (E_2 \bowtie E_3)$$

$$(E_1 \underset{F_1}{\bowtie} E_2) \underset{F_2}{\bowtie} E_3 \equiv E_1 \underset{F_1}{\bowtie} (E_2 \underset{F_2}{\bowtie} E_3)$$

（3）投影的串接

$$\prod_{A_1, A_2, \cdots, A_n} \left(\prod_{B_1, B_2, \cdots, B_m} (E) \right) \equiv \prod_{A_1, A_2, \cdots, A_n} (E)$$

其中，E 是关系代数表达式，$A_i(i = 1, 2, \cdots, n)$，$B_j(j = 1, 2, \cdots, m)$ 是属性名，$\{A_1, A_2, \cdots, A_n\}$ 是 $\{B_1, B_2, \cdots, B_m\}$ 的子集。

（4）选择的串接

$$\sigma_{F_1}(\sigma_{F_2}(E)) \equiv \sigma_{F_1 \wedge F_2}(E)$$

其中，E 是关系代数表达式，F_1、F_2 是选择条件。选择的串接定律说明选择条件可以合并。

（5）选择与投影的交换

$$\sigma_F \left(\prod_{A_1, A_2, \cdots, A_n} (E) \right) \equiv \prod_{A_1, A_2, \cdots, A_n} (\sigma_F(E))$$

其中，选择条件 F 只涉及属性 $A_1, A_2, \cdots, A_n$。假设 F 中有不属于 $A_1, A_2, \cdots, A_n$ 的属性 $B_1, B_2, \cdots, B_m$，则有更一般的规则：

$$\prod_{A_1, A_2, \cdots, A_n} (\sigma_F(E)) \equiv \prod_{A_1, A_2, \cdots, A_n} \left(\sigma_F \left(\prod_{A_1, A_2, \cdots, A_n, B_1, B_2, \cdots, B_m} (E) \right) \right)$$

（6）选择与笛卡儿积的交换

如果 F 中涉及的属性都是 E_1 中的属性，则：$\sigma F(E_1 \times E_2) \equiv \sigma_F(E_1) \times E_2$

如果 $F = F_1 \wedge F_2$，且 F_1 只涉及 E_1 中的属性，F_2 只涉及 E_2 中的属性，则有：

$$\sigma_F(E_1 \times E_2) \equiv \sigma_{F_1}(E_1) \times \sigma_{F_2}(E_2)$$

如果 F_1 只涉及 E_1 中的属性，F_2 涉及 E_1 和 E_2 两者的属性，则有：

$$\sigma_F(E_1 \times E_2) \equiv \sigma_{F_2}(\sigma_{F_1}(E_1) \times E_2)$$

该定律可使部分选择在笛卡儿积之前先进行处理。

（7）选择与并的交换

设 $E = E_1 \cup E_2$，E_1 和 E_2 具有相同的属性名，则有：

$$\sigma_F(E_1 \cup E_2) \equiv \sigma_F(E_1) \cup \sigma_F(E_2)$$

（8）选择与差运算的交换

若 E_1 和 E_2 为可比属性，则有：

$$\sigma_F(E_1 - E_2) \equiv \sigma_F(E_1) - \sigma_F(E_2)$$

（9）投影与笛卡儿积的交换

设 E_1 和 E_2 是关系代数表达式，$A_1, A_2, \cdots, A_n$ 是 E_1 的属性，$B_1, B_2, \cdots, B_m$ 是 E_2 的属性，则有：

$$\prod_{A_1, A_2, \cdots, A_n, B_1, B_2, \cdots, B_m} (E_1 \times E_2) \equiv \prod_{A_1, A_2, \cdots, A_n} (E_1) \times \prod_{B_1, B_2, \cdots, B_m} (E_2)$$

（10）投影与并的交换

设 E_1 和 E_2 具有相同的属性名，则有：

$$\prod_{A_1, A_2, \cdots, A_n} (E_1 \cup E_2) \equiv \prod_{A_1, A_2, \cdots, A_n} (E_1) \cup \prod_{A_1, A_2, \cdots, A_m} (E_2)$$

习题

一、单项选择题

1. 关系模型中，候选码（　　　）。

A) 可由多个任意属性组成

B) 至多由一个属性组成

C) 可由一个或多个其值能唯一标识该关系模式中任何元组的属性组成

D) 以上说法都不正确

2. 一个关系数据库中的各个元组（　　）。

A) 前后顺序不能任意颠倒，一定要按照输入的顺序排列

B) 前后顺序可以任意颠倒，不影响数据库中的数据关系

C) 前后顺序可以任意颠倒，但排列顺序不同，统计处理的结果就可能不同

D) 前后顺序不能任意颠倒，一定要按照码段值的顺序排列

3. 外码必须为空值或等于被参照表中某个元组的主码，这是（　　）。

A) 实体完整性规则　　　　　　　　B) 参照完整性规则

C) 用户自定义完整性规则　　　　　D) 域完整性规则

4. 在关系代数运算中，不属于基本运算的是（　　）。

A) 差　　　　　　B) 并　　　　　　C) 交　　　　　　D) 乘积

5. 设关系 R 和 S 的属性个数分别是 3 和 4，元组个数分别是 100 和 300，关系 T 是 R 和 S 的广义笛卡儿积，则 T 的属性个数和元组个数分别是（　　）。

A) 4，300　　　　B) 4，400　　　　C) 7，400　　　　D) 7，30000

6. 在关系代数的连接操作中，（　　）操作需要取消重复列。

A) 自然连接　　　B) 笛卡儿积　　　C) 等值连接　　　D) θ 连接

7. 下列哪一种关系运算不要求：R 和 S 具有相同的元数，且它们对应属性的数据类型也相同？（　　）。

A) $R \cup S$　　　　B) $R \cap S$　　　　C) $R - S$　　　　D) $R \times S$

8. 设关系 R 与关系 S 具有相同的目（或称度），且相对应的属性的值取自同一个域，则 $R - (R - S)$ 等于（　　）。

A) $R \cup S$　　　　B) $R \cap S$　　　　C) $R \times S$　　　　D) $R - S$

9. 在关系代数的专门关系运算中，从关系中取出若干属性的操作称为（　　）；从关系中选出满足某种条件的元组的操作称为（　　）；将两个关系中具有共同属性的值的元组连接到一起构成新关系的操作称为（　　）。

A) 选择　　　　　B) 投影　　　　　C) 连接　　　　　D) 扫描

10. 在关系 $R(R\#, RN, S\#)$ 和 $S(S\#, SN, SD)$ 中，R 的主码是 $R\#$，S 的主码是 $S\#$，则 $S\#$ 在 R 中称为（　　）。

A) 外码　　　　　B) 候选码　　　　C) 主码　　　　　D) 超码

11. 等值连接和自然连接相比较，正确的是（　　）。

A) 等值连接和自然连接的结果完全相同

B) 等值连接的属性个数大于自然连接的属性个数

C) 等值连接的属性个数小于自然连接的属性个数

D) 等值连接的属性个数等于自然连接的属性个数

12. 有两个关系 $R(A, B, C)$ 和 $S(B, C, D)$，则 $R \div S$ 的结果的属性个数是（　　）。

A) 3　　　　　　B) 2　　　　　　C) 1　　　　　　D) 不一定

13. 设关系 $R(A,B,C)$ 和关系 $S(B,C,D)$，那么与 $R\underset{2=1}{\bowtie}S$ 等价的关系代数表达式是（　　）。

A) $\sigma_{2=4}(R\bowtie S)$　　B) $\sigma_{2=4}(R\times S)$　　C) $\sigma_{2=1}(R\bowtie S)$　　D) $\sigma_{2=1}(R\times S)$

14. 设关系 X 和 Y 的属性相同，分别有 m 和 n 个元组，那么 $X-Y$ 操作的结果中元组个数（　　）。

A) 等于 $m-n$　　B) 等于 m　　C) 小于或等于 m　　D) 小于或等于 $m-n$

15. 设关系 $R(A,B,C)$ 和 $S(B,C,D)$，下列各关系代数表达式不成立的是（　　）。

A) $R\div S$　　　　　　　　　　B) $\prod_{2,3}(R)\cup\prod_{1,2}(S)$

C) $R\cap S$　　　　　　　　　　D) $R\bowtie S$

16. 设 $W=R\bowtie S$，且 W、R、S 的属性个数分别为 w、r 和 s，那么三者之间应满足（　　）。

A) $w\leq r+s$　　B) $w<r+s$　　C) $w\geq r+s$　　D) $w>r+s$

17. 有两个关系 $R(A,B,C)$ 和 $S(B,C,D)$，则 $R\bowtie S$ 的结果的属性个数是（　　）。

A) 3　　　　　　B) 4　　　　　　C) 5　　　　　　D) 6

18. 在四元关系 R 中，属性分别是 A、B、C、D，下列叙述中正确的是（　　）。

A) $\prod_{B,C}(R)$ 表示取值为 B、C 的两列组成的关系

B) $\prod_{2,3}(R)$ 表示取值为 2、3 的两列组成的关系

C) $\prod_{B,C}(R)$ 和 $\prod_{2,3}(R)$ 表示的是同一个关系

D) $\prod_{B,C}(R)$ 和 $\prod_{2,3}(R)$ 表示的不是同一个关系

19. 设有关系 SC(Sno,Cno,Grade)，主码是(Sno,Cno)。遵照实体完整性规则，则（　　）。

A) 只有 Sno 不能取空值　　　　　　B) 只有 Cno 不能取空值

C) 只有 Grade 不能取空值　　　　　D) Sno 与 Cno 都不能取空值

20. 设关系 $R=(A,B,C)$，与 SQL 语句 "Select Distinct A From R Where B = 17" 等价的关系代数表达式是（　　）。

A) $\prod_A(\sigma_{B=17}(R))$　　　　　　B) $\sigma_{B=17}(\prod_A(R))$

C) $\sigma_{B=17}(\prod_{A,C}(R))$　　　　　D) $\prod_{A,C}(\sigma_{B=17}(R))$

21. 设有关系 $R(A,B,C)$ 和关系 $S(B,C,D)$，那么与 $R\bowtie S$ 等价的关系代数表达式是（　　）。

A) $\prod_{1,2,3,4}(\sigma_{2=1\wedge 3=2}(R\times S))$　　　B) $\prod_{1,2,3,6}(\sigma_{2=1\wedge 3=2}(R\times S))$

C) $\prod_{1,2,3,6}(\sigma_{2=4\wedge 3=5}(R\times S))$　　　D) $\prod_{1,2,3,4}(\sigma_{2=4\wedge 3=5}(R\times S))$

下面第 22～25 题，基于"学生—选课—课程"数据库中的 3 个关系：

S(Sno,Sname,Gender,Department)，主码是 Sno

C(Cno,Cname,Teacher)，主码是 Cno

SC(Sno,Cno,Grade)，主码是(Sno,Cno)

22. 下列关于保持数据库完整性的叙述中，哪一个是不正确的？（　　）

A) 向关系 SC 插入元组时，Sno 和 Cno 都不能是空值(NULL)。

B) 可以任意删除关系 SC 中的元组。

C) 向任何一个关系插入元组时，必须保证该关系主码值的唯一性。

D) 可以任意删除关系 C 中的元组。

23. 为了提高特定查询的速度，对 SC 关系创建唯一索引，应该创建在哪一个(组)属性上？（　　）

A）（Sno,Cno）   B）（Sno,Grade）   C）（Cno,Grade）   D）Grade

24. 查找每个学生的学号、姓名、选修的课程名和成绩，将使用关系（   ）。

A）只有 S、SC   B）只有 SC、C   C）只有 S、C   D）S、SC、C

25. 查找学生学号为"D07540102"的学生的"数据库"课程的成绩，至少将使用关系（   ）。

A）S 和 SC   B）SC 和 C   C）S 和 C   D）S、SC 和 C

二、解答题

1. 设有如下关系：

图书（书号,书名,作者,出版社）；

读者（借书证号,读者姓名,读者地址）；

借阅（读者姓名,书号,借书日期,归还日期）。

① 指出每个关系模式的候选码、主码、外码和主属性。

② 试用关系代数表达式查询 2010 年 12 月 31 日以前借书未还的读者姓名和图书书名。

2. 设关系 R、W 和 D 如下，计算下列关系代数：

	关系 R		
P	Q	T	Y
2	b	c	d
9	a	e	f
2	b	e	f
9	a	d	e
7	g	e	f
7	g	c	d

	关系 W	
T	Y	B
c	d	m
c	d	n
d	f	n

关系 D	
T	Y
c	d
e	f

① $R1 = \prod_{Y,T}(R)$ ② $R2 = \sigma_{P>5 \wedge T=e}(R)$ ③ $R3 = R \bowtie W$

④ $R4 = \prod_{2,1,6}(\sigma_{3=5}(R \times D))$ ⑤ $R5 = R \div D$

3. 给定一个学生选课数据库 Education，它包含学生、课程、教师、选课和授课等 5 个关系模式，分别用 Students，Courses，Teachers，StudCourses，Instructions 表示。各个关系模式表示如下：

Students（Sno,Sname,Gender,Major）= 学生（学号,姓名,性别,所属专业）

Courses（Cno,Cname,Pno,Credit）= 课程（课程编号,课程名称,前修课程,学分）

Teachers（Tno,Tname,Title,Major）= 教师（教师编号,姓名,职称,所属专业）

StudCourses（Cno,Cno,Period,Grade）= 选课（学号,课程编号,选课学期,成绩）

Instructions（Tno,Cno,Period）= 授课（教师编号,课程编号,授课学期）

用关系代数完成下列查询：

① 查询选修过"数据库"和"数据结构"这两门课程的学生姓名。

② 查询姓名为"李平"这个学生所选修的全部课程的名称。

③ 查询没有选修过"数据库"这门课程的学生姓名。

④ 查询选修过"数据库"但没有选修其先行课的学生学号。

⑤ 查询所有课程成绩全部及格的学生姓名。

⑥ 查询选修过教师"达尔文"所授的全部课程的学生姓名。

⑦ 查询哪些学生选修的课程中其前修课课程还没有选修过。

⑧ 查询哪些学生与学号为"S1"的学生选修了完全相同的课程。

⑨ 查询哪些学生没有选修过教师"达尔文"所授的任何一门课程。

⑩ 查询哪些学生至少选修了教师"达尔文"所授的两门不同的课程。

第3章 关系数据库设计理论与方法

前面章节已经阐述了一个关系数据库是由多个关系的二维表组成的，一个二维表中包含多个行和列。一个数据库的各个关系模式是如何得到的，每个关系所对应的二维表中的列又是如何产生的，这些是数据库逻辑设计要解决的问题，或者说是数据库建模问题。数据库设计途径主要有两种：E-R 图建模方法和规范化理论。本章介绍这两种途径的理论与方法。

3.1 数据库概念结构设计

按照 E-R 图建模方法，数据库设计分为概念结构设计和逻辑结构设计。概念结构独立于逻辑结构，也独立于具体的 DBMS。概念结构是现实世界与计算机世界的中介，它能够充分反映现实世界，包括实体与实体之间的联系，同时又易于向关系、层次、网状等各种数据模型转换。它是现实世界的一个真实模型，易于理解，便于和不熟悉计算机的用户交流，使用户易于参与。当现实世界需求改变时，概念结构又可以很容易地进行相应调整。

3.1.1 概念结构的设计方法

数据库概念结构设计是将需求分析得到的用户需求抽象为信息结构的过程。只有将应用需求抽象为信息世界的结构，也就是概念结构之后，才能转化为机器世界中的数据模型，并用 DBMS 实现这些需求，因此概念结构设计是整个数据库设计的关键所在。概念结构即概念模型，它通常用 E-R 图进行描述。设计概念结构的方法主要有以下 4 种。

① 自顶向下法：首先定义全局概念结构的框架，然后逐步细化为完整的全局概念结构。

② 自底向上法：首先定义各局部应用的概念结构，然后将它们集成起来，得到全局概念结构。

③ 逐步扩张法：首先定义最重要的核心概念结构，然后向外扩充，生成其他概念结构，直至完成总体概念结构。

④ 混合策略法：采用自顶向下与自底向上相结合的方法。首先用自顶向下策略设计一个全局概念结构的框架，然后以它为骨架，通过自底向上策略设计各局部概念结构。该方法如图 3-1 所示。

按照上述设计方法，概念结构的设计可分为两步：第一步是抽象数据，并设计局部视图；第二步是集成局部视图，得到全局的概念结构。

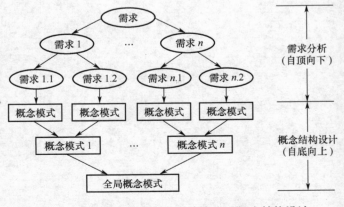

图 3-1 自顶向下分析需求与自底向上概念结构设计

3.1.2　数据抽象与局部视图设计

概念结构是对现实世界的一种抽象，即抽取现实世界的共同特性，忽略非本质的细节，并把这些共同特性用各种概念精确地加以描述，形成某种模型。

1. 3 种数据抽象方法

数据抽象的 3 种基本方法是分类、聚集和概括。利用数据抽象方法可以在对现实世界抽象的基础上，得出概念模型的实体集及其属性。

（1）分类

分类（Classification）就是定义某一类概念作为现实世界中一组对象的类型，这些对象具有某些共同的特性和行为。分类抽象了对象值和型之间的"成员"（is member of）的语义。在 E-R 模型中，实体集就是这种抽象。

例如，在教务管理系统中，"赵敏"是一名学生，表示"赵敏"是学生中的一员，她具有学生共同的特性和行为：在某个专业学习，选修某些课程。

（2）聚集

聚集（Aggregation）是定义某一类型的组成部分，它抽象了对象内部类型和对象内部"组成部分"（is part of）的语义。若干属性的聚集组成了实体型。例如，学号、姓名、性别、年龄、专业等可以抽象为学生实体的属性，其中学号是标识学生实体的主码。

（3）概括

概括（Generalization）定义了类型之间的一种子集联系，它抽象了类型之间的"所属"（is subset of）的语义。例如，学生是个实体集，班长也是实体集，但班长是学生的子集，此时把学生称为超类（Super class），班长称为学生的子类（Subclass）。

概括的一个重要性质是继承性。继承性指子类继承超类中定义的所有抽象。例如，班长可以有自己的特殊属性，但都继承了它的超类属性，即班长具有学生类型的属性。

2. 设计分 E-R 图

概念结构设计是利用抽象机制对需求分析阶段收集到的数据进行分类、组织，形成实体集、属性和码，确定实体集之间的联系类型（一对一、一对多或多对多的联系），进而设计分 E-R 图。设计分 E-R 图的步骤如下。

① 选择局部应用。根据系统的具体情况，在复杂的业务流程中选择一个适当层次的局部应用，作为设计分 E-R 图的出发点。

② 设计分 E-R 图。根据局部应用中标定的实体集、属性和码，确定 E-R 图中的实体、实体集之间的联系。

数据抽象后得到了实体和属性，但对实体和属性需要进行必要的区分。实际上实体和属性是相对而言的，很难有明显的划分界限，往往要根据实际情况进行必要的调整。同一事物，在一种应用环境中是"属性"，在另一种应用环境中可能必须是"实体"。在设计 E-R 图时，可以先从自然划分的内容出发定义 E-R 图的雏形，然后再进行必要的调整。

为了简化 E-R 图，在调整中应当遵循的一条原则：现实世界的事物能作为属性对待的尽量作为属性对待。在解决这个问题时应当遵循以下两条基本准则。

① "属性"不能再具有需要描述的性质。即"属性"必须是不可分割的数据项，不能包含其他属性，也就是说，属性不能是另外一些属性的聚集。

② "属性" 不能与其他实体具有联系。在 E-R 图中所有的联系必须是实体间的联系，而不能有属性与实体之间的联系。

实例 3-1 根据教务管理系统，从学生管理这一局部应用出发，设计局部 E-R 模型，最后形成学生、班级、课程、专业、负责人等 5 个实体型及其联系的分 E-R 图。

在学生管理的局部应用中，语义约束如下。

① 一个班级由多名学生组成，一名学生只能属于一个班级。

② 一个班级有一名班长，一名班长只能领导一个班级。

③ 一个专业可以有多个班级，一个班级只能属于一个专业。

④ 班主任和专业负责人都由教师担任，一名教师只能担任一个班级的班主任或一个专业的负责人，一个班级只能有一名班主任，一个专业只有一名负责人。

这里，"班级" 在某些业务流程中，它只是作为 "学生" 实体的一个属性，表明一名学生属于哪个班级，而在另一些业务流程中，由于需要考虑一个班级的名称、所属专业、班主任、学生人数等，这时就需要根据准则①将它调整为实体进行处理。同样地，调整后的班级实体中的 "专业"、专业实体中的 "负责人" 和班级实体中 "班主任" 也需要从属性调整为实体。

从图 3-2 可以看出，局部 E-R 模型的构造过程符合概念结构设计原理中自顶向下、逐级分解进行需求分析的方法和步骤。

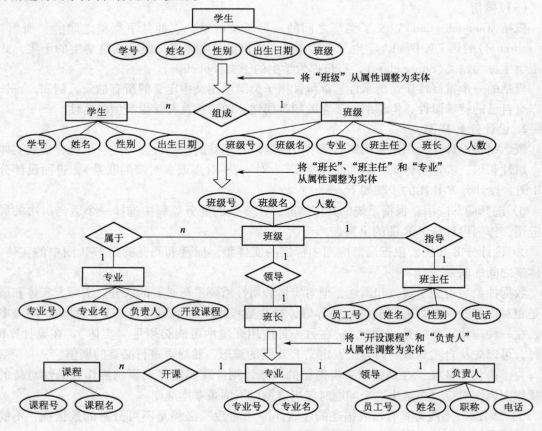

图 3-2　学生关系的局部 E-R 模型

实例 3-2　根据教务管理系统，从学生选课这一局部应用出发，设计局部 E-R 模型，最后形成学生、课程、类别和教室等 4 个实体型及其联系的局部 E-R 图。

在学生选课的局部应用中，语义约束如下。

① 一名学生可选修多门课程，一门课程可由多名学生选修，学生和课程是多对多的联系。

② 按课程类别分配教室，课程类别与教室之间是多对多的联系。

课程的"类别"是课程实体的一个属性，但在涉及教室分配时，由于有些课程需要使用多媒体教室等特殊教学环境，所以教室与课程类别有关，即课程类别与教室实体之间有联系，根据准则②，应将"类别"从属性调整为实体。转换方法如图 3-3 所示。

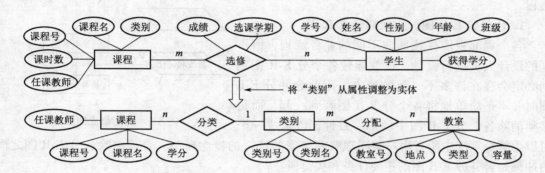

图 3-3　选课关系的局部 E-R 模型

实例 3-3　根据教务管理系统，从教师授课这一局部应用出发，设计局部 E-R 模型，最后形成教师、课程、专业、教研室等 4 个实体型的局部 E-R 图。

在教师授课的局部应用中，语义约束如下。

① 一个专业可以有多个教研室，一个教研室只能属于一个专业。

② 一个教研室由多名教师组成，一名教师只能属于一个教研室。

③ 一名教师可以讲授多门课程，一门课程可以由多名教师讲授，教师和课程是多对多的联系。

根据上述规则，可以得到如图 3-4 所示的教师授课局部 E-R 图。

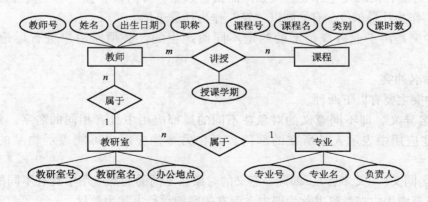

图 3-4　教师授课关系的局部 E-R 模型

3.1.3 视图的集成

局部 E-R 模型形成后，应该不断根据业务规则加以改进和完善，使之如实地反映现实世界。对各个局部视图即分 E-R 模型进行集成形成全局 E-R 模型，这个过程称为视图的集成。

在实际应用中，一般采用逐步集成法，即首先集成两个重要的局部视图，以后用累加的方法逐步将一个新的视图集成进去，具体过程如图 3-5 所示。视图集成过程不仅是合并的过程，同时也是优化的过程。

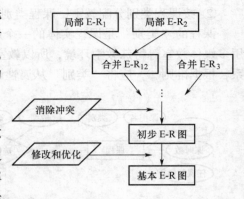

图 3-5 视图集成的方法

1. 合并分 E-R 图，生成初步 E-R 图

各个局部视图往往面向不同的业务流程，由不同的设计人员进行设计，这就导致各个分 E-R 图之间必定会存在许多不一致的地方，因此合并分 E-R 图时并不是简单地将各个分 E-R 图画到一起，而是必须消除各个分 E-R 图中的不一致性，以形成一个可以为整个系统中所有用户共同理解和接受的统一的概念模型。合理消除各分 E-R 图之间的冲突是合并分 E-R 图的主要任务和关键所在。

各分 E-R 图之间的冲突主要有 3 类：属性冲突、命名冲突和结构冲突。

（1）属性冲突

属性冲突主要有以下两种。

① 属性域冲突，即属性值的类型、取值范围或取值集合不同。例如，学生实体中"性别"这个属性在图 3-2 的局部应用中将其定义为"F"或"M"，而在图 3-3 所示的局部应用中将它定义为"男"或"女"。又如，图 3-3 所示的学生选课 E-R 图中以整数形式（如 1~8）表示选课学期，而图 3-4 所示的教师授课 E-R 图中则以学年字符形式（如"2009-1"）表示授课学期。

② 属性取值单位冲突。例如，一门课程的课时数，有的按每周上课时间计算，有的按总上课时数计算，两者发生冲突。又如产品销售数量，有的以"盒"作为计量单位，有的则以"片"作为计量单位，有的则以"箱"作为计量单位。

属性冲突是由于业务规则上的约定不同而产生的，必须同用户进行讨论和协商来解决。

（2）命名冲突

命名冲突主要有以下两种。

① 同名异义，即不同意义的对象在不同的局部应用中具有相同的名字。例如，"单位"在某些应用中表示人员所在的部门，而在另一些应用中可能表示物品的重量、长度等属性。

② 异名同义（一义多名），即同一意义的对象在不同的局部应用中具有不同的名字。例如，有的局部应用中把教科书称为课本，而有的则把教科书称为教材。

命名冲突可能发生在实体、联系一级上，也可能发生在属性一级上。其中属性的命名冲突更为常见。处理命名冲突也像处理属性冲突一样，通过讨论、协商等手段加以解决。

（3）结构冲突

结构冲突主要有以下 3 种。

① 同一对象在不同应用中具有不同的抽象。例如，图 3-2 中的专业"负责人"被当做实体，而图 3-4 中的则被当做属性。

解决方法通常是把属性变换为实体或把实体变换为属性，使同一对象具有相同的抽象，但变换时仍要遵循 3.1.2 节中提及的两条基本准则。

② 同一实体在不同局部视图中所包含的属性不完全相同，或者属性的排列次序不完全相同。

这是很常见的一类冲突，原因是不同的局部应用考虑的是该实体的不同侧面。解决方法是使该实体的属性取各分 E-R 图中属性的并集，再适当调整属性的次序。例如，图 3-2 中的"班主任"、"负责人"也都是教师，但这些实体的属性不尽相同。在合并后的 E-R 图中，"教师"实体的属性可以为：教师号、姓名、性别、出生日期、职称、电话。

③ 实体之间的联系在不同局部视图中呈现不同的类型。例如，实体 E_1 与 E_2 在局部应用 A 中是多对多联系，而在局部应用 B 中是一对多联系；又如，在局部应用 X 中，E_1 与 E_2 发生联系，而在局部应用 Y 中，E_1、E_2、E_3 三者之间有联系。

解决方法是根据业务规则对实体联系的类型进行综合或调整。

实例 3-4 根据图 3-2、图 3-3 和图 3-4 中描述的局部 E-R 模型，构造教务管理系统的初步 E-R 图，分析与处理合并过程中的各类冲突问题。

本实例以教务管理系统中的 3 个局部 E-R 图为基础，来说明如何消除各局部 E-R 图之间的冲突，进行局部 E-R 模型的合并，从而生成初步 E-R 图。具体步骤如下。

① 处理属性冲突问题。图 3-3 中"学生"实体中的属性"年龄"与图 3-2 中"学生"实体中的属性"出生日期"描述的是同一个概念，但两者取值类型和范围不同。由于年龄由出生日期决定，因此将两者统一为"出生日期"。

② 处理命名冲突问题。将图 3-3 中"选修"联系中的"选课学期"和图 3-4 中"讲授"联系中的"授课学期"统一调整为"开课学期"。

③ 处理结构冲突问题。将图 3-2 和图 3-4 中"班主任"、"负责人"和"教师"这 3 个实体的属性进行合并（因为都是教师），合并后的属性为：教师号、姓名、性别、出生日期、职称、电话；将图 3-3 和图 3-4 中"课程"实体的属性进行合并，合并后的属性为：课程号、课程名、课时数、学分；将图 3-3 中"课程"实体中的属性"任课教师"调整为实体；将图 3-4 中"专业"实体中的属性"负责人"调整为实体。将图 3-2 中"班级—班主任"和"专业—负责人"实体间的联系分别调整为"班级—教师"和"专业—教师"实体间的联系。

解决上述冲突后，合并 3 个局部 E-R 图，生成如图 3-6 所示的初步 E-R 图。

2. 消除不必要的冗余，生成基本 E-R 图

分 E-R 图经过合并生成为初步 E-R 图。之所以称其为初步 E-R 图，是因为其中可能存在冗余的数据和实体间联系。所谓冗余的数据是指可由基本数据导出的数据，冗余的实体间联系是指可由其他联系导出的联系。冗余的数据和实体间联系容易破坏数据库的完整性，给数据库维护增加难度，因此得到初步 E-R 图后，还应当进一步检查 E-R 图中是否存在冗余，如果存在则一般应设法予以消除。但并不是所有的冗余数据与冗余联系都必须加以消除，有时为了提高某些应用的效率，不得不以冗余信息作为代价。因此在设计数据库概念结构时，哪些冗余信息必须消除，哪些冗余信息允许存在，需要根据用户的整体需求来确定。消除不必要的冗余后的初步 E-R 图称为基本 E-R 图。

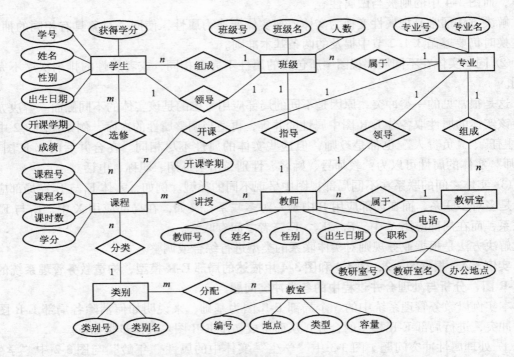

图 3-6　教务管理系统初步的 E-R 图

消除冗余主要采用分解方法，即以业务流程为依据，根据数据项之间逻辑关系的说明来消除冗余。除此之外，还可以用规范化理论来消除冗余。

实例 3-5　根据实例 3-4 中得到的初步 E-R 图生成教务管理系统的基本 E-R 图，分析从初步 E-R 图到基本 E-R 图的优化过程。

在如图 3-6 所示的初步 E-R 图中，"学生"实体中的"获得学分"可由"选修"联系中的属性"成绩"计算出来，"班级"实体中的"人数"也可由"学生"实体计算出来，因此，这两个属性均属于冗余数据。另外，假设只考虑专业已开设的课程（不考虑专业培养计划等），"专业"和"课程"之间的联系"开课"可以由"专业"和"教师"实体之间的联系与"教师"和"课程"实体之间的联系推导出来，所以"开课"属于冗余联系。这样，图 3-6 中的初步 E-R 图在消除冗余数据和冗余联系后，便可得到基本 E-R 模型，如图 3-7 所示。

最终得到的基本 E-R 模型是一个数据库应用的概念模型，它代表了用户的数据需求，是沟通"需求"和"设计"的桥梁。它决定数据库的总体逻辑结构，是建立数据库的关键。因此，用户和数据库人员必须对这一模型进行反复讨论，在用户确认这一模型已正确无误地反映了他们的需求后，才能进入下一阶段的设计工作。

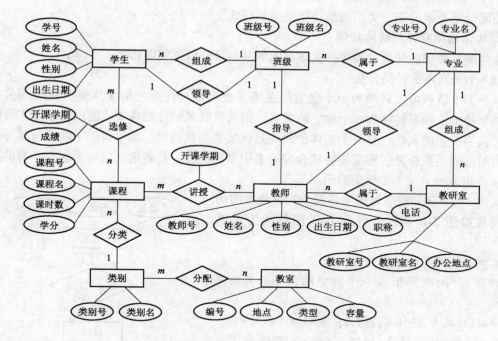

图 3-7　教务管理系统的基本 E-R 图

3.2　数据库逻辑结构设计

3.2.1　逻辑结构设计的任务和步骤

概念结构设计阶段得到的 E-R 模型是用户的模型，它独立于任何一种数据模型，独立于任何一个具体的 DBMS。为了建立用户所要求的数据库，需要把上述概念模型转换为某个具体的 DBMS 所支持的数据模型。数据库逻辑设计的任务是将概念结构转换成特定 DBMS 所支持的数据模型的过程，数据库设计进入"实现设计"阶段。这一阶段必须考虑具体 DBMS 的性能及其数据模型特点。

虽然 E-R 图所表示的概念模型可以转换成任何一种具体的 DBMS 所支持的数据模型，如网状模型、层次模型和关系模型，但是在这里只讨论关系数据库的逻辑设计问题，所以只介绍如何从 E-R 图向关系模型进行转换。

3.2.2　E-R 图向关系模型的转换

将 E-R 图转换成关系模型要解决两个问题：一是如何将实体和实体间的联系转换为关系模式；二是如何确定这些关系模式的属性和码。关系模型的逻辑结构是一组关系模式，而 E-R 图则是由实体集、属性及联系 3 个要素组成的，将 E-R 图转换为关系模型实际上就是要将实体、属性及联系转换为相应的关系模式。

概念模型转换为关系模型的基本方法和规则如下。

1. 实体集的转换规则

概念模型中的一个实体集转换为关系模型中的一个关系，实体的属性就是关系的属性，实体的码就是关系的码，关系的结构就是关系模式。

2. 实体集间联系的转换规则

在向关系模型的转换过程中，实体集间的联系可按以下规则转换。

（1）1:1 联系的转换方法

一个 1:1 联系可以转换为一个独立的关系，也可以与任意一端实体集所对应的关系合并。如果将 1:1 联系转换为一个独立的关系，则与该联系相连的各实体的码及联系本身的属性均转换为关系的属性，且每个实体的码均是该关系的候选码。如果将 1:1 联系与某一端实体集所对应的关系合并，则需要在被合并关系中增加属性，其新增的属性为联系本身的属性和与联系相关的另一个实体集的码。

实例 3-6 已知班级与班主任两个实体集之间的 1:1 联系如图 3-8 所示，将此 E-R 图转换为关系模型。

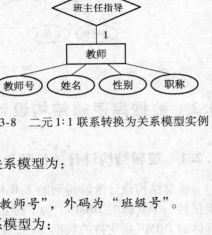

本例有下列 3 种转换方案。

方案 1：由联系形成一个独立的关系，关系模型为：

班级（<u>班级号</u>,班级名,班长）；主码为"班级号"。

教师（<u>教师号</u>,姓名,性别,职称）；主码为"教师号"。

班主任指导（<u>教师号</u>,<u>班级号</u>）；主码为（教师号,班级号）的属性组合，外码为"教师号"和"班级号"。

图 3-8　二元 1:1 联系转换为关系模型实例

方案 2："班主任指导"与"教师"两关系合并，关系模型为：

班级（<u>班级号</u>,班级名,班长）；主码为"班级号"。

教师（<u>教师号</u>,姓名,性别,职称,班级号）；主码为"教师号"，外码为"班级号"。

方案 3："班主任指导"与"班级"关系合并，关系模型为：

教师（<u>教师号</u>,姓名,性别,职称）；主码为"教师号"。

班级（<u>班级号</u>,班级名,班长,教师号）；主码为"班级号"，外码为"教师号"。

将上面的 3 种方案进行比较，不难发现：第一种方案由于关系多，增加了系统的复杂性；第二种方案由于并不是每个教师都是班主任，可能会造成教师关系中"班级号"属性的空值过多；相对前两种方案，第 3 种方案比较合理。

（2）1:n 联系的转换方法

在向关系模型转换时，实体间的 1:n 联系可以有两种转换方法：一种方法是将联系转换为一个独立的关系，其关系的属性由与该联系相连的各实体集的码以及联系本身的属性组成，而该关系的码为 n 端实体集的码；另一种方法是在 n 端实体集中增加新属性，新属性由联系对应的 1 端实体集的码和联系自身的属性构成，新增属性后原关系的码不变。

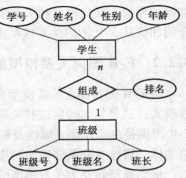

图 3-9　二元 1:n 联系转换为关系模型实例

实例 3-7 已知班级与学生两个实体集之间的 $1:n$ 联系如图 3-9 所示，将此 E-R 图转换为关系模型。

本例有下列两种转换方案。

方案 1：由 $1:n$ 联系形成一个独立的关系。

学生(学号,姓名,性别,年龄)；主码为"学号"。

班级(班级号,班级名,班长)；主码为"班级号"。

组成(学号,班级号,排名)；主码为(学号,班级号)的属性组合；外码为"学号"与"班级号"。

方案 2：由联系形成的关系与 n 端对象合并。

班级(班级号,班级名,班长)；主码为"班级号"。

学生(学号,姓名,性别,年龄,班级号,排名)，主码为"学号"，外码为"班级号"。

比较以上两种转换方案后可以发现：尽管第一种方案使用的关系多，但只是对"班级组成"更改多的场合比较适用；相反，第二种方案关系少，它适用于"班级组成"更改少的应用场合。

实例 3-8 已知学生和班长(领导)在同一实体集内部的 $1:n$ 联系如图 3-10 所示，将此 E-R 图转换为关系模型。

本例有下列两种转换方案。

方案 1：转换为两个关系模式。

学生(学号,姓名,性别,年龄)；主码为"学号"。

班长(学号,班长学号)；主码为"学号"；外码为"班长学号"。

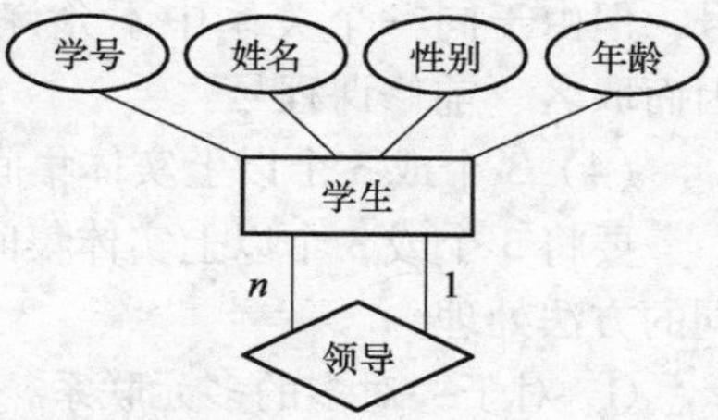

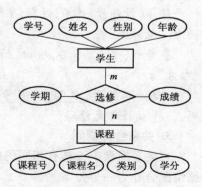

图 3-10 实体集内部 $1:n$ 联系转换为关系模型实例

方案 2：转换为一个关系模式。

学生(学号,姓名,性别,年龄,班长学号)；主码为"学号"；外码为"班长学号"。

由于同一关系中不能有相同的属性名，故将"班长"的"学号"改为"班长学号"。以上两种方案相比较后，第二种方案的关系少，而且能充分表达原有的数据联系，所以采用第二种方案会更好些。

（3）$m:n$ 联系的转换方法

在向关系模型转换时，一个 $m:n$ 联系转换为一个关系。转换方法为：与该联系相连的各实体集的码以及联系本身的属性均转换为关系的属性，新关系的码为两个相连实体码的组合(该码为多属性构成的组合码)。

实例 3-9 已知学生和课程两个实体集之间的 $m:n$ 联系如图 3-11 所示，将此 E-R 图转换为关系模型。

本例转换的关系模型为：

学生(学号,姓名,性别,年龄)；主码为"学号"。

课程(课程号,课程名,类别,学分)；主码为"课程号"。

图 3-11 二元 $m:n$ 联系转换为关系模型实例

选课(学号,课程号,学期,成绩)；主码为(学号,课程号,学期)的属性组合；外码为"学号"和"课程号"。

在"选课"关系中，同一名学生、同一门课程在同一学期只有一个成绩，但同一名学生、同一门课程在不同学期可以有不同成绩，如重修课程。因此，（学号,课程号,学期）3 个属性组合成为主码。

实例 3-10 已知课程与其前修课程在同一实体集内部的 $m:n$ 联系如图 3-12 所示，将此 E-R 图转换为关系模型。

本例语义为：一门课程可以有多门前修课程，一门课程也可以作为其他多门课程的前修课程。转换的关系模型为：

课程（<u>课程号</u>,课程名,类别,学分）；主码为"课程号"。

前修（<u>课程号</u>,<u>前修课程号</u>）；主码是全码；外码是"课程号"和"前修课程号"。

前修课程也是课程，前修课程号其实也是课程号，但由于同一个关系中不允许存在相同属性名，因而取名"前修课程号"。

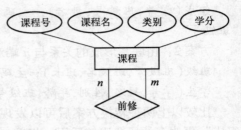

图 3-12　同一实体集内 $m:n$ 联系
转换为关系模型实例

（4）3 个或 3 个以上实体集间的多元联系的转换方法

要将 3 个或 3 个以上实体集间的多元联系转换为关系模型，可根据以下两种情况采用不同的方法处理。

① 对于一对多的多元联系，转换为关系模型的方法是修改 n 端实体集对应的关系，即将与联系相关的 1 端实体集的码和联系自身的属性作为新属性加入到 n 端实体集中。

② 对于多对多的多元联系，转换为关系模型的方法是新建一个独立的关系，该关系的属性为多元联系相连的各实体的码以及联系本身的属性，码为各实体码的组合。

实例 3-11 已知课程、教师和参考书 3 个实体集之间的多对多联系如图 3-13 所示，将此 E-R 图转换为关系模型。

转换后的关系模型如下。

课程（<u>课程号</u>,课程名,类型,学分）；主码为"课程号"。

教师（<u>教师号</u>,姓名,性别,年龄,职称）；主码为"教师号"。

参考书（<u>书号</u>,书名,单价,摘要）；主码为"书号"。

讲授（<u>课程号</u>,<u>教师号</u>,<u>书号</u>）；主码为全码，3 个属性都是外码。

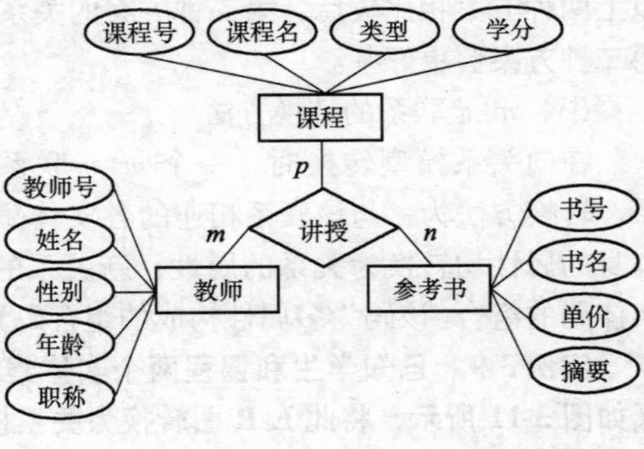

3. 关系合并规则

在关系模型中，具有相同码的关系，可根据情况合并为一个关系。

图 3-13　多实体集间联系转换为关系模型的实例

数据库逻辑设计的结果不是唯一的。为了进一步提高数据库应用系统的性能，还应该适当地修改、调整数据模型的结构，这就是数据模型的优化。关系数据模型的优化通常以规范化理论为指导，具体方法将在本章后面几节中介绍。

实例 3-12　将图 3-7 中的教务管理系统的基本 E-R 图转换成关系数据模型，组成一个关系数据库。

该基本 E-R 图共有 8 个实体型和 3 个多对多联系，最终形成下列 11 个关系（主码用下画线标记）。

① 根据"**学生**"实体与"**班级**"实体之间一对多的"**组成**"联系和一对一的"**领导**"联系，导出"**学生**"关系和"**班级**"关系；根据"**学生**"与"**课程**"之间多对多的"**选课**"联系，导出"**课程**"关系和"**选课**"关系。

关系 1：学生(<u>学号</u>,姓名,性别,出生日期,班级号)

关系 2：班级 1(<u>班级号</u>,班级名,班长学号)

关系 3：课程 1(<u>课程号</u>,课程名,课时数,学分)

关系 4：选课(<u>学号</u>,<u>课程号</u>,选课学期,成绩)

② 根据"**班级**"实体及其与"**专业**"实体之间一对多的"**属于**"联系、"**班级**"与"**教师**"之间一对一的"**指导**"联系，导出"**班级**"关系和"**教师**"关系。

关系 5：班级 2(<u>班级号</u>,班级名,所属专业号,班主任教师号)

关系 6：教师 1(<u>教师号</u>,姓名,性别,出生日期,职称)

③ 根据"**专业**"与"**教研室**"之间一对多的"**组成**"联系、"**专业**"与"**教师**"之间一对一的"**领导**"联系，导出"**教研室**"关系和"**专业**"关系。

关系 7：专业(<u>专业号</u>,专业名,负责人教师号)

关系 8：教研室(<u>教研室号</u>,教研室名,办公地点,所属专业号)

④ 根据"**教师**"与"**教研室**"之间一对多的"**属于**"联系、"**教师**"与"**课程**"之间多对多的"**讲授**"联系，导出"**教师**"关系和"**授课**"关系。

关系 9：教师 2(<u>教师号</u>,姓名,性别,出生日期,职称,所属教研室号)

关系 10：授课(<u>教师号</u>,<u>课程号</u>,开课学期)

⑤ 根据"**课程**"与"**类别**"之间的一对多的"**分类**"联系，导出"**课程**"关系、"**课程类别**"关系；根据"**教室**"与"**类别**"之间多对多的"**分配**"联系，另导出"**教室**"关系和"**教室分配**"关系。

关系 11：课程 2(<u>课程号</u>,课程名,课时数,学分,课程类别号)

关系 12：课程类别(<u>课程类别号</u>,课程类别名称)

关系 13：教室(<u>教室号</u>,地点,类型,容量)

关系 14：教室分配(<u>课程类别号</u>,<u>教室号</u>)

⑥ 对具有相同码的关系进行合并。将关系 2 与关系 5 这两个班级关系合并成一个"**班级**"关系；将关系 3 与关系 11 这两个课程关系合并成一个"**课程**"关系；将关系 6 与关系 9 这两个教师关系合并成一个"**教师**"关系。合并后最终得到下列 11 个关系。

关系 1：学生(<u>学号</u>,姓名,性别,出生日期,班级号)

关系 2：班级(<u>班级号</u>,班级名,所属专业号,班主任教师号,班长学号)

关系 3：课程(<u>课程号</u>,课程名,课时数,学分,课程类别号)

关系 4：选课(<u>学号</u>,<u>课程号</u>,选课学期,成绩)

关系 5：教师(<u>教师号</u>,姓名,性别,出生日期,职称,所属教研室号)

关系 6：专业(<u>专业号</u>,专业名,负责人教师号)

关系 7：教研室(<u>教研室号</u>,教研室名,办公地点,所属专业号)

关系 8：授课(<u>教师号</u>,<u>课程号</u>,开课学期)

关系 9：课程类别(<u>课程类别号</u>,课程类别名称)

关系 10：教室(<u>教室号</u>,地点,类型,容量)

关系 11：教室分配(<u>课程类别号</u>,<u>教室号</u>)

3.2.3　用户子模式的设计

用户子模式也称为外模式。将概念模型转换为全局逻辑模型后，还应该根据局部应用需求，结合具体 DBMS 的特点，设计用户的子模式。目前关系数据库管理系统中提供的视图就是为了满足局部用户需要而设计的。

定义数据库全局模式主要是从系统的时间效率、空间效率、易维护等角度出发，如考虑冗余和设计的规范化等。由于用户子模式与模式是相对独立的，因此在定义用户子模式时可以注重考虑用户的要求、习惯与方便，以及其他安全性要求。

3.3　数据依赖

前面已经介绍了通过 E-R 图设计关系数据模型的方法，下面介绍数据库设计的另一种途径——关系数据库规范化设计理论，它主要包括 3 个方面的内容：数据依赖、范式和模式分解，其中最重要的是数据依赖。

3.3.1　关系模式中的数据依赖

在第 2 章中已经介绍过，在关系数据库中，关系模式是型，关系是值。关系模式是对关系的描述。为了清楚地描述一个关系，关系模式的完整表示是一个五元组：

$$R(U,D,DOM,F)$$

其中 R 为关系名，U 为组成该关系的属性名集合，D 为属性组 U 中属性所来自的域，DOM 为属性向域的映像集合，F 为属性间的数据的依赖关系集合。

属性间的数据的依赖关系集合 F 实际上就是描述关系的元组语义，限定组成关系的各个元组必须满足的完整性约束条件。在实际应用中，这些约束或者通过对属性取值范围的限定，或者通过属性间的相互关联反映出来，后者称为数据依赖。它是数据库模式设计的关键。

关系是关系模式在某一时刻的状态或内容。关系模式是静止的、稳定的，关系是动态的，在不同时刻，关系模式中的关系可能发生变化，但它们都必须满足模式中数据依赖关系集合 F 所指定的完整性约束条件。

在关系模式中，影响数据库模式设计的主要是 U 和 F，D 和 DOM 对其影响不大，为了讨论方便，将关系模式简化为一个三元组：

$$R(U,F)$$

当且仅当 U 上的一个关系 r 满足 F 时，r 称为关系模式(U,F)的一个关系。

3.3.2　数据依赖对关系模式的影响

数据依赖(Data Dependency)是同一关系中属性间的相互依赖和相互制约。数据依赖是现实世界属性间相互联系的抽象,属于数据内在的性质。数据依赖包括函数依赖(Functional Dependency,FD)、多值依赖(Multi Valued Dependency,MVD)和连接依赖(Join Dependency,JD)。数据依赖是关系规范化的理论基础。

函数依赖普遍存在于现实世界中。例如,一个描述学生的关系,可以有学号(Sno)、姓名(Sname)、性别(Gender)、所属专业(Major)等几个属性。由于一个学号只对应一个学生,一个学生只属于一个专业,因此当"学号"的值被确定后,属性中的"姓名"和"所属专业"的值也被唯一地确定。属性间的这种依赖关系称为函数依赖,因此可以说 Sno 函数决定 Sname 和 Major,或者说 Sname 和 Major 函数依赖于 Sno,记作 Sno→ Sname,Sno→Major。

下面通过建立一个学生选课管理数据库来阐述函数依赖和规范化设计理论。该数据库涉及对象(实体集)包括学生的学号(Sno)、姓名(Sname)、性别(Gender)、班级(Class)、指导教师(Advisor)、所属专业(Major)、课程号(Cno)、课程名(Cname)、学分(Credit)、任课教师(Tname)、教师职称(Title)、成绩(Grade)等。如果该数据库由一个单一的关系模式 GradeReport 构成,则该关系模式的属性集合为

U = {Sno,Sname,Gender,Class,Advisor,Major,Cno,Cname,Credit,Tname,Title,Grade}

假设学生选课管理数据库的语义如下。

① 一名学生只属于一个班级,一个班级可以有多名学生。

② 一个班级属于某个专业,一个专业可以有多个班级。

③ 一个班级有一名选课指导教师,一名教师只能为一个班级做选课指导。

④ 一名学生可以选修多门课程,一门课程可以有多名学生选修。

⑤ 每名学生的同一门课程只有一个成绩。

仅从关系模式上看,GradeReport 关系已经包含了应用系统所需的全部信息。在此关系模式中填入一部分具体的数据,可得到关系模式 GradeReport 的实例,见表3-1。

表3-1　规范化之前的关系模式 GradeReport

Sno 学号	Sname 姓名	Gender 性别	Class 班级	Major 所属专业	Advisor 指导教师	Cno 课程号	Cname 课程名	Credit 学分	Tname 任课教师	Title 教师职称	Grade 成绩
S1	李红	女	IS0901	信息管理	杨修	C1	数据库	4	赵宏明	教授	88
S1	李红	女	IS0901	信息管理	杨修	C2	C 程序设计	6	孙一维	讲师	66
S1	李红	女	IS0901	信息管理	杨修	C3	电子商务	2	钱红霞	副教授	55
S1	李红	女	IS0901	信息管理	杨修	C4	数据结构	4	孙一维	讲师	76
S2	张雷	男	CS0901	计算机科学	程昱	C1	数据库	4	赵宏明	教授	82
S2	张雷	男	CS0901	计算机科学	程昱	C4	数据结构	4	李晓明	副教授	68
S2	张雷	男	CS0901	计算机科学	程昱	C5	编译原理	3	钱红霞	副教授	75
S3	王凯	男	CS0902	计算机科学	程昱	C7	操作系统	3	姜小菲	副教授	83
⋮											

根据关系数据库范式化理论,一个好的关系模式除了能满足信息存储和查询的基本要求之外,还应该尽量避免出现以下问题。

① 数据冗余,即相同的数据在一个数据库中被多次重复存储。

② 插入异常，即在一个实体中插入一个元组时，必须在另一个关联实体中也同时插入一个相应的元组。

③ 删除异常，即一个实体的元组被删除后，另一个关联实体的元组也随之被删除。

④ 更新异常，相同的信息需要在多个元组中同时进行修改。

在 GradeReport 这个关系中，（Sno,Cno）属性的组合能唯一标识一个元组，所以（Sno,Cno）是该关系模式的主码。但 GradeReport 不是一个完全规范的关系模式，存在数据冗余、插入异常、删除异常和更新异常等问题。

① 数据冗余，学生的姓名、性别、班级、所属专业、指导教师、课程名、任课教师等信息都被重复存储多次，数据的冗余度很大，浪费了存储空间。

② 插入异常，如果某个专业还没有招生，即尚无学生信息时，则所属专业或教师等信息将无法插入到数据库中。因为在这个关系模式中，（Sno,Cno）是主码。根据关系的实体完整性约束，主码的值不能为空，而这时没有学生信息，Sno 和 Cno 均无值，因此不能进行插入操作。

③ 删除异常，假定某个学生只选修了一门课，如 S3 只选修了 C7 这门课程。现在他连C7 课程也不选修了，那么 C7 课程这个数据项就要删除。由于课程号是主属性，删除课程号C7，整个元组就不能存在了，也必须同时删除，从而删除了 S3 的其他信息，产生了删除异常，即不应删除的信息也被删除了。

④ 更新异常，如果要修改学生的姓名，则该学生的所有记录都要修改 Sname 的值。又如，某任课教师的职称发生变化，则该任课教师对应的每条学生选课记录都要修改其 Title 值。这种数据更新不仅浪费系统处理时间，也有可能漏改某些记录，从而造成数据的不一致性，破坏了数据的完整性。

由于 GradeReport 存在数据冗余度大和各种数据操作异常问题，因此它还不是一个好的关系模式。产生上述问题的原因是因为该关系中存在数据依赖。规范化理论正是用来完善关系模式的，通过关系模式分解来消除其中不合适的数据依赖，以解决插入异常、删除异常、更新异常和数据冗余等问题。

3.3.3 函数依赖

规范化理论致力于解决关系模式中不合适的数据依赖问题，而函数依赖是最重要的数据依赖。本部分介绍函数依赖的概念，多值依赖和连接依赖将在 3.4 中介绍。

定义 3-1 设 $R(U)$ 是一个关系模式，U 是 R 的属性集合，X 和 Y 是 U 的子集。对于 $R(U)$ 的任意一个可能的关系 r，如果 r 中不存在两个元组，它们在 X 上的属性值相同，而在 Y 上的属性值不同，则称"X 函数确定 Y"或"Y 函数依赖于 X"，记作 $X{\rightarrow}Y$。

函数依赖的定义也可以理解为：设 X、Y 是关系 R 的两个属性集合，当 R 中的任意两个元组中的 X 属性值相同，它们的 Y 属性值也相同时，则称 X 函数确定 Y，或称 Y 函数依赖于 X。

根据前面给定的数据库语义，可以从 GradeReport 关系模式中得到一组函数依赖：

F = {Sno→ Sname,Sno→Gender,Sno→Class,Class→Advisor,Class→Major,Cno→Cname,Cno→Credit,Tname→Title,（Sno,Cno）→Grade,（Sno,Cno）→Tname}

这里，Sno 与 Sname、Gender、Class 之间都有一种依赖关系。由于一个 Sno 只对应一名学生，而一名学生只能属于一个班级，所以当 Sno 的值被确定之后，Sname、Gender、Class 的值也随之被唯一地确定了。通常说，Sno 函数确定 Sname、Gender、Class，或者说 Sname、

Gender、Class 函数依赖于 Sno。

在理解函数依赖概念时，应当注意以下相关概念及表示方法。

① 若 $X \rightarrow Y$，则 X 称为这个函数依赖的决定因素，Y 为依赖因素。

② 若 $X \rightarrow Y$，且 $Y \rightarrow X$，则记为 $X \leftrightarrow Y$。

③ 若 Y 不函数依赖于 X，则记为 $X \nrightarrow Y$。

定义 3-2　在关系模式 $R(U)$ 中，对于 U 的子集 X 和 Y，如果 $X \rightarrow Y$，但 $Y \nsubseteq X$，则称 $X \rightarrow Y$ 是**非平凡函数依赖**(Nontrivial Function Dependency)。若 $Y \subseteq X$，则称 $X \rightarrow Y$ 为**平凡函数依赖**(Trivial Function Dependency)。

对于任一关系模式，平凡函数依赖都是必然成立的，它不反映新的语义，因此若不特别声明，本书讨论的是非平凡函数依赖。例如，平凡函数依赖 (Sno, Sname) $\rightarrow$ Sname 或 (Sno, Cno) $\rightarrow$ Cno 没有研究意义。

定义 3-3　在关系模式 $R(U)$ 中，如果 $X \rightarrow Y$，并且对于 X 的任何一个真子集 X'，都有 $X' \nrightarrow Y$，则称 Y **完全函数依赖**(Full Functional Dependency)于 X，记作 $X \xrightarrow{f} Y$。若 $X \rightarrow Y$，但 Y 不完全函数依赖于 X，则称 Y **部分函数依赖**(Partial Functional Dependency)于 X，记作 $X \xrightarrow{p} Y$。

例如，在关系模式 GradeReport 中，一名学生(Sno)有多门课程成绩(Grade)的值与其对应，同样的一门课程(Cno)有多名学生的成绩值(Grade)与其对应，因此 Grade 不能唯一地被 Sno 或 Cno 确定，即 Grade 不能函数依赖于 Sno，也不能函数依赖于 Cno，可表示为：Sno $\nrightarrow$ Grade，Cno $\nrightarrow$ Grade。但是，Grade 可以被(Sno, Cno)唯一地确定，因此可表示为：(Sno, Cno) $\xrightarrow{f}$ Grade，(Sno, Cno)是决定因素。又由于 Sno $\rightarrow$ Sname，Cno $\nrightarrow$ Sname，于是 (Sno, Cno) $\xrightarrow{p}$ Sname。假设在这个关系模式中无人重名，则有 Sno $\leftrightarrow$ Sname。

定义 3-4　在关系模式 $R(U)$ 中，如果 $X \rightarrow Y$，$Y \rightarrow Z$，且 $Y \nsubseteq X$，$Z \nsubseteq Y$，$Y \nrightarrow X$，则称 Z **传递函数依赖**(Transitive Functional Dependency)于 X。

传递函数依赖的定义中之所以要加上条件 $Y \nrightarrow X$，是因为如果 $Y \rightarrow X$，则 $X \leftrightarrow Y$，这实际上是 Z 直接依赖于 X，而不是传递函数依赖了。

例如，在关系模式 GradeReport 中，由于学号确定班级，即 Sno $\rightarrow$ Class，而班级又确定班主任，即 Class $\rightarrow$ Advisor，于是班主任传递函数依赖于学号，即 Sno $\xrightarrow{t}$ Advisor。

函数依赖与属性之间的联系类型有关。

① 在一个关系模式中，如果属性 X 与 Y 有 1:1 联系时，则存在函数依赖：$X \rightarrow Y$，$Y \rightarrow X$，即 $X \leftrightarrow Y$。

② 如果属性 X 与 Y 有 1:n 的联系时，则只存在函数依赖：$Y \rightarrow X$。

③ 如果属性 X 与 Y 有 m:n 的联系时，则 X 与 Y 之间不存在任何函数依赖关系。

由于函数依赖与属性之间的联系类型有关，所以在确定属性间的函数依赖关系时，可以从分析属性间的联系类型入手，便可确定属性间的函数依赖。

3.4　范式

关系数据库的设计必须符合一定的规范化要求，不同的规范化程度可以用范式来表示。

范式（Normal Form）是符合某一种级别的关系模式的集合，是衡量关系模式规范化程度的标准。由于规范化的程度不同，就产生了不同的范式。目前主要有 6 种范式，满足最基本规范化要求的关系模式称为第一范式，简称 1NF；在第一范式中进一步满足一些要求的为第二范式，简称 2NF，其余依次类推。显然，各范式之间存在联系。

$$1NF \supset 2NF \supset 3NF \supset BCNF \supset 4NF \supset 5NF$$

通常把某一关系模式 R 的第 n 范式简记为 $R \in n$NF。下面以教务管理系统数据库 GradeReport 为例，介绍一个关系模式如何通过模式分解转换成更高一级的关系模式。

3.4.1　第一范式（1NF）

定义 3-5　如果一个关系模式 R 的所有属性都是不可分的基本数据项，则称该关系模式满足第一范式，记作 $R \in 1$NF。

在任何一个关系数据库系统中，第一范式是一个对关系模式最起码的要求，不满足第一范式的数据库模式不能称为关系数据库。例如，表 3-2 和表 3-3 所示的都不是关系数据库模式，因为其中一些分量包含多个数据项，因而不满足 1NF。

表 3-2　具有组合数据项的非规范化关系模式实例

Sno	Sname	Gender	Class	Major	Advisor	Courses								...
						C1		C2		C3		C4		
						Tname1	Grade1	Tname2	Grade2	Tname3	Grade3	Tname4	Grade4	
S1	李红	女	ISO901	信息管理	杨修	赵宏明	88	孙一维	66	钱红霞	55	孙一维	76	
S2	张雷	男	CS0901	计算机科学	程昱	赵宏明	82					李晓明	68	
⋮														

表 3-3　具有多值数据项的非规范化关系模式实例

Sno	Sname	Gender	Class	Major	Advisor	Cno	Cname	Credit	Tname	Title	Grade
						C1	数据库	4	赵宏明	教授	88
						C2	C 程序设计	3	孙一维	讲师	66
S1	李红	女	ISO901	信息管理	杨修	C3	电子商务	2	钱红霞	副教授	55
						C4	数据结构	3	孙一维	讲师	76
						C1	数据库	4	赵宏明	教授	82
S2	张雷	男	CS0901	计算机科学	程昱	C4	数据结构	3	李晓明	副教授	68
						C5	编译原理	3	钱红霞	副教授	68
⋮											

根据第一范式的定义，表 3-1 中的所有属性都已经是不可再分的简单属性，因而它符合 1NF 的要求，其关系模式表示如下。

GradeReport（Sno，Sname，Gender，Class，Advisor，Major，Cno，Cname，Credit，Tname，Title，Grade）

其中，主码为（Sno，Cno）。正如前面所述，GradeReport 存在数据冗余度大、插入异常、删除异常和更新异常等问题，它还不是一个好的关系模式，需要按照更高一级的范式要求对它进行模式分解。

3.4.2　第二范式（2NF）

定义 3-6　若关系模式 $R \in 1$NF，并且每一个非主属性都完全依赖于 R 的码，则 $R \in 2$NF。

下面分析关系模式 GradeReport 中存在的非主属性函数依赖关系。

主码 = (Sno, Cno)

非主属性 = {Sname, Gender, Class, Advisor, Major, Cname, Credit, Tname, Title, Grade}

非主属性对码的完全函数依赖 = { (Sno, Cno) $\xrightarrow{f}$ Grade, (Sno, Cno) $\xrightarrow{f}$ Tname, (Sno, Cno) $\xrightarrow{f}$ Title}

非主属性对码的部分函数依赖 = { (Sno, Cno) $\xrightarrow{p}$ Sname, Sno → Sname, (Sno, Cno) $\xrightarrow{p}$ Gender, Sno → Gender, (Sno, Cno) $\xrightarrow{p}$ Class, Sno → Class, (Sno, Cno) $\xrightarrow{p}$ Advisor, Sno → Advisor, (Sno, Cno) $\xrightarrow{p}$ Major, Sno → Major, (Sno, Cno) $\xrightarrow{p}$ Cname, Cno → Cname, (Sno, Cno) $\xrightarrow{p}$ Credit}

显然，GradeReport 存在非主属性对码的部分函数依赖，它不符合 2NF，即 GradeReport ∉ 2NF。

为了消除这些部分函数依赖，根据 2NF 的定义，可以采用投影分解法，把关系模式 GradeReport 分解成下列 3 个关系模式：学生(Students)、课程(Courses)和学生选课(StudCourses)。

Students(<u>Sno</u>, Sname, Gender, Class, Advisor, Major)，主码 = (Sno)

Courses(<u>Cno</u>, Cname, Credit)，主码 = (Cno)

StudCourses(<u>Sno, Cno</u>, Tname, Title, Grade)，主码 = (Sno, Cno)

显然，在分解后的 3 个关系模式中，非主属性都完全函数依赖于码了。Students、Courses 和 StudCourses 都符合 2NF，从而使插入异常、删除异常、更新异常和数据冗余度大这 4 个问题在一定程度上得到了解决。

2NF 不允许关系模式的属性之间有这样的函数依赖 $X \rightarrow Y$，其中 X 是码的真子集，Y 是非主属性。显然，码只包含一个属性的关系模式，如果属于 2NF，那么它一定属于 1NF，因为它不可能存在非主属性对码的部分函数依赖。

3.4.3　第三范式(3NF)

将一个 1NF 的关系分解成多个 2NF，并不能完全消除各种异常情况和数据冗余。也就是说，2NF 并不一定是一个好的关系模式。

例如，满足 2NF 的 Students 关系模式中仍然存在数据冗余、插入异常、删除异常和更新异常等问题。

① 插入异常。如果某个专业刚刚成立，还没有招生，就无法把这个专业的信息存储到数据库中。

② 删除异常。如果某个班级的学生毕业了，在删除这些学生的信息时，指导教师和专业的信息也可能被删除。

③ 更新异常。当一名学生从计算机科学专业转到信息管理专业时，不仅需要修改这名学生的专业(Major)属性的值，还要修改其班级(Class)和指导教师(Advisor)属性的值。

④ 数据冗余度大。同一班级的学生，关于指导教师和专业的信息需要重复存储，重复次数与这个班级中的学生人数相等。

通过分析发现，StudCourses 关系中也存在类似的异常和数据冗余度大等问题。由于上述问题依然存在，因此，Students 和 StudCourses 仍然不是好的关系模式。出现上述问题的主要原因是这两个关系中都存在传递函数依赖关系。

定义 3-7 如果关系模式 $R(U,F)$ 中不存在候选码 X、属性组 Y 及非主属性 $Z(Z \notin Y)$，使得 $X \to Y$、$Y \to Z$ 和 $Y \nrightarrow X$ 成立，则 $R \in 3NF$。

下面分析关系模式 Students 和 StudCourses 中存在的传递函数依赖关系。

（1）关系模式 Students 分析

主码 = (Sno)

非主属性 = {Sname, Gender, Class, Advisor, Major}

因为 Sno→Class，Class→Advisor，Class→Major，则存在

传递函数依赖 = {Sno $\xrightarrow{t}$ Advisor, Sno $\xrightarrow{t}$ Major}

由于主码 Sno 与非主属性 Advisor、Major 之间存在传递函数依赖关系，因此 Students 不符合 3NF，即 Students $\notin$ 3NF。

为消除其中存在的传递函数依赖，可采用投影分解法，把关系模式 Students 分解成两个关系模式：学生（Students）和班级（Classes）。

Students(<u>Sno</u>, Sname, Gender, Class)，主码 = (Sno)，外码 = (Class)

Classes(<u>Class</u>, Advisor, Major)，主码 = (Class)

（2）关系模式 StudCourses 分析

主码 = (Sno, Cno)

非主属性 = (Tname, Title, Grade)

因为 (Sno, Cno)→Tname，Tname→Title，则存在

传递函数依赖 = {(Sno, Cno) $\xrightarrow{t}$ Title}

由于主码 (Sno, Cno) 与非主属性 Title 之间存在传递函数依赖关系，因此 StudCourses 不符合 3NF，即 StudCourses $\notin$ 3NF。

为消除其中存在的传递函数依赖，同样采用投影分解法，把关系模式 StudCourses 分解成两个关系模式：选课（StudCourses）和教师（Teachers）。

StudCourses(<u>Sno, Cno</u>, Grade, Tname)，主码 = (<u>Sno, Cno</u>)，外码 = (Tname)

Teachers(<u>Tname</u>, Title) 主码 = (Tname)

（3）关系模式 Courses 分析

主码 = (Cno)

非主属性 = (Cname, Credit)

无传递依赖关系。

因此，Courses 已经符合 3NF 要求，即 Courses $\in$ 3NF。

经过 3NF 规范化后，GradeReport 最后分解成 Students、Classes、Courses、StudCourses 和 Teachers 这 5 个关系模式。

由定义 3-7 可以证明，若 $R \in 3NF$，则 R 的每一个非主属性既不部分函数依赖于候选码，也不传递函数依赖于候选码。显然，如果 $R \in 3NF$，则 R 也符合 2NF。

3NF 就是不允许关系模式的属性之间有这样的非平凡函数依赖 $X \to Y$，其中 X 不包含码，Y 是非主属性。X 不包含码有两种情况，一种情况为 X 是码的真子集，这是 2NF 也不允许的；另一种情况为 X 含有非主属性，这是 3NF 进一步限制的。

3NF 是一个可用的关系模式应满足的最低范式。将一个 2NF 关系分解为多个 3NF 的关系后，并不能完全消除关系模式中的各种异常情况和数据冗余。也就是说，属于 3NF 的关系模式并不一定是一个完善的关系模式。

3.4.4　BC 范式（BCNF）

3NF 只限制了非主属性对键的依赖关系，而没有限制主属性对键的依赖关系。如果发生了这种依赖，仍有可能存在数据冗余、插入异常、删除异常和修改异常等。这时，需对 3NF 进一步规范化，消除主属性对键的依赖关系。为了解决这个问题，Boyce 与 Codd 共同提出了一个新范式的定义，这就是 Boyce-Codd 范式，通常简称 BCNF（Boyce Codd Normal Form）或 BC 范式。它弥补了 3NF 的不足，通常认为是修正的第三范式，所以有时也称为第三范式。

定义 3-8　设关系模式 $R(U,F) \in 1NF$，如果对于 R 的每个函数依赖 $X \rightarrow Y$，其中 $Y \notin X$，则 X 必含有候选码，那么 $R \in BCNF$。

换句话说，在关系模式 $R(U,F)$ 中，如果每一个决定因素都包含候选码，则 $R \in BCNF$。

采用投影分解法将一个 3NF 的关系分解为多个 BCNF 的关系，可以进一步解决原 3NF 关系中存在的插入异常、删除异常、修改异常和数据冗余度大等问题。

由 BCNF 的定义可知，每个 BCNF 的关系模式都具有如下 3 个性质。

① 所有非主属性都完全函数依赖于每个候选码。

② 所有主属性都完全函数依赖于每个不包含它的候选码。

③ 没有任何属性完全函数依赖于非码的任何一组属性。

如果关系模式 $R \in BCNF$，由定义可知，R 中不存在任何属性传递依赖于或部分依赖于任何候选码，所以必有 $R \in 3NF$。但是，如果 $R \in 3NF$，R 未必属于 BCNF。

例如，关系模式 StudMajor（Sno，Major，Advisor）中，Sno 为学生学号，Major 为学生所选专业，Advisor 为选课指导老师。语义如下：一名学生可以有多个专业（如第二专业、辅修专业）；每名学生在每个专业中有且仅有一名指导教师；一名指导教师只属于一个专业，也只能为一个专业的学生做选课指导。该关系模式实例见表 3-4。

表 3-4　关系模式 StudMajor 实例

Sno 学号	Major 专业	Advisor 指导教师	Sno 学号	Major 专业	Advisor 指导教师
S1	信息管理	杨修	S4	计算机科学	郭嘉
S2	计算机科学	陈宫	S4	多媒体技术	许攸
S3	信息管理	杨修	⋮		

关系模式 StudMajor 符合 3NF 要求，但它依然存在插入异常和删除异常等问题。例如，假设"荀彧"是经济学专业的一名指导教师，但在没有插入经济学专业的学生信息之前，"荀彧"作为该专业指导教师这一信息是无法存储到数据库中去的；同样，如果删除 S4 这名学生，那么也删除了"多媒体技术"这个专业信息，同时也删除了"郭嘉"与"许攸"分别作为"计算机科学"和"多媒体技术"专业指导教师的这些信息。因此，StudMajor 还不是一个理想的关系模式。

在关系模式 StudMajor 中，

候选码 $=\{(\mathrm{Sno},\mathrm{Major}),(\mathrm{Sno},\mathrm{Advisor})\}$

函数依赖 $=\{\mathrm{Advisor}\xrightarrow{f}\mathrm{Major},(\mathrm{Sno},\mathrm{Major})\xrightarrow{f}\mathrm{Advisor}\}$

决定因素 $=\{(\mathrm{Advisor}),(\mathrm{Sno},\mathrm{Major})\}$

显然，决定因素（Advisor）不是候选码，也不包含候选码。因此 StudMajor 不符合 BCNF。

按照 BCNF 要求，可以将关系模式 StudMajor 分解为两个关系模式：StudAdvisor 和 AdvisorMajor，具体实例见表 3-5 和表 3-6。

StudAdvisor（Sno，Advisor）主码 $=$（Sno，Advisor）

AdvisorMajor（Advisor，Major）主码 $=$（Advisor）

表 3-5　关系模式 StudAdvisor

Sno 学号	Advisor 指导教师
S1	杨修
S2	陈宫
S3	杨修
S4	郭嘉
S5	许攸
⋮	

表 3-6　关系模式 AdvisorMajor

Advisor 指导教师	Major 专业
杨修	信息管理
陈宫	计算机科学
郭嘉	计算机科学
许攸	多媒体技术
⋮	

显然，这两个关系模式都符合了 BCNF 的要求。

3NF 和 BCNF 是以函数依赖为基础的关系模式规范化程度的测度。

如果一个关系数据库中的所有关系模式都属于 3NF，则已在很大程度上消除了插入异常和删除异常，但由于可能存在主属性对候选码的部分依赖和传递依赖，因此关系模式的分解仍不够彻底。

如果一个关系数据库中的所有关系模式都属于 BCNF，那么在函数依赖范畴内，它已实现了模式的彻底分解，达到了最高的规范化程度，消除了插入异常和删除异常。

3.4.5　多值依赖与第四范式（4NF）

前面章节都是在函数依赖的范围内讨论关系模式的范式问题。如果仅考虑函数依赖这一种数据依赖，属于 BCNF 的关系模式已经很好了，但如果考虑其他数据依赖，如多值依赖，那么属于 BCNF 的关系模式可能仍然存在问题。

例如，关系模式 MajorStuCourse（Major，Sname，Cname）中，Major 为专业，Sname 为学生，Cname 为该专业的必修课。语义如下：每个专业有多名学生，而且有一组必修课；同一个专业内所有学生选修的必修课相同。该关系模式的实例见表 3-7。

表 3-7　多值依赖实例 MajorStuCourse

Major 专业	Sname 学生	Cname 必修课	Major 专业	Sname 学生	Cname 必修课
计算机科学	姜红	数据库	信息管理	沈涛	数据库
计算机科学	姜红	软件工程	信息管理	沈涛	管理信息系统
计算机科学	姜红	数据结构	信息管理	沈涛	企业资源计划
计算机科学	李平	数据库	信息管理	张军	数据库
计算机科学	李平	软件工程	信息管理	张军	管理信息系统
计算机科学	李平	数据结构	信息管理	张军	企业资源计划
⋮			⋮		

显然，MajorStuCourse 具有唯一候选码（Major，Sname，Cname），即全码，因而 MajorStu-Course ∈ BCNF。但该模式存在数据冗余和异常问题。

① 数据冗余度大。每个专业的必修课虽是固定的，但在 MajorstuCourse 关系中，有多少名学生，课程名称就要存储多少次，造成大量的数据冗余。

② 增加操作复杂。当某一专业增加一名学生时，该专业有多少必修课程，就必须插入多少个元组。例如，计算机科学专业增加一个学生"方强"，需要插入 3 个元组：

（计算机科学，方强，数据库），

（计算机科学，方强，软件工程），

（计算机科学，方强，数据结构）

③ 删除操作复杂。如果某一专业要去掉一门必修课程，那么该课程有多少名学生，就必须删除多少个元组。例如，信息管理专业要去掉"企业资源计划"这门必修课，需要删除两个元组：

（信息管理，沈涛，企业资源计划），

（信息管理，张军，企业资源计划）

④ 修改操作复杂。某一专业要修改一门课程的名称，该课程有多少名学生，就必须修改多少个元组。

符合 BCNF 的关系模式 MajorStuCourse 之所以会产生上述问题，是因为必修课的取值和学生的取值是彼此独立且毫无关系的，它们都只取决于专业。也就是说，这个关系模式中存在一种称之为多值依赖的数据依赖。

1. 多值依赖

定义 3-9 设有关系模式 $R(U)$，U 是属性集，X、Y、Z 是 U 的子集，且 $Z = U - X - Y$。如果 R 中的任一关系 r，给定一对 (x,z) 值，都有一组 y 值与之对应，这组 y 值仅仅决定于 x 值而与 Z 值无关，则称 Y 多值依赖于 X，或 X 多值确定 Y，记为 $X \rightarrow\!\!\!\rightarrow Y$。

多值依赖具有以下性质：

① 多值依赖具有对称性，即若 $X \rightarrow\!\!\!\rightarrow Y$，则 $X \rightarrow\!\!\!\rightarrow Z$，其中 $Z = U - X - Y$。

从 MajorStuCourse 可以看出，由于 Major $\rightarrow\!\!\!\rightarrow$ Sname，则 Major $\rightarrow\!\!\!\rightarrow$ Cname。

② 函数依赖可以看做是多值依赖的特殊情况。即若 $X \rightarrow Y$，则 $X \rightarrow\!\!\!\rightarrow Y$。这是因为当 $X \rightarrow Y$ 时，对 X 中的每个值，Y 有一个确定的值与之对应，因此 $X \rightarrow\!\!\!\rightarrow Y$。

③ 在多值依赖中，若 $X \rightarrow\!\!\!\rightarrow Y$ 且 $Z = U - X - Y \neq \phi$，则称 $X \rightarrow\!\!\!\rightarrow Y$ 为非平凡的多值依赖，否则称为平凡的多值依赖。

④ 若 $X \rightarrow\!\!\!\rightarrow Y$，$X \rightarrow\!\!\!\rightarrow Z$，则 $X \rightarrow\!\!\!\rightarrow Y \cup Z$。

⑤ 若 $X \rightarrow\!\!\!\rightarrow Y$，$X \rightarrow\!\!\!\rightarrow Z$，则 $X \rightarrow\!\!\!\rightarrow Y \cap Z$。

⑥ 若 $X \rightarrow\!\!\!\rightarrow Y$，$X \rightarrow\!\!\!\rightarrow Z$，则 $X \rightarrow\!\!\!\rightarrow Y - Z$，$X \rightarrow\!\!\!\rightarrow Z - Y$。

⑦ 多值依赖的有效性与属性集的范围有关。如果 $X \rightarrow\!\!\!\rightarrow Y$ 在 U 上成立，则在 $W(XY \subseteq W \subseteq U)$ 上一定成立；但 $X \rightarrow\!\!\!\rightarrow Y$ 在 $W(W \subset U)$ 上成立，在 U 上不一定成立。这是因为多值依赖的定义中不仅涉及属性组 X 和 Y，而且涉及 U 中其余属性 Z。一般地，如果 R 的多值依赖 $X \rightarrow\!\!\!\rightarrow Y$ 在 $W(W \subset U)$ 上成立，则称 $X \rightarrow\!\!\!\rightarrow Y$ 为 R 的嵌入型多值依赖。

但是函数依赖 $X \rightarrow Y$ 的有效性仅决定于 X 和 Y 这两个属性集的值，与其他属性无关。只要 $X \rightarrow Y$ 在属性集 W 上成立，则 $X \rightarrow Y$ 属性集 $W(W \subset U)$ 必定成立。

⑧ 多值依赖 $X \rightarrow\rightarrow Y$ 在 $R(U)$ 上成立，对于 $Y' \subset Y$，并不一定有 $X \rightarrow\rightarrow Y'$ 成立。但是如果函数依赖 $X \rightarrow Y$ 在 R 上成立，则对于任何 $Y' \subset Y$ 均有 $X \rightarrow Y'$ 成立。

2. 4NF 范式

定义 3-10 关系模式 $R(U,F) \in 1NF$，如果对于 R 的每个非平凡多值依赖 $X \rightarrow\rightarrow Y(Y \not\subset X)$，$X$ 都含有候选码，则 $R \in 4NF$。

4NF 就是限制关系模式的属性之间不允许有非平凡且非函数依赖的多值依赖。因为根据定义，对于每一个非平凡的多值依赖 $X \rightarrow\rightarrow Y(Y \not\subset X)$，$X$ 都含有候选码，于是有 $X \rightarrow Y$，所以 4NF 所允许的非平凡多值依赖实际上是函数依赖。

显然，如果一个关系模式是 4NF，则其必为 BCNF。

根据前面所述的关系模式 MajorStuCourse 的语义，对于每个专业的每门课程，即（Major，Cname），都有一组学生值（Sname）与之对应而不管 Cname 取何值，因此，Major $\rightarrow\rightarrow$ Sname。同样，对于每个专业的每名学生，即（Major，Sname），也都有一组课程值与之对应而不管 Sname 取何值，因此也有 Major $\rightarrow\rightarrow$ Cname。

MajorStuCourse 的候选码为（Major，Sname，Cname），即全码。按照 4NF 定义，MajorStuCourse $\notin 4NF$，现将它分解为专业与学生（MajorStudent）和学生与课程（MajorCourse）两个关系模式。显然分解后的 MajorStudent $\in 4NF$，MajorCourse $\in 4NF$，其实例见表 3-8 和表 3-9。

MajorStudent(Major，Sname)　　主码 = (Major，Sname)

MajorCourse(Sname，Cname)　　主码 = (Major，Cname)

表 3-8　关系模式 MajorStudent

Major 专业	Sname 学生	Major 专业	Sname 学生
计算机科学	姜红	信息管理	张军
计算机科学	李平	⋮	
信息管理	沈涛		

表 3-9　关系模式 MajorCourse

Major 专业	Cname 必修课	Major 专业	Cname 必修课
计算机科学	数据库	信息管理	管理信息系统
计算机科学	软件工程	信息管理	企业资源计划
计算机科学	数据结构	⋮	
信息管理	数据库		

从上述分析可以发现，符合 BCNF 的关系模式 MajorStuCourse 仍然存在数据冗余和操作异常等问题，而分解后的关系模式 MajorStudent 和 MajorCourse 只有平凡多值依赖（因为 $Z = X - Y = \phi$），符合 4NF。可以说，BCNF 是只有函数依赖的关系模式中规范化程度最高的范式，而 4NF 是存在多值依赖关系模式中规范化程度最高的范式。

函数依赖和多值依赖是两种最重要的数据依赖。如果只考虑函数依赖，则属于 BCNF 的关系模式已经很好了。如果仅考虑多值依赖，则属于 4NF 的关系模式已经很好了。事实上，数据依赖中除函数依赖和多值依赖外，还有一种连接依赖。函数依赖是多值依赖的一种特殊情况，而多值依赖实际上又是连接依赖的一种特殊情况，但连接依赖不像函数依赖和多值依赖那样可由语义直接导出，而是在关系的连接运算时才反映出来。存在连接依赖的关系模式仍可能遇到数据冗余及插入、修改、删除异常等问题。

3.4.6 连接依赖与第五范式(5NF)

模式分解是关系规范化采用的主要手段。关系模式的规范化过程是通过对关系模式的投影分解来实现的，但是把低一级的关系模式分解为若干个高一级的关系模式的方法并不是唯一的。在这些分解方法中，只有能够保证分解后的关系模式与原关系模式等价的方法才有意义。

1. 关系分解的无损连接性(Lossless Join)

定义 3-11 设关系模式 $R(U,F)$ 被分解为若干个关系模式 $R_1(U_1,F_1)$，$R_2(U_2,F_2)$，…，$R_n(U_n,F_n)$，其中 $U = U_1 \cup U_2 \cup \cdots \cup U_n$，且不存在 $U_i \subseteq U_j$，F_i 为 F 在 U_i 上的投影，如果 R 与 R_1，R_2，…，R_n 自然连接的结果相等，则称关系模式 R 的分解具有无损连接性。

只有具有无损连接性的分解才能够保证不丢失信息。

2. 连接依赖(Join Dependency)

定义 3-12 设 $R(U)$ 是属性集 U 上的关系模式，A，B，…，Z 是 U 的子集，如果 R 是由其在 A，B，…，Z 上投影的自然连接组成的，则称 R 满足对 A，B，…，Z 的连接依赖，记为 $^*(A,B,\cdots,Z)$。

连接依赖也是一种数据依赖，它不能直接从语义中推出，只能从运算中反映出来。例如，关系模式 STC(Subject,Teacher,Credit)，其中 Subject 为课程，Teacher 为教师，Credit 为学分，该关系模式的实例见表 3-10。如果将 STC 模式分解为 ST、SC 和 TC 三个关系，见表 3-11 ~ 表 3-13。对这 3 个关系进行两两自然连接，即 ST $\bowtie$ TC、ST $\bowtie$ SC 及 SC $\bowtie$ TC，连接结果见表 3-14 ~ 表 3-16。

表 3-10 连接依赖的实例 STC

课程 Subject	教师 Teacher	学分 Credit	课程 Subject	教师 Teacher	学分 Credit
数据库	胡军	4	数据结构	胡军	3
数据库	王霞	3	数据库	胡军	3

表 3-11 ST 关系

课程 Subject	教师 Teacher
数据库	胡军
数据库	王霞
数据结构	胡军

表 3-12 SC 关系

课程 Subject	学分 Credit
数据库	4
数据库	3
数据结构	3

表 3-13 TC 关系

教师 Teacher	学分 Credit
胡军	4
王霞	3
胡军	3

表 3-14　ST ⋈ TC

课程 Course	教师 Teacher	学分 Credit
数据库	胡军	4
数据库	胡军	3
数据库	王霞	3
数据结构	胡军	4
数据结构	胡军	3

表 3-15　ST ⋈ SC

课程 Course	教师 Teacher	学分 Credit
数据库	胡军	4
数据库	胡军	3
数据库	王霞	3
数据结构	王霞	4
数据结构	胡军	3

表 3-16　SC ⋈ TC

课程 Course	教师 Teacher	学分 Credit
数据库	胡军	4
数据库	胡军	3
数据库	王霞	4
数据库	王霞	3
数据结构	胡军	3

从上述实例可以看出，表 3-10 的关系模式 STC 分解成其两个属性的关系后，无论表 3-11～表 3-13 中哪两个关系投影的自然连接都不是原来的关系，因此不是无损连接。但可以发现，表 3-14～表 3-16 中的 3 个关系中的任意两个的自然连接（如 ST ⋈ TC 与 ST ⋈ SC 自然连接）又可以得到原来的关系模式，从而达到无损连接。这里，STC 依赖于 3 个投影（ST、TC、SC）的连接，这种依赖称为连接依赖。

3. 5NF 的定义

定义 3-13　如果关系模式 R 中的每一个连接依赖均由 R 的候选码所蕴含，则称 $R \in 5NF$。

所谓 "R 中的每一个连接依赖均由 R 的候选码所蕴含（Implied）" 是指在连接时所连接的属性均为候选码。在 STC 实例中，候选码为（Subject, Teacher, Credit），显然它不是 3 个投影（ST、TC、SC）自然连接的公共属性，因此 STC $\notin$ 5NF。

关系模式如果不符合 5NF，在原关系与分解后的子关系间进行数据插入和删除时，为了保持其无损连接性，会出现很多麻烦。例如，在 STC 和它的分解子关系 ST、TC 和 SC 中，假设 STC 的实例如表 3-17 所示，如果插入一个新元组（数据结构，胡军，3），STC 变为表 3-18 所示的形式，此时与其相应的 ST、TC、SC 分别见表 3-19～表 3-21。要保证分解具有无损连接性，必须在插入上述元组后同时也插入另一个元组（数据库，胡军，3），插入后的结果见表 3-22。

表 3-17　STC 原关系

课程 Subject	教师 Teacher	学分 Credit
数据库	胡军	4
数据库	王霞	3

表 3-18　插入新元组后的 STC 关系

课程 Subject	教师 Teacher	学分 Credit
数据库	胡军	4
数据库	王霞	3
数据结构	胡军	3

表 3-19　ST 关系

课程 Subject	教师 Teacher
数据库	胡军
数据库	王霞
数据结构	胡军

表 3-20　TC 关系

教师 Teacher	学分 Credit
胡军	4
王霞	3
胡军	3

表 3-21　SC 关系

课程 Subject	学分 Credit
数据库	4
数据库	3
数据结构	3

表 3-22　STC 新关系

课程 Subject	教师 Teacher	学分 Credit
数据库	胡军	4
数据库	王霞	3
数据结构	胡军	3
数据库	胡军	3

必须指出的是，由于多值依赖是连接依赖的特殊情况，所以任何5NF的关系自然也都是4NF的关系。到目前为止，5NF是最终范式。

在关系数据库中，对关系模式的最基本要求是1NF。在此基础上，为了消除关系模式中存在的插入异常、删除异常、更新异常和数据冗余等问题，需要对关系模式进行进一步规范化，使之逐步达到2NF、3NF、BCNF、4NF和5NF。当然，规范化程度过低的关系可能会存在插入异常、删除异常、修改复杂、数据冗余等问题，需要对其进行规范化，转换成高级范式。但这并不意味着规范化程度越高的关系模式就越好。在设计数据库模式结构时，必须对现实世界的实际情况和用户应用需求进行进一步分析，确定一个合适的、能够反映现实世界的模式。也就是说，上面的规范化步骤可以在其中任何一步终止。

3.5　函数依赖公理与模式分解

对关系进行模式分解是范式化理论的主要方法，模式分解及分解是否等价是有一定算法的。函数依赖公理系统是模式分解算法的基础，它可以从已知的函数依赖中推导出其他函数依赖。

3.5.1　函数依赖公理

1. 函数依赖的逻辑蕴含

首先定义 F 逻辑蕴含 $X \rightarrow Y$。

定义 3-14　对于满足一组函数依赖 F 的关系模式 $R(U,F)$，其任何一个关系 r，若函数依赖 $X \rightarrow Y$ 都成立（即 r 中任意两元组 t 和 s，若 $t[X] = s[X]$，则 $t[Y] = s[Y]$），**则称 F 逻辑蕴含 $X \rightarrow Y$。**

为了求得给定关系模式的码，并从一组函数依赖中求得蕴含的函数依赖，就需要一套推理规则。下面给出函数依赖的一套推理规则，它是由 Armstrong 于1974年提出来的，因此常被称为 Armstrong 公理系统。

2. Armstrong 公理系统

Armstrong 公理系统：设有关系模式 $R(U,F)$，X，Y，Z，$W \subseteq U$，则对 $R(U,F)$ 有：

① 自反律（Reflexivity）：若 $Y \subseteq X \subseteq U$，则 $X \rightarrow Y$ 为 F 所蕴含。

② 增广律（Augmentation）：若 $X \rightarrow Y$ 为 F 所蕴含，则 $XZ \rightarrow YZ$（$YZ = Y \cup Z$）为 F 所蕴含。

③ 传递律（Transitivity）：若 $X \rightarrow Y$ 及 $Y \rightarrow Z$ 为 F 所蕴含，则 $X \rightarrow Z$ 为 F 所蕴含。

注意，由自反律所得到的函数依赖均是平凡的函数依赖，自反律的使用并不依靠于 F。

由 Armstrong 公理系统可以得到以下3条推理规则。

① 合成规则（Union Rule）：若 $X \rightarrow Y$，$X \rightarrow Z$，则 $X \rightarrow YZ$。

② 分解规则（Decomposition）：若 $X \rightarrow Y$ 及 $Z \subseteq Y$，则 $X \rightarrow Z$。

③ 伪传递规则（Pseudotransitivity）：若 $X \rightarrow Y$，$WY \rightarrow Z$，则 $XW \rightarrow Z$。

根据合成规则和分解规则很容易得到这样的定理：

定理 3-1　$X \rightarrow A_1 A_2 \cdots A_k$ 成立的充分必要条件是 $X \rightarrow A_i$ 成立（$i = 1, 2, \cdots, k$）。

实例 3-13　证明：对 $R(A, B, C, G, H, I)$，$F = \{A \rightarrow B, A \rightarrow C, CG \rightarrow H, CG \rightarrow I, B \rightarrow H\}$，存在 $A \rightarrow H$，$CG \rightarrow HI$，$AG \rightarrow I$。

证明：

① 由于 $A{\rightarrow}B$，$B{\rightarrow}H$，依据传递律，可得 $A{\rightarrow}H$。

② 由于 $CG{\rightarrow}H$，$CG{\rightarrow}I$，依据合成规则，可得 $CG{\rightarrow}HI$。

③ 由于 $A{\rightarrow}C$，$CG{\rightarrow}I$，依据伪传递规则，可得 $AG{\rightarrow}I$。也可另证为：由 $A{\rightarrow}C$，依据增广律，可得 $AG{\rightarrow}CG$，又由于 $CG{\rightarrow}I$，依据传递律，可得 $AG{\rightarrow}I$。

Armstrong 公理具有正确性、有效性、完备性等特点。Armstrong 公理的有效性指的是：在 F 中根据 Armstrong 公理推导出来的每一个函数依赖一定为 F 所逻辑蕴含；完备性指的是：F 所蕴含的每一个函数依赖，必定可以由 F 出发并根据 Armstrong 公理推导出来。有关 Armstrong 公理的正确性、有效性和完备性的证明，读者可参考有关书籍。

3. 闭包及其计算

定义 3-15 设 F 是函数依赖集合，被 F 逻辑蕴含的函数依赖的全体构成的集合，称为函数依赖集 F 的闭包（Closure），记为 F^+。

定义 3-16 设关系模式 $R(U,F)$，$X{\subseteq}U$，$X_{F^+} = \{A \mid X{\rightarrow}A$ 能根据 Armstrong 公理导出$\}$，X_{F^+} 称为属性集 X 关于函数依赖 F 的闭包。

由定理 3-1 和定义 3-16 容易得出定理 3-2。

定理 3-2 设 F 为属性集 U 上的一组函数依赖，X，$Y{\subseteq}U$，$X{\rightarrow}Y$ 能由 Armstrong 公理导出的充分必要条件是 $Y{\subseteq}X_{F^+}$。

求属性集 X 的闭包 X_{F^+} 的步骤如下：

① 设闭包 X_{F^+} 的初值 $X_F^{(0)}$，令其为 X。

② $X_F^{(i+1)}$ 是由 $X_F^{(i)}$ 并上集合 A 所组成，其中 A 为 F 中存在的函数依赖 $Y{\rightarrow}Z$，而 $A{\subseteq}Z$，$Y{\subseteq}X_F^{(i)}$。

③ 重复步骤②，一旦发现 $X_F^{(i)} = X_F^{(i+1)}$，则 $X_F^{(i)}$ 为所求 X_{F^+}。

实例 3-14 已知关系 $R(U,F)$，其中 $U = \{A,B,C,D,E\}$，$F = \{AB{\rightarrow}C, B{\rightarrow}D, C{\rightarrow}E, EC{\rightarrow}B, AC{\rightarrow}B\}$，求 $(AB)_{F^+}$。

设 $X = AB$，

① AB 为闭包初值，$X_F^{(0)} = AB$。

② 求 $X_F^{(1)}$：逐一地扫描 F 集合中各个函数依赖，找左部为 A、B 或 AB 的函数依赖，有 $AB{\rightarrow}C$，$B{\rightarrow}D$，于是 $X_F^{(1)} = AB\cup CD = ABCD$。

③ 因为 $X_F^{(0)} \neq X_F^{(1)}$，所以再找出左部为 $ABCD$ 子集的那些函数依赖，又得到 $C{\rightarrow}E$，$AC{\rightarrow}B$，于是 $X_F^{(2)} = X_F^{(1)}\cup BE = ABCDE$。

④ $X_F^{(3)} = X_F^{(2)} = ABCDE$，进一步求得的结果与上一步结果相同，算法至此结束。

所以，$(AB)_{F^+} = \{A,B,C,D,E\}$。

3.5.2 最小函数依赖集

1. 函数依赖集的等价与覆盖

定义 3-17 设 F 和 G 是关系模式 R 上的两个函数依赖集，如果 $F^+ = G^+$，则称 F 和 G 等价。F 和 G 等价说明 F 覆盖 G，同时 G 也覆盖 F。

定理 3-3 $F^+ = G^+$ 的充分必要条件是 $F{\subseteq}G^+$ 和 $G{\subseteq}F^+$。

必要性显然成立，下面对其充分性进行证明。

证明:

① 若 $F \subseteq G^+$,则 $X_{F^+} \subseteq X_{G^{++}}$。

② 任取 $X \rightarrow Y \in F^+$,则有 $Y \subseteq X_{F^+} \subseteq X_{G^{++}}$,所以 $X \rightarrow Y \subseteq (G^+)^+ = G^+$。即 $F^+ \subseteq G^+$。

同理可证 $G^+ \subseteq F^+$,所以 $F^+ = G^+$。

判断 $G^+ \subseteq F^+$ 是否等价的方法:判定 $F \subseteq G^+$,只需逐一对 F 中的函数依赖 $X \rightarrow Y$,检查 Y 是否属于 $X_{G^{++}}$ 就可以了。定理 3-3 给出了一个判断两个函数依赖集等价的可行算法。

2. 最小函数依赖的算法

任何一个函数依赖集 F 都存在着最小函数依赖集,记作 F_m。

定义 3-18 如果一个函数依赖集 F 满足下列条件,则 F 为一个极小函数依赖集,也称为最小依赖集或最小覆盖,记作 F_m。

① F_m 中任意函数依赖的依赖因素(右部)仅含一个属性,即在最小函数依赖集中的所有函数依赖都应该是"右端没有多余的属性"。

② F_m 中任意函数依赖的决定因素(左部)没有冗余,即只要删除决定因素中的任何一个属性就会改变 F_m 的闭包 F_m^+。

③ F_m 中每个函数依赖都不是冗余的,即删除 F 中的任何一个函数依赖,F_m 将变为另外一个不等价于 F_m 的函数依赖集合。

事实上,对于函数依赖集 F 来说,由 Armstrong 公理系统中的分解规则,如果其中的函数依赖中的依赖因素不是单属性集,就可以将其分解为单属性集,不失一般性,可以假定 F 中任意一个函数依赖的依赖因素 Y 都是单属性集合。对于任意函数依赖 $X \rightarrow Y$ 决定因素 X 中的每个属性 A,如果将 A 去掉而不改变 F 的闭包,就将 A 从 X 中删除,否则将 A 保留;按照同样的方法逐一考察 F 中的其余函数依赖。最后,对所有如此处理过的函数依赖,再逐一讨论如果将其删除,函数依赖集是否改变,不改变就真正删除,否则保留,由此就得到函数依赖集 F 的最小函数依赖集 F_m。

需要注意的是,虽然任何一个函数依赖集的最小依赖集都是存在的,但并不是唯一的。

下面给出上述思路的实现算法。

① 由分解规则得到一个与 F 等价的函数依赖集 G,G 中任意函数依赖的依赖因素都是单属性集合。

② 在 G 中的每一个函数依赖中消除决定因素中的冗余属性。

③ 在 G 中消除冗余的函数依赖。

实例 3-15 设有关系模式 $R(U)$,其中 $U = \{ABCDEG\}$,$F = \{AD \rightarrow E, AC \rightarrow E, CB \rightarrow G, BCD \rightarrow AG, BD \rightarrow A, AB \rightarrow G, A \rightarrow C\}$,求 R 的最小函数依赖集。

① 根据分解规则,把 F 中所有函数依赖的依赖因素写成单属性集形式。

$G = \{AD \rightarrow E, AC \rightarrow E, BC \rightarrow G, BCD \rightarrow A, BCD \rightarrow G, BD \rightarrow A, AB \rightarrow G, A \rightarrow C\}$

如果 G 中有重复多余的函数依赖,则可以将其删除。

② 消去左边的冗余属性。这个过程比较烦琐,例如:

考虑 $AD \rightarrow E$ 的情况。在决定因素中去掉 D,由于 $A \rightarrow C$,$AC \rightarrow E$,可得 $A_F^+ = ACE$,它包含 E,因此 D 可以去掉,也就是说,可以用 $A \rightarrow E$ 代替 $AD \rightarrow E$。同样也可以用 $A \rightarrow E$ 代替 $AC \rightarrow E$。

考虑 $BC \rightarrow G$ 的情况。在决定因素中去掉 C 或去掉 B 后得到的 $B_{F^+} = B$ 或 $C_{F^+} = C$,都不包含 G,因此它们都不能去掉,也就是说,$BC \rightarrow G$ 中没有冗余属性。

考虑 $BCD \rightarrow A$。在决定因素中去掉 C，可得 $(BD)_{F^+} = BACD$，它包含 A，因此可以用 $BD \rightarrow A$ 代替 $BCD \rightarrow A$。

经过对每一个依赖关系的决定因素冗余属性的分析后，可以得到

$$G = \{A \rightarrow E, A \rightarrow E, BC \rightarrow G, BD \rightarrow A, BC \rightarrow G, BD \rightarrow A, AB \rightarrow G, A \rightarrow C\}$$

③ 删除冗余的依赖关系，由于 $AB \rightarrow G$ 可以从 $A \rightarrow C$ 和 $BC \rightarrow G$ 中推导出来，因此 $AB \rightarrow G$ 是冗余的，得到 F 的最小函数依赖集

$$F_m = \{A \rightarrow E, BC \rightarrow G, BD \rightarrow A, AB \rightarrow G, A \rightarrow C\}$$

当然，$BC \rightarrow G$ 也可以从 $AB \rightarrow G$ 和 $A \rightarrow C$ 中推导出来，这时，$BC \rightarrow G$ 是冗余的，得到 F 的最小函数依赖集

$$F_m = \{A \rightarrow E, AB \rightarrow G, BD \rightarrow A, A \rightarrow C\}$$

这里可以看到，F 的最小函数依赖集 F_m 不一定是唯一的，它与对各函数依赖及其中的属性的处理顺序有关。

3.5.3 快速求码方法

定义 3-19 设 $R(A_1, A_2, \cdots, A_n)$ 为一关系模式，F 为 R 所满足的一组函数依赖，X 为 $\{A_1, A_2, \cdots, A_n\}$ 的一个子集，如果 X 满足：

① $X \rightarrow A_1, A_2, \cdots, A_n \in F^+$。

② 不存在 X 的真子集 Y，$Y \subset X$，$Y \rightarrow A_1, A_2, \cdots, A_n \in F^+$。

则称 X 是关系模式的码。

上述定义也就是求关系模式码的方法。

1. 属性分类

对于给定的 $R(U, F)$，可以将它的属性划分为以下 4 类。

L 类：仅出现在 F 的函数依赖左部的属性。

R 类：仅出现在 F 的函数依赖右部的属性。

N 类：在 F 的函数依赖左部和右部均未出现的属性。

LR 类：在 F 的函数依赖左部和右部均出现的属性。

例如，对于关系模式 $R(U, F)$，设 $U = \{A, B, C, D, E\}$，$F = \{A \rightarrow C, C \rightarrow A, B \rightarrow AC, D \rightarrow AC\}$，其中属性 B、D 属于 L 类，E 为 N 类，A、C 为 LR 类。

2. 快速求候选码的定理

根据以下定理和推论来求解候选码。

定理 3-4 对于给定的关系模式 $R(U, F)$，若 $X(X \in U)$ 是 L 类或 N 类属性组，则 X 必为 R 的任一候选码的成员。

从上述定理中可以得出下面两个推论。

推论 1 对于给定的关系模式 $R(U, F)$，若 $X(X \in U)$ 是 L 类或 N 类属性组，且 X^+ 包含了 R 的全部属性，则 X 必为 R 的唯一候选码。

推论 2 对于给定的关系模式 $R(U, F)$，若 X 是 R 的 N 类和 L 类组成的属性组，且 X^+ 包含了 R 的所有属性，则 X 是 R 的唯一候选码。

定理 3-5 对于给定的关系模式 $R(U, F)$，若 $X(X \in U)$ 是 R 类属性，则 X 不在任何候选码中。

实例 3-16　设有关系模式 $R(U,F)$，其中 $U=\{A,B,C,D,E,F\}$，函数依赖集 $F=\{AB\rightarrow E$，$AC\rightarrow F,AD\rightarrow B,B\rightarrow C,C\rightarrow D\}$。求 R 的候选码。

L 类属性组：AB，AC，AD。

R 类属性：D，F，E。

LR 类属性：B，C。

N 类属性：A。

根据定理 3-4 的推论 1，属性组 A、AB、AC、AD 必是候选码的成员。由于 $(AB)^+=ABCDEF$，因此 AB 是 R 的候选码。同样可以证明 $(AC)^+=ABCDEF$，$(AD)^+=(ABCDEF)$，因此，AC、AD 也都是 R 的候选码。

3.5.4　分解的无损连接性和保持函数依赖

在介绍分解保持函数依赖和具有无损连接性前，先引入一个记号。

设 $\rho=\{R_1(U_1,F_1),R_2(U_2,F_2),\cdots,R_k(U_k,R_k)\}$ 是 $R(U,F)$ 的一个分解，r 是 $R(U,F)$ 的一个关系。定义 $m_\rho(r)=\underset{i=1}{\overset{k}{\bowtie}}\prod_{Ri}(r)$，即 $m_\rho(r)$ 是 r 在 ρ 中各关系模式上投影的连接。这里 $\prod_{Ri}(r)=\{t[U_i]\mid t\in r\}$。

1. 判断分解具有无损连接性的方法

定义 3-20　ρ 是关系模式 R 上的一个分解，若对 R 上的任何一个关系 r 均有 $r=m_\rho(r)$ 成立，则称分解 ρ 具有无损连接性，简称 ρ 为无损分解。

判断一个分解具有无损连接性的方法如下。

设 $\rho=\{R_1(U_1,F_1),R_2(U_2,F_2),\cdots,R_k(U_k,F_k)\}$ 是 $R(U,F)$ 的一个分解，$U=\{A_1,A_2,\cdots,A_n\}$。

① 建立一张 n 列 k 行的表。每一列对应一个属性，每一行对应分解中的一个关系模式。若属性 A_j 属于 U_i，则在 i 行 j 列处输入 a_j，否则输入 b_{ij}。

② 根据 F 中每一个函数依赖（例如 $X\rightarrow Y$），修改表的内容。修改规则为：在 X 所对应的列中，寻找相同符号的那些行，检查这些行中的 j 列的元素，若其中有 a_j，则全部改为 a_j；否则全部改为 b_{mj}，m 是这些行的行号最小值。

应当注意的是，若某个 b_{ij} 被更改，那么该表的 j 列中凡是 b_{ij} 的符号（不管它是否是开始找到的那些行）均应进行相应的更改。

③ 如果在某次更改后，有一行成为 $a_1,a_2,\cdots,a_n$，则算法终止，ρ 具有无损连接性；否则 ρ 不具有无损连接性。对扫描前后进行比较，观察表是否有变化。如有变化，则返回第②步，否则算法终止。

实例 3-17　设有关系模式 $R(U,F)$，$U=\{A,B,C,D,E\}$，$F=\{A\rightarrow C,B\rightarrow C,C\rightarrow D,DE\rightarrow C,CE\rightarrow A\}$，$R$ 的一个分解为 $\{R_1(A,D),R_2(A,B),R_3(B,E),R_4(C,D,E),R_5(A,E)\}$。判断该分解是否具有无损连接性。

① 构造初始表，见表 3-23。

② 对于 $A\rightarrow C$，将 $b23$ 改成 $b13$，$b53$ 改成 $b13$，因为第 1 列上相同的行为 1、2、5，于是将这 3 行的第 3 列的值改为最小行（即第 1 行）的值（$b13$）；对于 $B\rightarrow C$，将 $b33$ 改成 $b13$，因为第 2 列上相同的行为第 2、3 行，于是将这两行的第 3 列值改成 $b13$；对于 $C\rightarrow D$，

将 $b24$、$b34$、$b54$ 改为 $a4$；对于 $DE{\to}C$，将 C 列全部改为 $a3$；对于 $CE{\to}A$，将 A 列全部改为 $a1$，最后形成结果见表 3-24。表中第 3 行出现了 $a1$、$a2$、$a3$、$a4$、$a5$，因此该分解具有无损连接性。

表 3-23　初始表

A	B	C	D	E
$a1$	$b12$	$b13$	$a4$	$b15$
$a1$	$a2$	$b23$	$b24$	$b25$
$b31$	$a2$	$b33$	$b34$	$a5$
$b41$	$b42$	$a3$	$a4$	$a5$
$a1$	$b52$	$b53$	$b54$	$a5$

表 3-24　结果表

A	B	C	D	E
$a1$	$b12$	$a3$	$a4$	$b15$
$a1$	$a2$	$a3$	$a4$	$b25$
$a1$	$a2$	$a3$	$a4$	$a5$
$a1$	$b42$	$a3$	$a4$	$a5$
$a1$	$b52$	$a3$	$a4$	$a5$

2. 判断分解成两个关系具有无损连接性的方法

当一个关系 R 分解成 R_1 和 R_2 两个关系时，其分解具有无损连接性的判断可通过下面的定理实现。

定理 3-6　$R(U,F)$ 的一个分解 $\rho = \{R_1(U_1,F_1), R_2(U_2,F_2)\}$ 具有无损连接性的充分必要条件为

$$U_1 \cap U_2 \to U_1 - U_2 \in F^+ \text{ 或}$$
$$U_1 \cap U_2 \to U_2 - U_1 \in F^+ 。$$

3. 判断分解保持函数依赖的方法

定理 3-7　若 $F^+ = (F_1 \cup F_2 \cup \cdots \cup F_k)^+$，则 $R(U,F)$ 的分解 $\rho = \{R_1(U_1,F_1), R_2(U_2,F_2), \cdots, R_k(U_k,F_k)\}$ 保持函数依赖。

实例 3-18　设关系模式 $R(U,F)$，其中 $U = \{A,B,C,D,E\}$，$F = \{A{\to}BC, C{\to}D, BC{\to}E, E{\to}A\}$，如果将 R 分解成 $\rho = \{R_1(ABCE), R_2(CD)\}$，检查该分解是否具有无损连接性和保持函数依赖。

① 检查无损连接性。

计算：$U_1 \cap U_2 = \{C\}$，$U_2 - U_1 = \{D\}$。

因为 $(C{\to}D) \in F^+$，因此 $U_1 \cap U_2 \to U_2 - U_1 \in F^+$。

利用定理 3-5，可知该分解具有无损连接性。

② 检查分解是否保持函数依赖。

计算 $\prod_{R1}(F)$，也就是求每一个左右两边的属性都在 R_1 中的函数依赖，求得：

$$\prod_{R1}(F) = \{A{\to}BC, BC{\to}E, E{\to}A\} ，$$

同样方法求得：

$$\prod_{R2}(F) = \{C{\to}D\}$$

因为，$\prod_{R1}(F) \cup \prod_{R2}(F) = \{A{\to}BC, BC{\to}E, E{\to}A, C{\to}D\} = F^+$，所以该分解保持函数依赖。

3.5.5　模式分解的算法

关于模式分解的几个重要事实：

① 若要求分解保持函数依赖，则模式分解总可以达到 3NF，但不一定能达到 BCNF。

② 若要求分解既保持函数依赖，又具有无损连接性，则可以达到 3NF，但不一定能达

到 BCNF。

③ 若要求分解具有无损连接性，则一定可达到 BCNF。

本节将介绍 3 种模式分解的算法。

1. 将关系模式转化为 3NF 的保持函数依赖的分解

对于给定的关系模式 $R(U,F)$，将其转化为 3NF 并保持函数依赖的分解算法如下。

① 求 F 的最小函数依赖集 F_m。

② 若 F_m 中有一函数依赖 $X \rightarrow A$，且 $XA = U$，则输出 $\rho = \{R\}$。

③ 若 R 中某些属性与 F_m 中所有函数依赖的左右部均无关，则将它们构成关系模式，并从 R 中将它们分离出去。

④ 对于 F_m 中的每一个 $X_i \rightarrow A_i$，都构成一个关系模式 $R_i = X_i A_i$。

⑤ 分解结束，输出 ρ。

实例 3-19 关系模式 $R(U,F)$，其中 $U = \{C,T,H,I,S,G\}$，$F = \{CS \rightarrow G, C \rightarrow T, TH \rightarrow I, HI \rightarrow C, HS \rightarrow I\}$，将其分解成 **3NF** 并保持函数依赖。

根据算法进行如下求解。

① 计算 F 的最小函数依赖集。

利用分解规则，将所有的函数依赖变成右边都是单个属性的函数依赖。由于 F 的所有函数依赖的右边都是单个属性，故不用分解。

去掉 F 中多余的函数依赖。

判断 $CS \rightarrow G$ 是否冗余。

设 $F_1 = \{C \rightarrow T, TH \rightarrow I, HI \rightarrow C, HS \rightarrow I\}$，计算 $(CS)_{F1^+}$：

设 $X(0) = CS$，

计算 $X(1)$：扫描 F1 中各个函数依赖，找到左部为 CS 或 CS 子集的函数依赖，找到一个 $C \rightarrow T$ 函数依赖，故有 $X(1) = X(0) \cup T = CST$。

计算 $X(2)$：扫描 F1 中的各个函数依赖，找到左部为 CST 或 CST 子集的函数依赖，没有找到任何函数依赖，故有 $X(2) = X(1)$，算法终止。

$(CS)_{F1^+} = CST$ 不包含 G，故 $CS \rightarrow G$ 不是冗余的函数依赖，不能从 F1 中去掉。

判断 $C \rightarrow T$ 是否冗余。

设 $F_2 = \{CS \rightarrow G, TH \rightarrow I, HI \rightarrow C, HS \rightarrow I\}$，

采用同样的方法计算得到 $(C)_{F2^+} = C$，故 $C \rightarrow T$ 不是冗余的函数依赖，不能从 F2 中去掉。

……

最终发现左边有多余属性的函数依赖，故最小函数依赖集为：$F = \{CS \rightarrow G, C \rightarrow T, TH \rightarrow I, HI \rightarrow C, HS \rightarrow I\}$。

② 由于 R 中的所有属性均在 F 中出现，所以转到下一步。

③ 对 F 按具有相同左部的原则分为：$R_1 = CSG$，$R_2 = CT$，$R_3 = THI$，$R_4 = HIC$，$R_5 = HSI$。所以 $\rho = \{R_1(CSG), R_2(CT), R_3(THI), R_4(HIC), R_5(HSI)\}$。

2. 将关系模式转化为 3NF，使其既具有无损连接性又能保持函数依赖的分解

对于给定的关系模式 $R(U,F)$，将其转换为 3NF，使其既具有无损连接性又能保持函数依赖的分解算法如下。

① 设 X 是 $R(U,F)$ 的码。$R(U,F)$ 已将关系模式转化为 3NF 的保持函数依赖的分解为

$\rho = \{R_1(U_1,F_1),\ R_2(U_2,F_3),\ \cdots,\ R_k(U_k,R_k)\}$，令 $\tau = \rho \cup \{R^*(X,F_x)\}$。

② 若有某个 U_i，$X \subseteq U_i$，将 $R^*(X,F_x)$ 从 τ 中去掉，τ 就是所求的分解。

实例 3-20 关系模式 $R(U,F)$，其中 $U = \{C,T,H,I,S,G\}$，$F = \{CS \rightarrow G, C \rightarrow T, TH \rightarrow I, HI \rightarrow C, HS \rightarrow I\}$，将其分解成 **3NF**，并保持无损连接性和函数依赖。

依据快速求码方法，求得关系模式 R 的码为 HS，过程如下。

L 类属性组：CS，TH，HI，HS

R 类属性：G，T，I

LR 类属性：C

N 类属性：S，H

根据定理 3-4 的推论 1，属性组 S、H 必是候选码的成员。由于 $(HS)^+ = HSICTG$，因此，HS 是 R 的候选码。

它的一个保持函数依赖的 3NF 为：$\rho = \{CSG, CT, THI, HIC, HIS\}$。

由于 $HS \in HIS$，因此，$\tau = \rho = \{R_1(CSG), R_2(CT), R_3(THI), R_4(HIC), R_5(HSI)\}$ 为满足要求的分解。

3. 将关系模式转换为 BCNF 的无损连接的分解

对于给定的关系模式 $R(U,F)$，将其转换为 BCNF 的无损连接分解算法如下。

① 令 $\rho = R(U,F)$。

② 检查 ρ 中各关系模式是否均属于 BCNF。若是，则算法终止。

③ 假设 ρ 中 $R_i(U_i,F_i)$ 不属于 BCNF，那么必定有 $X \rightarrow A \in F_i^+$（$A \notin X$），且 X 非 R_i 的码。因此，XA 是 U_i 的真子集。对 R_i 进行分解：$\sigma = \{S_1, S_2\}$，$US_1 = XA$，$US_2 = U_i - \{A\}$，以 σ 代替 $R_i(U_i,F_i)$，返回第②步。

实例 3-21 关系模式 $R(U,F)$，其中 $U = \{A,B,C,D,E,G\}$，$F = \{AE \rightarrow G, A \rightarrow B, BC \rightarrow D, CD \rightarrow A, CE \rightarrow D\}$，将其分解成 **BCNF** 并保持无损连接性。

令 $$\rho = ABCDE$$

① 由于 R 的主码为 CE（依据 3.5.3 所述的方法求解），ρ 中不是所有的模式都是 BCNF，选择 $AE \rightarrow G$ 进行分解。

$$\rho = \{S_1, S_2\}$$

其中，$S_1 = \{AEG\}$　　　　　　　$F_1 = \{AE \rightarrow G\}$

$\quad\quad S_2 = \{ABCDE\}$　（即将 G 去掉）　$F_2 = \{A \rightarrow B, BC \rightarrow D, CD \rightarrow A, CE \rightarrow D\}$

S_2 的码为 CE。显然，S_2 不满足 BCNF。

② 对 S_2 进行分解（分解成 S_3, S_4）。选择 $A \rightarrow B$ 进行分解。

$$\rho = \{S_1, S_3, S_4\}$$

其中，$S_3 = \{AB\}$　　　　　　　　$F_3 = \{A \rightarrow B\}$

$\quad\quad S_4 = \{ACDE\}$　（即将 B 去掉）　$F_4 = \{AC \rightarrow D, CD \rightarrow A, CE \rightarrow D\}$

因为 S_4 中没有 B，将 F_4 中的 $BC \rightarrow D$ 转换成 $AC \rightarrow D$。

S_4 的主码是 CE。显然，S_4 不满足 BCNF。

③ 对 S_4 进行分解，选择 $AC \rightarrow D$ 进行分解。

$$\rho = \{S_1, S_3, S_5, S_6\}$$

其中，$S_5 = \{ACD\}$　　　　　　　　$F_5 = \{AC \rightarrow D, CD \rightarrow A\}$

$S_6 = \{ACE\}$ （即将 D 去掉） $\qquad$ $F_6 = \{CE \rightarrow A\}$

因为 S_6 中没有 D，将 F_6 中的 $CE \rightarrow D$ 转换成 $CE \rightarrow A$。

显然，S_5 中主码为 C，S_5 已经符合 BCNF；S_6 的主码为 CE，S_6 也已经符合 BCNF。因此，R 可以分解为无损连接性的 BCNF，$\rho = \{R_1(AEG), R_2(AB), R_3(ACD), R_4(ACE)\}$。

习题

一、单项选择题

1. 设系、学生、教师 3 个实体之间存在约束：一个系可以有多名教师，一名教师只属于一个系，一个系可以有多名学生，一名学生只属于一个系。下列 E-R 图中能准确表达以上约束的是（ ）。

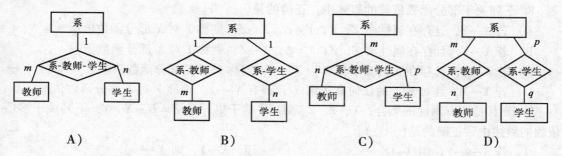

A) $\qquad$ B) $\qquad$ C) $\qquad$ D)

2. 有 10 个实体型，并且它们之间存在着 10 个不同的二元联系，其中两个是 1:1 联系类型，3 个是 $1:n$ 联系类型，5 个是 $m:n$ 联系类型，那么根据转换规则，这个 E-R 图转换成的关系模式有（ ）。

A) 13 个 $\qquad$ B) 15 个 $\qquad$ C) 18 个 $\qquad$ D) 20 个

3. 从 E-R 模型关系向关系模型转换时，一个 $m:n$ 联系转换为关系模式时，该关系模式的码是（ ）。

A) m 端实体的码 $\qquad$ B) n 端实体的码

C) m 端实体码与 n 端实体码组合 $\qquad$ D) 重新选取其他属性

4. 设 $R(U)$ 是属性集 U 上的关系模式，X、Y 是 U 的子集。若对于 $R(U)$ 的任意一个可能的关系 r，r 中不可能存在两个元组在 X 上的属性值相等，而在 Y 上的属性值不等，则称（ ）。

A) Y 函数依赖于 X $\qquad$ B) Y 对 X 完全函数依赖

C) X 为 U 的候选码 $\qquad$ D) R 属于 2NF

5. 下列不属于非平凡函数依赖的是（ ）。

A) （CustomerID, ProviderID, BuyDate）→GoodsName

B) （CustomerID, ProviderID, BuyDate）→GoodsName, ProviderID

C) （CustomerID, ProviderID, BuyDate）→GoodsClassID

D) （CustomerID, ProviderID, BuyDate）→ ProviderID

6. 某供应商关系模式为：

Providers（PID, Pname, Tel, GoodsID, GoodsClassID, GoodsName, GoodsPrice）

该关系模式满足如下函数依赖：

PID→Pname，PID→Tel，GoodsID→GoodsClassID，GoodsID→GoodsName，GoodsName→GoodsPrice，则这个关系模式的主码为（   ）。

A）（PID,GoodsName）   B）（PID,GoodsClassID）

C）（PID,GoodsID）   D）（PID,GoodsPrice）

7. 下列关于模式分解的叙述中，不正确的是（   ）。

A）若一个模式分解保持函数依赖，则该分解一定具有无损连接性

B）若要求分解保持函数依赖，那么模式分解可以达到 3NF，但不一定能达到 BCNF

C）若要求分解既具有无损连接性，又保持函数依赖，则模式分解可以达到 3NF，但不一定能达到 BCNF

D）若要求分解具有无损连接性，那么模式分解一定可以达到 BCNF

8. 下列关于部分函数依赖的叙述中，正确的是（   ）。

A）若 $X{\rightarrow}Y$，且存在属性集 Z，$Z{\cap}Y{\neq}\phi$，$X{\rightarrow}Z$，则称 Y 对 X 部分函数依赖

B）若 $X{\rightarrow}Y$，且存在属性集 Z，$Z{\cap}Y{=}\phi$，$X{\rightarrow}Z$，则称 Y 对 X 部分函数依赖

C）若 $X{\rightarrow}Y$，且存在 X 的真子集 X'，$X'{\rightarrow}Y$，则称 Y 对 X 部分函数依赖

D）若 $X{\rightarrow}Y$，且对于 X 的任何真子集 X'，都有 $X'{\rightarrow}Y$，则称 Y 对 X 部分函数依赖

9. 设 U 是所有属性的集合，X、Y、Z 都是 U 的子集，且 $Z=U-X-Y$，下列关于多值依赖的叙述中，正确的是（   ）。

Ⅰ. 若 $X{\rightarrow}{\rightarrow}Y$，则 $X{\rightarrow}Y$ Ⅱ. $X{\rightarrow}Y$，则 $X{\rightarrow}{\rightarrow}Y$

Ⅲ. 若 $X{\rightarrow}{\rightarrow}Y$，且 $Y'{\rightarrow}{\rightarrow}Y$，则 $X{\rightarrow}{\rightarrow}Y'$ Ⅳ. 若 $X{\rightarrow}{\rightarrow}Y$，则 $X{\rightarrow}{\rightarrow}Z$

A）只有Ⅱ   B）只有Ⅲ   C）Ⅰ 和Ⅲ   D）Ⅱ 和Ⅳ

10. 设有关系模式 SC(Sno,Sname,Sex,Birthday,Cno,Cname,Grade,Tno,Tname) 满足函数依赖集：{Sno→Sname，Sno→Sex，Sno→Birthday，Cno→Cname，（Sno,Cno）→Grade，Tno→Tname}。SC 的主码和属性集（Sno,Tno）的闭包分别是（   ）。

A）（Sno,Tno）和 {Cno,Cname,Grade,Tno,Tname}

B）（Sno,Cno,Tno）和 {Sno,Sname,Sex,Birthday,Cno}

C）（Sno,Cno）和 {Sno,Sname,Sex,Birthday,Cno,Cname,Grade}

D）（Sno,Cno,Tno）和 {Sno,Sname,Sex,Birthday,Tno,Tname}

11. 设关系模式 $R(U,F)$，$U=ABCDE$，$F=\{AB{\rightarrow}C,CD{\rightarrow}E,DE{\rightarrow}B\}$，则 R 的键是（   ）。

A）AB B）ABC C）ABD D）ABE

12. 设有关系模式 $R(A,B,C)$，根据语义有如下函数依赖集：$F=\{A{\rightarrow}B,(B,C){\rightarrow}A\}$。关系模式 R 的规范化程度最高可达到（   ）。

A）1NF   B）2NF   C）3NF   D）4NF

第 13～14 题基于如下叙述：关系模式 Students(Sno,Sname,Cno,Cname,Grade,Tname,Taddr) 的属性分别表示学号、学生姓名、课程号、课程名、成绩、任课教师名和教师家庭地址。其中，一名学生可以选修若干门课程，一名教师可以讲授若干门课程，一门课程可以由若名教师讲授，一名学生选修一门课程时必须选定讲授课程的教师，教师不会重名。

13. 关系模式 Students 的候选关键码有（   ）。

A) 1个，为(Sno, Cno)

B) 1个，为(Sno, Cno, Tname)

C) 2个，为(Sno, Sname, Cno)和(Sno, Cno, Tname)

D) 2个，为(Sno, Sname, Cno)和(Sname, Cno, Tname)

14. 关系模式 Students 的规范化程度最高可达到（ ）。

A) 1NF   B) 2NF   C) 3NF   D) BCNF

第 15~17 题基于下列描述：有关系模式 $R(A, B, C, D, E)$，根据语义有函数依赖集 $F = \{A \rightarrow C, BC \rightarrow D, CD \rightarrow A, AB \rightarrow E\}$。

15. 下列属性组中是关系 R 候选码的为（ ）。

Ⅰ. (A, B)   Ⅱ. (A, D)   Ⅲ. (B, C)   Ⅳ. (C, D)   Ⅴ. (B, D)

A) 仅Ⅲ   B) Ⅰ和Ⅲ   C) Ⅰ、Ⅱ和Ⅳ   D) Ⅱ、Ⅲ和Ⅴ

16. 关系模式 R 的规范化程度最高可达到（ ）。

A) 1NF   B) 2NF   C) 3NF   D) BCNF

17. 现将关系模式 R 分解为两个关系模式 R1(A, C, D)，R2(A, B, E)，那么这个分解（ ）。

A) 不具有无损连接性且不保持函数依赖   B) 具有无损连接性但不保持函数依赖

C) 不具有无损连接性但保持函数依赖   D) 具有无损连接性且保持函数依赖

第 18~19 基于以下描述：有关系模式 $P(A, B, C, D, E, F, G, H, I, J)$，根据语义有函数依赖集 $F = \{ABD \rightarrow E, AB \rightarrow G, B \rightarrow F, C \rightarrow J, C \rightarrow I, G \rightarrow H\}$。

18. 关系模式 P 的码是（ ）。

A) (A, B, C)   B) (A, B, D)   C) (A, C, D, G)   D) (A, B, C, D)

19. 关系模式 P 的规范化程度最高可达到（ ）。

A) 1NF   B) 2NF   C) 3NF   D) 4NF

第 20~21 题基于以下描述：有关系模式 $R(S, T, C, D, G)$，根据语义有函数依赖集 $F = \{(S, C) \rightarrow T, C \rightarrow D, (S, C) \rightarrow G, T \rightarrow C\}$。

20. 关系模式 R 的候选码（ ）。

A) 只有 1 个，为(S, C)   B) 只有 1 个，为(S, T)

C) 有 2 个，为(S, C)和(S, T)   D) 有 2 个，为(S, C)和(T)

21. 关系模式 R 的规范化程序最高可达到（ ）。

A) 1NF   B) 2NF   C) 3NF   D) BCNF

第 22~23 题基于以下描述：有关系模式 $P(C, S, T, R)$，根据语义有函数依赖集 $F = \{C \rightarrow T, ST \rightarrow R, TR \rightarrow C\}$。

22. 关系模式 P 的规范化程度最高可达到（ ）。

A) 1NF   B) 2NF   C) 3NF   D) BCNF

23. 现将关系模式 P 分解为两个关系模式 P1(C, T, R)，P2(C, S)，那么这个分解（ ）。

A) 不具有无损连接性，不保持函数依赖   B) 具有无损连接性，不保持函数依赖

C) 不具有无损连接性，保持函数依赖   D) 具有无损连接性且保持函数依赖

第 24~25 题基于已知的下列信息。数据库关系模式 $R = (A, B, C, D, E)$ 有下列函数依赖：$A \rightarrow BC$，$D \rightarrow E$，$C \rightarrow D$。

24. 下述对 R 的分解中，分解可保存 R 所有的函数依赖关系的为（ ）。

Ⅰ. (A,B,C) 和 (C,D,E)　　　　　　　Ⅱ. (A,B) 和 (C,D,E)

A）均不是　　　　　B）只有Ⅰ　　　　　C）只有Ⅱ　　　　　D）Ⅰ和Ⅱ

25. 下列选项中是 R 的无损连接分解的为（　　　）。

Ⅰ. (A,B,C) 和 (C,D,E)　　　　　　　Ⅱ. (A,B) 和 (A,C,D,E)

A）均不是　　　　　B）只有Ⅰ　　　　　C）只有Ⅱ　　　　　D）Ⅰ和Ⅱ

二、解答题

1. 某公司需建立产品信息数据库，其业务需求如下。

① 一种产品可以使用多个不同种类的部件，也可以使用多个不同种类的零件；一种部件至少被用在一种产品中；一种部件可以由多个不同种类的零件组成；一种零件至少被用在一种产品或一种部件中。

② 对于一种具体的部件，要记录这种部件使用的各种零件的数量。

③ 对于一种具体的产品，要记录这种产品使用的各种零件数量和各种零件数量，但部件所使用的零件数量不计入该产品的零件数量。

④ 一个供应商可供应多种零件，但一种零件只能由一个供应商供应。

根据以上业务要求，某建模人员构建了 E-R 图，如图 3-14 所示。

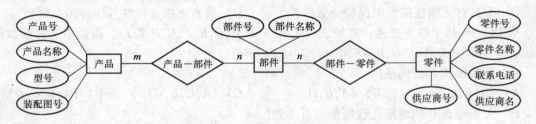

图 3-14　产品信息数据库 E-R 图

此 E-R 图中的实体的属性完整，但实体、联系的设计存在不合理之处。

① 请重新构建合理的 E-R 图，使之符合业务要求，而且信息完整。

② 根据重构的 E-R 图给出符合 3NF 的关系模式，并标出每个关系模式的主码和外码。

2. 已知某教务管理系统的各个关系模式如下（带下画线的属性是主码）。

系（<u>系号</u>，系名）

学生（<u>学号</u>，姓名，性别，入学日期，正常毕业日期，所在系号）

课程（<u>课程号</u>，课程名，学分，开课系号，教师号）

选课（<u>学号，课程号</u>，成绩）

教师（<u>教师号</u>，姓名，职称，所在系号）

① 请根据给出的关系模式，画出该关系的 E-R 图，图中忽略实体集的属性，但如果实体集之间的联系有属性则需要给出联系的属性。

② 假设该系统的业务需求发生变化，需要满足下列要求：为课程增加先修课程信息（一门课程可有多门先修课程）；一门课程可由多名教师讲授，一名教师可以讲授多门课程。试根据上述需求修改关系模式，仅列出有改动的关系模式，并使每个关系模式满足 3NF。

3. 现有关系模式如下。

教师授课（教师号，姓名，职称，课程号，课程名，学分，教科书名）

其函数依赖为:

{教师号→姓名,教师号→职称,课程号→课程名,课程号→学分,课程号→教科书名}

① 指出这个关系模式的主码。

② 这个关系模式是第几范式? 为什么?

③ 将其分解为满足 3NF 要求的关系模式(自定义分解后的关系模式名)。

4. 关系模式 $R(A,B,C,D,E,F)$,函数依赖集 $F = \{AB{\rightarrow}E, BC{\rightarrow}D, BE{\rightarrow}C, CD{\rightarrow}B, CE{\rightarrow}AF, CF{\rightarrow}BD, C{\rightarrow}A, D{\rightarrow}EF\}$。

① 求出 R 的候选码。

② 求出 F 的最小函数依赖集。

5. 设有关系模式 $R(A,B,C,D,E,F,G)$,根据语义有如下函数依赖集 $F = \{A{\rightarrow}B, C{\rightarrow}D, C{\rightarrow}F, (A,D){\rightarrow}E, (E,F){\rightarrow}G\}$

1) 求关系模式 R 的主码。

2) 求 AC 的闭包。

6. 设关系模式 $R(S,T,C,D,G,H)$,函数依赖集 $F = \{S{\rightarrow}T, C{\rightarrow}H, G{\rightarrow}S, CG{\rightarrow}S\}$,将 R 分解为: $\rho_1 = \{CG,TH,GCD,ST\}$ 和 $\rho_2 = \{STG,CDGH\}$。判断 ρ_1 和 ρ_2 是否是无损连接。

7. 设关系模式 $R\{A,B,C,D,E,F\}$,函数依赖集 $F = \{D{\rightarrow}F, C{\rightarrow}D, CD{\rightarrow}E, A{\rightarrow}F\}$。

1) 找出 R 的主码。

2) 把 R 分解为 $BCNF$,应具有无损连接性和保持函数依赖。

8. 设有关系模式 $R(B,O,I,S)$,函数依赖集 $F = \{B{\rightarrow}I, I{\rightarrow}B, O{\rightarrow}BI, S{\rightarrow}BI\}$。

1) 求 F 的最小函数依赖集。

2) 将 R 分解为满足 3NF,应具有无损连接性和保持函数依赖。

9. 设有关系模式 $R(C,T,H,R,S,G)$, $F = \{CS{\rightarrow}G, C{\rightarrow}T, TH{\rightarrow}R, HR{\rightarrow}C, HS{\rightarrow}R\}$。试根据算法将 R 分解为满足 $BCNF$ 且具有无损连接性。

10. 已知 $R(B,O,I,S,Q)$, $F = \{BO{\rightarrow}I, I{\rightarrow}S, S{\rightarrow}Q\}$, R 的一个分解 $\rho = \{R_1(B,O,I), R_2(I,S), R_3(S,Q)\}$。判断 ρ 是否为无损连接。

第4章　关系数据库设计实例

已知销售管理数据库 mySales 涉及下列主要对象：产品、供应商、客户、员工、订单、销售区域、运输公司以及货款回笼等，其语义如下。

① 产品按类别进行分类管理，一种产品只属于某一个类别，一个类别可以有多种产品。

② 一种产品只有一个供应商供应，一个供应商可以提供多种产品。

③ 客户按类别进行分类管理，不同类别的客户其折扣率和应收账款率均有上限控制；一位客户只属于一个类别，一个类别可以有多位客户。

④ 一位客户可以购买多种产品，一种产品可以销售给多位客户。

⑤ 一位客户可以有多张订单，一张订单只对应一位客户。

⑥ 一张订单可以包含多种产品，一种产品可以出现在不同的订单中，但同一张订单同一种产品只能出现一次。

⑦ 一张订单只由一名员工负责，一名员工可以负责多张订单。一张订单由一个运输公司负责运输，一个运输公司可以负责运输多张订单。

⑧ 一个销售区域可以有多名员工，但一名员工只属于某一个销售区域。

⑨ 一位客户可以在不同的区域购买产品，但一位客户在同一个区域中的销售业务只由一名员工负责。

⑩ 按订单号回笼货款(即回收应收账款)，一张订单的货款可以分多次回笼。

产品销售订单信息见表 4-1。

表 4-1　产品销售订单原始信息表

订单编号：20498	客户编号：ANTON	运输公司：Around the Horn
订单日期：2009-06-01	客户名称：Antonio Moreno Taquería	运输费用：560.00
要货日期：2009-09-02	客户地址：89 Jefferson Way Suite 2	员工编号：FTA328M
发票日期：2009-06-30	联系人：Liz Nixon	员工姓名：Fuller Andrew
发货日期：2009-08-31	客户类别：New customer	销售区域：Boston

产品编号	产品名称	规格型号	产品类别	供应商	销售量	销售单价	折扣率	销售额
1	Aniseed Syrup	12-550 ml bottles	Beverages	Exotic Liquids	100	10.00	0.10	900.00
10	Ikura	12-1 lb pkgs	Seafood	Tokyo Traders	22	30.00	0	6600.00
14	Tofu	40-100 g pkgs	Produce	Mayumi's	85	23.25	0	1976.25
⋮								
50	Alice Mutton	20-1 kg tins	Confections	Karkki Oy	50	40.00	0.15	1700.00

4.1　使用 E-R 图设计数据库

4.1.1　概念模型设计

1. 各个实体集及其属性图

根据销售管理数据库的业务规则和信息需求，该数据库包含下列实体集，各个实体集及其属性如图 4-1 所示。

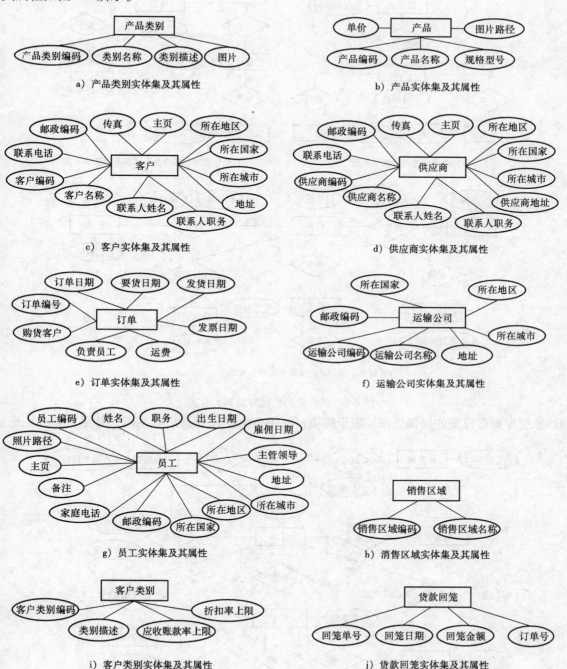

图 4-1　销售管理数据库中各实体集及其属性

2. 局部 E-R 图的设计

在上述各个实体属性图的基础上，根据销售数据库的语义，描述出实体集之间的一对

一、一对多和多对多的联系。图 4-2 选择从产品、销售区域和订单这 3 个局部应用出发，设

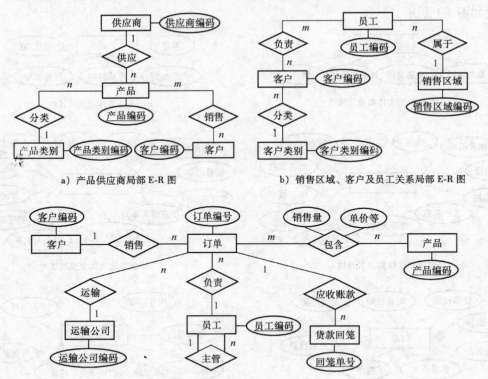

a) 产品供应商局部 E-R 图   b) 销售区域、客户及员工关系局部 E-R 图

c) 订单、客户及产品关系局部 E-R 图

图 4-2　销售管理数据库局部 E-R 图

计数据库概念模型的局部视图。限于篇幅，图中各个实体只列出其主码，并用下画线标记，

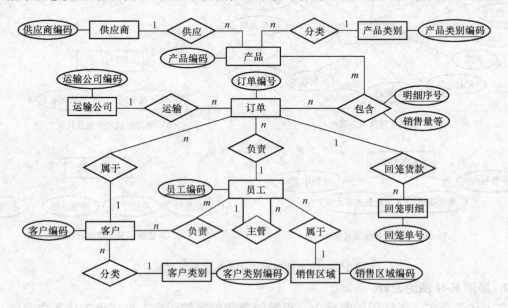

图 4-3　销售管理数据库基本 E-R 图

其他属性省略。

3. 合并局部 E-R 图，生成基础 E-R 图

在各个局部 E-R 图的基础上，对它们进行合并以形成初步 E-R 图，然后对初步 E-R 图进行完善和修改（即优化）。例如，在初步 E-R 图中，产品与客户之间的多对多联系可以通过产品—客户—订单三者之间的联系来替代，因此将该联系删除。优化后的数据库基本 E-R 图如图 4-3 所示。

4.1.2 逻辑模型设计

在概念模型的基础上，根据基本 E-R 图，设计出一个由 RDBMS 支持的数据库逻辑模型。主要步骤和方法是将基本 E-R 图中的一对一、一对多和多对多联系转换成相应的关系模型，并注明关系模型的主码和外码。下面给出具体步骤和结果。

① 根据供应商与产品两个实体集之间的 $1:n$ 联系、产品类别与产品两个实体集之间的 $1:n$ 联系，得到"供应商"、"产品类别"和"产品" 3 个关系，记为

关系 1：供应商(供应商编码,供应商名称,联系人姓名,联系人职务,供应商地址,所在城市,所在地区,所在国家,邮政编码,联系电话,传真,主页)。主码为"供应商编码"。

关系 2：产品类别(产品类别编码,类别名称,类别描述,图片)。主码为"产品类别编码"。

关系 3：产品(产品编码,产品名称,规格型号,单价,图片路径,供应商编码,类别编码)。主码为"产品编码"；外码为"供应商编码"和"类别编码"，分别参照"供应商"中的"供应商编码"和"产品类别"中的"产品类别编码"。

② 根据客户与客户类别两个实体集之间的 $1:n$ 联系，得到"客户类别"和"客户"两个关系，记为

关系 4：客户类别(客户类别编码,类别描述,折扣率上限,应收账款率上限)。主码为"客户类别编码"。

关系 5：客户(客户编码,客户名称,联系人姓名,联系人职务,地址,所在城市,所在地区,所在国家,邮政编码,联系电话,传真,主页,客户类别编码)。主码为"客户编码"；外码为"客户类别编码"，参照"客户类别"关系中的"客户类别编码"。

③ 根据员工及其内部主管领导实体集内部的 $1:n$ 联系，得到"员工"关系，记为

关系 6：员工(员工编码,姓名,职务,出生日期,雇佣日期,地址,所在城市,所在地区,所在国家,邮政编码,家庭电话,主页,照片路径,备注,主管领导)。主码为"员工编码"；外码为"主管领导"，参照员工关系中的"员工编码"。

④ 根据员工、客户和销售区域 3 个实体集之间的 $1:n$ 和 $m:n$ 联系，得到"销售区域"和"客户员工区域"两个关系，记为

关系 7：销售区域(销售区域编码,销售区域名称)。主码为"销售区域编码"。

关系 8：客户区域员工(客户编码、销售区域编码、员工编码)。主码为(客户编码、销售区域编码)属性组合；外码为"客户编码"、"销售区域编码"和"员工编码"，分别参照"客户"关系中的"客户编码"、"销售区域"关系中的"销售区域编码"和"员工"关系中的"员工编码"。

⑤ 根据运输公司与订单两个实体集之间的 $1:n$ 联系、客户与订单两个实体集之间的 $1:n$

联系、员工与订单两个实体集之间的 1:n 联系，得到"运输公司"和"订单"两个关系，记为

关系 9：运输公司（<u>运输公司编码</u>,运输公司名称,地址,所在城市、所在地区,邮政编码,所在国家）。主码为"运输公司编码"。

关系 10：订单（<u>订单编号</u>,订单日期,要货日期,发货日期,发票日期,运费,运输公司,客户编码,员工编码）。主码为"订单编号"；外码为"客户编码"、"运输公司"和"员工编码"，分别参照"客户"关系中的"客户编码"、"运输公司"关系中的"运输公司编码"和"员工"关系中的"员工编码"。

⑥ 根据订单与产品实体集之间的 $m:n$ 联系、订单与货款回笼两个实体集之间的 1:n 联系，得到"订单明细"和"回笼明细"两个关系，记为

关系 11：订单明细（<u>订单编号,产品编码</u>,销售单价,销售量,折扣率,销售额）。主码为（订单编号,产品编码）的属性组合；外码为"订单编号"和"产品编码"，分别参照"订单"关系中的"订单编号"和"产品"关系中的"产品编码"。

关系 12：回笼明细（<u>回笼单号</u>,回笼日期,订单号,回笼金额）。主码为"回笼单号"；外码为"订单号"，参照"订单"关系中的"订单编号"。

4.2 使用范式化理论设计数据库

前面介绍了如何利用 E-R 图来设计数据库的详细步骤和方法，本节介绍如何利用数据库规范化理论来构造和优化销售管理数据库，并比较两种不同途径的设计结果。

按照关系数据库基本要求，从最原始的、包含所有数据项的一个关系模式 mySales 开始，按照范式化理论逐步分解这个关系模式，直到满足范式基本要求为止。

由于上述数据库中各个实体集的属性太多，在模式分解时带来书写上的不便，为此，在具体分解模式时只列出它们的一些关键属性，对函数依赖中的一些依赖因素用下列符号进行标记。

① "供应商"中的下列属性集用"<u>供应商详细信息</u>"代替，记作

供应商详细信息 =（供应商名称,联系人姓名,联系人职务,供应商地址,所在城市,所在地区,所在国家,邮政编码,联系电话,传真,主页）

② "产品类别"中的下列属性集用"<u>产品类别详细信息</u>"代替，记作

产品类别详细信息 =（类别名称,类别描述,图片）

③ "产品"中的下列属性用"<u>产品详细信息</u>"代替，记作

产品详细信息 =（产品名称,规格型号,单价,图片路径）

④ "客户类别"中的下列属性用"<u>客户类别详细信息</u>"代替，记作

客户类别详细信息 =（类别描述,折扣率上限,应收账款率上限）

⑤ "客户"中的下列属性用"<u>客户详细信息</u>"代替，记作

客户详细信息 =（客户名称,联系人姓名,联系人职务,地址,所在城市,所在地区,所在国家,邮政编码,联系电话,传真,主页）

⑥ "员工"中的下列属性用"<u>员工详细信息</u>"来标记，记作

员工详细信息 =（姓名,职务,出生日期,雇佣日期,地址,所在城市,所在地区,所在国家,

邮政编码,家庭电话,主页,备注,照片路径)

⑦ "运输公司" 中的下列属性用 "<u>运输公司详细信息</u>" 来标记，记作

运输公司详细信息 = (运输公司名称,地址,所在城市、所在地区,邮政编码,所在国家)

⑧ "订单" 中的下列属性用 "<u>订单详细信息</u>" 来标记，记作

订单详细信息 = (订单日期,要货日期,发货日期,发票日期,运费)

⑨ "货款回笼" 中的下列属性用 "<u>货款回笼单详细信息</u>" 来标记，记作

货款回笼单详细信息 = (回笼日期,回笼金额)

根据表 4-1 所示的产品销售情况表，可以列出一个规范化之前的 mySales 数据模型实例，见表 4-2。这是一个非关系数据模型，因为多个属性还可以被分解成其他数据项。下面运用范式化理论将该数据模型逐步分解成符合 1NF、2NF、3NF 和 BCNF 的关系模式。由于货款回笼是一个相对独立的业务，它只与订单号之间存在联系，因此，下面主要讨论与产品销售业务相关的数据库设计与关系模式分解。

表 4-2　mySales 非规范数据模型实例

订单编号	订单日期	客户编码	员工编码	运输方式	销售区域	产品编码	产品名称	销售量	产品类别	单价	销售额	...
10248	2008-01-04	VINET	FTA328M	87	New York	11	Queso Cabrales	600	1	18.90	11340.00	
						42	Fried Mee	500	1	13.23	6615.00	
						51	Dried apples	875	7	46.98	41107.50	
10249	2008-01-05	TOMSP	KOR652M	12	Chicago	14	Tofu	72	2	25.11	1087.92	
						51	Dried apples	140	7	57.24	8013.60	
10250	2008-01-04	RATTC	FTA328M	43	New York	14	Tofu	1050	2	23.22	24381.00	
⋮												

1. 第一范式分析

显然，表 4-2 所示的 mySales 数据模型不符合关系数据库的最基本要求，即不符合 1NF。如果把它转换成表 4-3 所示的格式，那么它就符合关系数据库的基本要求，mySales 因此成为一个关系数据模型，其主码为(订单编号,产品编码)的属性组合。

表 4-3　mySales 关系数据模型实例

订单编号	订单日期	客户编码	员工编码	运输方式	销售区域	产品编码	产品名称	销售量	产品类别	单价	销售额	...
10248	2008-01-04	VINET	FTA328M	87	New York	11	Queso Cabrales	600	1	18.90	11340.00	
10248	2008-01-04	VINET	FTA328M	87	New York	42	Fried Mee	500	1	13.23	6615.00	
10248	2008-01-04	VINET	FTA328M	87	New York	51	Dried apples	875	7	46.98	41107.50	
10249	2008-01-05	TOMSP	KOR652M	12	Chicago	14	Tofu	72	2	25.11	1087.92	
10249	2008-01-05	TOMSP	KOR652M	12	Chicago	51	Dried apples	140	7	57.24	8013.60	
10250	2008-01-04	RATTC	FTA328M	43	New York	14	Tofu	1050	2	23.22	24381.00	
⋮												

显然，这时 mySales $\in$ 1NF，记作 mySales(U, F)，其中：

属性集 U = {订单编号,订单详细信息,客户编码,客户详细信息,客户类别编码,客户类别详细信息,运输公司编码,运输公司详细信息,员工编码,员工详细信息,销售区域编码,销售区域名称,产品编码,产品详细信息,销售数量,销售单价,折扣率,销售额,产品类别编码,产品类别详细信息,供应商编码,供应商详细信息}

函数依赖关系 *F* 如下：

（1）基本函数依赖

供应商编码→供应商详细信息，客户类别编码→客户类别详细信息，客户编码→客户详细信息，产品类别编码→产品类别详细信息，产品编码→产品详细信息，员工编码→员工详细信息，运输公司编码→运输公司详细信息，订单编号→订单详细信息，销售区域编码→销售区域名称

根据语义，一张订单只对应一位客户、一名员工、一个运输公司和一个销售地区，因此，

订单编号→客户编码，订单编号→员工编码，订单编号→运输公司编码，

$$订单编号→销售区域编码$$

同样，由于一种产品只对应一个产品供应商，只属于一个产品类别，因此，

$$产品编码→供应商编码，产品编码→产品类别编码$$

（2）非主属性对码的完全函数依赖

$$（订单编号,产品编码）\xrightarrow{f}销售量，（订单编号,产品编码）\xrightarrow{f}销售单价，$$

$$（订单编号,产品编码）\xrightarrow{f}折扣率，（订单编号,产品编码）\xrightarrow{f}销售额$$

（3）非主属性对码的部分函数依赖

$$（订单编号,产品编码）\xrightarrow{p}客户编码，（订单编号,产品编码）\xrightarrow{p}员工编码，$$

$$（订单编号,产品编码）\xrightarrow{p}运输公司编码，（订单编号,产品编码）\xrightarrow{p}销售区域编码，$$

$$（订单编号,产品编码）\xrightarrow{p}产品详细信息，（订单编号,产品编码）\xrightarrow{p}供应商编码，$$

$$（订单编号,产品编码）\xrightarrow{p}产品类别编码$$

显然，在第一范式中存在许多函数依赖关系，它不是一个好的关系模式，必须按第二范式要求进行模式分解。

2. 第二范式分析

第二范式将消除第一范式中存在的非主属性对码的函数依赖，使得分解后的关系模式中所有非主属性都完全依赖于码。

在 mySales 关系模式中：

主码 =（订单编号,产品编码）

非主属性 = {订单详细信息,客户编码,客户详细信息,客户类别编码,客户类别详细信息,运输公司编码,运输公司详细信息,员工编码,员工详细信息,销售区域编码,销售区域名称,销售量,销售单价,折扣率,销售额,产品详细信息,产品类别编码,产品类别详细信息,供应商编码,供应商详细信息}

根据第二范式的定义，为了消除前面所述的部分函数依赖，可以采用投影分解法，把关系模式 mySales 分解成下列 3 个关系模式：

订单明细（订单编号,产品编码,销售数量,销售单价,折扣率,销售额）

订单（订单编号,订单详细信息,客户编码,客户详细信息,客户类别编码,客户类别详细信息,运输公司编码,运输公司详细信息,员工编码,员工详细信息,销售区域编码,销售区域名称）

产品(<u>产品编码</u>,产品详细信息,产品类别编码,产品类别详细信息,供应商编码,供应商详细信息)

3. 第三范式分析

第三范式要求消除关系模式中存在的非主属性对码的传递函数依赖。下面分析"订单明细"、"订单"和"产品" 3 个关系模式中存在的传递依赖关系。

① "订单明细"关系中不存在传递依赖关系,因此该模式不必分解。

② "订单"关系中存在的传递依赖关系:

主码 = (订单编号)

非主属性 = {订单详细信息,客户编码,客户详细信息,客户类别编码,客户类别详细信息,员工编码,员工详细信息,运输公司编码,运输公司详细信息,销售区域编码,销售区域名称}

传递函数依赖 = {订单编号$\xrightarrow{t}$客户详细信息,订单编号$\xrightarrow{t}$员工详细信息,订单编号$\xrightarrow{t}$运输公司详细信息,订单编号$\xrightarrow{t}$销售区域名称,客户编码$\xrightarrow{t}$客户类别详细信息}

③ "产品"关系中存在的传递依赖关系:

主码 = (产品编码)

非主属性 = {产品详细信息,产品类别编码,产品类别详细信息,供应商编码,供应商详细信息}

传递函数依赖 = {产品编码$\xrightarrow{t}$产品类别详细信息,产品编码$\xrightarrow{t}$供应商详细信息}

根据第三范式的定义,对存在传递依赖的关系模式进行分解:从"订单"模式中分解出"客户"、"员工"、"运输公司"和"销售区域" 4 个关系模式;从"产品"模式中分解出"产品类别"和"供应商"两个关系模式。经过第三范式规范化后的数据库 mySales 的各个关系模式如下。

订单明细(<u>订单编号,产品编码</u>,销售量,销售单价,折扣率,销售额)

订单(<u>订单编号</u>,订单详细信息,客户编码,员工编码,运输公司编码,销售区域编码)

客户(<u>客户编码</u>,客户详细信息,客户类别编码)

客户类别(<u>客户类别编码</u>,客户类别详细信息)

员工(<u>员工编码</u>,员工详细信息)

运输公司(<u>运输公司编码</u>,运输公司详细信息)

销售区域(<u>销售区域编码</u>,销售区域名称)

产品(<u>产品编码</u>,产品详细信息,产品类别编码,供应商编码)

产品类别(<u>产品类别编码</u>,产品类别详细信息)

供应商(<u>供应商编码</u>,供应商详细信息)

4. BCNF 分析

3NF 是一个数据库需要满足的最低规范化要求,但它可能还不是一个完美的模式。下面分析"订单"关系模式中客户、销售区域和员工三者之间的联系。根据语义,一位客户可以在多个区域购买商品,一个销售区域可以有多名员工,一名员工只属于一个销售区域,一位客户在同一销售区域只由一名员工负责。

假设将"订单"关系中的这 3 个属性之间的联系定义为一个关系模式 CTE(客户编码,销售区域编码,员工编码)。在这个关系模式中:

候选码 = ｛（客户编码,销售区域编码），（客户编码,员工编码）｝

函数依赖 = ｛（客户编码,销售区域编码）→员工编码，（客户编码,员工编码）→销售区域编码，员工编码→销售区域编码｝

显然，在这个关系模式中，"员工编码"是一个决定因素，但它既不是候选码，也不包含候选码，因此，CTE 不符合 BCNF 要求。

根据 BCNF 定义，可以将 CTE 分解为两个模式：CE（客户编码,员工编码）和 ET（员工编码,销售区域编码）。由此，"订单"关系可以分解为下列 3 个模式：

订单（订单编号,订单详细信息,运输公司编码,客户编码,员工编码）

客户员工（客户编码,员工编码）

员工区域（员工编码,销售区域编码）

由于"员工区域"这个关系中的主码是"员工编码"，而前面已经存在的"员工"关系的主码也是"员工编码"。为了减少数据库中的关系个数，如果两个关系模式具有相同的主码，可以考虑将它们合并为一个关系模式。因此，可以将"员工区域"与"员工"两个关系合并在一起，即在"员工"关系中增加一个"销售区域编码"的属性。

经过从 1NF 到 BCNF 的分解，mySales 数据库包含下列 12 个关系模式。下面给出这些关系模式的完整定义（主码使用下画线标记）。

① 供应商（供应商编码,供应商名称,联系人姓名,联系人职务,供应商地址,所在城市,所在地区,所在国家,邮政编码,联系电话,传真,主页）。

② 产品类别（产品类别编码,类别名称,类别描述、图片）

③ 产品（产品编码,产品名称,规格型号,单价,图片路径,供应商编码,类别编码）。

④ 客户类别（客户类别编码,类别描述,折扣率上限,应收账款率上限）。

⑤ 客户（客户编码,客户名称,联系人姓名,联系人职务,地址,所在城市,所在地区,所在国家,邮政编码,联系电话,传真,主页,类别编码）。

⑥ 销售区域（销售区域编码,销售区域名称）。

⑦ 员工（员工编码,姓名,职务,出生日期,雇佣日期,地址,所在城市,所在地区,所在国家,邮政编码、家庭电话主页,备注,照片路径,主管领导,销售区域编码）。

⑧ 运输公司（运输公司编码,运输公司名称,地址,所在城市、所在地区,邮政编码,所在国家）。

⑨ 订单（订单日期,要货日期,发货日期,发票日期,运费,运输公司,客户编码,员工编码）。

⑩ 订单明细（订单编号,产品编码,销售量,销售单价,折扣率,销售额）。

⑪ 客户员工（客户编码,员工编码）。

⑫ 货款回笼明细（回笼单号,回笼日期,订单号,回笼金额）。

5. 第四范式分析

在分析 mySales 数据库实例时，为了简化问题，从一开始就把货款回笼单从订单业务上分解出去。虽然这样的分解是正确的，也是容易理解的，但其中涉及和应用到了 4NF 的理论和方法。下面是没有分解之前的数据库 mySales 的一个初始关系模型：

$$mySales（订单编号,产品编号,回笼单号）$$

根据此数据库的语义，一张订单可以包含多个产品销售记录，一张订单也可以分多次回笼货款，而产品销售与货款回笼两者之间没有联系，其数据实例见表4-4。

表4-4 mySales中带多值依赖的数据模型实例

订单编号	订单日期	客户编码	产品编码	销售量	单价	销售额	回笼单号	回笼金额
10248	2008-01-04	VINET	11	600	18.90	11340.00	90047	18000.00
10248	2008-01-04	VINET	11	600	18.90	11340.00	90558	41062.50
10248	2008-01-04	VINET	42	500	13.23	6615.00	90047	18000.00
10248	2008-01-04	VINET	42	500	13.23	6615.00	90558	41062.50
10248	2008-01-04	VINET	72	875	46.98	41107.50	90047	18000.00
10248	2008-01-04	VINET	72	875	46.98	41107.50	90558	41062.50
10274	2008-01-05	TOMSP	71	1000	23.22	23220.00	90377	44800.00
10274	2008-01-05	TOMSP	71	1000	23.22	23220.00	90487	15199.40
10274	2008-01-05	TOMSP	74	980	37.53	36779.40	90377	44800.00
10274	2008-01-05	TOMSP	74	980	37.53	36779.40	90487	15199.40
⋮								

从表4-4中可以发现，每个(订单编号,回笼单号)上的一个值对应一组(产品编码)值，而且这种对应与回笼单号没有关系；同样，每个(订单编号,产品编码)上的值对应一组(回笼单号)值，而且这种对应与产品编码没有关系。因此，订单编号与产品编码之间、订单编号与回笼单号之间存在多值依赖，即订单编号→→产品编码或订单编号→→回笼单号。

由于在关系模式mySales(订单编号,产品编码,回笼单号)中，唯一的候选码是(订单编号,产品编码,回笼单号)组合属性，即全码。显然，它符合BCNF要求，但由于多值依赖中的"订单编号"不含有候选码，因此它不符合4NF。按照4NF定义，可以把这个关系模式分解为下列两个关系模式：

订单明细(订单编号,产品编码)，主码为全码。

货款回笼(订单编号,回笼单号)，主码为全码。

分解后的这两个关系模式都符合4NF。

从以上分析可以看出，在前面介绍数据库mySales的范式分解前就把货款回笼单从中分解出去是以范式化理论和方法为依据的，因而是合理的。

6. 两种设计途径的结果比较

经过上述实例的综合分析，发现使用E-R图与范式化理论设计的关系模式两者基本一致，但采用E-R图方法得到的关系模式可能不一定符合BCNF。例如，E-R图方法得到的客户区域员工(客户编码、区域编码、员工编码)这一关系模式，它只符合3NF而不符合BCNF要求。因此，在使用E-R图方法设计数据库时，应该结合数据库规范化理论进行模式分解与优化，使得最终得到的关系模式尽可能完善。

4.3 数据库表的设计

在关系数据库中，关系实际上是一张二维表，关系模式是对关系的描述，即一个关系的结构。在具体应用中，通常使用"表"和"表结构"来替代"关系"和"关系模式"这两个术语。根据前面设计的数据库逻辑结构，可以将数据库mySales中的各个数据表结构设计出来。为了方便程序书写，通常采用英语字符（而不是汉字）作为数据表名和列名。表 4-5 ~ 表 4-16 给出 mySales 中各个表的定义，图 4-4 给出各个关系（表）之间的联系。

表 4-5　Suppliers（供应商）表

序号	列　名	类　型	长度	完整性约束与规则	描　述
1	SupplierID	int		主码	供应商编码
2	CompanyName	nvarchar	40	非空	供应商名称
3	ContactName	nvarchar	30		联系人姓名
4	ContactTitle	nvarchar	30		联系人职务
5	Address	nvarchar	60		供应商地址
6	City	nvarchar	15		所在城市
7	Region	nvarchar	15		所在地区
8	Country	nvarchar	15		所在国家
9	PostalCode	nvarchar	10		邮政编码
10	Phone	nvarchar	24		联系电话
11	Fax	nvarchar	24		传真
12	Homepage	nvarchar	100		主页

表 4-6　Categories（产品类别）表

序号	列　名	类　型	长度	完整性约束与规则	描　述
1	CategoryID	int		主码	产品类别编码
2	CategoryName	nvarchar	40	非空	类别名称
3	Description	ntext			类别描述
4	Picture	image			图片

表 4-7　Products（产品）表

序号	列　名	类　型	长度	完整性约束与规则	描　述
1	ProductID	int		主码	产品编码
2	ProductName	nvarchar	40	非空	产品名称
3	QuantityPerUnit	nvarchar	20		规格型号
4	UnitPrice	money		UnitPrice > 0	单价
5	CategoryID	int		外码，参照 Categories（CategoryID）	产品类别编码
6	SupplierID	int		外码，参照 Suppliers（SupplierID）	供应商编码
7	Photopath	nvarchar	255		图片路径

表 4-8　CustomerTypes（客户类别）表

序号	列　名	类　型	长度	完整性约束与规则	描　述
1	TypeID	int		主码	客户类别编码
2	Description	nvarchar	40	非空	类别描述
3	Discount_limit	money		Discount_limit $> = 0$	折扣率上限
4	Recievable_limit	money		Recievable_limit $> = 0$	应收账款率上限

表 4-9　Customers（客户）表

序号	列　名	类　型	长度	完整性约束与规则	描　述
1	CustomerID	nchar	5	主码	客户编码
2	CompanyName	nvarchar	40	非空	客户名称
3	ContactName	nvarchar	30		联系人姓名
4	ContactTitle	nvarchar	30		联系人职务
5	Address	nvarchar	60		地址
6	City	nvarchar	15		所在城市
7	Region	nvarchar	15		所在地区
8	Country	nvarchar	15		所在国家
9	PostalCode	nvarchar	10		邮政编码
10	Phone	nvarchar	24		联系电话
11	Fax	nvarchar	24		传真
12	Homepage	nvarchar	100		主页
13	TypeID	int		外码，参照 CustomerTypes（TypeID）	客户类别编码

表 4-10　Shippers（运输公司）表

序号	列　名	类　型	长度	完整性约束与规则	描　述
1	ShipperID	int		主码，标识列	运输公司编码
2	CompanyName	nvarchar	40	非空	运输公司名称
3	Address	nvarchar	60		地址
4	City	nvarchar	15		所在城市
5	Region	nvarchar	15		所在地区
6	Country	nvarchar	15		所在国家
7	PostalCode	nvarchar	10		邮政编码

表 4-11　Territories（销售区域）表

序号	列　名	类　型	长度	完整性约束与规则	描　述
1	TerritoryID	nvarchar	10	主码	销售区域编码
2	Description	nvarchar	60	非空	销售区域描述
3	City	nvarchar	15		所在城市
4	Region	nvarchar	15		所在地区
5	Country	nvarchar	15		所在国家

表 4-12　Employees（员工）表

序号	列　名	类　型	长度	完整性约束与规则	描　述
1	EmployeeID	nchar	7	主码	员工编码
2	LastName	nvarchar	20	非空	姓氏
3	FirstName	nvarchar	10	非空	名字
4	Minit	nchar	1		简写
5	BirthDate	datetime	10	非空	出生日期
6	HireDate	datetime	10		雇佣日期

（续）

序号	列 名	类 型	长度	完整性约束与规则	描 述
7	Address	nvarchar	60		地址
8	City	nvarchar	15		所在城市
9	Region	nvarchar	15		所在地区
10	Country	nvarchar	15		所在国家
11	PostalCode	nvarchar	10		邮政编码
12	HomePhone	nvarchar	24		家庭电话
13	Homepage	nvarchar	100		主页
14	PhotoPath	nvarchar	255		照片路径
15	Notes	ntext			备注
16	ReportsTo	nchar	7	外键，参照 Employees(employeeID)	主管领导
17	TerritoryID	nchar	10	外码，参照 Territories(TerritoryID)	所在销售区域

表 4-13　Orders（订单）**表**

序号	列 名	类 型	长度	完整性约束与规则	描 述
1	OrderID	int		主码	订单编号
2	OrderDate	datetime	10	非空	订单日期
3	Requireddate	datetime	10		要货日期
4	ShippedDate	datetime	10		发货日期
5	InvoiceDate	datetime	10		开发票日期
6	Freight	money			运费
7	CustomerID	nvarchar	5	外码，参照 Customers(CustomerID)	客户编码
8	EmployeeID	nvarchar	7	外码，参照 Employees(EmployeeID)	员工编码
9	ShipperID	int		外码，参照 Shippers(ShipperID)	运输公司编码

表 4-14　OrderItems（订单明细）**表**

序号	列 名	类型	长度	完整性约束与规则	描 述
1	OrderID	int		组合主码，外码，参照 Orders(OrderID)	订单编号
2	ProductID	int		组合主码，外码，参照 Products(ProductID)	产品编码
3	Quantity	int		不等于 0	销售量
4	UnitPrice	money		大于 0	销售单价
5	Discount	money		取值 0~1 之间	折扣率
6	Amount	money		计算列，值为 Quantity * UnitPrice * (1 – Discount)	销售额

表 4-15　OrderCollections（货款回笼明细）**表**

序号	列 名	类 型	长度	完整性约束与规则	描 述
1	CollectionID	int		主码	回笼单号
2	OrderID	int		外码，参照 Orders(OrderD)	订单编号
3	CollectionDate	Datetime	10	非空，默认为系统当前日期	回笼日期
4	Amount	Money			回笼金额

表 4-16　CustomerEmployees（客户员工对应）**表**

序号	列 名	类 型	长度	完整性约束与规则	描 述
1	CustomerID	nchar	5	组合主码，外码，参照 Customers(CutomersID)	客户编码
2	EmployeeID	nchar	7	组合主码，外码，参照 Employees(EmployeeID)	员工编码

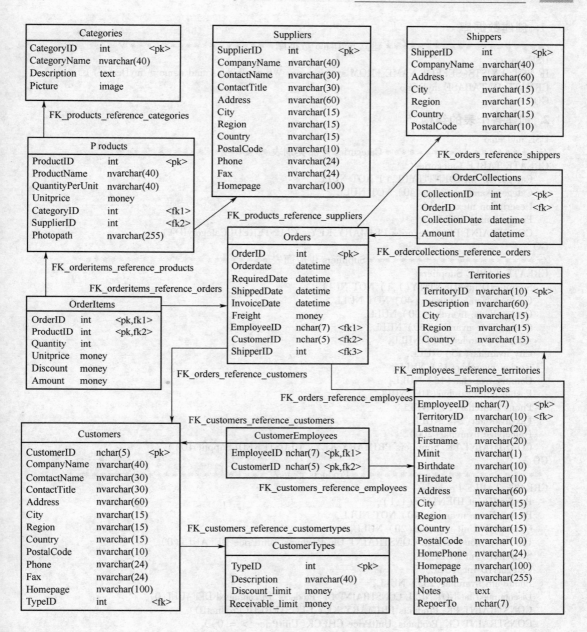

图 4-4　数据库 mySales 中各表之间的联系

4.4　数据库的创建

在数据库逻辑结构基础上，下面给出在 SQL Server 中数据库 mySales 的物理实现，并使用 SQL 语句定义各个表结构。这些表将在本书以后各章中被广泛引用，因此有必要了解其表结构以及表与表之间的联系。为了避免与数据库 mySales 中的对象冲突，下面先建立一个数据库 myDemo，然后在这个数据库中模拟创建各个表。

1. 创建数据库

```
/******************** 建立 myDemo 数据库 ********************/
USE master
IF NOT(EXISTS(SELECT NAME FROM sysdatabases Where dbid > 4 and name = 'myDemo'))
CREATE DATABASE myDemo
GO
```

2. 创建各个表的结构

```
USE myDemo
/******************** Categories 产品类别表 ********************/
CREATE TABLE Categories(
    CategoryID int IDENTITY(1,1) NOT NULL,
    CategoryName nvarchar(40) NOT NULL,
    Description ntext NULL,
    Picture image NULL,
    CONSTRAINT PK_Categories PRIMARY KEY   CLUSTERED(CategoryID))
GO
/******************** Suppliers 供应商表 ********************/
CREATE TABLE Suppliers(
    SupplierID int IDENTITY(1,1) NOT NULL,
    CompanyName nvarchar(40) NOT NULL,
    ContactName nvarchar(30) NULL,
    ContactTitle nvarchar(30) NULL,
    Address nvarchar(60) NULL,
    City nvarchar(15) NULL,
    Region nvarchar(15) NULL,
    Country nvarchar(15) NULL,
    PostalCode nvarchar(10) NULL,
    Phone nvarchar(24) NULL,
    Fax nvarchar(24) NULL,
    Homepage nvarchar(200),
    CONSTRAINT PK_Suppliers PRIMARY KEY   CLUSTERED(SupplierID))
GO
/******************** Products 产品表 ********************/
CREATE TABLE Products(
    ProductID int IDENTITY(1,1),
    ProductName nvarchar(40) NOT NULL,
    QuantityPerUnit nvarchar(20) NULL,
    UnitPrice money NULL CONSTRAINT DF_Products_UnitPrice DEFAULT(0),
    SupplierID int NULL,
    CategoryID int NULL,
    PhotoPath nvarchar(255) NULL,
    Discontinued bit NOT NULL CONSTRAINT DF_Products_Discontinued DEFAULT(0),
    CONSTRAINT PK_Products PRIMARY KEY CLUSTERED(ProductID),
    CONSTRAINT CK_Products_UnitPrice CHECK(UnitPrice > = 0))
GO
/******************** CustomerTypes 客户类别表 ********************/
CREATE TABLE CustomerTypes(
    Typeid tinyint identity(1,1),
    Description nvarchar(40) NOT NULL,
    Discount_limit money DEFAULT 0,
    Receivables_limit money,
    CONSTRAINT PK_CustomerTypes PRIMARY KEY   CLUSTERED(TypeID),
    CONSTRAINT CK_CustomerTypes_Discount_limit CHECK(Discount_limit > =0),
    CONSTRAINT CK_CustomerTypes_Receivables_limit CHECK(Receivables_limit > =0))
GO
/******************** Customers 客户表 ********************/
CREATE TABLE Customers(
```

```
    CustomerID nchar(5) NOT NULL,
    CompanyName nvarchar(40) NOT NULL,
    ContactName nvarchar(30) NULL,
    ContactTitle nvarchar(30) NULL,
    Address nvarchar(60) NULL,
    City nvarchar(15) NULL,
    Region nvarchar(15) NULL,
    Country nvarchar(15) NULL,
    PostalCode nvarchar(10) NULL,
    Phone nvarchar(24) NULL,
    Fax nvarchar(24) NULL,
    Homepage nvarchar(100) NULL,
    TypeID tinyint,
    CONSTRAINT PK_Customers PRIMARY KEY   CLUSTERED(CustomerID))
GO
/********************* Shippers 运输公司表 *********************/
CREATE TABLE Shippers(
    ShipperID int IDENTITY(1,1) NOT NULL,
    CompanyName nvarchar(40) NULL,
    Address nvarchar(60) NULL,
    City nvarchar(15) NULL,
    Region nvarchar(15) NULL,
    Country nvarchar(15) NULL,
    PostalCode nvarchar(10) NULL,
    CONSTRAINT PK_Shippers PRIMARY KEY   CLUSTERED(ShipperID))
GO
/********************* Territories 区域表 *********************/
CREATE TABLE Territories(
    TerritoryID nvarchar(10),
    TerritoryDescription nvarchar(60),
    City nvarchar(15),
    Region nvarchar(15),
    Country nvarchar(15),
    CONSTRAINT PK_Territories PRIMARY KEY CLUSTERED(TerritoryID))
GO
/********************* Employees 员工表 *********************/
CREATE TABLE Employees(
    EmployeeID nchar(7),
    LastName nvarchar(20) NOT NULL,
    FirstName nvarchar(10) NOT NULL,
    Minit nchar(1),
    Title nvarchar(40),
    BirthDate datetime NULL,
    HireDate datetime NULL,
    Address nvarchar(60) NULL,
    City nvarchar(15) NULL,
    Region nvarchar(15) NULL,
    PostalCode nvarchar(10) NULL,
    Country nvarchar(15) NULL,
    HomePhone nvarchar(24) NULL,
    PhotoPath nvarchar(200)NULL,
    Notes ntext NULL,
    ReportsTo nchar(7) NULL,
    TerritoryID nvarchar(10) NULL,
    CONSTRAINT PK_Employees PRIMARY KEY   CLUSTERED(EmployeeID),
    CONSTRAINT CK_BirthDate CHECK(BirthDate < GetDate()))
GO
/***************** CustomerEmployees 客户员工对应表 *****************/
```

```
CREATE TABLE dbo. CustomerEmployees(
    CustomerID nchar(5) NOT NULL,
    EmployeeID nchar(7) NOT NULL
    CONSTRAINT PK_CustomerEmployees PRIMARY KEY CLUSTERED(CustomerID,EmployeeID))
GO
/********************* Orders 订单表 *********************/
CREATE TABLE Orders(
    OrderID int IDENTITY(10248,1) PRIMARY KEY CLUSTERED,
    CustomerID nchar(5) NOT NULL,
    EmployeeID nchar(7) NOT NULL,
    OrderDate datetime NULL,
    RequiredDate datetime NULL,
    InvoiceDate datetime NULL,
    ShippedDate datetime NULL,
    ShipperID int null,
    Freight money NULL CONSTRAINT DF_Orders_Freight DEFAULT(0))
GO
/********************* OrderItems 订单明细表 *********************/
CREATE TABLE OrderItems(
    OrderID int NOT NULL,
    ProductID int NOT NULL,
    UnitPrice money NOT NULL CONSTRAINT DF_OrderItems_UnitPrice DEFAULT(0),
    Quantity int NOT NULL CONSTRAINT DF_OrderItems_Quantity DEFAULT(1),
    Discount decimal(6,2) NOT NULL CONSTRAINT DF_OrderItems_Discount DEFAULT(0),
    Amount as CAST(Quantity * UnitPrice * (1-discount) as decimal(12,2)),
    CONSTRAINT PK_OrderItems PRIMARY KEY   CLUSTERED(OrderID,ProductID),
    CONSTRAINT CK_OrderItems_Discount CHECK(Discount > = 0 and(Discount < = 1)),
    CONSTRAINT CK_OrderItems_Quantity CHECK(Quantity > 0),
    CONSTRAINT CK_OrderItems_UnitPrice CHECK(UnitPrice > = 0))
GO
/***************** OrderCollections 货款回笼明细表 *****************/
CREATE TABLE OrderCollections(
    CollectionID int identity(90001,1) PRIMARY KEY,
    CollectionDate Datetime,
    OrderID int,
    Amount money DEFAULT(0))
GO
```

3. 外码约束条件的定义

```
USE myDemo
ALTER TABLE Products ADD
CONSTRAINT FK_Products_Categories FOREIGN KEY(CategoryID) REFERENCES dbo. Categories
(CategoryID),
CONSTRAINT FK_Products_Suppliers FOREIGN KEY   (SupplierID) REFERENCES dbo. Suppliers
(SupplierID)
GO
ALTER TABLE Customers ADD
CONSTRAINT FK_Customers_TypeID FOREIGN KEY(TypeID)REFERENCES dbo. CustomerTypes
(TypeID)
GO
ALTER TABLE Employees ADD
CONSTRAINT FK_Employees_ReportsTo FOREIGN KEY(ReportsTo) REFERENCES dbo. Employees
(EmployeeID),
CONSTRAINT FK_Employees_TerritoryID FOREIGN KEY(TerritoryID) REFERENCES dbo. Territories
(TerritoryID)
GO
ALTER TABLE CustomerEmployees ADD
CONSTRAINT FK_CustomerEmployees_CustomerID FOREIGN KEY(CustomerID)REFERENCES dbo. Customers
```

（CustomerID），
CONSTRAINT FK_CustomerEmployees_EmployeeID FOREIGN KEY（EmployeeID）REFERENCES dbo. Employees
（EmployeeID）
GO
ALTER TABLE Orders ADD
CONSTRAINT FK_Orders_CustomerID FOREIGN KEY（CustomerID）REFERENCES dbo. Customers
（CustomerID），
CONSTRAINT FK_Orders_EmployeeID FOREIGN KEY（EmployeeID）REFERENCES dbo. Employees
（EmployeeID），
CONSTRAINT FK_Orders_ShipperID   FOREIGN KEY（ShipperID） REFERENCES dbo. Shippers
（ShipperID）
GO
ALTER TABLE OrderItems ADD
CONSTRAINT FK_OrderItems_OrderID FOREIGN KEY（OrderID）REFERENCES dbo. Orders（OrderID），
CONSTRAINT FK_OrderItems_ProductID FOREIGN KEY（ProductID）REFERENCES dbo. Products
（ProductID）
GO
ALTER TABLE OrderCollections ADD
   CONSTRAINT FK_OrderCollections_OrderID FOREIGN KEY（OrderID）REFERENCES dbo. Orders
（OrderID）
GO

4. 创建索引

CREATE INDEX Products_supplierid ON Products（SupplierID）
CREATE INDEX Products_categoryid ON Products（CategoryID）
CREATE INDEX orders_customerid ON Orders（CustomerID）
CREATE INDEX orders_employeeid ON Orders（EmployeeID）
CREATE INDEX orderCollections_orderid ON OrderCollections（OrderID）
GO

习题

数据库 myGrade 用来管理学生选课成绩，其原始数据中包含表 4-17 中的各个实体集及其数据项。各个实体集的数据项如下。

学生：学号、姓名、性别、出生日期；

课程：课程号、课程名称、课程性质、学分；

教师：教师号、姓名、性别、职称、联系电话；

专业：专业号、专业名称、专业负责人。

已知学生选课语义如下。

① 一名学生可以选修多门课程，同一门课程可以在多个学期选修，但同一学生同一学期同一门课程只有一个成绩。

② 一名学生可选修多个专业，一个专业包含多名学生；一个专业有多门必修课程。

③ 一个专业有多名选课指导教师，一名选课指导教师只能指导一个专业的学生，一名学生一个专业中只有一名选课指导教师。

④ 一名教师只属于一个专业，一个专业包含多名教师。

⑤ 一名教师可以讲授多门课程，一门课程可以由多名教师讲授。课程性质分为必修和选修两种类型。

表 4-17　学生选课成绩表

学号：*S1*　　　　　　　　姓名：*Nancy*　　　　　　　　性别：*Female*
专业：*Information system*　　　指导教师：*Kang*　　　　　指导教师电话：669056

课程编写	课程名称	课程性质	任课教师	教师职称	开课学期	学分	成绩
C2	Database	必修	Yang	48	2010-1	3	88
C4	Compiler Theory	选修	Kang	48	2010-1	3	66
C6	Web Programming	必修	Hong	32	2010-1	2	55
⋮							
C5	Data Structure	必修	Zhang	64	2010-1	4	88

试根据上述学生选课规则完成下列各题：

① 画出数据库 myGrade 的基本 E-R 图。

② 根据 myGrade 的基本 E-R 图设计数据库的逻辑模式。

③ 根据范式化理论，分别写出经过 1NF、2NF、3NF 和 BCNF 后，数据库 myGrade 的各个关系模式，并注明各个主码和外码。

④ 使用 T-SQL 语句创建 myGrade 数据库及其各个数据表（关系模式）。

第 2 篇

SQL Server 数据库技术

第 2 篇由第 5~9 章组成。

• 第 5 章数据库与表的管理，详细介绍数据库的创建、备份与恢复方法。运用多个实例，对表的创建与维护、数据完整性约束、表数据更新、索引、临时表与表变量等内容进行具体的阐述。

• 第 6 章数据检索，运用近 200 个实例，系统并详细地介绍各种数据检索技术，包括条件检索、函数检索、分组汇总、多表连接（JOIN）检索、子查询、衍生表、CTE（公共表表达式）、CASE 检索、组合检索等。

• 第 7 章 T-SQL 程序设计，运用 100 多个实例深入并详细地介绍视图、存储过程、用户定义函数、触发器及游标等数据库对象的概念，以及 T-SQL 程序设计技术。

• 第 8 章为 SQL Server 数据安全管理，介绍 SQL Server 的安全管理体系，包括登录用户管理、数据库用户管理、角色管理、权限管理等概念，同时介绍事务控制与并发处理的概念。

• 第 9 章 SQL Server 高级技术及查询优化，采用多个实例，详细介绍 SQL Server 数据导入/导出技术、系统表的检索与编程技术、数组模拟实现技术和树状结构实现技术；具体分析和阐述一些常用的数据库查询优化技术。

第5章 数据库与表的管理

本书提供一个销售管理系统的实例数据库 mySales，其数据表结构如第 4 章中所述。本书数据库技术与应用部分中的绝大部分实例基于该数据库。本章主要介绍如何在 SQL Server 中创建和维护数据库、表、数据完整性约束和索引等对象。

5.1 数据库的创建与维护

5.1.1 SQL Server 数据库

1. 数据库对象

在 SQL Server 中，数据库中的数据是存储在表中的。数据库除了表对象之外，还包含其他与表相关的一系列对象，如视图、索引、触发器、存储过程、函数、角色、数据类型和约束等。数据库对象是数据库的逻辑文件。下面简要介绍几个重要的数据库对象的基本概念。

（1）表和视图

表即基本表（也称数据表），是在数据库中存储数据的实际关系表。表是由行和列组成的集合。视图是为了用户查询方便或根据数据安全的需要而建立的一种虚拟表。视图既可以是一个表中数据的子集，也可以由多个表连接而成。

（2）索引

索引是用来加速数据访问和保证表的实体完整性的数据库对象。SQL Server 中的索引分为聚集索引和非聚集索引两种。聚集索引使表的物理顺序与索引顺序一致，一个表只能有一个聚集索引；非聚集索引与表的物理顺序无关，一个表可以建立多个非聚集索引。

（3）存储过程

存储过程是通过 Transact – SQL（简称 T-SQL）编写的程序段。存储过程包括系统存储过程和用户存储过程两种。系统存储过程由 SQL Server 提供，其名称一般以 sp_开头，涉及一些常用的功能；用户存储过程是用户根据需要编写的，执行用户指定的任务。

（4）函数

函数与存储过程有许多类似之处。SQL Server 函数包括系统内置函数与用户定义函数两种。用户定义函数是由一个或多个 T-SQL 语句组成的子程序，可用于封装代码以便重复使用。

（5）触发器

触发器是一种特殊类型的存储过程，当表中发生特殊事件时执行，可用于保证数据的完整性。例如，如果为表中记录的插入、更新或删除等操作创建了触发器，那么在执行这些操作时，相应的触发器就会自动启动。

（6）角色

角色是由一名或多名用户组成的单元。一名用户可以成为多个角色中的成员。角色是针对数据库而言的，一个数据库可以定义多个角色，并对各个角色定义不同权限。

（7）约束

约束规则用于加强数据的完整性。SQL Server 的基本表可以定义 6 种类型的约束，即主键约束、外键约束、唯一性约束、条件约束、默认约束和非空值约束。

2. 系统数据库

SQL Server 数据库分为系统数据库和用户数据库两种，而系统数据库包括 master、msdb、model 和 tempdb 四个数据库。当 SQL Server 安装完成后，这 4 个系统数据库就始终留在服务器中。

（1）master 数据库

master 数据库包含许多系统表，用于记录所有 SQL Server 系统级别的信息，这些信息用于控制用户数据库和数据操作。例如，master 中存放了用户数据库及系统信息、分配给每个数据库的空间大小、正在进行的进程、用户账号、有效锁定、系统错误消息和环境变量等信息。

（2）msdb 数据库

msdb 数据库主要由 SQL Server 企业管理器和代理服务器使用。msdb 数据库中记录着任务计划信息、事件处理信息、数据备份及恢复信息，以及警告和异常信息。

（3）model 数据库

model 数据库是 SQL Server 为用户数据库提供的模板，新建的用户数据库以 model 数据库为基础，将 model 数据库中的对象继承到新的数据库中。

（4）tempdb 数据库

tempdb 数据库为所有数据库的临时表、临时存储过程、表变量、游标或其他临时工作提供一个存储空间。tempdb 数据库在 SQL Server 每次启动时都重新创建，因此该数据库在系统启动时内容总是空的。当数据库连接断开时，所有临时工作和内容都从 tempdb 数据库中卸载或被自动除去。

3. 事务日志

事务日志用于记录每个事务对数据库所做的修改，并将记录结果保存到独立的文件中。事务日志是数据库的重要组件，如果系统出现故障，则可能需要使用事务日志将数据库恢复到事务前的状态。

在 SQL Server 中，每个数据库至少包含一个数据文件和一个事务日志文件。数据和事务日志信息分别保存在不同的文件中，每一个文件只能由一个数据库使用。日志文件的大小会随着数据库中操作记录的增多而不断增大。

4. 数据库文件类型

在 SQL Server 中，存储数据库的文件分为下列 3 种类型。

（1）主数据文件（master data file）

主数据文件除了存储用户数据和对象外，还同时存储数据库的启动信息。每个数据库有且仅有一个主数据文件。主数据文件通常以".mdf"作为扩展名。

（2）次数据文件（secondary data file）

次数据文件存储所有主数据文件中容纳不下的数据。如果主文件足够大，能够容纳数据库中的所有数据，那么该数据库就不需要次数据文件。对于一些非常大的数据库，可以使用次数据文件，将数据分散存储在多个磁盘上。次数据文件通常以".ndf"作为扩展名。

（3）事务日志文件（log file）

事务日志文件主要保存用于恢复数据库的日志信息。事务日志文件通常以".ldf"作为扩展名。

数据库管理主要包括数据库的创建、修改、删除、备份及还原等操作，各个操作命令见表 5-1。

表 5-1　数据库管理的主要操作命令

操　作　语　句	功　　能	操　作　语　句	功　　能
CREATE DATABASE	新建数据库	BACKUP DATABASE	数据库备份
ALTER DATABASE	修改数据库	RESTORE DATABASE	数据库恢复
DROP DATABASE	删除数据库	SP_ATTACH_DB	数据库还原
SP_HELPDB	查看数据库信息		

5.1.2　创建数据库

在 SQL Server 中可以使用集成工具环境（如 SQL Server 2000 的企业管理器、SQL Server 2005 版本以上的 SQL Server Management Studio）创建数据库，也可以采用 T-SQL 语句创建数据库。下面具体介绍使用 T-SQL 语句创建数据库的方法。

基本语法：

```
CREATE DATABASE database_name
[ON    [ < filespec >[,...n]]]
[LOG ON{ < filespec >[,...n]}][FOR LOAD|FOR AT TACH]
<filespec >::=([NAME = logical_file_name ,]    FILENAME ='os_file_name'
[,SIZE = size][,MAXSIZE = { max_size|UNLIMITED}]
[,FILEGROWTH = growth_increment])[,...n]
```

主要参数：

① NAME：指定数据文件的逻辑名。在创建数据库后，可以引用文件逻辑名进行修改和删除操作。逻辑名在数据库中必须唯一。

② FILENAME：指定数据文件在操作系统中的路径和物理文件名。文件所在的路径必须是在创建数据库时已经存在的一个文件目录或磁盘符号。

③ SIZE：指定文件的初始大小。可以使用 KB、MB、GB 或 TB，默认值为 MB。

④ MAXSIZE：指定文件可以增长到的最大值，该参数是一个整数。如果没有指定最大值，那么文件将增长到磁盘变满为止，相当于使用 UNLIMITED 选项值。

⑤ FILEGROWTH：指定文件增长的增量。FILEGROWTH 在数据库文件每次需要新的空间时添加空间。该值可以 MB、KB、GB、TB 或百分比（%）为单位。如果没有指定 FILE-GROWTH，则默认值为 10%。

实例 5-1　创建简单的数据库，只包含一个数据文件和日志文件。

本实例使用两种方式创建数据库。示例 1 是一种最简单的数据库创建方式，由于没有指定任何参数项，因此数据文件和日志文件的名称、路径和大小都采用系统默认值（即 SQL Server 系统的安装路径）。示例 2 是一种最常用的数据库创建方式，由于指定了数据文件的名称、路径和大小，其日志文件的名称、路径和大小将根据数据文件自动生成。虽然这两个示例都没有明确指定事务日志文件，但系统会自动创建该文件，其文件名称、路径和大小与主数据文件相关。

/* 示例 1:最简单的创建数据库方式。主数据库文件和事务日志的大小与 model 数据库相同。由于没有指定 MAXSIZE,文件可以增长到填满所有可用的磁盘空间为止。*/
USE master
CREATE DATABASE myDB1
GO

/* 示例 2:最常用的创建数据库方式。指定了数据库主文件的名称、路径和大小。由于 SQL Server 不会自动创建文件路径,因此,文件路径 c:\myDBF\ 必须在创建数据库之前已经存在。由于没有具体指定事务日志文件的各项参数,其文件大小为主文件大小的 25% 和 512 KB 中的较大值。*/
USE master
CREATE DATABASE myDB2
ON
(NAME = myDB2_Dat1 , FILENAME = ' c :\myDBF\myDB2Dat1. mdf ' , SIZE = 5 ,
MAXSIZE = 500 , FILEGROWTH = 1)

实例 5-2　创建数据库,指定多个数据文件和事务日志文件的路径和大小。

本实例创建一个数据库 myDB。该数据库包含多个数据文件和日志文件,不同的数据文件和日志文件之间使用西文逗号(,)分隔,数据文件与日志文件之间使用 LOG ON 分隔。在同一个数据库中不同数据文件的逻辑名(Name)不允许重名。

USE master
CREATE DATABASE myDB
ON
(NAME = myDB_dat1 , FILENAME = ' C:\myDBF\myDBdat1. mdf ' , SIZE = 10 ,
MAXSIZE = 500 , FILEGROWTH = 5) ,
(NAME = myDB_dat2 , FILENAME = ' C:\myDBF\myDBdat2. ndf ' , SIZE = 5MB ,
MAXSIZE = UNLIMITED , FILEGROWTH = 10%)
LOG ON
(NAME = ' myDB_log1 ' , FILENAME = ' C:\myDBF\myDBlog1. ldf ' , SIZE = 5MB ,
MAXSIZE = 250MB , FILEGROWTH = 5MB) ,
(NAME = ' myDB_log2 ' , FILENAME = ' C:\myDBF\myDBlog2. ldf ' , SIZE = 5MB ,
MAXSIZE = UNLIMITED , FILEGROWTH = 1MB)

5.1.3　维护数据库

数据库的维护包括数据库定义的修改、数据库的删除、数据库的重命名和数据库的查看等操作。

5.1.3.1　修改数据库

数据库创建之后,可以对其部分原始定义进行修改。例如,向数据库添加新的数据文件和日志文件,从数据库中删除既有的文件,或者更改数据库物理文件的选项值(包括 FILENAME、SIZE、FILEGROWTH 和 MAXSIZE 等)。

修改数据库定义的基本语法如下:

ALTER DATABASE *database* {
ADD FILE < filespec > [, . . . n] [TO FILEGROUP *filegroup_name*]
| ADD LOG FILE < filespec > [, . . . n]
| REMOVE FILE *logical_file_name*
| REMOVE FILEGROUP *filegroup_name*
| MODIFY FILE < filespec >

通常,当数据库变得很大时,现有的数据文件或日志文件超过 Windows XP 操作系统最大允许的单个文件的大小,或者其所在的磁盘空间不足,这时需要对现有的数据库进行修改,以增加新的数据文件和日志文件。

实例 5-3　向一个既有的数据库中添加新的数据文件和日志文件。

本实例首先在数据库 myDB 中添加一个数据文件 DBDat3，然后对原有的 DB_dat2 文件属性进行更改，将其 SIZE 属性的值改为 20MB，MAXSIZE 的值改成 1GB，FILEGROWTH 的值改成 10%。需要指出的是，此时数据文件的初始大小值（SIZE）只能增加而不能减少。如果要减少 SIZE 的设定值，那么需要使用 DBCC Shrinkdatabase 语句。

```
USE master
ALTER DATABASE myDB
ADD FILE      /*在 E 盘中增加一个数据文件*/
( NAME = myDB_Dat3 , FILENAME = 'C:\myDBDat3. ndf ',
SIZE = 10MB , MAXSIZE = 1GB , FILEGROWTH = 2MB)
GO
ALTER DATABASE myDB
MODIFY FILE          /* 修改数据文件的初始大小（SIZE）和最大扩展空间（MAXSIZE）。*/
( NAME = myDB_dat2 , SIZE = 20MB , MAXSIZE = 1GB , FILEGROWTH = 10% )
```

5.1.3.2　重命名数据库

在 SQL Server 中可以使用系统存储过程 sp_renamedb 更改或重命名一个数据库的名称。在重命名数据库时，数据库不仅不能处于使用状态，同时还要处于单用户访问模式。

重命名数据库不会破坏数据库现有的数据。在重命名之前，应该先使用系统存储过程 sp_dboption，将数据库的状态改成单用户模式。例如，将数据库 myDB 更名为 myTest，可以使用下列语句命令：

```
USE master
EXEC sp_dboption   'myDB', 'single user', 'true'   /* 设置数据库为单用户状态*/
EXEC sp_renamedb   'myDB', 'myTest'
EXEC sp_dboption   'myTest', 'single user', 'false'   /* 将数据库恢复为多用户状态*/
```

5.1.3.3　查看数据库

用户创建或修改数据库后，可以使用系统存储过程 sp_helpdb 查看数据库的各项参数设置值，包括数据文件和日志文件的逻辑名、物理名及其路径、各个文件的初始大小、最大文件大小以及数据库当前状态等。例如，查看数据库 mySales 的各项参数值，可以使用下列语句命令：

```
EXEC sp_helpdb 'mySales'
```

由于 master 数据库的系统表 sysdatabases 表中保存了所有用户数据库的信息，因此也可以通过检索这个系统表来查看用户数据库的信息，具体语句命令如下。

```
SELECT * FROM master. dbo. sysdatabases WHERE dbid > 4
```

5.1.3.4　删除数据库

使用 DROP DATABASE 语句删除一个或多个数据库。一个数据库被删除之后，它的所有数据文件和日志文件也同时被删除。需要指出的是，用户不能删除系统数据库（master、tempdb、msdb、model），也不能删除一个正在使用的数据库。

实例 5-4　删除一个或多个用户数据库。

本实例通过数据库 master 中的系统表 sysdatabases 和 DB_ID( ) 函数，判断数据库是否存在，如果存在，则将其删除。在删除数据库时，应该先打开数据库 master，以确保要删除的数据库没有处于使用状态。

```
USE master
/* 利用 sysdatabases 系统表判断数据库是否存在。*/
IF EXISTS( SELECT name FROM sysdatabases WHERE name = 'myDB')
DROP DATABASE myDB
```

```
GO
/* 利用 DB_ID 函数判断数据库是否存在。*/
IF(DB_ID('myDB1') IS NOT NULL)    DROP DATABASE myDB1
```

5.1.4 数据库的备份与恢复

数据库的备份与恢复是 DBMS 中数据库安全保护技术的重要组成部分。保护数据库安全，及时排除数据库系统运行故障，保障系统正常运行，这是系统管理员、数据库管理员的重要职责。

5.1.4.1 故障的类型

数据库运行过程中可能发生的故障主要有 3 类：事务故障、系统故障和介质故障。

1. 事务故障

事务在运行过程中由于种种原因，如输入数据的错误、运算溢出、违反了某些完整性限制、某些应用程序的错误和并行事务发生死锁等，使事务未运行至正常终止点就中断或结束了，这种情况称为事务故障。

发生事务故障时，中断或结束的事务可能已把对数据库的部分修改写回磁盘。恢复程序要在不影响其他事务运行的情况下，强行回滚该事务，即清除该事务对数据库的所有修改，使得这个事务像根本没有启动过一样。这类恢复操作称为事务撤销。

2. 系统故障

系统故障是指系统在运行过程中，由于某种原因，如操作系统或 DBMS 代码错误、操作员操作失误、特定类型的硬件错误（如 CPU 故障）、突然停电等造成系统停止运行，致使所有正在运行的事务都以非正常方式终止。这时内存中数据库缓冲区的信息全部丢失，但存储在外部存储设备上的数据未受影响。这种情况称为系统故障。

发生系统故障时，一些尚未完成的事务的结果可能已送入物理数据库，为保证数据一致性，需要清除这些事务对数据库的所有修改。但由于无法确定究竟哪些事务已更新过数据库，因此系统重新启动后，恢复程序要强行撤销所有未完成事务，使这些事务像没有运行过一样。

另一方面，发生系统故障时，有些已完成事务提交的结果可能还有一部分甚至全部留在缓冲区，尚未写回到磁盘上的物理数据库中，系统故障使得这些事务对数据库所进行的修改部分或全部丢失，这也会使数据库处于不一致状态，因此应将这些事务已提交的结果重新写入数据库。同样，由于无法确定哪些事务的提交结果尚未写入物理数据库，所以系统重新启动后，恢复程序除需要撤销所有未完成事务外，还需要重做所有已提交的事务，以将数据库真正恢复到一致状态。

3. 介质故障

系统在运行过程中，由于某些硬件故障，如磁盘损坏、磁头碰撞，或操作系统的某种潜在错误，或瞬时强磁场干扰等，会使存储在外存中的数据部分丢失或全部丢失。这种情况称为介质故障。这类故障比前两类故障的可能性小得多，但破坏性最大。

发生介质故障后，存储在磁盘上的数据被破坏，这时需要装入数据库发生介质故障前某个时刻的数据副本，并重做自此时起始的所有成功事务，将这些事务已提交的结果重新记入数据库。

综上所述，数据库系统中各类故障对数据库的影响概括起来主要有两类：一类是数据库本身被破坏（介质故障）；另一类是数据库本身没有被破坏，但由于某些事务在运行中被终止，使得数据库中可能包含了未完成事务对数据库的修改，破坏数据库中数据的正确性，或者说使数据库处于不一致状态。

5.1.4.2 数据库备份

数据库备份是将数据库复制到另一个磁盘或磁带上保存起来。这些备用的数据成为后备副本或后援副本，一旦系统发生介质故障，数据库遭到破坏时，可以将副本重新装入，从而恢复数据库。数据库备份是系统管理员、数据库管理员和用户的一项重要工作。

SQL Server 数据库备份策略主要有以下 3 种。

（1）完整数据库备份

完整数据库备份涵盖整个数据库，包括对所有数据和部分事务日志进行备份。这种备份策略适用于小型数据库。

（2）差异数据库备份

这是指只备份最近一次完全备份之后数据库发生变化的数据。对于大型数据库而言，完整备份需要花费很多时间才能完成，并且占用很多的存储空间，因此可以使用差异备份来补充完整数据库备份。

"差异备份"基于数据的最新完整备份，这称为差异的"基准"或者差异基准。差异备份仅包含自建立差异基准后发生更改的数据。通常，建立基准备份之后很短时间内执行的差异备份比完整备份的基准更小，创建速度也更快。因此，使用差异备份可以加快进行频繁备份的速度，从而降低数据丢失的风险。通常，一个差异基准会由若干个相继的差异备份使用。数据库还原时，首先还原完整备份，然后再还原最新的差异备份。

经过一段时间后，随着数据库的更新，包含在差异备份中的数据量会增加。这使得创建和还原备份的速度变慢。因此，必须重新创建一个完整备份，为另一系列的差异备份提供新的差异基准。

（3）事务日志备份

这是指对发生在数据库上的事务进行备份。在完整恢复模式或大容量日志恢复模式下，需要定期进行"事务日志备份"（或"日志备份"）。每个日志备份都包括创建备份时处于活动状态的部分事务日志，以及先前日志备份中未备份的所有日志记录。

在创建第一个日志备份之前，必须先创建一个完整备份（如数据库备份）。因此，定期备份事务日志十分必要，这不仅可以使工作丢失的可能性降到最低，而且还能截断事务日志。

完整备份数据库的 T-SQL 语法如下。

```
BACKUP DATABASE database_name TO < backup_device > [ ,...n ]
< backup_device > ::= { { DISK | TAPE } = { 'physical_backup_device_name' } }
```

实例 5-5 建立数据库完整备份。

本实例中的示例 1 将整个数据库备份到一个指定磁盘目录的文件中，这是一种最简单和最常用的数据库备份方法。示例 2 将整个数据库备份到两个指定磁盘目录的文件中去。

```
/*示例1：备份数据库到一个文件中，备份文件的扩展名可以自行定义。*/
USE master
BACKUP DATABASE mySales
TO DISK = 'c:\mySales20101016. bak'  WITH FORMAT
/*示例2：将一个数据库完整备份到两个不同的文件中去。*/
BACKUP DATABASE mySales
TO DISK = 'c:\mySales20101016A. bak',
TO DISK = 'c:\mySales20101016B. bak'  WITH FORMAT
```

5.1.4.3　数据库恢复

数据库恢复是从已经存在的数据库备份中复制数据和事务日志到当前的 SQL Server 系统中。数据库恢复会覆盖当前数据库中的数据，需要非常谨慎，因此一般由系统管理员或数据库管理员执行，而且他们必须是这个数据库的唯一用户(即在单用户模式下)。

完整数据库恢复的基本语法如下。

RESTORE DATABASE *database_name* FROM < backup_device >
< backup_device > :: = { { DISK | TAPE } = { '*physical_backup_device_name* ' } }

5.1.4.4　附加数据库

附加数据库是根据数据库的数据文件(如 . mdf)和日志文件(. ldf)在 SQL Server 中生成一个新的数据库。与数据库恢复不同，附加数据库时原来数据库是不能存在的，而数据库恢复时，这个数据库必须是已经存在的。附加数据库也被用来复制数据库中的数据和对象。

附加数据库可以使用系统存储 sp_attach_db 来实现，其基本语法如下。

EXEC sp_attach_db '*database_name* ', '*filename_n* '[, ... 16]

实例 5-6　从数据文件中恢复数据库和附加数据库。

本实例通过两个示例分别实现数据库恢复和附加数据库。示例 1 从备份文件 mySales20101016. bak 中恢复整个 mySales 数据库到当前 SQL Server 服务器中。示例 2 从数据文件 myCrm_dat. mdf 和日志文件 myCrm_log. ldf 中附加数据库 myCrm 到当前的 SQL Server2008 中 mySales20101016. bak、myCrm_data. mdf 和 myCrm_log. ldf 文件可以在本书配套资料中找到。

```
/* 示例 1：恢复数据库时，数据库必须是独占打开，即没有其他用户正在使用数据库。*/
USE master
RESTORE DATABASE mySales FROM DISK = ' c:\mySales20101016. bak '  WITH REPLACE
GO
/* 示例 2：附加的数据库必须是当前系统中不存在的。如果存在，必须先删除它。为了演示该语句，可以
先将本书配套资料中的 myCrm_data. mdf 和 myCrm_log. ldf 这两个文件复制到 c 盘，然后执行下列命令。*/
IF DB_ID('myCrm ')IS NOT NULL DROP DATABASE myCrm
EXEC sp_attach_db 'myCrm ',' c:\myCrm_data. mdf ',' c:\myCrm_log. ldf '
```

数据库的备份和恢复的方法有很多，有兴趣的读者可参考 SQL Server 的相关技术手册。

5.2　表的创建与维护

5.2.1　表概述

表(Table)是存储数据库中所有数据的一个对象。表定义为列的集合。与电子表格(Spreadsheet)相似，数据在表中是按行和列的格式组织排列的。每行代表唯一的一条记录，而每列代表记录中的一个域。例如，在包含公司员工数据的表中，每一行代表一名员工，各列分别表示员工的详细资料，如员工编号、姓名、地址、职位及电话号码等。

SQL Server 中的表有两个主要组成部分。

① 列(Column)。每一列描述表所建模的对象的一些属性。列也称为字段(Field)。

② 行(Row)。每一行描述表所建模的对象的一个个体的存在。行也称为记录(Record)。

在很多情况下，行和记录、列和字段这两对术语是可以互相替代的。

创建一张表的最有效方法是一次性全部定义好表中所需要的一切内容(字段)，包括它

的数据限定和其他要素。当然，也可以创建一张基本表，然后在使用后再对表进行修改，例如，添加一些约束、索引、默认值、规则和其他对象。

一般来说，在创建表及其对象之前，需要考虑以下几个方面。

① 表所包含的数据的类型。

② 表中各列的数据类型和列长度。

③ 哪些列允许空值。

④ 是否使用以及何时使用约束、默认设置或规则。

⑤ 主键、外键和索引列。

5.2.2 数据类型

数据库表中每列都应有相应的数据类型。在设计表时首先需要为每列指派一个数据类型。SQL Server 系统提供的常用数据类型见表 5-2。

表 5-2　SQL Server 常用数据类型

● 整型数据	
bit	取值为 0 或 1
int	取值范围 -2^{31}（-2147483648）$\sim 2^{31}-1$（2147483647），存储大小是 4 字节
smallint	取值范围 2^{15}（-32768）$\sim 2^{15}-1$（32767），存储大小是 2 字节
tinyint	取值范围 $0 \sim 255$，存储大小是 1 字节
bigint	取值范围 $-2^{63} \sim 2^{63}-1$ 之间的数字，存储大小为 8 字节
● 小数数据	
decimal$[(p[,s])]$	取值范围为 $-10^{38}+1 \sim 10^{38}-1$ 之间的固定精度和小数位的数字数据，精度 p 取值 $1 \sim 38$，小数位数 s 指定小数点的最大位数，默认为 0，存储大小根据精度而定
numeric	功能上等同于 Decimal
● 货币型数值	
money	取值范围 $-2^{63} \sim 2^{63}-1$，存储大小为 8 字节
smallmoney	取值范围 $-214748.3648 \sim 214748.3647$，存储大小为 4 字节
● 浮点型数值	
float $[(n)]$	介于 $-1.79E+308 \sim 1.79E+308$ 之间的浮点精度数字，n 必须为 $1 \sim 53$ 之间的值，存储字节数根据 n 所在的范围和精度而定
real	介于 $-3.40E+38 \sim 3.40E+38$ 之间的浮点精度数字，存储大小为 4 字节
● 日期时间型	
datetime	介于 1753 年 1 月 1 日到 9999 年 12 月 31 日之间的日期和时间数据，精确到 3% 秒或 3.33 毫秒。例如，01/01/98 23:59:59.999, 2008-01-02 23:59:59.995
smalldatetime	介于 1900 年 1 月 1 日到 2079 年 6 月 6 日之间的日期和时间数据，精确到分
● 字符型	
char$[(n)]$	固定长度的非 Unicode 字符数据，最大长度为 8000 字符，存储大小是 n 个字节。
varchar$[(n)]$	可变长度的非 Unicode 数据，最长为 8000 字符，存储大小为输入数据的实际长度而不是 n 个字节。输入数据可以是 0 个字符
text	可变长度的非 Unicode 数据，最大长度为 $2^{31}-1$（2147483647）字符
● Unicode 字符型 存储由 Unicode 标准定义的任何字符和其他字符集定义的所有字符，存储空间相当于非 Unicode 的两倍	
nchar$[(n)]$	固定长度的 Unicode 数据，最大长度为 4000 字符
nvarchar$[(n)]$	可变长度 Unicode 数据，其最大长度为 4000 字符
ntext	可变长度 Unicode 数据，其最大长度为 $2^{30}-1$（1073741823）字符

（续）

● 二进制字符串	
binary	固定长度的二进制数据，其最大长度为 8000 字节
varbinary	可变长度的二进制数据，其最大长度为 8000 字节
image	可变长度的二进制数据，其最大长度为 $2^{31} - 1(2147483,647)$ 字节

在 SQL Server 中，用户可以定义基于系统数据类型的用户定义数据类型（User-Defined Data Types）。当多个表的列中要存储同样类型的数据，而且这些列具有完全相同的数据类型、长度和为空性时，可使用用户定义数据类型。

在 SQL Server 2000 中，可以使用系统存储过程 sp_addtype 和 sp_droptype 分别来创建和删除用户定义数据类型。在 SQL Server 2008 中，可以使用 CREATE TYPE 和 DROP TYPE 语句来分别替代 sp_addtype 和 sp_droptype 的功能。有关用户定义数据类型，可参见有关的 SQL Server 技术手册。

5.2.3　创建表

在 SQL Server 中，每个数据库最多可存储 20 亿个表，每个表可以有 1024 列。每行最多可以存储 8060 字节。表的行数及总大小仅受可用存储空间的限制。如果创建具有 varchar、nvarchar 或 varbinary 列的表，并且列的字节总数超过 8060 字节，虽然仍可以创建此表，但会出现警告信息。

T-SQL 创建表语句的基本语法如下。

```
CREATE TABLE [ database_name]. [ schema_name. ]table_name(
column_name    data_type
[ NULL | NOT NULL ]
[ PRIMARY KEY | UNIQUE ]
[ REFERENCES ref_table[ ( ref_column ) ] ]
[ DEFAULT constant_expression ]
[ IDENTITY[ ( seed, increment ) ] ]
[ ROWGUIDCOL ]
[ CONSTRAINT constraint_name ]
[ , . . . n ] )
```

1. 创建简单的表

从 CREATE TABLE 语句的语法中可以看出，建立一个表需要考虑很多因素。下面从创建最简单的表开始，逐步讲述如何创建完整定义的数据表。

实例 5-7　简单的表定义，建表时使用多种数据类型，但没有定义约束条件。

在创建表时，必须确定表的名称及各列的定义，各列之间用逗号分隔。在同一表中，列名必须是唯一的，但不同的表之间列名可以相同。

本实例创建一张员工表（myEmployees），使用的数据类型包括 nchar、nvarchar、int、ntext 和 image 等。在建表之前，先判断该表是否存在，如果存在则将其删除后再创建。在建表之后，使用 INSERT 语句向该表插入两条记录，同时使用 SELECT 语句将表中的数据检索出来。

```
USE mySales
IF EXISTS( SELECT 1 FROM sysobjects WHERE name = 'myEmployees' )    DROP TABLE myEmployees
GO
CREATE TABLE myEmployees(
    EmployeeID nchar(7) ,
    LastName nvarchar(20) ,
```

```
    FirstName nvarchar(10),
    BirthDate datetime,
    Address nvarchar(60),
    City nvarchar(15),
    PostalCode nvarchar(10),
    Phone nvarchar(24),
    Photo image,
    Notes ntext)
GO
INSERT INTO myEmployees(EmployeeID,LastName,FirstName,BirthDate,Address,City,PostalCode,Phone)
VALUES('PSA086M','Afonso','Pedro','1952-2-9','98 W. Capital Way','Tacoma','98401','(206)555-9482')
INSERT INTO myEmployees (EmployeeID, LastName, FirstName, BirthDate, Address, City, PostalCode, Phone)
VALUES('H-B728F','Devon','Ann','1967-09-19','8127 Otter Dr. ','Redmond','98052','(206) 555-8122')
GO
SELECT * FROM myEmployees
GO
```

2. 定义 Identity 标识符列

按照关系数据库原理，表中的元组（行）是不能重复的。为此，在创建表时通常需要为表中的行定义一个独一无二的行标识符。Identity 和 Uniqueidentifier 都可以为表设置这样的行标识符。

在创建表和定义列时，可以将表中的某一列设置成 Identity 属性。Identity 表示新增的列是一种标识符列（或称为标识列），当表中添加新行时，SQL Server 为该标识列提供一个唯一的、递增的数值。

标识符列通常与 PRIMARY KEY 主键约束一起使用成为表的唯一行标识符。当表中没有其他合适的列可以作为主键时，通常有必要在表中添加一个标识符列，并将其设置为主键列。定义 Identity 标识符列的基本语法如下。

column_name　IDENTITY [(*seed*,*increment*)]

这里，*seed* 是表中插入的第一行标识符列所使用的值（也称为基数），*increment* 是相对于前一行标识值的增量值。当新的行插入到有标识符列的表中后，SQL Server 会通过向基数添加增量来自动生成下一个标识值。需要注意的是，在定义 Identity 列时，必须同时指定基数和增量，或者二者都不指定。如果二者都未指定，则取默认值（1,1）。

一个表只能有一个 Identity 属性列，而且必须使用 int、smallint、bigint、tinyint、decimal 或 numeric 数据类型来定义该列。标识符列不允许空值，也不能包含 DEFAULT 定义或对象。

3. 定义 Uniqueidentifier 标识符列

尽管 Identity 属性可以自动为表生成行号，但不同表的标识符列可以生成相同的行号，这是因为 Identity 属性只需在所使用的表上保持唯一。如果应用程序需要生成在整个数据库或世界各地所有网络计算机的全部数据库中均为唯一的标识符列，这时就需要使用 RowGuidCol 属性、Uniqueidentifier 数据类型和 NewID( ) 函数。

Uniqueidentifier 数据类型不像 Identity 属性那样为插入的行自动生成新的标识符。使用 Uniqueidentifier 列时，表必须具有一个指定 NewID 函数的 DEFAULT 子句，或使用 NewID 函数的 INSERT 语句。定义 Uniqueidentifier 标识符列的基本语法如下。

column_name uniqueidentifier
[ROWGUIDCOL][NOT NULL][DEFAULT(NewID())]
[UNIQUE | PRIMARY KEY NONCLUSTERED]

这里，使用 NewID 函数创建一个 Uniqueidentifier 类型的唯一值。Uniqueidentifier 值从

xxxxxxxx-xxxx-xxxx-xxxx-xxxxxxxxxxxx 形式的字符串常量中转换，其中，每个 x 是一个在 0 ～ 9 或 a ～ f 范围内的十六进制数字。例如，6F9619FF-8B86-D011-B42D-00C04FC964FF 为有效的 Uniqueidentifier 值。

一个表可以有多个 Uniqueidentifier 列。每个表中可以指定一个具有 RowGuidCol 属性的 Uniqueidentifier 列。RowGuidCol 属性指明此列的 Uniqueidentifier 值可唯一地标识表中的行。但是，该属性并不强制执行该唯一性。唯一性必须通过其他机制来执行，例如为列指定 U-NIQUE 或 PRIMARY KEY 约束。

Uniqueidentifier 数据类型的主要优点是保证由 T-SQL 的 NewID 函数或应用程序 Guid 函数生成的值在全局是唯一的。但 Uniqueidentifier 数据类型值长且难懂，比 Identity 标识占用更多的空间，其键值生成的索引可能会比 INT 键值实现的索引相对慢一些。因此，在不需要全局唯一性，或者需要一个连续递增的键值时，一般考虑使用 Identity 属性。

实例 5-8　使用 Identity 属性和 Uniqueidentifier 数据类型创建表。

本实例创建一张员工表（myEmployees），在员工编号 EmployeeID 列的定义中使用 Identity 标识符列来自动累加其值（第一条记录的 EmployeeID 值为 101，第二条记录的值自动加 1 为 102……），在 RowID 列的定义中使用 Uniqueidentifier 类型、ROWGUIDCOL 属性和 DEFAULT 约束，表示在插入新行时，可以不指定 RowID 的值，SQL Server 自动根据 NewID 函数生成一个随机数。本例借助系统函数 OBJECT_ID 判断表是否存在，如果存在，则将其删除。

```
IF( OBJECT_ID('myEmployees') IS NOT NULL)    DROP TABLE myEmployees
GO
CREATE TABLE myEmployees    (
  EmployeeID int IDENTITY(101,1),
  FirstName nvarchar(10),
  LastName nvarchar(20),
  BirthDate datetime,
  RowID uniqueidentifier ROWGUIDCOL DEFAULT NewID() UNIQUE)
GO
INSERT INTO myEmployees(FirstName,LastName,birthdate) VALUES('Karin','Josephs','1972-02-19')
INSERT INTO myEmployees(FirstName,LastName,birthdate) VALUES('Peter','Franken','1964-10-23')
SELECT * FROM myEmployees
GO
```

4. 定义计算列

计算列（Computed Column）是指表中某列数据是由同一表中的其他列经过计算而得到的。定义计算列的基本语法如下。

Column_name AS *computed_expression*[PERSISTED]

这里，*computed_expression* 是定义计算列的表达式。表达式可以由非计算列的列名、常量、函数和变量组合而成，但计算列的表达式中不能包含子查询。

计算列的数据类型由 SQL Server 自动根据表达式判断而确定，用户不能为计算列显式地指定一个数据类型。由于计算列是一个基于其他列的表达式，因此它通常不会物理存储在表中，除非使用 SQL Server 2008 中的 PERSISTED 关键字。

实例 5-9　创建计算列，并为计算列指定数据类型。

本实例中的示例 1 将 myExample 表中的计算列 avg1 和 avg2 都定义为表达式（low + high）/2 的值。avg1 列得到的是整型数值，因为它的表达式中所有变量和常量都是整型；avg2 列得到的是带小数的实型数值，因为它的表达式中带有小数。示例 2 在 myOrderItems 表中根据数量（Qty）和单价（UnitPrice）的乘积来定义一个金额的计算列（Amount）。在该计算列的表达式中使用了数据类型转换函数 CAST（），强制将计算列的值转换成带两位小数的 decimal 类型。

```
/* 示例 1：根据 low 和 high 定义计算列 avg1 和 avg2。计算列的数据类型不能由用户定义，SQL Server 自动根
据上述表达式将 avg2 设置成 real 型数据，因为它的表达式有 1.0 这个带小数的数值。*/
IF EXISTS( SELECT * FROM sysobjects WHERE name = 'myExample')    DROP TABLE myExample
GO
CREATE TABLE myExample(
    low int,
    high int,
    avg1 AS( low + high)/2,
    avg2 AS 1.0 * ( low + high)/2    )
GO
INSERT INTO myExample( low, high)  VALUES(1,2)
INSERT INTO myExample( low, high)  VALUES(3,4)
SELECT * FROM myExample
GO
/* 示例 2：根据数量和单价计算金额。CAST 函数将表达式的结果强制转换成 decimal 类型。*/
IF EXISTS( SELECT 1 FROM sysobjects WHERE name = 'myOrderItems')    DROP TABLE myOrderItems
GO
CREATE TABLE myOrderItems(
    OrderID int,
    ProductID int,
    Qty money,
    UnitPrice money,
    Amount AS CAST( qty * UnitPrice AS Decimal(12,2))    PERSISTED    )
GO
INSERT INTO myOrderItems( ProductID, Qty, UnitPrice)  VALUES( 11,16.6,16.45)
INSERT INTO myOrderItems( ProductID, Qty, UnitPrice)  VALUES( 29,68.4,123.79)
GO
SELECT * FROM myOrderItems
```

如果计算列的求值方式和过程比较复杂，可以在定义计算列时使用触发器或用户定义函数。有关这方面内容，参见第 7 章相关实例。

5.2.4　修改表

表在创建之后，可以改变许多建表时定义的选项，如增加、修改或删除列，还可以增加或删除约束条件。修改表通常通过 ALTER TABLE 语句来实现，其主要命令子句及其功能见表 5-3。

表 5-3　修改表的主要命令子句及其功能

语　　句	功　　能	举　　例
ADD	新增一列	ALTER TABLE t1 Add f1 Int Null
DROP COLUMN	删除一列或多列	ALTER TABLE t1 Drop Column f1
ALTER COLUMN	修改某一列的定义	ALTER TABLE t1 Alter Column f2 nvarchar(100) Not Null
ADD CONSTRAINT	增加表级约束条件	ALTER TABLE t1 Add Constraint CK_t1_f1 CHECK(f1 > 0)
DROP CONSTRAINT	删除一个约束条件	ALTER TABLE t1 Drop Constraint CK_t1_f1

实例 5-10　在既有表中增加列、删除列或修改列的初始定义。

在本实例中，myExample 表在初始定义时包含两个列。下面第一条 ALTER TABLE 语句

向该表新添 Col3、Col4 两个列，其中 Col3 为 IDENTITY 列（原有各行中该列的数据将被填充进去），Col4 为计算列。第二条 ALTER TABLE 语句修改 Col2 列的数据类型，将其从数值型转换成字符型。第三条 ALTER TABLE 语句将 Col1 这一列删除。

```
IF(OBJECT_ID('myExample') IS NOT NULL)    DROP TABLE myExample
GO
CREATE TABLE myExample(Col1 int,Col2 int)
INSERT INTO myExample(Col1,Col2)VALUES(1,100)
GO
/* 修改表,新增两列。*/
ALTER TABLE myExample ADD
  Col3 INT IDENTITY(1,1),
  Col4 AS Col3 + 100
GO
INSERT INTO myExample(Col1,Col2) VALUES(2,200)
SELECT * FROM myExample
/* 将 Col2 数据类型修改成字符型。*/
ALTER TABLE myExample    ALTER COLUMN Col2 nchar(10) NOT NULL
SELECT * FROM myExample
/* 删除 Col1 这一列。*/
ALTER TABLE myExample    DROP Column Col1
SELECT * FROM myExample
GO
```

在实际应用中，修改表比定义表要复杂得多。例如，修改表中某一列的数据类型是存在风险的，因为表中既有的数据不一定支持新的数据类型。例如，如果将字符型数据'25-14-2008'转换成日期型数据，这时就会出现错误。

除此之外，对于非常庞大的表，使用 ALTER TABLE 将涉及所有行的修改。删除一列或者添加一个非空默认列将会花费很长时间来完成和产生所需的日志记录。因此，使用 ALTER TABLE 语句时应当格外谨慎。

如何使用 ALTER TABLE 语句为既有的表添加约束条件，将在 5-3 节中介绍。

5.2.5　删除表

在数据库中，删除表与删除表中的行和列在概念上是不同的。如果用户删除了一张表的所有行（如使用 DELETE 或 TRUNCATE TABLE 语句），那么表及表的各项定义（包括约束）依然存在，只不过这时是一张空表而已。一旦使用 DROP 语句，表才被真正删除，这时表中所有定义、数据、约束、索引、触发器及其他相关对象将不再存在。关于表的删除操作，还必须注意以下几点。

① 不能使用 DROP TABLE 语句删除被 FOREIGN KEY 约束引用的表，而必须先删除 FOREIGN KEY 约束或引用表。

② 可以同时删除多个表。如果一个要删除的表引用了另一个也要删除的表的主键，则必须先列出包含该外键的引用表，然后再列出包含要引用的主键的表。

③ 在删除表时，表的规则或默认值将被解除绑定，与该表关联的任何约束或触发器将被自动删除。如果要重新创建表，则必须重新绑定相应的规则和默认值，重新创建某些触发器，并添加所有必需的约束。

④ 不能使用 DROP TABLE 删除系统表。

删除表之前必须先判断表是否存在。前面已经讲述了判断用户表是否存在的两种方法。

相比较而言，利用 OBJECT_ID 函数的判断方法比较简便。

在当前数据库中也可以删除其他数据库中的表，只要在表名之前添加数据库名称即可。例如，DROP TABLE myDB. dbo. Employees。

5.3 数据完整性约束

在数据库的设计和管理过程中，维护数据的完整性是非常重要的。在 SQL Server 中，根据数据完整性涉及方式的不同，它所作用的数据库对象和范围也不同，可以将数据完整性分为实体完整性、引用完整性和域完整性。

约束（Constraints）是 SQL Server 强制实现数据完整性的标准机制。约束用来确保只有合法的数据才能保存到数据列中去。SQL Server 提供下列 6 种约束来强制数据的完整性。

① PRIMARY KEY（主键）约束。主键约束强制一个表中不能有两行包含相同的主键值，也不能在主键内的任何列中存放空值（NULL）。

② FOREIGN KEY（外键）约束。外键用于建立和加强两个表数据之间的链接。一个表的外键指向另一个表的候选键，一个表中外键所在列的值必须在另一个表中候选键所对应列的取值范围内。

③ UNIQUE（唯一）约束。唯一约束在列集内强制执行值的唯一性。对于 UNIQUE 约束中的列，不允许表中的任何两行包含相同值。主键也强制执行唯一性，但主键不允许空值。

④ CHECK（检查）约束。检查约束对存放到列中的值进行限制，不符合 CHECK 指定条件的值无法存储到数据表中去。

⑤ NOT NULL（非空性）。NOT NULL 指定表中的列不能接受空值。在数据库中，NULL 是一个特殊值，它代表未知值。

⑥ DEFAULT（默认）约束。默认约束对插入时没有显式提供值的列指定一个默认值。

5.3.1 PRIMARY KEY（主键）约束

表中的每一行都应该有可以唯一地标识自己的一个列（或一组列）。例如，顾客表可以使用顾客编号，雇员表可以使用雇员编号或雇员身份证号。这样的一个列（或一组列）其值能唯一地标识表中的每一行，称它为表的**主键**，通过它可以强制表的**实体完整性**。

表中的主键必须满足下列两个条件：

① 任意两行都不具有相同的主键值。

② 每一行都必须具有一个主键值（即主键列不允许空值）。

虽然每个表并不总是都需要主键，但大多数表都设有主键，以便于以后的数据操纵和管理。一个表只能有一个主键，主键通常定义在表的一列上，也可以使用多个列的组合定义主键（称为组合主键）。在使用多个列作为主键时，上述两个条件必须应用到构成主键的所有列，即所有组合列的值必须是唯一的（但单个列的值可以不唯一），组合列中的每一个列都必须为非空值。

在定义主键约束时，SQL Server 自动为主键列创建一个唯一索引（Unique Index）。该索引可以用来加快数据查询速度。

　　主键可以在创建表时的某一列中定义，也可以通过表修改语句（ALTER TABLE）在创建表之后再定义。在列定义中把一个列设置为主键称为列级约束，在列定义之后设置主键被称为表级约束。组合主键必须使用表级约束进行定义。

　　约束也是一种数据库对象，因此同一个数据库的约束名是不允许重复的。定义列级约束时，约束的名称是可以默认的，这时 SQL Server 自动为它生成一个名称。但在使用 ALTER TABLE 定义表级约束时，必须明确指定约束的名称。

　　实例 5-11　创建单个列的主键约束。

　　本实例采用两种不同方式在员工表（myEmployees）中创建一个主键约束。示例 1 在定义列时直接定义主键约束（即列级约束），并指定约束名。示例 2 在建表结束后，通过 ALTER TABLE 语句向表中添加主键约束（即表级约束），这时建表语句中的候选主键列必须指定非空（NOT NULL）约束。

```
/* 示例 1:在建表定义列时直接定义主键约束,主键约束名往往由字符 PK_和表名组合而成。*/
IF( OBJECT_ID(' myEmployees ') IS NOT NULL)    DROP TABLE myEmployees
GO
CREATE TABLE myEmployees(
  EmployeeID nchar(7)    CONSTRAINT PK_myEmployees PRIMARY KEY CLUSTERED,
  LastName nvarchar(20),
  FirstName nvarchar(10),
  BirthDate datetime    )
GO
/* 示例 2:在使用 CREATE TABLE 语句创建表时没有定义主键约束,使用 ALTER TABLE 语句这个表添加一
个主键。注意:在建表定义 EmployeeID 列时,必须注明 NOT NULL,否则无法为它增加主键约束。*/
IF( OBJECT_ID(' myEmployees ')IS NOT NULL)     DROP TABLE myEmployees
GO
CREATE TABLE myEmployees(
  EmployeeID nchar(9)NOT NULL,         --添加非空约束
  LastName nvarchar(20),
  FirstName nvarchar(10),
  BirthDate datetime)
GO
ALTER TABLE myEmployees
ADD CONSTRAINT PK_myEmployees PRIMARY KEY( EmployeeID)
```

　　实例 5-12　创建表级组合主键约束，即表中的主键由多个列组成。

　　如果 PRIMARY KEY 约束定义在不止一个列上，则一列中的值可以重复，但 PRIMARY KEY 约束定义中的所有列的组合的值必须唯一。

　　本实例采用两种不同方式创建组合主键。在订单明细表（myOrderItems）中，订单号（OrderID）和产品编码（ProductID）两个列组成该表的组合主键，以确保同一张订单中同一种产品的销售记录只出现一次。第一种方式是在建表语句中最后一列的定义之后，增加一个主键约束条件，这也属于定义表级约束。第二种方式在建表语句之后，通过 ALTER TABLE 语句添加组合主键约束。

```
/* 在建表时,在最后一个列定义之后,使用逗号,定义组合主键约束。*/
IF( OBJECT_ID(' myOrderItems ') IS NOT NULL)    DROP TABLE myOrderItems
GO
CREATE TABLE myOrderItems(
  OrderID int NOT NULL,        --注意:主属性必须有非空约束
  ProductID int NOT NULL,      --注意:主属性必须有非空约束
  UnitPrice money,
  Quantity smallint,--注意:最后一列之后的这个逗号不能省略
```

```
   CONSTRAINT PK_myOrderItems PRIMARY KEY(OrderID ASC,ProductID ASC))
GO
/*使用 ALTER TABLE 和 ADD CONSTRAINT 语句向一个既有的表中增加组合主键约束。当然必须先删除原
有的主键约束。*/
ALTER TABLE myOrderItems    DROP CONSTRAINT PK_myOrderItems
GO
ALTER TABLE myOrderItems
   ADD CONSTRAINT PK_myOrderItems PRIMARY KEY(OrderID ASC,ProductID ASC)
```

5.3.2 FOREIGN KEY（外键）约束

在同一个数据库中，表与表之间往往会存在某些逻辑关系：一个表中某个列的数据必须在另一个表的某个列中是存在的。例如，mySales 数据库中的订单表（Orders）与客户表（Customers）之间存在数据逻辑约束关系，即订单表中的客户编码（CustomerID）必须在客户表中是存在的，否则订单表中这个客户编码是非法数据。

在 SQL Server 中，可以通过外键（FOREIGN KEY）来建立和加强两个表数据之间的链接关系，为列中的数据提供引用完整性约束。

外键约束可以引用另一表中的主键列，也可以引用另一表中具有 UNIQUE 约束的列，也就是说被参照列的值必须是唯一的（即具有 PRIMARY KEY 或 UNIQUE 约束）和非空的。

外键约束也可以分为列级约束和表级约束。外键约束使用 FOREIGN KEY 指定引用的列，由 REFERENCES 子句指定被引用的表和列。

实例 5-13 **使用 REFERENCES 和 ALTER TABLE 语句创建外键约束，在一个表中定义列级和表级外键约束。**

本实例通过两种方式在订单明细表（myOrderItems）中定义两个外键。第一个外键使用 REFERENCES 语句在建表时直接定义在订单号 OrderID 列上，引用订单表（Orders）中的订单号（OrderID 列）。第二个外键通过 ALTER TABLE 语句创建，引用产品表（Products）中的产品编码（ProductID 列）。

```
IF(OBJECT_ID('myOrderItems')IS NOT NULL)    DROP TABLE myOrderItems
GO
/*定义列级外键约束条件。*/
CREATE TABLEmyOrderItems(
   OrderID int NOT NULL CONSTRAINT FK_myOrderItems_OrderID REFERENCES Orders(OrderID),
   ProductID int NOT NULL,
   UnitPrice money,
   Quantity int)
GO
/*定义表级外键约束条件。*/
ALTER TABLEmyOrderItems    ADD CONSTRAINT FK_myOrderItems_ProductID
FOREIGN KEY(ProductID) REFERENCES Products(ProductID)
```

实例 5-14 **创建递归外键引用，即表中的外键列引用它自己所在表中的主键或唯一键。**

FOREIGN KEY 约束可以引用同一表中的其他列，这种约束称为自我引用外键约束。当一个表存在自我引用时，必须非常注意记录插入的先后次序。被引用的记录必须先插入到表中，因为只有当它们已经存在于表中之后，其他引用它们的记录才能再插入进去。

本实例在员工表（myEmployees）的 ReportsTo 列上创建一个外键约束，引用自己表中的主键 EmployeeID 列。ReportsTo 的语义为当前员工的直接主管（主管领导）。在插入记录时，第一个员工没有上级主管（其 ReportsTo 值为 NULL），第二个员工的上级主管是第一个员工（其

ReportsTo 值为第一条记录的主键值)，第三个员工的上级主管是第二个员工(其 ReportsTo 值为第二个条记录的主键值)。这三条记录的插入次序不能颠倒。

```sql
IF(OBJECT_ID('myEmployees') IS NOT NULL)    DROP TABLE myEmployees
GO
CREATE TABLE myEmployees(
    EmployeeID nchar(7) NOT NULL,
    LastName nvarchar(20) NOT NULL,
    FirstName nvarchar(10) NOT NULL,
    Title nvarchar(40),
    ReportsTo nchar(7),
    CONSTRAINT PK_myEmployees PRIMARY KEY NONCLUSTERED(EmployeeID),
    CONSTRAINT FK_myEmployees_ReportsTo FOREIGN KEY(ReportsTo)
    REFERENCES myEmployees(EmployeeID))
GO
INSERT INTO myEmployees(EmployeeID,LastName,FirstName,Title,ReportsTo)
VALUES('FTA328M','Fuller','Andrew','Vice President,Sales',NULL)
INSERT INTO myEmployees(EmployeeID,LastName,FirstName,Title,ReportsTo)
VALUES('BMS156M','Buchanan','Steven','Sales Manager','FTA328M')
INSERT INTO myEmployees(EmployeeID,LastName,FirstName,Title,ReportsTo)
VALUES('DMN268F','Davolio','Nancy','Sales Representative','BMS156M')
SELECT * FROM myEmployees
```

5.3.3　UNIQUE 约束

　　与主键相似，UNIQUE 约束也用来保证实体完整性。一个表只能定义一个主键，如果需要在非主键列上也限制输入重复的值，可以使用 UNIQUE 约束。与 PRIMARY KEY 约束不同，一个表中可以定义多个 UNIQUE 约束，而且还允许为空值的列指定 UNIQUE 约束。

　　在定义 UNIQUE 约束时会创建一个唯一性索引。这个索引可以是 CLUSTERED(聚集索引)或 NONCLUSTERED(非聚集索引)，但如果在表中已经存在聚集索引时就不能建立 CLUSTERED 索引。

　　实例 5-15　创建和使用 UNIQUE 约束。

　　UNIQUE 约束被用来在非主键列上强制唯一性。与主键约束不同，一个唯一性约束允许关键字存在一个空值。

　　本实例中的示例 1 在员工表(myEmployees)的身份证号码(NationalIDNumber)这个列上创建一个 UNIQUE 约束，规定员工的身份证号必须是唯一的。示例 2 在一个客户表(myCustomers)上创建一个由客户名称(CompanyName)和所在城市(City)两个列组成的唯一约束，规定在同一座城市中任何两个客户的名称都不能相同。

```sql
/* 示例 1:在一个列上创建 UNIQUE 唯一约束。*/
IF(OBJECT_ID('myEmployees') IS NOT NULL)    DROP TABLE myEmployees
GO
CREATE TABLE myEmployees(
    EmployeeID nchar(9)    PRIMARY KEY CLUSTERED,
    LastName nvarchar(20),
    FirstName nvarchar(10),
    NationalIDNumber Varchar(18)    UNIQUE NONCLUSTERED)
GO
/* 示例 2:使用表级约束定义方法,在两个列上创建一个组合 UNIQUE 唯一约束。*/
IF(OBJECT_ID('myCustomers') IS NOT NULL)    DROP TABLE myCustomers
GO
CREATE TABLE myCustomers(
```

```
CustomerID nchar(5) PRIMARY KEY CLUSTERED,
CompanyName nvarchar(40)    NOT NULL,
Address nvarchar(60),
City nvarchar(15) NOT NULL,
CONSTRAINT UQ_myCustomers_companycity UNIQUE(CompanyName ASC,City ASC))
```

5.3.4　CHECK 约束

CHECK 约束用于定义列允许的格式和值，它通过限制列可接受的值，强制域的完整性。例如，通过创建 CHECK 约束可以把 salary 列的取值范围限制在 15000 ~ 100000 之间，从而保证输入的薪资值不超出这个范围。为此，CHECK 约束的逻辑表达式为

CHECK(salary >= 15000 AND salary <= 100000)

SQL Server 允许在一个列中定义多个 CHECK 约束，也允许通过创建表级 CHECK 约束，将一个 CHECK 约束应用于多个列。例如，在员工表中定义一个多列的表级 CHECK 约束条件，规定当 Country 列的值为 USA 时，另一个 Region 列必须由两个字符组成。

实例 5-16　在创建表时使用列级和带模式的 CHECK 约束。

CHECK 约束通常在建表时定义。对于数值型的列，其 CHECK 约束的逻辑表达式往往比较容易定义，而对于字符型的列，则往往需要使用 LIKE 或 IN 进行描述。

本实例中的示例 1 在订单明细表(myOrderItems)的多个数值型列中定义 CHECK 约束，例如，对 Discount 列的值进行限制，规定其取值范围在 0 ~ 1 之间。

示例 2 在员工表(myEmployees)的字符型列 EmployeeID 和 ZIP 中使用带模式的 CHECK 约束；在 State 列中使用带 IN 的 CHECK 约束，指定这列的取值必须在某一个特定的集合中；在日期型 BirthDate 列中使用 CHECK 约束，限制出生日期的值必须小于当前系统的日期值。

```
/* 示例 1:定义数值列的 CHECK 约束。一个 CHECK 约束可以有多个条件组成,如 Discount 列。*/
IF  (OBJECT_ID('myOrderItems') IS NOT NULL)   DROP TABLE myOrderItems
GO
CREATE TABLE myOrderItems(
  OrderID int NOT NULL REFERENCES Orders(OrderID),
  ProductID int NOT NULL REFERENCES Products(ProductID),
  UnitPrice money   CHECK(UnitPrice >=0),
  Quantity smallint   CHECK(Quantity >=0),
  Discount real   CHECK(Discount >=0 and Discount <=1),
  CONSTRAINT PK_myOrderItems   PRIMARY KEY CLUSTERED(OrderID ASC,ProductID ASC)
  )
/* 示例 2:带有字符验证模式的 CHECK 约束。在 myEmployees 表中,EmployeeID 和 Zip 的值必须遵循一个给定
的模式,而 BirthDate 的值应该小于系统当前日期(GetDate())。*/
IF(OBJECT_ID('myEmployees') IS NOT NULL)   DROP TABLE myEmployees
GO
CREATE TABLE myEmployees(
  EmployeeID nchar(7) NOT NULL PRIMARY KEY NONCLUSTERED
  CHECK(EmployeeID LIKE '[A-Z][A-Z][A-Z][0-9][0-9][0-9][FM]' OR EmployeeID LIKE '[A-Z]-[A-Z]
  [0-9][0-9][0-9][FM]'),
  FirstName nvarchar(15),
  LastName nvarchar(20),
  BirthDate datetime CHECK(BirthDate < GetDate()),
  Address nvarchar(40),
  City nvarchar(20),
  State nchar(2) CHECK(State IN('CA','IN','KS','MD','MI','OR','TN','UT')),
  Zip nchar(6)   CHECK(Zip LIKE '[1-9][0-9][0-9][0-9][0-9][0-9]')
  )
```

实例 5-17　为既有的表增加表级 CHECK 约束。

有些 CHECK 约束在逻辑表达式中包含多个列,这时不能使用列级 CHECK 约束,而应该使用表级 CHECK 约束。表级约束条件可以在创建表时在最后一列之后定义,也可以通过 AL-TER TABLE 语句添加进去。

本实例在创建员工表(myEmployees)时,通过两种方式定义两个表级 CHECK 约束。第一个 CHECK 约束规定员工的雇佣日期必须大于其出生日期,即 HireDate > BirthDate,第二个 CHECK 约束规定员工编号(EmployeeID)的第一个字符必须与其姓名(FirstName)的第一个字符相同,即 LEFT(EmployeeID,1) = LEFT(FirstName,1)。由于这两个约束条件都包含多个列,因此不能在某一列上定义约束,而必须使用表级约束的定义方式。

```
/* 建表时在最后一列之后定义表级 CHECK 约束,因为这时所有的列都已经定义完成。*/
IF( OBJECT_ID('myEmployees') IS NOT NULL)    DROP TABLE myEmployees
GO
CREATE TABLE myEmployees(
  EmployeeID nchar(7) PRIMARY KEY NONCLUSTERED,
  FirstName nvarchar(15) NOT NULL,
  LastName nvarchar(20) NOT NULL,
  BirthDate datetime CONSTRAINT CK_myEmployees_birthdate CHECK( BirthDate < GetDate()),
  HireDate datetime,
  CONSTRAINT CK_myEmployees_Chk1 CHECK( BirthDate < HireDate))
GO
/* 通过 ALTER TABLE 语句增加表级 CHECK 约束。*/
ALTER TABLE myEmployees
  ADD CONSTRAINT CK_myEmployees_Chk2    CHECK( Left(EmployeeID,1) = Left(FirstName,1))
```

5.3.5　DEFAULT 约束

DEFAULT 约束用来定义列的默认值。如果在插入一条记录时没有为某一列显式提供值,则默认值可以为该列指定一个值。如果列不允许空值且又没有 DEFAULT 定义,那就必须为该列显式指定值,否则 SQL Server 会返回错误信息。

默认值可以是计算结果为常量的任何值,如常量、内置函数或数学表达式。通常可以将数字型列的默认值指定为零,将字符串列的默认值指定为空格。与其他约束一样,可以使用 ALTER TABLE 的 ADD CONSTRAINT 子句为既有的列增加 DEFAULT 约束。

实例 5-18　在创建表时使用 DEFAULT 约束。

本实例在创建员工表(myEmployees)时,给性别(Gender)、邮政编码(PostalCode)和地址(Address)这 3 列各定义了一个默认值,而雇佣日期(HireDate)列的默认值是通过 ALTER TABLE 的 ADD CONSTRAINT 子句添加的。DEFAULT 约束定义后,向表中插入两行,对没有显式指定值的列,默认值已被填充进去。

```
IF( OBJECT_ID('myEmployees') IS NOT NULL)    DROP TABLE myEmployees
GO
CREATE TABLE myEmployees(
  EmployeeID nchar(7)    NOT NULL  PRIMARY KEY,
  FirstName nvarchar(15)    NOT NULL,
  LastName nvarchar(20)    NOT NULL,
  Gender nvarchar(10)    CHECK( Gender IN('Male','Female'))    DEFAULT 'Male',
  BirthDate datetime    CHECK( BirthDate < GetDate()),
  HireDate datetime,
  Address varchar(40)    DEFAULT CHAR(32),
  PostalCode nchar(6)    CONSTRAINT DF_myEmployees_Postalcode DEFAULT('100000'))
```

```
GO
ALTER TABLE myEmployees
  ADD CONSTRAINT DF_myEmployees_HireDate DEFAULT(GetDate()) FOR HireDate
GO
INSERT INTO myEmployees(EmployeeID,LastName,FirstName,BirthDate,HireDate,Address,PostalCode)
VALUES('ATF328M','Fuller','Andrew','1960-6-19','2000-12-14','908 W. Capital Way','98401')
INSERT INTO myEmployees(EmployeeID,LastName,FirstName,Gender,BirthDate)
VALUES('SMB156M','Buchanan','Steven','Male','1963-7-4')
SELECT * FROM myEmployees
```

5.3.6 NOT NULL（非空）约束

列的**为空性**（Nullability）决定该列在表中是否允许空值。空值（NULL）并不等于零（0）、空格或零长度的字符串（即''），空值是指值还没有确定或未被定义（unknown），而零和空格都是已经明确的值。例如，Products 表中 UnitPrice 列的空值并不表示该产品没有价格，而是指其价格未知或尚未确定。

在建表时，列在默认情况下是可以为空的。但由于空值在数据查询和更新时会使操作变得比较复杂，同时也有一些选项（如 PRIMARY KEY 约束等）不允许使用空值的列，因此在定义列时应避免允许空值。

实例 5-19 使用 ALTER TABLE 语句在既有表中修改完整性约束条件。

本实例中，myExample 表在初始定义时包含两列，使用 ALTER TABLE 语句先在该表中增加两列（其中 Col3 列为 IDENTITY 列，Col4 列带一个默认约束），然后将表中的主键定义从 Col1 列转移到新增的 Col3 列上，最后删除 Col2。在删除某列时，必须先删除这列上的各个约束条件。

```
IF(OBJECT_ID('myExample') IS NOT NULL)  DROP TABLE myExample
GO
CREATE TABLE myExample(
  Col1 int CONSTRAINT PK_myExample  PRIMARY KEY,
  Col2 int CONSTRAINT UQ_myExample_Col2  UNIQUE  )
GO
INSERT INTO myExample(Col1,Col2) VALUES(1,100)
/* 修改表,新增两列。*/
ALTER TABLE myExample ADD
  Col3 INT NOT NULL IDENTITY(9001,1),
  Col4 DECIMAL(6,2) CONSTRAINT DF_myExample_Col4 DEFAULT(2.5)
GO
INSERT INTO myExample(Col1,Col2) VALUES(2,200)
/* 先删除 Col1 列上的主键约束,然后在 Col3 列上新建一个主键约束。*/
ALTER TABLE myExample DROP CONSTRAINT PK_myExample
ALTER TABLE myExample ADD CONSTRAINT PK_myExample PRIMARY KEY(Col3)
GO
/* 删除 Col2 列。由于这列上有一个 UNIQUE 约束,必须先删除这个约束,然后才能删除这列。*/
ALTER TABLE myExample DROP CONSTRAINT UQ_myExample_Col2
ALTER TABLE myExample DROP Column Col2
SELECT * FROM myExample
```

实例 5-20 向既有表添加各类约束条件，使用 WITH NOCHECK 选项来忽略原有数据对新约束的限制。

ALTER TABLE 的一种常见功能是向已存在的表中添加各类约束，如主键、外键、CHECK 约束、DEFAULT 约束等，这类操作最主要的风险来自于新增的约束是否会对已有的数据行产生影响。

　　本实例在添加约束时使用 WITH CHECK 或 WITH NOCHECK,指定新增的约束是否对表中原有的数据进行验证。如果不希望对原有数据进行约束验证,可以使用 WITH NOCHECK 选项(这种做法是不提倡使用的,只有在极少应用中才会使用)。

```
IF(OBJECT_ID('myExample') IS NOT NULL)    DROP TABLE myExample
GO
CREATE TABLE myExample(f1 int identity(1,1),f2 int default(0),f3 char(4))
INSERT INTO myExample(f2,f3) VALUES('10',ABCD')
/* 增加一个主键约束,并对原有数据加以验证。*/
ALTER TABLE myExample WITH CHECK    ADD CONSTRAINT PK_myExample PRIMARY KEY(f1);
/* 增加一个 CHECK 约束,不对原有数据加以验证。*/
ALTER TABLE myExample WITH NOCHECK
ADD CONSTRAINT CK_myExample_f3 CHECK(f3 LIKE '[1-9][0-9][0-9][0-9]')
GO
INSERT INTO myExample(f2,f3) VALUES(20,'3301')
GO
/* 增加一个表级 CHECK 约束,不对原有数据加以验证。*/
ALTER TABLE myExample WITH CHECK    ADD CONSTRAINT CK_myExample_chk1 CHECK(f2 >= f1)
SELECT * FROM myExample
```

5.4　表数据的更新

　　INSERT、UPDATE、DELETE 这 3 条语句用来更新表中的数据。INSERT 语句把行插入到表中, UPDATE 语句修改表中的数据, DELETE 语句从表中删除数据。

5.4.1　插入数据

　　INSERT 语句向表中插入行的方式主要有以下几种:①插入完整的行;②插入行中的一部分列;③批量插入某个查询结果。INSERT 语句的基本语法如下:

```
INSERT [INTO]table_name   [(column_list)]
VALUES   ({DEFAULT | NULL |expression[,...n]}) | derived_table
```

　　这里 INTO 是一个可选关键字, column_list 引入要插入列的列表,各列之间用逗号分隔。VALUES 引入插入数据值的列表。对于 column_list 或表中的每一列,都必须有一个数据值。DEFAULT 是列定义的默认值。derived_table 是插入到表中的数据行的 SELECT 语句。

　　实例 5-21　插入完整的行,表中每一列都赋值。

　　把数据插入到表中最简单的方法是使用基本的 INSERT 语法,它仅要求指定表名和被插入到新行中的值,而无须指明插入列的列表,这时表中所有可以插入值的列都将被填充数据,当然,除 IDENTITY 列和计算列之外。

　　本实例在向员工表(myEmployees)中插入记录时,标识列 EmployeeID 和计算列 Age 不能被赋值。由于没有列出被赋值的列表,因此所有其他可以赋值的列都必须赋值(包括 NULL 值)。列赋值的次序与建表时列定义的先后次序相同。

```
IF(OBJECT_ID('myEmployees') IS NOT NULL)    DROP TABLE myEmployees
GO
CREATE TABLEmyEmployees(
   EmployeeID int IDENTITY(1,1),
   FirstName nvarchar(10),
   Minit nchar(1),
```

```
  LastName nvarchar(20),
  BirthDate datetime,
  Age AS year(GetDate())-year(birthdate))
GO
INSERT INTOmyEmployees VALUES('Karin','F','Josephs','1952-12-1')
INSERT INTOmyEmployees VALUES('Pirkko','O','Koskitalo','1964-10-23')
SELECT * FROM myEmployees
GO
```

然而，这种形式的 INSERT 语句是不安全的，应该尽量避免使用，因为它高度依赖于表中列的定义次序，一旦表结构发生变动（如新增列、删除列或列次序发生变化），就无法保证下一次各列能保持与原来完全相同的次序。因此，编写依赖于特定列次序的 SQL 语句是存在隐患的。

实例 5-22 指定赋值列的列表，向表中插入行，并使用默认值。

在 INSERT 操作中可以省略某些列，这些列必须是在定义时允许为 NULL 值或已给定了默认值。在指定列名的 INSERT 语句中，列的次序、个数和数据类型必须与 VALUES 列表中的各个值相对应。

本实例中的第一条 INSERT 语句中的每一列都被赋值，但列的次序与建表时发生了改变。第二条 INSERT 语句中的 Minit 和 BirthDate 列没有赋值。由于 Minit 有默认值定义，因此这列得到一个默认值，而 BirthDate 没有默认值，得到 NULL 值。由于计算列 Age 的表达式中包含 BirthDate，这时 Age 列的值也为 NULL 值。第三条 INSERT 语句中的 DEFAULT VALUES 子句为每个定义默认值的列赋值，没有定义默认值的列给出 NULL 值。

```
IF(OBJECT_ID('myEmployees') IS NOT NULL)  DROP TABLE myEmployees
GO
CREATE TABLE myEmployees(
  EmployeeID int IDENTITY(1,1),
  FirstName nvarchar(10),
  Minit char(1) DEFAULT 'O',
  LastName nvarchar(20),
  BirthDate datetime,
  Age AS Year(GetDate())-Year(BirthDate))
GO
INSERT INTO myEmployees(FirstName,LastName,Minit,BirthDate) VALUES('Robert','King','F','1952-3-1')
INSERT INTO myEmployees(FirstName,LastName) VALUES('Pirkko','Koskitalo')
INSERT INTO myEmployees DEFAULT VALUES
SELECT * FROM myEmployees
```

实例 5-23 使用 INSERT … SELECT 语句批量插入行。

INSERT 语句一般给表插入一条记录，但它还存在另外一种形式，可以把一条 SELECT 语句的查询结果集一次性地插入到表中，这就是 INSERT…SELECT 批量插入数据命令。

本实例使用 SELECT 语句将员工表（Employees）中的记录检索出来，然后使用 INSERT 语句一次性地、批量地插入到新表 myEmployees 中。这时，INSERT 语句中列的次序、个数、数据类型必须与 SELECT 语句中返回的列表相一致。INSERT…SELECT 语句对于不同表之间的数据导入/导出非常有用。

```
IF(OBJECT_ID('myEmployees') IS NOT NULL)  DROP TABLE myEmployees
GO
CREATE TABLE myEmployees(
  EmpID int IDENTITY(1,1),
  Fname nvarchar(10),
```

```
      Lname nvarchar(20),
      Title nvarchar(25),
      BirthDate datetime,
      Age AS year(GetDate())-year(birthdate))
GO
INSERT INTO myEmployees(Fname,Lname,BirthDate,Title)
SELECT FirstName, LastName, BirthDate, Title FROM Employees
GO
SELECT * FROM myEmployees
```

5.4.2　修改数据

UPDATE 语句用来修改(或更新)表中的数据,包括表中所有的行或特定的一些行。UP-DATE 语句由下列 3 部分组成:①要修改表;②列名和它的新值;③过滤条件。其基本语法如下:

```
UPDATE table_name  SET {column_name = {expression | DEFAULT | NULL}}[,...n]
[WHERE <search_condition>]
```

这里,SET 指定要更新的列。<search_condition>指定要更新的行必须满足的条件。如果未指定 WHERE 子句,则修改表中的所有行。

实例 5-24　使用 **UPDATE** 语句更新所有的行或修改部分满足条件的行。

一条 UPDATE 语句中可以同时修改多个列,但 SET 子句只有一个,列与列之间用逗号隔开。当 UPDATE 语句没有带 WHERE 子句,表中所有的行都将被修改。但在很多情况下,往往只需要修改表中的某些特定的行(或者只有一行),而不是所有的行。

本实例中的第一条 UPDATE 语句根据出生日期(BirthDate)计算每个员工的年龄(Age),同时将每个员工的薪资(Salary)设置为 25000。第二条 UPDATE 语句将每个员工的年龄增加一岁,同时将员工的薪资在原来的基础上按雇佣的年份每年增加 200。第三条语句使用 WHERE 从句指定对年龄大于等于 50 岁的员工增加 1000 元工资。

```
IF (OBJECT_ID('myEmployees') IS NOT NULL)  DROP TABLE myEmployees
GO
CREATE TABLE myEmployees(
   EmpID Int IDENTITY(1,1)PRIMARY KEY,
   Name nvarchar(30),
   BirthDate Datetime,
   Age Int,
   HireDate Datetime,
   Salary Int DEFAULT(0))
GO
INSERT INTO myEmployees  (Name,BirthDate,HireDate)   VALUES('Janet','1973-8-9','1999-4-1')
INSERT INTO myEmployees (Name,BirthDate,HireDate) VALUES('Andrew','1955-3-4','1993-9-17')
INSERT INTO myEmployees (Name,BirthDate,HireDate) VALUES('Robert','1960-5-29','1994-1-2')
INSERT INTO myEmployees  (Name,BirthDate,HireDate)   VALUES('Martin','1966-1-27','1994-11-15')
/*计算所有记录中的 Age 值,并设置每人的薪资为 25000。*/
UPDATE myEmployees SET Age = Year(GetDate())-Year(BirthDate), Salary = 25000
SELECT * FROM myEmployees
/*所有记录的 Age 值加 1,员工每雇佣 1 年薪资增加 200。*/
UPDATE myEmployees SET Age = Age + 1,Salary = Salary + (Year(GetDate())-Year(HireDate))*200
SELECT * FROM myEmployees
/*50 岁及以上的员工额外再增加薪资 1000。*/
UPDATE myEmployees SET Salary = Salary + 1000 WHERE Age >= 50
SELECT * FROM myEmployees
```

5.4.3 删除数据

在 SQL Server 中可以使用两条语句删除表中的行：DELETE 语句和 TRUNCATE TABLE 语句。这两条语句的基本语法分别如下：

① DELETE *table_name*　［WHERE ＜ search_condition ＞］
② TRUNCATE TABLE *table_name*

TRUNCATE TABLE 语句在功能上与不带 WHERE 子句的 DELETE 语句相同，两者都是删除表中所有的行。但是，TRUNCATE TABLE 语句速度更快，使用的系统资源和事务日志资源更少。与 DELETE 语句相比，TRUNCATE TABLE 语句具有以下优点。

① 所用的事务日志空间较少。DELETE 语句每次删除一行，并在事务日志中为所删除的每行记录一个条目。TRUNCATE TABLE 语句通过释放用于存储表数据的数据页来删除数据，并且在事务日志中只记录页释放。

② 使用的锁通常较少。当使用行锁执行 DELETE 语句时，将锁定表中各行以便删除。TRUNCATE TABLE 语句始终锁定表和页，而不是锁定各行。

③ 表中将不留下任何页，而执行 DELETE 语句后，表（堆）中将包含许多空页。

TRUNCATE TABLE 语句删除表中的所有行，但表结构及其列、约束、索引等保持不变。如果表中包含 IDENTITY 标识列，TRUNCATE TABLE 将该列的计数器重置为其种子值，而 DELETE 语句将保留标识列的计数器。

对于 FOREIGN KEY 约束引用的表、参与索引视图的表，不能对它们使用 TRUNCATE TABLE 命令。

实例 5-25　使用 DELETE 语句删除表中行，并将它与 TRUNCATE TABLE 语句相比较。

本实例中的第一条 DELETE 语句在员工表（myEmployees）中删除 1960 年之前出生或 1993 年之后雇佣的所有员工记录（即 BirthDate ＜='1959-12-31' or HireDate ＞='1993-1-1'），这时两条记录被删除。第二条 DELETE 语句不带 WHERE 子句，这时表中所有的行被删除，但 IDENTITY 列的计数器依然保留原值，在之后插入的记录中，IDENTITY 值从 5 开始计数。使用 TRUNCATE TABLE 语句则不同，在删除表中所有行之后，新插入记录中的 IDENTITY 值又从原来的 1 开始计数。

```
IF( OBJECT_ID('myEmployees')IS NOT NULL)　DROP TABLE myEmployees;
GO
CREATE TABLE myEmployees(
  EmpID Int IDENTITY(1,1) PRIMARY KEY,
  Name nvarchar(30),
  BirthDate Datetime,
  HireDate Datetime)
GO
INSERT INTO myEmployees(Name,BirthDate,HireDate) VALUES('Cramer','1973-8-30','1999-4-01')
INSERT INTO myEmployees(Name,BirthDate,HireDate) VALUES('Andrew','1965-3-4','1991-10-2')
INSERT INTO myEmployees(Name,BirthDate,HireDate) VALUES('Robert','1960-5-29','1994'-1-2')
/* 使用带 WHERE 子句的 DELETE 语句，删除表中部分满足条件的行。*/
DELETE myEmployees WHERE BirthDate <='1959-12-31' or HireDate >='1993-1-1'
SELECT * FROM myEmployees
GO
/* 使用 DELETE 语句删除表中所有行，这时 IDENTITY 列的计数器由原来的值继承下来。*/
DELETE myEmployees
INSERT INTO myEmployees(Name,BirthDate,HireDate) VALUES('Sommer','1960-5-29','1994-1-2')
```

```
SELECT * FROM myEmployees
/* 使用 TRUNCATE TABLE 语句删除表中所有行，这时 IDENTITY 列的计数器恢复从 1 开始计数。*/
TRUNCATE TABLE myEmployees
INSERT INTO myEmployees( Name, BirthDate, HireDate ) VALUES( 'Thomas', '1976-1-27', '1994-11-5' )
```

5.5　临时表和表变量

　　临时表的定义与普通表一样，只是它自动保存在系统数据库 tempdb 中，当不再使用时能够被自动删除。

　　临时表有两种类型：本地临时表和全局临时表，它们在名称、可见性及可用性上有区别。本地临时表的名称以单个数字符号(#)开头，它们仅对当前的用户连接是可见的，当用户从 SQL Server 断开连接时即被删除。全局临时表的名称以两个数字符号(##)开头，创建后对任何用户都是可见的，只有当所有引用它的用户全部从 SQL Server 断开连接时才被删除。

　　临时表的许多用途可由具有 TABLE 类型的变量来代替，即表变量(Table Variable)。对于一些比较复杂的数据查询，可以使用临时表或表变量来保存中间运算的结果集。

　　临时表的创建和删除方法与正式表一样。表变量使用 DECLARE 语句定义，以 @ 符号为前缀，之后的定义方式与 CREATE TABLE 相同，其基本语法如下：

```
DECLARE @tablename TABLE
( column_name    < data_type >    [ NULL | NOT NULL][ ,... n ])
```

　　实例 5-26　使用临时表和表变量并进行比较。

　　表变量与表的使用方法有许多相似之处。但如果要把表中的记录复制到一个表变量中去，那么就需要使用 INSERT … SELECT 语句，而不能使用 SELECT ... INTO 语句。除此之外，表变量也不能像表一样使用 DROP TABLE 语句删除。如果在 SQL Server 中使用 GO 语句，那么之前定义的表变量就自动从内存中被释放。

　　本实例先创建一个临时表#TmpTable，并向临时表中插入两条记录，然后定义一个表变量@table，并在表变量中执行插入和删除的操作，最后使用 SELECT 语句返回表变量中的值。

```
IF( OBJECT_ID( N'tempdb..#tmpTable', N'U' ) IS NOT NULL)    DROP TABLE #tmpTable
GO
CREATE TABLE #tmpTable(
  ID int IDENTITY( 10,1 ),
  Fname nvarchar( 10 ),
  Lname nvarchar( 20 ),
  Gender nchar( 1 ) CHECK( Gender LIKE '[ FM ]' ) )
GO
/* 向临时表插入两条记录。*/
INSERT INTO #tmpTable( Fname, Lname, Gender ) VALUES( 'Ann', 'Devon', 'F' )
INSERT INTO #tmpTable( Fname, Lname, Gender ) VALUES( 'Gary', 'Thomas', 'M' )
/* 定义表变量。*/
DECLARE @table TABLE(
  EmployeeID int IDENTITY( 10,1 ) PRIMARY KEY,
  FirstName nvarchar( 10 ),
  LastName nvarchar( 20 ),
  Gender nchar( 1 ) CHECK( Gender LIKE '[ FM ]' ),
  RowID uniqueidentifier ROWGUIDCOL NOT NULL DEFAULT NewID( ) UNIQUE )
/* 向表变量中插入行。*/
INSERT INTO @table( FirstName, LastName, Gender ) VALUES( 'Karin', 'Josephs', 'F' )
```

```
INSERT INTO @table(FirstName,LastName,Gender)VALUES('Martin','Sommer','M')
SELECT * FROM @table
DELETE @table    /* 删除表变量中所有的行。*/
/* 使用 INSERT…SELECT 语句向表变量中批量插入临时表#tmpTable 中所有的行。*/
INSERT INTO @table(FirstName,LastName,Gender)SELECT Fname, Lname, Gender FROM #tmpTable
SELECT * FROM @table
GO
/* GO 语句之后，前面定义的表变量已从内存中释放，表变量不再存在，因此下列语句出错。*/
--SELECT * FROM @table
```

如果数据集不是非常大，应该使用表变量来替代临时表。表变量可以应用于批处理、存储过程或用户定义函数，也允许在定义中包含一些约束条件（如 PRIMARY KEY、UNIQUE、CHECK 约束等）。但表变量与普通表或临时表有所不同，它需要严格定义生存周期，也不能创建索引或 FOREIGN KEY 约束。

当结果集很大时，表变量的性能会受到影响。当遇到性能问题时，有必要仔细比较临时表与表变量的差异。

5.6 索引

索引（Index）是数据库的重要对象之一，合理地设计索引可以显著提高数据库的性能。数据库中的索引与书中的索引相似。在一本书中，索引可以让读者快速地找到信息而不用读完整本书。一个数据库的索引可以让数据库程序快速找到表中的数据而不用浏览整个表。书中的索引是一个带有页码的词的列表，而数据库中的索引是带有行存储位置的表中值的列表。

5.6.1 索引概述

1. 索引的概念

数据库中的索引包含从表或视图中一个或多个列生成的键，以及映射到指定数据的存储位置的指针。这些键存储在一个结构中，使 SQL Server 可以快速有效地查找与键值关联的行。通过索引，不仅可以显著提高数据库查询的性能，而且还可以减少返回查询结果集时读取的数据量。除此之外，索引还可以强制表中的行具有唯一性，从而确保表中数据的完整性。

假设有一个员工表（Employees），它有一个基于员工编码（EmployeeID）的索引，如图 5-1 所示。该索引有序地存储每一个员工的 EmployeeID 值，并且与表中的行相对应。

当 SQL Server 在 Employees 中查找某一个特定的 EmployeeID 值时，它自动找到 EmployeeID 列索引表。在该索引表中，利用某种查找算法（如折半查找）可以快速地查找数据。当在索引表中找到某个特定的 EmployeeID 值后，提取其存储地址，然后在 Employees 表中找到该存储地址所对应的员工的全部信息。如果 EmployeeID 列没有创建索引，那么 SQL Server 只能从表的第一行开始，逐行搜索特定的 EmployeeID 值，直到扫描完整个表为止。

2. 索引的优缺点

创建一个合适的索引可以减少磁盘 I/O 操作，减少系统资源的消耗，从而提高查询性能。在执行各种包含 SELECT、UPDATE 或 DELETE 语句的查询中，索引可以快速找到需要检索、修改或删除的那些行。

图 5-1　员工索引表示例

例如，在 mySales 数据库中执行 "SELECT * FROM Employees WHERE EmployeeID = 5" 这条查询语句时，查询优化器自动评估可用于检索数据的每种方法，判断 EmployeeID 列上是否存在索引，然后选择最有效的方法，选择是扫描表还是从索引中搜索。

扫描表时，查询优化器读取表中的所有行，并提取满足查询条件的行。扫描表会有许多磁盘 I/O 操作，并占用大量资源。但是，如果查询的结果集占表中的比例很大时，扫描表是一种最为有效的方法。

查询优化器使用索引时，搜索索引键列，查找到查询所需行的存储位置，然后从该位置提取匹配行。通常，搜索索引比扫描表要快很多，因为索引与表不同，一般每行包含的列非常少，而且行遵循排序顺序。

查询优化器在执行查询时通常会选择最有效的方法。如果没有索引，则查询优化器必须扫描表。如果设计并创建了索引，查询优化器可以从多个有效的索引中选择。SQL Server 提供的数据库引擎优化器可以帮助分析数据库环境并选择适当的索引。是否创建索引，与在查询中列的使用方式有关。表 5-4 列出了索引所支持的主要查询类型。

表 5-4　索引支持的查询类型

查询类型	查询说明和示例
与特定值完全匹配	搜索与特定值完全匹配的项。例如：SELECT * FROM Products WHERE ProductID = 5
与 IN(x,y,z) 列表中的某个值完全匹配	搜索与指定值列表中的某个值完全匹配的项。例如： SELECT * FROM Products WHERE ProductID IN(8,30,15,35)
值范围	在指定的两个值之间搜索某个值范围。例如： SELECT * FROM Products WHERE ProductID WHERE ProductID >= 1 and ProductID <= 5
表之间的连接	基于连接谓词，在一个表中搜索与另一个表中某个匹配的行。例如： SELECT a. OrderID, b. ProductName, a. Quantity FROM OrderItems AS a JOIN Products AS b ON a. ProductID = b. ProductID WHERE a. OrderID = 10260
LIKE 比较	搜索以特定字符串（如 abc%）开头的匹配行。例如： SELECT CustomerID, CompanyName FROM Customers WHERE CompanyName LIKE 'D%'
排序或聚合	需要隐式或显式的排序或分组（GROUP BY）。例如：SELECT a. OrderID, b. ProductID, b. Quantity, a. RequiredDate FROM Orders AS a JOIN OrderItems AS b ON a. OrderID = b. OrderID ORDER BY a. OrderID

（续）

查询类型	查询说明和示例
PRIMARY KEY 或 UNIQUE 约束	搜索与插入和更新操作中的新索引键值重复的值，以强制 PRIMARY KEY 和 UNIQUE 约束
PRIMARY KEY 或 FOREIGN KEY 关联中的 UPDATE 或 DELETE 操作	在与 PRIMARY KEY 或 FOREIGN KEY 关联的列的更新或删除操作中搜索行

在很多查询中，索引可以带来多方面的好处。然而索引所带来的好处是有代价的。一个建有索引的表在数据库中需要占用更多的存储空间。不仅如此，一个表如果建有大量索引会影响 INSERT、UPDATE 和 DELETE 语句的性能，因为在更改表中的数据时，所有索引都必须进行适当的调整。除此之外，对小型表使用索引可能不会产生优化效果，因为 SQL Server 在遍历索引以搜索数据时，花费的时间可能会比简单的表扫描还长。因此，在设计和创建索引时，应当确保执行的好处超过额外的存储空间和处理资源的代价。

3. 索引的类型

SQL Server 提供多种类型的索引，如聚集索引、非聚集索引和唯一索引等。

（1）聚集索引（Clustered Index）

表中存储的数据按照索引的顺序存储，即表中每一行的物理顺序与索引顺序相同。一个表只能有一个聚集索引，因为数据行本身只能按一个顺序存储，但聚集索引可以包含多个列（即组合索引）。聚集索引可用于经常使用的查询，其检索效率比普通索引高，但对数据新增、修改、删除的效率影响比较大。

（2）非聚集索引（Nonclustered Index）

索引不影响表中的数据存储顺序，一般包含索引键值和指向表数据存储位置的行定位器。可以对表或索引视图创建多个非聚集索引。通常，设计非聚集索引是为改善经常使用的、没有建立聚集索引的查询的性能，其检索效率比聚集索引低，但对数据新增、修改、删除的效率影响很小。

（3）唯一索引（Unique Clustered）

保证索引键中不包含重复的值，从而使表中的每一行具有唯一性。只要列中的数据是唯一的，就可以为同一个表创建一个唯一聚集索引和多个唯一非聚集索引。创建 PRIMARY KEY 或 UNIQUE 约束时自动会在指定的列上创建唯一索引。

在定义主键时，使用聚合索引比使用非聚合索引的速度快，在使用排序子句（ORDER BY）时，使用聚合索引比用一般的主键速度要快。在实际应用中，当数据量很小时，用聚集索引作为排序列要比使用非聚集索引速度明显快得多；而当数据量比较大时（如 10 万条记录以上），则两者速度差别不明显。

5.6.2　创建索引

创建索引的方法主要有两种：一种是在创建表时定义主键约束（PRIMARY KEY）或唯一约束（UNIQUE），这时系统会自动建立一个唯一索引；另一种是直接使用 CREATE INDEX 语句，其基本语法如下：

CREATE［UNIQUE］［CLUSTERED｜NONCLUSTERED］

INDEX *index_name* ON *table*(*column*[ASC | DESC][, ... *n*])

　　在 SQL Server 中，一张表最多可以创建 249 个非聚集索引。使用 CREATE INDEX 语句创建索引时，如果没有指明 CLUSTERED 或 NONCLUSTERED，则创建非聚集索引；在定义主键约束时，如果没有强制指定非聚集索引而且这个表之前又没有聚集索引，那么系统为主键列建立一个唯一的聚集索引。

　　实例 5-27　创建一个简单的索引，并评价索引对提高数据检索性能的影响。

　　本实例先创建一个 myExample 表，利用 T-SQL 语句和随机函数 RAND( ) 向该表插入 10 万条模拟记录，然后在这 10 万条记录中检索某一个关键字 K 值。在没有创建索引时，检索 10 次消耗的时间与创建索引后检索 1000 次消耗的时间基本相同。也就是说，借助索引，检索速度可以提高上百倍。

```
SET STATISTICS TIME ON
/* 模拟一张订单表,插入 10 万条记录,随机产生 K 和 F 的值。*/
IF( OBJECT_ID( 'myExample' ) IS NOT NULL)    DROP TABLE myExample
GO
CREATE TABLE    myExample( K int, F nchar( 2 ) )
DECLARE @x int, @i int    /* 定义两个变量 */
SET @x = 0
SET @i = 1                 /* 变量赋值 */
WHILE @i <= 100000         /* 通过循环,模拟插入 100000 条记录。*/
BEGIN
  INSERT INTO myExample( K,F ) VALUES( 10000 + 10000 * rand( ) ,nchar( 20000 + 20000 * Rand( ) ) )
  SET @i = @i + 1
END
GO
IF EXISTS( SELECT name FROM sysindexes WHERE name = 'myExample_k_ind' )
  DROP INDEX myExample. myExample_k_ind
DECLARE @i int, @t datetime, @s nvarchar( 4 )
SELECT @t = GetDate( )   /* 记录当前系统时间。*/
SELECT @i = 1, @s = ''
WHILE @i <= 10    /* 循环检索 10 次。*/
BEGIN
  SELECT @s = F From myExample WHERE K = 14964 or K = 19999
  SET @i = @i + 1
END
SELECT DateDiff( Millisecond, @t,GetDate( ) )/* 显示检索 10 次所花的时间。*/
GO
CREATE INDEX myExample_k_ind ON myExample( K )      /* 创建一个索引。*/
DECLARE @i int, @t datetime, @s nvarchar( 4 )
SELECT @t = GetDate( )   /* 记录当前系统时间。*/
SELECT @i = 1, @s = ''
WHILE @i <= 1000   /* 循环检索 1000 次。*/
BEGIN
  SELECT @s = F From myExample WHERE K = 14964 or K = 19999
  SET @i = @i + 1
END
SELECT DateDiff( Millisecond, @t,GetDate( ) )/* 显示检索 1000 次所花的时间。*/
```

　　实例 5-28　创建唯一索引，定义索引列排序方向，并比较聚集索引和非聚集索引。

　　创建索引时还可以对列关键字定义排序方向，索引列的默认排序方向是升序，在 CREATE INDEX 的列定义中可以显式使用 ASC 或 DESC 设置排序方向。

　　本实例在 myExample 表的 ID 列上先后创建了一个非聚集索引和两个聚集索引。建立非聚集索引后，表中检索结果的输出顺序与记录插入的先后顺序一致，也就是说，非聚集索引并没有改变记录的物理存储顺序。在建立聚集索引后，记录的物理存储顺序发生了改变，在重新检索表中数据时发现输出结果已经按 ID 值升序排列，与记录插入的次序不同。在建立索引时，也可以指定关键字的排序方向，第 3 个索引使用 DESC 选项，随后检索结果的输出顺序按 ID 降序排列。

```
IF( OBJECT_ID('myExample') IS NOT NULL)   DROP TABLE myExample;
GO
CREATE TABLE myExample( ID Int, K money)
INSERT INTO myExample( ID,K) VALUES(3,53)
INSERT INTO myExample( ID,K) VALUES(5,80)
INSERT INTO myExample( ID,K) VALUES(2,67)
INSERT INTO myExample( ID,K) VALUES(1,48)
INSERT INTO myExample( ID,K) VALUES(9,26)
GO
/* 创建一个唯一非聚集索引,注意:输出结果并没有按 ID 排序。*/
CREATE UNIQUE NONCLUSTERED INDEX myExample_ID_ind ON myExample( ID)
SELECT * FROM myExample
GO
/* 删除非聚集索引,创建一个聚集索引,注意输出结果已按 ID 升序排列。*/
DROP INDEX myExample. myExample_ID_ind
CREATE CLUSTERED INDEX myExample_ID_ind ON myExample( ID)
SELECT * FROM myExample
GO
/* 删除原聚集索引,创建一个按 ID 降序排列的聚集索引,注意 SELECT 语句的输出结果。*/
DROP INDEX   myExample. myExample_ID_ind
GO
CREATE CLUSTERED INDEX myExample_ID_Ind ON myExample( ID DESC)
SELECT * FROM myExample
```

实例 5-29　创建一个由多列组成的组合索引。

由两列或多列组成的索引称为组合索引。主键索引和 UNIQUE 索引可以在创建表时直接建立，也可以通过 ALTER TABLE 语句实现。

本实例通过两种不同方式在 myExample 表中的 OrderID 和 EmployeeID 列上创建一个组合索引。由于建立的是非聚集索引，SELECT 查询语句返回的结果与表中行插入的先后次序一致，而并不是建立了索引就能看到行排序的结果。

```
SET DATEFORMAT ymd   /* 设置日期显示的格式 */
IF( OBJECT_ID('myExample') IS NOT NULL)   DROP TABLE myExample
GO
CREATE TABLE myExample(
  OrderID int IDENTITY(10001,1),
  EmployeeID int NOT NULL,
  Amount money NOT NULL   )
GO
INSERT INTO myExample( EmployeeID, Amount) VALUES(3,315. 19)
INSERT INTO myExample( EmployeeID, Amount) VALUES(1,1929. 04)
INSERT INTO myExample( EmployeeID, Amount) VALUES(3,2039. 82)
INSERT INTO myExample( EmployeeID, Amount) VALUES(2,445. 29)
INSERT INTO myExample( EmployeeID, Amount) VALUES(1,689. 39)
GO
CREATE CLUSTERED INDEX myExample_ind1 ON myExample( EmployeeID ASC, OrderID DESC)
SELECT * FROM myExample
GO
/* 下面通过 ALTER TABLE 添加一个带有主键索引的约束来建立索引。*/
DROP INDEX myExample. myExample_ind1
ALTER TABLE myExample
```

ADD CONSTRAINT myExample_ind1　PRIMARY KEY CLUSTERED(EmployeeID , OrderID)

5.6.3　删除索引

当不再需要一个索引时，可以将其从数据库中删除，以回收它使用的存储空间。一个表可以有多个索引，使用系统存储过程 sp_helpindex 可以查看一个表中所有索引的名称、类型及定义它的键，也可以通过检索系统表 sysindexes 查看一个数据库中的所有索引对象。

DROP INDEX 语句从当前数据库中删除一个或多个索引，其基本语法如下。

DROP INDEX table. index | view. index [, . . . n]

对于在建表时通过 PRIMARY KEY 或 UNIQUE 约束创建的索引，不能使用 DROP INDEX 进行删除，而应该使用 ALTER TABLE 和 DROP CONSTRAINT 子句进行删除。

当一个表被删除后，与这个表相关的所有索引(包括通过添加约束条件创建的主键索引)将同时被删除。

实例 5-30　判断表中索引是否存在，如果存在则将其删除。

本实例使用两种方法删除索引。第一种方法是删除 Suppliers 表中的 CompanyName 索引，这是一个通过 CREATE INDEX 语句创建的索引。第二种方法是通过删除主键约束来删除其主键索引，这是一个在定义主键时数据库系统自动创建的索引。

```
/* 使用 DROP INDEX 删除 Suppliers 表中的一个索引。*/
IF EXISTS( SELECT name FROM sysindexes WHERE name = ' CompanyName ')
    DROP INDEX Suppliers. CompanyName
GO
/* 通过删除 PRIMARY KEY 约束来删除聚集索引。*/
IF( OBJECT_ID( ' PK_Customers ') IS NOT NULL)
    ALTER TABLE Customers　DROP CONSTRAINT PK_Customers
```

习题

1. 使用 T-SQL 语句，设计一个数据库 myGrade，用来存放和管理学生成绩信息，要求数据文件和事务日志文件都存放在 c：\mydbf 文件夹下，其中数据文件名为 myGradeDat. mdf，初始大小为 5MB，日志文件名为 myGradeLog. ldf，初始大小为 1MB。

2. 使用 T-SQL 语句，将数据库 mySales 完整复制到另一个数据库 myCrm 中，并将其数据文件和日志文件分别重命名为 myCrmDat. mdf 和 myCrmLog. ldf。

3. 将数据库 mySales 中的数据文件(mySales. mdf)和日志文件(mySales_log. ldf)复制到一个文件夹中，然后将数据文件和日志文件分别重命名为 mydbdat. mdf 和 mydblog. ldf，使用 T-SQL 语句从这两个文件中附加数据库 myDB 到 SQL Server2008 系统中。

4. 已知选课数据库 myGrade 包含学生、课程、教师、选课和授课等 5 个关系表，各表及其列名含义如下(主键已用下画线标记)：

学生(学号,姓名,性别,出生日期,班级)

课程(课程编号,课程名称,前修课程,课程性质,学分)

教师(教师编号,姓名,性别,出生日期,职称)

选课(学号,课程编号,选课学期,成绩)

授课(教师编号,课程编号,授课学期)

试创建上述 5 个关系表，要求使用非中文的表名和列名，并在各表中插入模拟数据。在建表时必须定义各表的主键、外键、CHECK 等约束条件。具体要求如下：

① 学生表和教师表中的性别取值"M"或"F"分别表示"男"或"女"；学号长度为 8 位，第一位以字母开头，最后一位为性别（即 F 或 M），其他 6 位为数字。

② 课程表中的前修课程为外键，它参照自己所在表中的主键列（即"课程编码"）；课程性质分为"必修课"和"选修课"两类；学分取值 0.5 ~ 10 之间。

③ 选课学期和授课学期都为 11 位字符串，例如"2010-2011-1"。其中前 9 位表示学年（年份之间用横杆分隔），最后一位表示某个学年中的学期序号，取值 1 或 2。

④ 其他列的类型、长度、外键及 CHECK 等约束条件根据选课数据库语义自行定义。

⑤ 在插入模拟数据之后，为各个外键中的每一列创建非聚集索引。

第 6 章 数 据 检 索

数据检索使用 SQL 中的 SELECT 语句，它是 SQL 的核心，也是 SQL 中使用最多的语句。本章详细介绍 SELECT 语句的数据检索技术。

6.1 简单查询

SELECT 语句是 T-SQL 的基础，使用它可以从 SQL Server 数据库中获取数据。SELECT 语句的完整语法比较复杂，本章将从最简单的 SELECT 语句开始，逐步介绍该语句的各个选项子句。SELECT 语句最基本的语法形式如下：

```
SELECT [ ALL | DISTINCT]   [ {TOP integer | TOP integer PERCENT}
< select_list >
[ INTO new_tablename]   [ FROM{ < table_source > } ]
[ ORDER BY{ order_by_expression[ ASC | DESC] } ]
```

6.1.1 使用星号(＊)检索所有列

在 SELECT 语句中，星号(*)表示返回表中所有的列，各个列显示的次序与创建表定义列时的次序相同。但是，在很多情况下，如果只需要检索表中的部分列，或者需要按照指定的列顺序显示表中的数据，这时应该使用**显式列名**。当数据表非常庞大时(即行和列都很多时)，使用星号(*)返回一个表中所有的列，虽然书写比较方便，但会降低数据检索的性能。

实例 6-1　使用 SELECT 语句从所有行中检索所有的列。

本实例从 mySales 数据库的员工表(Employees)中返回所有行(因为未指定 WHERE 子句)和所有列(因为使用了"＊")。以下为 SELECT 语句最简单的语法形式示例。

```
USE mySales
SELECT * FROM Employees
```

实例 6-2　使用 SELECT 语句检索指定的列。

本实例返回员工表(Employees)中所有行和一个列的子集(FirstName、LastName、Home-Phone、City、Region)，各列之间用逗号分隔。从语法上讲，星号(*)也可以与显式列名混合使用，因此下面第二条 SELECT 语句在语法上是正确的。

```
USE mySales
SELECT FirstName,LastName,HomePhone,City,Region FROM Employees
SELECT FirstName,LastName,HomePhone,City,Region, * FROM Employees
```

6.1.2 使用别名

别名(Alias)是一个列或表达式的替代名，有时也称为派生列(Derived Column)。别名在某些情况下是非常必要的，甚至是必须的。例如，在创建表时，数据库开发人员一般采用英文字母或拼音定义列名，这给程序书写带来许多方便，但这些列名对用户来说往往是难以理解的。为此，可以在检索表中数据时使用那些用户容易理解的别名(如中文标题）。在默认情况下，表达式在 SELECT 返回的结果集中是没有列名的，有时必须为其指定一个别名。

实例 6-3　使用 AS 或等号（＝）为列指定别名，改变检索结果集的显示标题。

在 SQL Server 中，别名可以由多种方法指定，通常使用 AS 关键字赋予别名，但 AS 关键字是可选的（即可以省略的）。别名还可以写在列名的左边，使用等号（＝）与列名或表达式连接起来。在很多情况下，包含别名的单引号也是可以省略的。但如果别名中存在空格（如[First　Name]），那么必须使用单引号或方括号将别名包含起来。

本实例使用两种不同方式指定列的别名，其效果是相同的。示例 1 使用 AS 指定列的别名（AS 可以缺省）。示例 2 在列名的左边定义别名。这两个示例只是改变了 SELECT 检索结果集中各个列的显示标题，而表的列名并没有发生改变。

```
/*示例1:使用 AS 子句为列指定一个别名。*/
SELECT CustomerID AS '顾客编码',CompanyName AS '顾客名称',Address AS '地址' FROM Customers
/*默认关键字 AS,列名与列标题之间使用空格隔开。*/
SELECT CustomerID 顾客编码,CompanyName　顾客名称,Address　地址 FROM Customers
/*示例2:使用等号在列名左边指定别名。*/
SELECT　'顾客编码'＝CustomerID,'顾客名称'＝CompanyName,'地址'＝Address　FROM Customers
```

实例 6-4　使用完全限定表名，为表指定带数据库或表名的别名。

在 SELECT 语句指定列名时，可以使用完全限定列名，即同时使用表名和列名来指向列。如果在当前数据库中检索另一个数据库中某个表的数据，就需要使用完全限定表名。

本实例中的示例 1 为 CustomerID 和 CompanyName 列限定了表名 Customers，显然这样引用表名是比较繁琐的。示例 2 为 Customers 表指派一个别名 p，语句显得精炼得多。示例 3 在打开数据库 master 的情况下检索另一数据库（mySales）中的某个表，这时在引用表名时必须添加数据库名的前缀"mySales. dbo."。

```
/*示例1:在列名前添加表名前缀。*/
USE mySales
SELECT Customers.CustomerID,Customers.CompanyName FROM Customers
/*示例2: 给数据表 Customers 使用表别名 p。 */
SELECT p.CustomerID,p.CompanyName FROM Customers AS p
/*示例3: 在数据库 master 下检索另一个数据库 mySales 中的表。*/
USE master
SELECT CustomerID, CompanyName FROM mySales. dbo. Customers
```

6.1.3　DISTINCT 选项

DISTINCT 选项可以从 SELECT 语句的结果集中除去重复的行。如果没有指定 DISTINCT，那么返回所有行（包括重复的行）。对于 DISTINCT 选项来说，空值被认为是相互重复的值，即当 SELECT 语句中包括 DISTINCT 时，无论遇到多少个空值，结果都只返回一个 NULL 值。

实例 6-5　在 SELECT 语句中使用 DISTINCT 消除重复行。

本实例中的示例 1 检索客户表（Customers）中的这些客户来自于哪些国家（Country 列）。当不使用 DISTINCT 时，返回结果集中包含所有的行。使用 DISTINCT 时，各行的 Country 值互不相同。示例 2 在 DISTINCT 之后有两个列，检索这些客户来自哪些国家和地区。在 Country 和 Region 中只要有一个列的值与其他行的值不同，那么 DISTINCT 语句就认为这两行的值是不同的，并在结果集中返回这一行。虽然 DISTINCT 子句可应用于多个列，但是一般紧跟其后的往往只有一个列。

/* 示例1:如果不带 DISTINCT 选项,返回91行;使用 DISTINCT,仅返回21行,Country 重复值被去掉。*/
SELECT DISTINCT Country FROM Customers
/* 示例2:只有当两条记录的 Country 和 Region 两列的值都相同时,才认为是重复的。因此,这条语句返回的行比上一条 SELECT 语句要多。*/
SELECT DISTINCT Country,Region FROM Customers

6.1.4 在 SELECT 列表中使用表达式

SELECT 语句的选择列表(select_list)中可以包含由算术运算符或函数组成的表达式。这使得 SELECT 语句可以输出那些在基表中不存在的但可以通过计算而得到的数据项,这样的数据项被称为**导出列**。导出列在结果集中是没有标题的(或称为无列名),通常需要用 AS 为其指定一个标题或别名。

实例6-6 在列表中使用表达式和函数的 SELECT 语句。

本实例中的示例1对数值列使用带函数的表达式,使用 Round 函数将产品表(Products)中的单价打折后保留两位小数。示例2将员工表(Employees)中两个字符串列 FirstName 和 LastName 通过运算拼接为一个列。表达式在返回的结果集中是没有列名或标题的,这里为它们各指定了一个别名。

/* 示例1:将所有产品单价乘以0.88后保留两位小数,表达式的别名为DiscountedPrice。*/
SELECT ProductName,UnitPrice,ROUND(UnitPrice * 0.88,2) AS 'DiscountedPrice' FROM Products
/* 示例2:将 FirstName 和 LastName 拼接为一个完整的姓名,表达式的别名为 Full Name。其中 Space 函数用来生成空格字符。*/
SELECT FirstName + SPACE(1) + LastName AS [Full Name],Address,Homephone,City FROM Employees

6.1.5 ORDER BY 排序子句

ORDER BY 子句可以根据需要对查询的结果进行排序。如果不使用排序,查询结果可能是按最初插入到表中的次序而决定的。在很多情况下,需要对查询结果按照一定规则进行排序。例如,对产品表(Products)中的产品按单价从低到高的次序进行输出。

ORDER BY 子句可以按列名、列的别名或表达式对检索结果进行排序,也可以为排序指定多个关键字。排序方向有升序(ASC,Ascending)或降序(DESC,Descending)两种方式,默认是升序。字符(文本)型数据也可以按字母 A~Z(或 Z~A)顺序排序,汉字按拼音字母进行排序。在默认情况下,字母不区分大小写,空值被视为最小的可能值。

实例6-7 使用 ORDER BY 对数值型和字符型检索结果进行排序。

本实例中的示例1按单价(数值型列)从大到小的顺序(降序)显示产品表(Products)的查询结果。示例2按客户名称(字符型列)从 A~Z 的顺序(升序)显示客户表(Customers)的查询结果。示例3按订单销售额(表达式的别名)从大到小的顺序(降序)显示订单明细表(OrderItems)的查询结果。

/* 示例1:按单价从大到小降序排列。*/
SELECT ProductID,ProductName,UnitPrice FROM Products
ORDER BY UnitPrice DESC
/* 示例2:按客户名称从 A 到 Z 升序排列。*/
SELECT CompanyName,Address,City,Region,Country FROM Customers
ORDER BY CompanyName
/* 示例3:按订单销售额从大到小降序排列,排序关键字为一个表达式的别名 AmountX。*/
SELECT * ,UnitPrice * Quantity as 'AmountX' FROM OrderItems

ORDER BY AmountX DESC

实例 6-8　使用 ORDER BY 指定多个排序列对查询数据进行排序。

本实例使用 ORDER BY 指定多个排序列关键字。在产品表（Products）的查询结果中先按产品类别排序，再按单价从高到低排序，即类别相同的产品再按单价降序排序。这里，DESC 只对其前面的 UnitPrice 列有效，而 CategoryID 列没有指定排序方向，也就是说，它仍然按默认的升序排序。

```
SELECT CategoryID,ProductID,ProductName,UnitPrice FROM Products
ORDER BY CategoryID,UnitPrice DESC
```

6.1.6　TOP 和 PERCENT 子句

使用 TOP 子句可以只返回一个查询结果中的前几行。TOP 关键字之后的整数 n 指定只从查询结果集中输出前 n 行。如果还指定了 PERCENT，则只从结果集中输出前 $n\%$ 行。如果查询包含 ORDER BY 子句，将输出排序后的前 n 行（或前 $n\%$ 行）。

在使用 TOP 子句时需要注意以下几点。

① TOP n 或 PRECENT 关键字应该放在查询列表之前。

② TOP 之后的 n 必须是一个整数常量，而不允许是一个变量或表达式。因此，下列方法在语法上是错误的。

```
DECLARE @n int        /* 定义一个变量 n */
SET @n=5              /* 将变量 n 的赋值为 5 */
SELECT TOP  @n * FROM Products        /* 不能在 TOP 子句中使用变量 n */
```

③ 当 TOP 语句指定要检索的行数 n 大于表中实际行数时，那么就返回全部的行。

实例 6-9　使用 TOP 和 PERCENT 限制查询结果集。

本实例的示例 1 中，TOP 5 指示 SELECT 语句只输出产品表（Products）中单价最低的前 5 个产品。示例 2 的 SELECT 语句中包含 PERCENT 选项，输出产品表中单价最贵的前 25% 个产品。示例 3 利用随机函数 NewID( ) 随机返回产品表中 5 个产品。

```
/* 示例 1:取产品表中单价最低的前 5 个产品。*/
SELECT TOP 5 ProductID,ProductName,UnitPrice FROM Products ORDER BY UnitPrice
/* 示例 2:取产品表中单价最高的前 25% 个产品。*/
SELECT TOP 25 PERCENT ProductID,ProductName,UnitPrice FROM Products ORDER BY UnitPrice DESC
/* 示例 3:在产品表中随机取 5 个产品。*/
SELECT TOP 5 * FROM Products ORDER BY NewID( )
```

6.1.7　使用 SELECT...INTO 语句复制数据

INTO 子句允许用户创建基于查询结果中列和行的一个新表。虽然通常使用 CREATE TABLE 语句建表，但是 INTO 子句提供了一种不需要显式定义列名和数据类型的另一种建表途径。

SELECT...INTO 语句更多的用途是将一个查询结果复制到另一张新表中。但必须指出的是，这个结果集中的每一列都必须有一个明确的、合法的及互不相同的列名（或别名）。如果查询列表中包含表达式，则必须为表达式指定别名。

执行 SELECT...INTO 语句后，原来在屏幕上输出的查询结果集已经复制到了新表，这时屏幕上不再显示查询结果，只有通过检索新表才能查看结果。除此之外，新表中的列名是按 SELECT 语句列表中的显示标题（列名或别名）而自动确定的。

实例 6-10　使用 SELECT... INTO 将检索结果复制到另一张表中。

本实例中的示例 1 使用 INSERT... INTO 语句将员工表（Employees）中的全部行和列复制到一张新表（myEmployees）中。示例 2 只将员工表中的前 10 行和 4 个列复制到新表。示例 3 将员工的 LastName 和 FirstName 拼接成一个姓名的表达式，然后复制到新表。这里，表达式的别名（FullName）是必须的，否则返回错误信息。

```
/* 示例 1:先删除新表,然后将 Employees 表中所有行和列复制到新表 myEmployees 中。*/
IF(OBJECT_ID('myEmployees') IS NOT NULL)   DROP TABLE myEmployees
GO
SELECT * INTO myEmployees FROM Employees
GO
/* 示例 2:将 Employees 表中前 10 行的 4 个列复制到新表 myEmployees 中。*/
DROP TABLE myEmployees
SELECT TOP 10 EmployeeID,LastName,FirstName,Title INTO myEmployees FROM Employees
ORDER BY LastName
GO
/* 示例 3:查询列表中包含一个表达式,为它指定一个别名 Fullname。另一列 HomePhone 也使用了一个别名
Phone。检索新表,发现查询列表中的标题成为了新表的列名。*/
DROP TABLE myEmployees
SELECT EmployeeID,FirstName + space(1) + LastName AS FullName,Title,HomePhone AS Phone
INTO myEmployees FROM Employees
SELECT * FROM myEmployees   /* 检索新表的内容。*/
GO
```

SELECT…INTO 语句在复制一个表中的行到新表的同时，也将表中的列及列的部分特征复制到了新表，但不能完全复制源表中的约束条件，或者说它不可能复制完整的表结构。例如，源表中列的 IDENTITY 属性和 NOT NULL 约束可以复制到新表，但其他约束条件（包括主键、CHECK、外键）或计算列中定义的表达式都无法复制到新表中。

实例 6-11　使用 SELECT ... INTO 复制表的结构

本实例中的示例 1 使用 INSERT... INTO 和 TOP 0 子句仅将产品表（Products）的全部列的定义（即表结构）复制到一张新表中。示例 2 在复制原表所有列的基础上各添加了一个数值型、字符型和日期型的列，其中表达式 CAST（0 As Decimal（8,2）） 指定新表中的这列为 Decimal 类型，长度为 8，小数 2 位；函数 SPACE（20）指定这列为字符型，长度为 20；GETDATE 函数指定这列为 Datetime 类型。示例 3 在复制原表所有列的基础上，通过 ALTER TABLE 语句修改新表结构，添加前面所述的 3 个不同数据类型的列和 1 个主键约束。

```
/* 示例 1:仅将 Products 表的所有列(不包括行)复制到新表 myProducts 中。*/
IF(OBJECT_ID('myProducts') IS NOT NULL)   DROP TABLE myProducts
GO
SELECT TOP 0 * INTO myProducts FROM Products
/* 示例 2:在复制 Products 表所有列的同时,增加数值型、字符型和日期型 3 个列到新表中。*/
DROP TABLE myProducts
SELECT  TOP  0 * ,Cast(0 As Decimal(8,2)) AS NumCol,SPACE(20) AS StrCol,GetDate() AS DateCol
INTO myProducts FROM Products
/* 示例 3:在复制 Products 表所有列后,通过 ALTER TABLE 语句增加 3 个列和 1 个主键约束。*/
DROP TABLE myProducts
SELECT TOP 0 * INTO myProducts FROM Products
ALTER TABLE myProducts
ADD NumCol decimal(8,2), StrCol varchar(20),DateCol datetime
GO
ALTER TABLE myProducts
```

ADD CONSTRAINT PK_myProducts PRIMARY KEY(ProductID)

6.2 条件查询

　　数据库表中一般包含大量数据，通常很少需要检索表中所有的行，而只需要检索表中数据的一个子集。在 SQL Server 中，一般通过指定搜索条件（或称过滤条件）来检索表中的一部分数据，而搜索条件通常是由逻辑运算符（AND、OR 和 NOT）组合而成的表达式。

　　在 SELECT 语句中，由 WHERE 子句按照指定的搜索条件对数据进行过滤。简化后的包含 WHERE 子句的查询语句语法为：

SELECT < *select_list* > [FROM { < *table_source* > }]
WHERE < search_condition >
[ORDER BY { *order_by_expression*[ASC ∣ DESC] }]

6.2.1 组合搜索条件

　　WHERE 子句在过滤数据时，可以使用单一的条件，也可以使用带逻辑操作符（AND、OR）组成的多个条件。在 SQL Server 中，WHERE 子句支持的操作符见表 6-1。

表 6-1 SQL Server 逻辑运算符

操 作 符	说 明	操 作 符	说 明	操 作 符	说 明
=	等于	<=	小于或等于	! >	不大于
< >	不等于	! <	不小于	BETWEEN	在指定的两个值之间
! =	不等于	>	大于	IS NULL	为 NULL 值
<	小于	>=	大于或等于		

　　在使用 WHERE 子句时，需要注意多个条件的组合方式，关键是逻辑操作符 AND 和 OR 的运算次序。当在同一个 WHERE 子句中使用多个运算符时，运算符优先级会决定运算搜索条件。SQL（与其他许多语言一样）在处理操作符 OR 之前，优先处理 AND 操作符。

1. 单引号的表示方法

　　在 SQL Server 中，单引号（'）是一个关键字。在算术运算和逻辑运算符中，两个单引号通常用来包含一个字符串，如' good luck '。但是单引号有时候也需要作为一个普通字符使用，例如，检索 Sir Rodney ' s Scones 这个产品的单价时，这里的单引号只是一个普通字符。SQL Server 不允许使用双引号（"）把单引号包含起来（尽管有些语言可以这样做），而是将单引号重复一次（即使用两个单引号）来表示这时的单引号是一个普通字符。因此，在检索前面提到的这个产品的单价时，可以这样书写查询语句：

SELECT * FROM Products WHERE ProductName = ' Sir Rodney''s Scones'。

实例 6-12 使用组合条件的 WHERE 子句。

　　本实例检索产品表（Products）中由供应商 8 或 12 提供的且单价在 20 以上的产品。SQL Server 把第一条 SELECT 语句理解为由供应商 12 提供的任何价格为 20（含）以上的产品，或者由供应商 8 提供的任何产品，而不管其价格如何。换句话说，由于 AND 在计算次序中优先级很高，操作符被错误地组合了。解决这类问题的有效办法是使用圆括号把操作符进行明确分组。

```
/* 使用 OR 和 AND 连接 3 个条件,AND 的优先级高于 OR,因此后两个条件先处理。*/
SELECT ProductID,ProductName,UnitPrice,SupplierID FROM Products
WHERE SupplierID = 8 or SupplierID = 12 and UnitPrice >= 20 ORDER BY SupplierID,ProductName
/* 应该使用括号,以消除条件的疑义性。*/
SELECT ProductID,ProductName,UnitPrice,SupplierID FROM Products
WHERE(SupplierID = 8 or SupplierID = 12)and UnitPrice >= 20 ORDER BY SupplierID,ProductName
GO
```

2. BETWEEN...AND

BETWEEN 运算符指定用于搜索的范围，使用 AND 关键字分隔起始值和终结值。数值型、日期型和字符型列都可以使用 BETWEEN...AND。如果要指定和排除范围，可以使用大于号(>)和小于号(<)运算符代替 BETWEEN...AND。

实例 6-13　使用带[NOT]BETWEEN 的 WHERE 子句。

本实例中的示例 1 分别使用 BETWEEN...AND 在产品表(Products)中检索单价(Unit-Price)在 10~20 之间的所有产品。示例 2 对字符型列使用 NOT BETWEEN，检索产品名称不在字母 B~F 之间的所有产品。示例 3 在员工表(Employees)中检索 1990 年出生的所有员工。

```
/* 示例1:对数值型列使用 BETWEEN...AND。*/
SELECT ProductID,ProductName,UnitPrice FROM Products WHERE UnitPrice BETWEEN 10 AND 20
/* 示例2:对字符型列使用 NOT BETWEEN。*/
SELECT ProductID,ProductName,UnitPrice FROM Products
WHERE ProductName NOT BETWEEN 'B' and 'F'  ORDER BY ProductName
/* 示例3:对日期型列使用 BEWEEN…AND。*/
SELECT * FROM Employees WHERE BirthDate BETWEEN '1990-1-1' AND '1990-12-31'  ORDER BY BirthDate
GO
```

3. IS[NOT]NULL

空值(NULL)是一个特殊的值,它与 0、空字符串或空格不同。在 WHERE 子句中,NULL 值的判断不能使用等号(=)或不等号(! =、< >)这类操作符,而应该使用 IS NULL 或 IS NOT NULL。

实例 6-14　使用带 IS[NOT]NULL(空值检查)的 WHERE 子句。

本实例使用 IS NULL 和 IS NOT NULL 判断列的为空性，在客户表(Customers)中检索所有传真(Fax)为空而所在地区(Region)为非空的客户信息。

```
SELECT * FROM Customers WHERE Fax IS NULL and Region IS NOT NULL
/* 不能使用等号或不等号操作符判断 NULL 值,因此下列 SELECT 语句不返回任何行。*/
SELECT * FROM Customers WHERE Fax = NULL and Region < >NULL
```

6.2.2　通配符及[NOT]LIKE 操作符

前面介绍的操作符都是针对已知值进行检索的，这种检索方法并不是任何时候都适用。例如，如何搜索产品名称中包含字符串 an 的那些产品。这时不能使用简单的比较操作符，而应该使用通配符(wildcard)。利用通配符可以创建比较特殊的搜索模式，例如，在查找前面提到的名称中包含 an 的那些产品时，可以构造一个通配符搜索模式:% an%。

通配符是一个用来匹配值中一部分的特殊字符，它实际上是 WHERE 子句中有特殊含义的字符。SQL Server 支持的通配符见表 6-2。

表 6-2　SQL Server 中的通配符及其含义

通　配　符	描　述	示　例
%	包含零个或多个字符的任意字符串	WHERE ProductName LIKE '% coffee%' 查找产品名称的任意位置中包含单词 coffee 的所有产品
_ (下画线)	任何单个字符	WHERE FirstName LIKE '_ean' 查找以 ean 结尾的所有 4 个字母的名字(如 Dean、Sean 等)
[ ]	指定范围或集合中的任何单个字符	WHERE LastName LIKE '[C-P]arsen' 将查找以 arsen 结尾且以介于 C ~ P 之间的以任何单个字符开头的员工姓氏(如 Carsen、Larsen、Karsen 等)
[^]	不属于指定范围或集合中的任何单个字符	WHERE LastName LIKE 'an[^d]%' 查找以 an 开头且第 3 个字母不为 d 的所有员工的姓氏

1. 通配符百分号(%)

百分号(%)是使用最多的通配符之一，它代表一个查询的表达式中可以包含一个、多个或零字符。百分号(%)与其他通配符一样，在 WHERE 子句中使用时必须使用 LIKE 操作符。LIKE 指示 WHERE 子句，紧跟其后的搜索模式利用通配符匹配而不是等值匹配进行值的比较。

实例 6-15　使用带百分号(%)的[NOT]LIKE。

通配符中的百分号(%)表示字符串检索时的匹配方式。本实例列出其常用的匹配模式，如中间匹配、前端匹配、后端匹配和完全匹配等。注意，下列查询模式中不同位置的百分号所代表的含义和返回结果集是不同的。

```
/* ① 中间匹配:查找产品名称中包含 coffee 的所有产品。*/
SELECT * FROM Products WHERE ProductName LIKE '% coffee%'
/* ② 后端匹配:查找产品名称中以 coffee 结尾的所有产品。*/
SELECT * FROM Products WHERE ProductName LIKE '% coffee'
/* ③ 前端匹配:查找产品名称中以 coffee 开头的所有产品。*/
SELECT * FROM Products WHERE ProductName LIKE 'coffee%'
/* ④ 模糊匹配:查找产品名称中以字母 C 开头和 e 结尾的所有产品。*/
SELECT * FROM Products WHERE ProductNameLIKE 'C%e' ORDER BY ProductName
GO
```

2. 通配符下画线(_)

通配符中的下画线(_)的用途与%相似，但下画线只匹配单个字符而不是多个字符。与%能匹配零个字符不一样，下画线总是匹配一个字符，不能多也不能少。

实例 6-16　使用带下画线(_)的[NOT]LIKE。

本实例使用带下画线(_)的通配符。下画线在子匹配模式中出现的位置不同，其返回的结果也是不同的。第一条查询语句检索姓名中第 2 和第 3 个字母为 an 的所有员工。第二条查询语句检索姓名中第 1 和第 3 个字母分别为 a 和 n 的所有员工。

```
/*_an 表示第 1 个字母可以是任何字母,但第 2 和 3 个字母必须是 a 和 n。*/
SELECT * FROM Employees WHERE FirstName LIKE '_an%' ORDER BY FirstName
/* a_n 表示第 1 个和第 3 个字母分别是 a 和 n,第 2 个字母可以是任何字母。*/
SELECT * FROM Employees WHERE FirstName LIKE 'a_n%'  ORDER BY FirstName
GO
```

3. 通配符方括号[ ]

通配符方括号([ ]) 有很多用途。例如，在创建表定义列名时，如果列名中包含空格

（如 first name），可以使用方括号将它引用起来（[first name]），否则就会出现语法错误。

在 LIKE 操作符中，方括号作为通配符用来指定一个字符的集合（如[ABC]），也可以用来指定一个字符集的范围（如[A-Z] 代表所有字母，[0-9] 代表所有数字）。它表示在指定集合（或区间）内的任何一个字符。

4. 通配符[^]

通配符 [^]（脱字符号）与方括号相反，表示不在某个集合（或区间）内的其他任何一个字符。^只有出现在集合（或区间）内的第一个字符前才有效，否则只是一个普通字符。例如，在 [A^F] 中，^只是一个普通字符。

实例6-17　使用带方括号（[ ]）的[NOT]LIKE。

本实例中的第一条查询语句在客户表（Customers）中检索客户名称以 F、P 或 T 字母开头的所有客户。第二条查询语句检索客户名称以 F ~ P 区间内任一字母开头或 T 字母开头的所有客户。第三条查询语句检索客户名称不是以字母 W 或 F ~ P 区间内任一字母开头的且第 3 个字母必须是 r 的所有客户。

```
SELECT * FROM Customers WHERE CompanyName LIKE '[FPT]%'
SELECT * FROM Customers WHERE CompanyName LIKE '[F-PT]or%'
SELECT * FROM Customers WHERE CompanyName LIKE '[^WF-P]_r%'
GO
```

5. 使用 ESCAPE 处理转义符

通配符也应该可以作为普通字符使用。例如，要搜索在任意位置包含5%的字符串，使用 LIKE '%5%%'是不正确的，而应该使用 ESCAPE 关键字来定义转义符，即：LIKE '%5/%%' ESCAPE '/'。ESCAPE 关键字指示 LIKE 子句，在模式匹配中，当转义符置于通配符之前时，该通配符就解释为普通字符。

实例6-18　使用 ESCAPE 的模式匹配。

本实例中，Notes 是 myCustomers 表中的一个列，用来存储客户获得的折扣率信息，其中包含百分号（%）。如果要检索出哪些客户的 Notes 列中包含 "20%" 这个字符串，应该在 LIKE 子句中使用 ESCAPE 关键字或使用方括号[ ]。

```
IF( OBJECT_ID('myCustomers') IS NOT NULL)    DROP TABLE myCustomers
GO
CREATE TABLE myCustomers(
  CustomerID int IDENTITY PRIMARY KEY CLUSTERED,
  CustomerName nvarchar(40),
  Notes varchar(255))
GO
INSERT INTO myCustomers(CustomerName, Notes) VALUES('The Big Cheese', '20 years, discount 25%')
INSERT INTO myCustomers(CustomerName, Notes) VALUES('B"s Beverages', '8 years, discount 0. 20')
INSERT INTO myCustomers(CustomerName, Notes) VALUES('Maison Dewey', '12 years, discount 20%')
INSERT INTO myCustomers(CustomerName, Notes) VALUES('Wilman Kala', '10 years, discount 15%')
INSERT INTO myCustomers(CustomerName, Notes) VALUES('Island Trading', '15 years, discount 20%')
GO
/* 下列语句无法检索包含20%的顾客记录,因为 3 个百分号都是通配符。*/
SELECT * FROM myCustomers WHERE Notes LIKE '%20%%'
/* 使用 ESCAPE 区分非通配符,@ 右边的那个百分号是普通字符,而其他的都是通配符,这样就能检索出包含20%的客户记录。*/
SELECT * FROM myCustomers WHERE Notes LIKE '%20@ %%' ESCAPE '@'
/* 使用方括号把%包含起来以区分非通配符,同样可以检索出包含20%的顾客记录。*/
```

SELECT * FROM myCustomers WHERE Notes LIKE '%20[%]%'
GO

使用方括号将通配符包含起来可以把原来的通配符转换成普通字符，这样可以不使用 ESCAPE。但这时又会出现另一个问题，那就是方括号本身作为普通字符时，应该如何表示。表 6-3 列出了方括号内的通配符的使用方法。

表 6-3 方括号内的通配符用法举例

符　号	含　义	符　号	含　义
LIKE '5[%]'	5%	LIKE '[a-cdf]'	a、b、c、d 或 f
LIKE '5%'	5 后面跟零个或更多字符的字符串	LIKE '[-acdf]'	-、a、c、d 或 f
LIKE '[_]n'	_n	LIKE '[[]'	[
LIKE '_n'	an、in、on 等	LIKE ']'	]

6.2.3 ［NOT］IN 操作符

IN 操作符用来指定条件搜索的范围，确定给定的值是否与列表或子查询中的值相匹配。IN（或 NOT IN）在很多情况下应用于子查询。在逻辑运算中，IN 可以实现与连接符 OR 相同的功能，但是 IN 具有很多优点，主要表现为：①在使用很长的选项列表时，IN 的语法更清楚且更直观；②使用 IN 时，计算的次序更容易管理（因为它的操作符更少）；③IN 一般比 OR 执行速度更快。

实例 6-19　使用 IN 操作符，并比较 IN 与 OR。

本实例在客户表（Customers）中搜索所有来自 BC、CA、MT 和 WA 这 4 个地方的客户，这里的 IN 与 OR 实现相同的功能。

```
/* 使用 OR 在语法上比较烦琐，特别是选项很多时，逻辑表达式中必须包含很多个 OR。*/
SELECT CompanyName,Address,Region FROM Customers
WHERE Region ='BC' or Region ='CA' or Region ='MT' or Region ='WA'
/* IN 之后的选项（即集合中的元素）必须用逗号隔开且包含在括号中。*/
SELECT CompanyName, Address, Region FROM Customers WHERE Region IN('BC','CA','MT','WA')
GO
```

IN 操作符的最大用途在于子查询中，它能够动态地建立 WHERE 子句。例如，在产品表中要搜索哪些产品是由供应商 2、3、16 或 19 提供的，可以使用 SELECT * FROM Products WHERE ProductID IN(2,3,16,19)，但这里(2,3,16,19)是一个已知的常量组成的集合。如果要搜索哪些产品是由美国（Country ='USA'）的供应商提供的，那么 IN 后面的集合元素不是预先可以知道的常量值，而是一组动态变化的变量值。这时就需要使用子查询，先从供应商表（Suppliers）中检索出所有来自美国的供应商，形成一个供应商集合，然后在产品表（Products）中检索哪些产品的供应商包含在这个集合中。

```
SELECT * FROM Products WHERE SupplierID IN
(SELECT SupplierID FROM Suppliers WHERE Country ='USA')
```

有关 IN 在子查询中的更多应用方法，将在本章 6.6 节中介绍。

6.3　使用函数检索数据

与其他大多数计算机语言一样，SQL Server 支持利用函数来处理数据。T-SQL 提供的函数主要有以下几类：①字符串处理函数；②日期时间函数；③聚合函数；④数值函数；⑤系统函数。

6.3.1 字符串处理函数

在数据库应用中，字符串函数有着广泛的用途。SQL Server 中常用的字符串处理函数见表 6-4。

表 6-4 常用的字符串处理函数

函 数	描 述	示 例
1. 字符串转换函数		
ASCII 和 CHAR	ASCII 返回一个字符的 ASCII 值；CHAR 返回一个与 ASCII 码值对应的字符	SELECT ASCII('A'), ASCII('中'), CHAR(80), CHAR(ASCII('A')+4) --CHAR(32)-空格符，CHAR(9)-制表符，CHAR(13)-回车符，CHAR(10)-换行符
NCHAR 和 UNICODE	按照 UNICODE 标准，返回表达式的第一个字符的整数值；NCHAR 把 UNICODE 字符的整数值转换成等价的字符	SELECT UNICODE('A'), ASCII('A'), UNICODE('中'), NCHAR(20013)
STR	将数值转换成规定长度和小数点的字符串	SELECT STR(12345.678, 12, 2), STR(12345.678,12,0), STR(12345.678,12,4)
2. 字符串比较函数		
CHARINDEX 和 PATINDEX	CHARINDEX 返回字符串中指定字符的位置；PATINDEX 返回指定表达式中某个模式第一次出现的起始位置	SELECT CHARINDEX('year','happy new year'), PATINDEX('%er%','Robert')
3. 字符串长度函数		
LEN 和 DATALENGTH	LEN 返回一个字符串的字符个数（不包括右边空格）；DATALENGTH 返回字符串使用的字节数。对于 UNICODE 字符串，每个字符占两个字节，LEN 与 DATALENGTH 返回的值不同	SELECT LEN('dbms'), LEN('数据库 dbms'), LEN(N'数据库 dbms'), DATALENGTH('dbms'), DATALENGTH('数据库 dbms'), DATALENGTH(N'数据库 dbms')
4. 取子串函数		
LEFT、RIGHT 和 SUBSTRING	LEFT 返回字符串左边的字符；RIGHT 返回字符串右边的字符；SUBSTRING 返回字符串中间的一部分	SELECT LEFT('数据库 dbms',5), RIGHT('数据库 dbms',5), SUBSTRING('数据库 dbms',3,4)
LOWER 和 UPPER	LOWER 将字符串转换成小写字母形式；UPPER 将字符串转换成大写字母形式	SELECT LOWER('YeS'), UPPER('Yes')
5. 去空格函数		
LTRIM 和 RTRIM	LTRIM 去掉字符串左边的空格；RTRIM 去掉字符串右边的空格	SELECTDATALENGTH(LTRIM('ABC')),LTRIM(SPACE(2)+'ABC'+SPACE(3)), RTRIM(LTRIM)SPACE(2)+'ABC'+SPACE(3)))
6. 字符串处理函数		
REPLACE	用特殊字符替代字符串中的字符	SELECT REPLACE('happy new year','p','b'), REPLACE('happy new year',' ','')
REPLICATE	以指定的次数重复一个字符串	SELECT REPLICATE('me',5)
REVERSE	将指定字符串的字符排列顺序颠倒	SELECT REVERSE('abcde')
SPACE	返回由重复的空格组成的字符串	SELECT SPACE(10), 'A'+SPACE(4)+'B', 'A'+REPLICATE(CHAR(32),4)+'B'
STUFF	删除指定长度的字符，并在指定的起点处插入另一组字符	SELECT STUFF('abcdef',2,3,'ijklmn'), STUFF('abcdef',2,0,'xy'), STUFF('abcdef',2,3,'')

必须注意的是，一些特殊的数据类型（如 varbinary、text、image 和 ntext 等）并不完全支持上述字符串处理函数。例如，text 和 ntext 文本类型不能使用 RTRIM、LTRIM、LOWER、UPPER、REPLACE、REPLICATE、STUFF、LEFT、RIGHT 及 LEN 等函数，只能使用 SUBSTRING 实现 LEFT，RIGHT 的功能，利用 DATALENGTH 实现 LEN 的功能。

实例 6-20 使用字符串函数检索数据。

本实例中的示例 1 使用 CHARINDEX 函数在员工表（Employees）中检索所有备注（Notes）列中包含字符串 MBA 的员工，并使用换行符 CHAR(13)分行输出姓名、地址和电话号码。示例 2 利用 STR 函数将数值型数据转换成字符串，再利用 RIGHT 函数截取右边的字符，将字符串转换成统一的格式。

```
/*示例 1:这里需要以文本格式(非网格格式)显示返回查询结果集才能展示换行的效果。*/
SELECT FirstName +''+ LastName，CHAR(13) + Address + CHAR(13) + HomePhone + CHAR(13)
FROM Employees WHERE CHARINDEX('MBA',Notes) > 0
/*示例 2:使用 STR 和 RIGHT 函数按格式输出数值型数据,ProductID 的值不能大于 99,UnitPrice 不能大于 10
位数。*/
SELECT ProductID,'P' + RIGHT(STR(100 + ProductID,3),2) AS 'NewID',ProductName,UnitPrice,
STR(UnitPrice * 0.85,8,2) AS 'DiscountedPrice'   FROM Products WHERE UnitPrice >= 50
```

6.3.2 日期时间函数

日期和时间作为一种特殊的数据类型存储在表中，它能快速和有效地进行排序与检索，并且节省物理存储空间。日期和时间函数在 T-SQL 中发挥重要的作用，通常被用来读取、统计和处理日期值。例如，CAST('1997-2-17' AS DateTime) + 100 可以计算出 1997 年 2 月 17日之后的 100 天是哪一天；使用 DateDiff 函数可以计算出 2011-02-17 与 1997-02-17 两个日期之间相隔的天数。SQL Server 中常用的日期时间处理函数见表 6-5。

表 6-5 常用的日期时间处理函数

函　数	描　述	示　例
GetDate	返回系统当前的日期和时间	SELECT GetDate ()，DatePart(hh,GetDate()), DatePart(mi,GetDate()), DatePart(ss,GetDate()), DatePart(ms,GetDate()), DateName(week,GetDate()), DateName(weekday,GetDate())
DateAdd	根据指定的间隔和数字返回一个增加或减少后的新日期	SELECT DateAdd(month,2,'2008-2-17'), DateAdd(day,100,'2008-2-17'), DateAdd(day, −100,'2008-2-17')
DateDiff	第二个日期减去第一个日期并生成一个指定的 DatePart 码格式的值	SELECT DateDiff(year,'2008-2-17',GetDate()), DateDiff(day, '2008-2-17', GetDate()), DateDiff(month,GetDate(), '2008-2-17')
DateName	返回 DatePart 码指定的一部分日期的字符串值	SELECT 'Year =' + DateName(year,GetDate()) +', Month =' + DateName(month,GetDate()) +', Day =' + DateName(day,GetDate()) +', Quarter =' + DateName(qq,GetDate())
DatePart	返回 DatePart 码指定的一部分日期的整数值	SELECT DatePart(Year,Get Date()), DatePart(month,GetDate()), DatePart(day, GetDate())

（续）

函　　数	描　　述	示　　例
Day、Month 与 Year	分别返回日期中的日、月、年的整数值	SELECT Year(GetDate()), Month(GetDate()), Day(GetDate())
IsDate	判断一个表达式是否为一个有效的日期类型值。有效返回 1，否则返回 0	SET DATEFORMAT mdy SELECT IsDate('1-30-65'), Isdate('2008/31/12') SET DATEFORMAT ydm SELECT IsDate('1-30-65'), IsDate('2008/31/12')

日期格式可以由用户设置，语法为：

SET DATEFORMAT{format | @format_var}

这里，format | @format_var 是日期部分的顺序。有效参数包括 mdy、dmy、ymd、ydm、myd 和 dym，默认值是 mdy。

实例 6-21　使用日期时间处理函数检索数据。

本实例使用日期时间处理函数在订单表(Orders)中检索 2009 年度 12 月份的订单中有哪些还没有发货或者发货日期超过了要货日期（即发货延期），并计算发货延期的天数。

```
SELECT *, DateDiff(day, RequiredDate, ShippedDate) AS 'DaysDelayed' FROM Orders  WHERE DateDiff(month,
OrderDate, '2009-12-31') = 0 and(ShippedDate IS NULL  OR ShippedDate > RequiredDate)
GO
```

在数据库应用中可以巧妙利用日期时间处理函数。例如，给定一个日期@today，求当月中的最后一天或当月的天数。由于下个月第一天之前的那一天就是当月的最后一天，因此可以据此求出当月的最后一天或天数，T-SQL 语句如下。

```
DECLARE @Today DateTime
SET @today = '2008-2-21'
SELECT DateAdd(day, -Day(@Today), DateAdd(month, 1, @Today)) as 'MaxDate',
Day(DateAdd(Day, -Day(@Today), DateAdd(month, 1, @Today))) as 'DaysInaMonth'
```

6.3.3　聚合函数

在实际应用中，经常需要分组汇总数据，以便分析和生成报表，而没有必要把所有数据检索出来，为此 SQL Server 提供了专门的函数，即聚合函数(Aggregate Function)。聚合函数对一组值执行计算，并返回单个值。除了 COUNT 外，聚合函数都会忽略空值。

聚合函数经常与 SELECT 语句的 GROUP BY 子句一起使用。T-SQL 中常用的聚合函数见表 6-6。

表 6-6　常用的聚合函数

函　　数	描　　述	示　　例
COUNT({[ALL | DISTINCT]expression] | * })	返回组中行的数量	SELECT COUNT(Distinct City), Count(All City), Count(*) From Customers
AVG([ALL | DISTINCT]expression)	返回组中值的平均值	SELECT AVG(UnitPrice) From Products
MAX([ALL | DISTINCT]expression)	返回表达式的最大值	SELECT MAX(UnitPrice) From Products
MIN([ALL | DISTINCT]exPression)	返回表达式的最小值	SELECT MIN(UnitPrice) From Products
SUM([ALL | DISTINCT]expression)	返回表达式中所有值的和	SELECT SUM(Amount) From OrderItems

多个聚合函数可以结合使用，对于检索到的行，每个聚合函数都生成一个独立的汇总值。在输出结果集中，聚合函数中没有标题，必要时可以为其指定一个别名。MAX 和 MIN

函数也可以用来返回字符串（文本）列中的最大值和最小值，SUM 和 AVG 只能用于数值列。

实例 6-22 使用聚合函数检索汇总数据。

本实例分别说明 COUNT、AVG、MAX、MIN、SUM 函数的使用方法，同时介绍 DISTINCT 选项的用途。示例 1 在产品表（Products）中计算 Beverages（CategoryID = 1）这类产品的个数、平均单价、最小单价和最大单价，并对在 COUNT 和 AVG 函数中使用的 Distinct 选项的前后结果进行比较。示例 2 在订单明细表（OrderItems）中计算某个产品的销售额和平均销售单价，并给每个聚合函数结果取一个别名。

```
/* 示例 1：COUNT 和 AVG 函数在使用 Distinct 选项时后面必须有表达式，是去掉了重复项之后的行数。*/
SELECT COUNT(*),COUNT(Distinct UnitPrice), AVG(UnitPrice),AVG(Distinct UnitPrice),MAX(UnitPrice),
MIN(UnitPrice),MIN(ProductName),MAX(ProductName) FROM Products WHERE CategoryID = 1
/* 示例 2：聚合函数内可使用表达式：UnitPrice * (1-Discount)。*/
SELECT SUM(Quantity) AS 'Qty',SUM(Amount) AS 'Amt',AVG(UnitPrice * (1-Discount)) AS 'Price' FROM
OrderItems WHERE ProductID = 1
```

实例 6-23 在子查询中使用聚合函数。

在子查询中使用聚合函数可以提高数据检索的性能和效率。本实例查找产品表（Products）中单价最低及单价小于平均单价的那些产品。由于两个子查询都只返回一个值（单值子查询），因此在 WHERE 子句中可以使用 <、>、= 等运算符与子查询连接。对于单值子查询，也可以先使用变量存储子查询结果，然后在外部查询中使用此变量。本实例使用子查询和变量两种方式，检索得到的结果是完全相同的。

```
/* 直接使用子查询，检索哪些产品的单价最低。注意：单价最低的产品可能不止一个。*/
SELECT ProductName,UnitPrice From Products Where UnitPrice = (SELECT MIN(UnitPrice) From Products)
/* 直接使用子查询，检索哪些产品的单价小于所有产品的平均单价。*/
SELECT ProductName,UnitPrice From Products Where UnitPrice < (SELECT AVG(UnitPrice) From Products)
GO
/* 使用变量。先定义两个变量，使用两条 SELECT 语句将最小单价和平均单价赋值到两个变量中。*/
DECLARE @minprice money,@avgprice money
SET @minprice = (SELECT MIN(UnitPrice) From Products)
SET @avgprice = (SELECT AVG(UnitPrice) From Products)
/* 或使用一条 SELECT 语句将最小单价和平均单价同时赋值到两个变量中。*/
SELECT @minprice = MIN(UnitPrice),@avgprice = AVG(UnitPrice) FROM Products
/* 使用变量检索数据，不使用子查询。*/
SELECT ProductName,UnitPrice FROM Products WHERE UnitPrice = @minprice
SELECT ProductName,UnitPrice FROM Products WHERE UnitPrice < @avgprice
```

6.3.4 排名函数

排名函数是 SQL Server 2005 及以上版本支持的一个功能很强的新函数，它允许在 SELECT 结果集中返回与每行关联的值，即为每一行返回一个排名值。排名函数使得许多复杂问题简单化，它可以大幅提高查询效率。目前，SQL Server 中的排名函数有：ROW_NUMBER()、RANK()、DENSE_RANK() 和 NTILE() 等，各个函数的具体含义及其使用方法见表 6-7。排名函数必须与 OVER 和 ORDER BY 子句连用，其基本语法为：

OVER([<partition_by_clause>] <order_by_clause>)

表 6-7 SQL Server 中的排名函数

函　　数	描　　述	示　　例
ROW_NUMBER	在结果集中为每行返回一个递增的整数	SELECT ROW_NUMBER() OVER(ORDER BY UnitPrice) AS 'RowNo', UnitPrice FROM Products

（续）

函　数	描　述	示　例
RANK	为结果集中的每一行提供一个递增值。如果每行有重复值，它们有相同的排名	SELECT RANK（）OVER（ORDER BY UnitPrice）AS 'RowNo'，UnitPrice FROM Products
DENSE_RANK	与 RANK 相似，只是它不在排名值中返回间隔	SELECT DENSE_RANK（）OVER（ORDER BY UnitPrice）AS 'RowNo'，UnitPrice FROM Products
NTILE	根据排名把结果划分成指定数量的分组	SELECT NTILE（4）OVER（ORDER BY UnitPrice）AS 'RowNo'，UnitPrice FROM Products

实例 6-24　使用排名函数检索数据，并对不同排名方法进行比较。

本实例中的示例 1 按单价对产品表（Products）进行降序排列，每行产生一个排名值。示例 2 比较 RANK（）与 DENSE_RANK（）的差异。当两个产品的单价相同时，RANK（）和 DENSE_RANK（）都返回相同的排名值，只是对于下一个排名值，RANK（）与它之间有一个间隔，而 DENSE_RANK（）与它没有间隔。示例 3 使用 NTILE（）函数按照单价高低将产品分成 7 个组。

```
/*示例 1：为每个产品添加一个递增行号,按产品单价降序排列。*/
SELECT ROW_NUMBER（）OVER（ORDER BY UnitPrice DESC）AS 'RowNo'，* FROM Products
/*示例 2：Rank（）与 Dense_Rank（）的差异比较。在使用 Rank（）得到的结果集中,单价为 43.9 的产品有两个,排名均为 11,下一个单价为 40 的产品排名为 13;而使用 Dense_Rank（）时,单价为 40 的这个产品排名为 12。*/
SELECT RANK（）OVER（ORDER BY UnitPrice DESC）AS 'RowNo'，* FROM Products
SELECT DENSE_RANK（）OVER（ORDER BY UnitPrice DESC）AS 'RowNo'，* FROM Products
/*示例 3：按照单价排名将结果集分成 7 组编号,每组 11 条记录,同组的组号是相同的。*/
SELECT NTILE（7）OVER（ORDER BY UnitPrice DESC）AS 'GroupNo'，* FROM Products
```

实例 6-25　利用排名函数产生记录行号，并与其他方法进行比较。

本实例采用两种方法为订单明细表（OrderItems）添加一个行号。第一种方法是直接采用排名函数，但排名函数必须以某个列（或列组合）为排序关键字，因此得到的行号可能与原有记录的存储顺序不一致。第二种方法是向表中增加一个 Identity 列，Identity 列的值就是行的排名号。这种方法可以保持表中原有记录的存储顺序，但表中原来不能有 Identity 列。

```
/*方法 1：直接利用排名函数为订单明细表中的每一行返回一个递增的行号。*/
SELECT Row_Number（）Over（Order By OrderID,ProductID）AS 'RowNo'，* FROM OrderItems
/*方法 2：新建一个临时表,在临时表中增加一个 Identity 列,其值就是每条记录的行号。*/
IF（OBJECT_ID（N'tempdb. dbo. #tmp'）IS NOT NULL）　DROP TABLE #tmp
GO
SELECT IDENTITY（Bigint,1,1）AS 'RowNo'，* INTO #tmp FROM OrderItems
SELECT * FROM #tmp
```

实例 6-26　使用排名函数中的 Partition By 子句进行分类排名和数据检索。

排名函数中的 Partition By 子句将结果集分为多个分区，可以实现 GROUP BY 无法实现的功能。本实例利用 Partition By 子句检索每一类产品中单价排名前 3 位的产品。在这个实例中，先将分类排名值保存在一个临时表 tmp 中，然后再在这个临时表中检索满足条件的数据。

```
IF（OBJECT_ID（'tempdb. . #tmp'）IS NOT NULL）　DROP TABLE #tmp
GO
SELECT CategoryID,ProductID,ProductName,UnitPrice,Row_Number（）Over（Partition By CategoryID Order By UnitPrice Desc）　AS 'Rank' INTO #tmp FROM Products
SELECT * FROM #tmp WHERE Rank <=3 ORDER BY CategoryID，Rank
```

6.3.5 其他函数

除字符串函数、日期函数和聚合函数外，SQL Server 还提供了其他一些函数。本节继续介绍一些在数据库应用开发中比较常用的函数，如随机函数、数据类型转换函数和数值函数等。

1. 随机函数

在 SQL Server 中，随机函数主要有两种：NewID( ) 和 Rand( )。NewID( ) 的返回值是 Uniqueidentifier 类型数据，而 Rand( ) 返回一个 0 ~ 1 之间的数值。

在执行查询语句时，NewID( ) 扫描每条记录都生成一个值，而由于生成的值是随机的，因此按这个值进行排序的结果也是无序的。Rand( ) 在每个查询语句只调用一次，所有行会得到由 Rand( ) 产生的同一个随机值。因此，在 SQL Server 中使用 Rand( ) 其实是无法实现随机排序的。由于 NewID( ) 每一行都会单独计算 NewID( ) 的值，当记录比较多时(大于30万条)，Order By NewID( ) 语句会占用较多的系统资源，运行速度比较慢。

实例 6-27　使用随机函数 NEWID( ) 和 RAND( ) 检索数据并进行比较。

本实例分别采用 NewID( ) 和 Rand( ) 这两个随机函数从产品表(Products)中随机取出 10 条记录。在 SQL Server 中，Rand( ) 无法实现随机排序。

```
/* 从 Products 表中随机取 10 行,注意不是前 10 行。*/
SELECT TOP 10 * FROM Products ORDER BY NewID( )
/* 可以对某一范围内的记录随机提取。*/
SELECT TOP 10 * FROM Products WHERE UnitPrice >= 20 Order By NewID( )
/* 下列语句使用 RAND( ),但无法实现随机排序。*/
SELECT TOP 10 RAND( ) * ProductID AS 'Row', * FROM Products ORDER BY Row
```

2. 数据类型转换函数

数据类型之间的相互转换在数据库应用开发中是必不可少的。T-SQL 提供两个级别的数据类型转换机制。

① 隐性转换。这种转换对于用户是不可见的，SQL Server 自动将数据从一种类型转换成另一种类型。例如，如果一个 SmallInt 变量和一个 Int 变量相比较，这个 SmallInt 变量在比较前即被隐性转换成 Int 变量。

② 显式转换。使用 CAST 或 CONVERT 函数进行强制类型转换，将一种数据类型的表达式转换为另一种数据类型。CAST 和 CONVERT 函数在语法上有所差异，但在功能上基本相同，其基本格式见表 6-8。

表 6-8　数据类型转换函数

函　　数	示　　例
CAST(*expression AS data*_type [(*length*)])	Select ProductName, 'The Price Is ' + Cast(UnitPrice As Varchar) From Products
CONVERT (data _ type [(length)], *expression* [, style])	Select Convert(Varchar, OrderID), Convert(Varchar(10), OrderDate, 120), Convert(Decimal(12,2), Freight/1. 17) From Orders

CONVERT 函数有一个 Style 选项，在转换日期型数据时，可以借此指定日期格式。例如，Style 值为 101 时按 mm/dd/yyyy 格式输出日期；Style 值为 103 时按 yyyy. mm. dd 格式输出日期；Style 值为 120 时按 yyyy-mm-dd 输出日期。有关 Convert 函数中 Style 的取值及其对应的日期格式，可参考 SQL Server 相关资料。

实例 6-28　使用 CAST 与 CONVERT 数据类型转换函数检索数据。

本实例在员工表（Employees）中检索所有雇佣时间在 30 年以上的员工信息。下面借助 CONVERT 函数提取 BirthDate 和 HireDate 两个列中的日期部分（即剔除时间部分），并按 yyyy-mm-dd 这种格式显示日期。CAST（Notes AS varchar（100））与 LEFT（Notes，100）的结果相同，都是截取 Notes 列中的前 100 个字符，使得原来很长的 Notes 内容变得可读性强些。

SELECT EmployeeID，FirstName，LastName，Minit，Title，CONVERT（varchar（10），BirthDate，120）as ' BirthDate '，CONVERT（varchar（10），HireDate，120）as ' HireDate '，CAST（Notes as varchar（100））as ' ShortenNotes ' FROM Employees WHEREDateDiff（year，HireDate，GetDate（））>10

3. 数值函数

总的来说，数值函数（包括一些数学函数）在数据库应用的开发中不是十分常用，这里只列出其中一部分进行介绍。见表 6-9，有兴趣的读者可以参阅 SQL Server 相关技术手册。

表 6-9 数值函数

函 数	描 述	示 例
ISNUMERIC	判断输入表达式的计算值是否为有效的数值型数据。有效返回 1，否则返回 0	SELECT City，PostalCode FROMEmployees WHERE ISNUMERIC（PostalCode）<>1
ROUND	返回一个舍入到指定长度或精度的数字表达式。该函数与 STR 函数功能上相似，但 STR 返回字符型，ROUND 返回数值型	SELECTProductName，UnitPrice，ROUND（UnitPrice *0.88，2）AS DiscountedPrice，ROUND（UnitPrice，0）AS NewPrice FROM Products
ABS	返回给定表达式的绝对值	SELECT ProductID，UnitPrice，ABS（UnitPrice-30）as RelativePrice From Products
SQRT	返回给定表达式的平方根	SELECT Freight，SQRT（Freight）AS ' Square root of Freight ' FROM Orders
FLOOR	返回小于或等于给定数字表达式的最大整数	SELECT OrderID，UnitPrice，FLOOR（UnitPrice）FROM OrderItems WHERE UnitPrice>100
CEILING	返回不带小数部分并且不小于其参数的值的最小数字	SELECT OrderID，UnitPrice，FLOOR（UnitPrice）FROM OrderItems WHERE UnitPrice>100
SIGN	返回给定表达式的正号（+1）、零（0）或负号（-1）	SELECT ProductID，ProductName，UnitPrice，SIGN（UnitPrice-28.8663）FROM Products

6.4 数据分组检索

前面使用的聚合函数只能返回单个数据。例如，SELECT COUNT（*）FROM Products WHERE SupplierID=6，这条查询语句返回供应商 6 提供的产品个数。但如果要返回每个供应商提供的产品个数，这就需要使用数据分组技术。

数据分组就是按照一定的关键字把数据分为若干个逻辑组，并对每个组进行聚合计算。数据分组检索技术在决策支持系统、数据分析与挖掘等领域中的有着广泛的应用。

数据分组检索通过 SELECT 语句的 GROUP BY 子句实现。带有 GROUP BY 和 HAVING 子句的 SELECT 语句对结果集进行分组并为每组产生一个聚合值，其基本语法如下：

SELECT select_list [FROM table_source] [WHERE search_condition]
[GROUP BY group_by_expression]
[ROLLUP|CUBE（<composite element list>）]
[HAVING search_condition]

[ORDER BY *order_expression* [ASC | DESC]]

6.4.1　GROUP BY 子句

　　GROUP BY 子句将行划分成若干个组，然后为每一组返回一行结果值。例如，利用 GROUP BY 对每个产品类别的产品个数和平均单价进行分组汇总，其过程如图 6-1 所示。

ProductID 产品编码	CategoryID 产品类别	UnitPrice 单价	…
1	1	15.0	
2	1	20.0	
24	1	28.0	
4	2	43.0	
15	2	21.0	
23	2	17.0	
44	2	13.0	
16	3	18.0	
19	3	9.0	

第1组（1,2,24）　第2组（4,15,23,44）　第3组（16,19）

分组汇总每个产品类别的平均单价和所含产品个数

CategoryID 产品类别	AVG(UnitPrice) 平均单价	COUNT(*) 产品个数	…
1	21.0	3	
2	23.5	4	
3	13.5	2	

SELECT CategoryID,AVG(UnitPrice),COUNT(*)
FROM Products GROUP BY CategoryID

图 6-1　产品类别使用 GROUP BY 子句分组汇总示意图

　　GROUP BY 用来指定分组列，即按照哪些列或表达式来进行分组。在使用 GROUP BY 时，SELECT 列表中任一非聚合函数（表达式）的列都应包含在 GROUP BY 列表中，或者说，非聚合函数只有在 GROUP BY 分组列表中出现过的才能在 SELECT 语句的列表中也出现。

　　实例 6-29　使用简单的 GROUP BY 子句。

　　本实例在产品表（Products）中统计汇总每一类产品（CategoryID）的最大单价、最小单价、平均单价和产品个数。GROUP BY 子句指定按 CategoryID 列分组汇总数据，每个 CategoryID 值计算一次 MAX、MIN、AVG 和 COUNT 函数的值，而不是整个表计算一次，因此输出结果有 8 行（因为产品类别共有 8 个），而不是一行。

SELECT CategoryID,MAX(UnitPrice) AS 'MaxPrice',MIN(UnitPrice) AS 'MinPrice',
AVG(UnitPrice) AS 'AvgPrice',COUNT(*) AS 'Num' FROM Products
GROUP BY CategoryID

　　实例 6-30　使用 GROUP BY 和 WHERE 子句。

　　当 WHERE 子句与 GROUP BY 连在一起使用时，WHERE 必须放在 GROUP BY 之前，因为 WHERE 是用来限制对哪些记录进行分组汇总，而不是数据分组后输出哪些行。

　　本实例中的示例 1 利用 WHERE 子句在订单表（Orders）中统计汇总 2008 年度每个客户的订单笔数。示例 2 根据订单明细表（OrderItems）统计列出 2008 年度每个产品的汇总销售额和订单笔数。由于订单明细表中没有订单日期，因此必须先找出 2008 年度的所有订单，然后利用子查询和 IN 定义 WHERE 子句的条件。

/* 示例 1：统计 2008 年度每个客户的订单数目，每个客户返回一行数据。*/
SELECT CustomerID,Count(*) AS 'Number' FROM Orders
WHERE OrderDate BETWEEN '2008-01-01' AND '2008-12-31'
GROUP BY CustomerID
/* 示例 2：使用 IN 和子查询，统计 2008 年度每个产品的订单数目和金额，每个产品返回一行数据。*/
SELECT ProductID,SUM(Amount) AS 'Amount',Count(*) AS 'Number' FROM OrderItems WHERE OrderID IN
(SELECT OrderID FROM Orders WHERE OrderDate Between '2008-01-01' and '2008-12-31')
GROUP BY ProductID ORDER BY ProductID

实例 6-31　使用多组 GROUP BY 和表达式。

GROUP BY 子句可以指定多个分组列，也可以使用表达式作为分组列。本实例统计汇总 2008 年度每个客户每个月的订单数目。与前面单个分组列的 GROUP BY 不同，在这个检索结果中，每个客户返回的往往不止 1 行。如果某个客户 2008 年度每个月都有销售订单，那么这个客户共返回 12 行。为此，在 GROUP BY 子句中需要两个分组列：客户编码和月份，而月份由 Month（OrderDate）函数计算得到。注意，GROUP BY 不能对别名进行分组汇总。

```
SELECT CustomerID,Month(OrderDate) as 'MonthofOrders',COUNT(*) as 'NumofOrders'FROM Orders WHERE
OrderDate Between '2008-01-01'And '2008-12-31'
GROUP BY CustomerID,Month(OrderDate)
ORDER BY CustomerID,MonthofOrders
GO
```

T-SQL 在 GROUP BY 子句中提供 ALL 关键字。只有在 SELECT 语句中包括 WHERE 子句时，ALL 关键字才有意义。如果使用 ALL 关键字，那么查询结果将包括由 GROUP BY 子句产生的所有组，即使某些组没有符合搜索条件的行，也会出现在结果集中。如果不使用 ALL 关键字，包含 GROUP BY 子句的 SELECT 语句将不显示没有符合条件行的那些组。

实例 6-32　比较 GROUP BY 和 GROUP BY ALL。

本实例在产品表（Products）中分组汇总每一类产品（CategoryID）中单价小于 10 的产品个数。第一条查询语句在 GROUP BY 中没有使用 ALL 关键字，这时共返回 6 行。因为第 2 大类和第 7 大类不存在单价小于 10 的产品，因此结果集中没有这两个组。第二条查询语句使用 ALL 关键字，它为所有产品类别生成一个组（包括第 2 大类和第 7 大类），这时共返回 8 行。对于没有符合条件的组，聚合函数 COUNT(*) 返回的值为 0。

```
/* 在 GROUP BY 中没有使用 ALL,只返回存在产品单价小于 10 的这些产品类别。*/
SELECT CategoryID,Count(*) as 'Number'FROM Products WHERE UnitPrice < 10 GROUP BY CategoryID
/* 在 GROUP BY 中使用 ALL,不存在产品单价小于 10 的这些产品类别也出现在组中。*/
SELECT CategoryID,Count(*) as 'Number'FROM Products WHERE UnitPrice < 10 GROUP BY ALL CategoryID
```

6.4.2　使用 HAVING 子句过滤分组结果

除 GROUP BY 分组数据外，SQL Server 还允许对分组后的结果进行过滤和筛选。例如，如果要在产品表中列出哪些产品类别的平均单价大于 30，那么必须对分组的结果进行过滤。这时需要在 GROUP BY 之后再加 HAVING 子句，例如：

```
SELECT CategoryID,AVG(UnitPrice) FROM Products GROUP BY CategoryID
HAVING AVG(UnitPrice) >30
```

HAVING 用来指定分组或聚合的搜索条件。HAVING 子句可以引用 SELECT 列表中出现的任意项或聚合函数。HAVING 只能与 SELECT 语句一起使用，通常在 GROUP BY 之后使用。

在语法上，HAVING 与 WHERE 的使用方法类似，但 HAVING 可以包含聚合函数。HAVING 子句对 GROUP BY 子句设置条件的方式与 WHERE 子句和 SELECT 语句交互的方式类似。WHERE 子句在进行分组操作之前应用搜索条件，即指定哪些需要分组；而 HAVING 子句在进行分组操作之后应用搜索条件，即指定哪些分组需要输出。

实例 6-33　使用带有聚合函数的 HAVING 子句。

本实例中的示例 1 按客户编码对订单表（Orders）进行分组汇总，返回 2009 年订单笔数不少于 10 笔的那些客户。示例 2 按订单号对订单明细表（OrderItems）进行分组汇总，返回单笔订单中销售额超过 50000 而且至少有两种产品的那些订单，这个示例中的 HAVING 子句指定两个过滤条件，其中函数 COUNT(∗) 没有出现在 SELECT 查询列表中。

```
/* 示例 1：不使用 HAVING 条件时，Group by 返回 87 行。使用 HAVING 条件过滤掉了其中的 63 行，只返回订单不少于 10 笔的 24 个客户。*/
SELECT CustomerID,COUNT(∗) FROM Orders WHERE OrderDate >= '2009' and OrderDate < '2010'
GROUP BY CustomerID   HAVING COUNT(∗) >= 10
/* 示例 2：不使用 HAVING 条件时，Group by 返回 1280 行。使用 HAVING 条件过滤掉了其中的 998 行，只返回 282 行订单。*/
SELECT OrderID, SUM(Amount) FROM OrderItems GROUP BY OrderID
HAVING SUM(Amount) > 50000 AND COUNT(∗) > 1
GO
```

在 GROUP BY 和 HAVING 中可以不带聚合函数，例如，检索哪些客户的联系人职务中包含 "agent" 这个字符串。下列使用没有聚合函数的 HAVING 子句，其实不一定需要使用分组，使用带 DISTINCT 选项的 SELECT 语句也可以实现相同的功能。

```
SELECT ContactTitle FROM Customers GROUP BY ContactTitle HAVING ContactTitle LIKE '% agent%'
```

或

```
SELECT DISTINCT ContactTitle FROM Customers WHERE ContactTitle like '% agent%'
```

6.4.3 使用 ROLLUP、CUBE 和 GROUPING SETS 运算符

1. ROLLUP 运算符

ROLLUP 运算符指定结果集内不仅包含由 GROUP BY 提供的行，同时还包含汇总行。ROLLUP 按层次结构顺序，从组内的最低级别到最高级别对分组进行汇总。例如：

```
SELECT a,b,c,SUM(expression) FROM tablename
GROUP BY ROLLUP(a,b,c)
```

将为 (a,b,c)、(a,b) 和 (a) 值的每个唯一组合生成一个带有小计的行，还将计算一个总计行。列是按照从右到左的顺序汇总的，列的顺序会影响 ROLLUP 输出的分组，而且可能会影响结果集内的行数。

在生成包含合计值的报表时，ROLLUP 运算符非常有用。在 SQL Server 2008 之前的版本中没有 ROLLUP 运算符，而是使用 WITH ROLLUP 实现类似的功能。

2. CUBE 运算符

与 ROLLUP 相似，CUBE 运算符指定结果集内不仅包含由 GROUP BY 提供的行，同时还包含汇总行。CUBE 生成的结果集是多维数据集，其中包含了各维度的所有可能组合的交叉表格。CUBE 生成的分组数等于 2^n，其中 n 为分组列中的表达式个数。例如：

```
SELECT a,b,c,SUM(expression)   FROM tablename
GROUP BY CUBE(a,b,c)
```

将为 (a,b,c)、(a,b)、(a,c)、(b,c)、(a)、(b) 和 (c) 值的每个唯一组合生成一个带有小计的行，同时还会生成一个总计行。由于 CUBE 返回每个可能的组和子组组合，因此不论在列分组时指定使用什么顺序，行数都相同，列的顺序不影响 CUBE 的输出结果。

在 SQL Server 2008 之前的版本中没有 CUBE 运算符，而是使用 WITH CUBE 实现类似的功能。

CUBE 和 ROLLUP 之间的区别在于：CUBE 生成的结果集显示所选列中值的所有组合的

聚合，而 ROLLUP 生成的结果集显示所选列中值的某一层次结构的聚合。不难发现，当 GROUP BY 只有一个分组项时，CUBE 和 ROLLUP 返回相同的结果，两者都是在原来 GROUP BY 分组基础上添加了一个总计行。例如，下面两条查询语句都是在 GROUP BY 基础上添加一个全部产品的平均单价。

```
SELECT CategoryID,AVG(UnitPrice) FROM Products GROUP BY ROLLUP(CategoryID)
SELECT CategoryID,AVG(UnitPrice) FROM Products GROUP BY CUBE(CategoryID)
```

实例 6-34　使用带 CUBE、ROLLUP 运算符的 GROUP BY 子句，并比较 ROLLUP 与 CUBE。

本实例在 GROUP BY 中分别使用 ROLLUP 和 CUBE 关键字，检索每个供应商提供的每一类产品的平均单价。GROUP BY 之后的 CUBE 和 ROLLUP 中包含两个分组元素（SupplierID 和 CategoryID），两种方法返回相同的聚合行，但 CUBE 返回更多的小计行。

使用 ROLLUP，除返回聚合行之外，还返回每个供应商所有产品（SupplierID）的平均单价（小计值）和一个全部产品的平均单价（总计值），比没有 ROLLUP 时多返回了 29 行小计值（因为有 29 个供应商）和 1 个总计值。使用 CUBE 除返回 ROLLUP 所有的小计值和总计值之外，还为每一个产品类别（CategoryID）返回一个小计值，因此它比 ROLLUP 多返回 8 行（因为有 8 个产品类别）。

```
/* 不使用 CUBE 或 ROLLUP 共返回 49 行。*/
SELECT SupplierID,CategoryID,AVG(UnitPrice) FROM Products
GROUP BY SupplierID,CategoryID
/* 使用 ROLLUP 共返回 79 行，比不使用 ROLLUP 多返回了 29 行小计值和 1 个总计值。*/
SELECT SupplierID,CategoryID,AVG(UnitPrice) FROM Products
GROUP BY SupplierID,CategoryID
/* 使用 CUBE 共返回 87 行，比不使用 CUBE 时多返回 38 行，包括 29 行供应商、8 行产品类别和 1 行总计值。*/
SELECT SupplierID,CategoryID,AVG(UnitPrice) FROM Products
GROUP BY CUBE(SupplierID,CategoryID)
```

3. GROUPING SETS 运算符

在 SQL Server 2008 中，ROLLUP、CUBE 和 GROUPING SETS 运算符是 GROUP BY 子句的扩展。GROUPING SETS 运算符可以生成与 GROUP BY、ROLLUP 或 CUBE 运算符相同的结果集。但 GROUPING SETS 的功能更加强大，它可以在一个 SELECT 语句中指定需要产生哪些分组聚合值。如果不需要获得 ROLLUP 或 CUBE 运算符生成的全部分组，则可以使用 GROUPING SETS 指定仅所需的分组。GROUPING SETS 也可以与 ROLLUP 和 CUBE 一起使用。

GROUPING SETS 可以包含单个元素或元素列表，列表内用括号包含的多个列被视为一个集。例如，在 GROUP BY GROUPING SETS（（Column1，Column2），Column3，Column4）中，Column1 和 Column2 被视为一个列。当列表中包含多个集时，集的输出结果将串联在一起。结果集是分组集的叉积或笛卡儿积。

假设有一张客户销售情况表（myCustomerSales），其模拟数据见表 6-10。利用 GROUPING SETS，可以得到 4 种不同的聚合值：①每个客户每年的销售额合计值；②每个客户的销售额合计值；③每年的销售额合计值；④所有销售额的总计。这 4 种聚合值分别可以由 GROUP BY（CustomerID，Year）、GROUP BY（CustomerID）、GROUP BY（Year）和 GROUP BY（）计算得到，但一个 GROUP BY 通常只能得到一种聚合值，而 GROUPING SETS 可以将多个聚合值合并在一起。

表 6-10　客户销售情况表（myCustomerSales）

CustomerID 客 户 编 号	Year 年　份	Amount 销　售　额
1	2007	120000
1	2008	180000
1	2009	250000
2	2007	150000
2	2008	60000
3	2008	200000
3	2009	240000

事实上，CUBE 和 ROLLUP 子句只是 GROUPING SETS 的两种简化的表示模式，也就是说，GROUPING SETS 子句可以实现 ROLLUP 和 CUBE 子句的功能。例如，下面两条查询语句将多种聚合值合并在一起，分别与 GROUP BY ROLLUP（CustomerID，Year）和 GROUP BY CUBE（CustomerID，Year）等价。

```
SELECT CustomerID,Year,SUM(Amount) AS Amount FROM myCustomerSales
GROUP BY GROUPING SETS((CustomerID,Year),(CustomerID),())
SELECT CustomerID,Year,SUM(Amount) AS Amount FROM myCustomerSales
GROUP BY GROUPING SETS((CustomerID,Year),(CustomerID),(Year),())
```

除此之外，GROUPING SETS 还可以生成不同组合的聚合值。例如，在统计客户每年的销售额时，如果不希望得到 ROLLUP 或 CUBE 那么多的聚合值，那么使用下列 GROUPING SETS 子句可以剔除每个客户销售额的汇总值，而只返回一个全部销售额的总计值。

```
SELECT CustomerID,Year,SUM(Amount) AS Amount FROM myCustomerSales
GROUP BY GROUPING SETS((CustomerID,Year),())
```

在 GROUPING SETS 中，分组列的次序与得到的多维分析结果没有关系。例如，GROUP BY GROUPING SETS（（CustomerID，Year），（CustomerID），（Year），（ ））与 GROUP BY GROUP-ING SETS（（ ），（Year），（CustomerID），（Year，CustomerID））得到相同的查询结果。

实例 6-35　使用带 GROUPING SETS 运算符的 GROUP BY 子句。

本实例利用 GROUPING SETS 统计分析客户销售订单的分布情况。示例 1 统计汇总每个客户 2009 年度每个月的订单发生笔数，这个查询可以使用 GROUP BY ROLLUP（CustomerID，Month（OrderDate））实现。示例 2 统计汇总每个客户每年每个月的订单发生笔数，这个查询可以使用 GROUPING SETS（（CustomerID，ROLLUP（Year（OrderDate），Month（OrderDate））））加以简化。

```
/* 示例1:统计汇总每个客户每个月的订单笔数。*/
SELECT CustomerID,month(OrderDate) as 'Month', Count(*) AS 'Num' FROM Orders WHERE Year
(OrderDate)=2009 GROUP BY GROUPING SETS((CustomerID,month(OrderDate)), (CustomerID), ())
/* 示例2：统计汇总每个客户每年每个月的订单笔数。*/
SELECT CustomerID, YEAR(OrderDate) as 'Year', Month(OrderDate) as 'Month', COUNT(*) AS 'Number'
FROM Orders GROUP BY GROUPING SETS((CustomerID,YEAR(OrderDate), Month(OrderDate)),
(CustomerID,YEAR(OrderDate)), (CustomerID))
/* 上述查询语句也可以用 ROLLUP 进行简化。*/
SELECT CustomerID, Year(OrderDate) as 'Year', Month(OrderDate) as 'Month', COUNT(*) AS 'Number' FROM
Orders GROUP BY GROUPING SETS((CustomerID,ROLLUP(Year(OrderDate), Month(OrderDate))))
GO
```

GROUPING SETS 是 SQL Server 2008 中新增的功能项，关于这方面内容的更多介绍，读者可参考 SQL Server 相关技术手册。

6.5 使用 JOIN 连接表

连接是关系数据模型的主要特点，也是它区别于其他数据模型的一个重要标志。通过连接，可以根据各个表之间的逻辑关系从两个或多个表中检索数据。

两个表在查询中的关联方式，称为连接条件，它一般通过下列两种方法定义。

① 指定每个表中用于连接的列。典型的连接条件是在一个表中指定外键，在另一个表中指定与其关联的主键。

② 指定各列值比较时使用的逻辑运算符（如 = 、< > 等）。

通常，可以在 SELECT 语句的 FROM 子句或 WHERE 子句中建立连接。连接条件可以与 WHERE 和 HAVING 的其他搜索条件进行组合，也可以在 FROM 子句中指定，这样有助于将连接条件与 WHERE 子句中的其他搜索条件分开，以增强语句的可读性。

简化后的 FROM 子句连接语法如下。

FROM < *first_table* > JOIN_type < *second_table* > [ON (JOIN_condition)]

连接可分为 3 种形式：内连接（INNER JOIN）、外连接（OUTER JOIN）和交叉连接（CROSS JOIN）。

6.5.1 内连接与交叉连接

内连接使用比较运算符进行表间某（些）列数据的比较操作，并列出这些表中与连接条件相匹配的数据行。根据所使用的比较方式不同，内连接又分为等值连接、自然连接和不等连接 3 种。

① 等值连接：在连接条件中使用等于运算符(=)比较被连接列的列值，其查询结果中列出被连接表中的所有列，包括其中的重复列。

② 自然连接：在连接条件中使用等于运算符(=)比较被连接列的列值，但它使用选择列表指出查询结果集合中所包括的列，并删除连接表中的重复列。

③ 不等连接：在连接条件使用除等于运算符(=)以外的其他比较运算符比较被连接列的列值，这些运算符包括 > 、 >= 、 <= 、 < 、! > 、! < 和 < > 。

交叉连接没有 WHERE 子句，它返回连接表中所有数据行的笛卡儿积，其结果集合中的数据行数等于第一个表中符合查询条件的行数乘以第二个表中符合查询条件的行数（假设只有两个表的交叉连接）。

实例 6-36 使用交叉连接（笛卡儿积）和自然连接，并进行比较。

本实例中的示例 1 的 FROM 子句包含两个表，由于没有使用 WHERE 指定条件，SELECT语句返回两个表交叉连接的笛卡儿积。返回的数据集用每个供应商匹配每个产品，共返回 $77 \times 29 = 2233$ 行。显然，这类连接会产生许多毫无意义的数据。示例 2 中使用 WHERE 子句指定连接条件，在第二个表中只检索供应商编码与第一个表的供应商编码相同的记录，这时只返回 77 行。

/* 示例1:使用交叉连接,返回两个表的笛卡儿积,其中包含供应商不正确的产品。 */

SELECT CompanyName，ProductName，UnitPrice FROM Products，Suppliers
/* 示例 2：由于两个表中都有 SupplierID 这个列，WHERE 子句将 Suppliers 表中 SupplierID 与 Products 表中的 SupplierID 相匹配，这时只返回每个供应商提供的产品，共 77 行。*/
SELECT CompanyName，ProductName，UnitPrice FROM Products，Suppliers
WHERE Products. SupplierID = Suppliers. SupplierID

实例 6-37　使用 WHERE 和 JOIN 进行内连接。

内连接可以使用两种不同的语法来指定连接的类型：WHERE 和 INNER JOIN（或 JOIN）。这两种语法形式返回完全相同的结果，但结果集中行的顺序可能有所不同，需要用 ORDER BY 进行排序。

本实例分别使用 JOIN 和 WHERE 两种不同的语法将产品表（Products）与供应商表（Suppliers）做自然连接，显示每个产品对应的供应商的名称。在 SELECT 列表中，如果某列只在一个表中存在，那么可以默认其表名前缀，如果某列在多个表中存在，那么不管其值是否等同，在该列名前必须添加表名前缀。例如，ORDER BY 中的 SupplierID 列必须添加一个表名前缀（Suppliers. ）加以限定。

/* 使用 INNER JOIN 连接两个表。*/
SELECT Products. ProductID，Products. ProductName，Products. SupplierID，Suppliers. CompanyName FROM Suppliers
INNER JOIN Products ON Products. ProductID = Suppliers. SupplierID ORDER BY Suppliers. SupplierID
/* 使用 WHERE 指定连接条件，语句的可读性比 JOIN 要差一些。*/
SELECT Products. ProductID, Products. ProductName, Products. SupplierID, Suppliers. CompanyName FROM Suppliers,
Products WHERE Products. SupplierID = Suppliers. SupplierID ORDER BY Suppliers. SupplierID

实例 6-38　使用表别名进行多表连接。

SQL Server 对一条 SELECT 语句中可以连接的表的数目没有限制，创建连接的基本规则也相同，即先列出所有表，然后定义表之间的关系。但在多表连接时，在列名前添加一个表名前缀会给多表连接带来书写上的不便。为此，可以使用表别名，以简化查询语句。

本实例中的示例 1 使用 JOIN 语句和表别名实现 3 个表之间的连接，返回 2008 年度每笔订单的详细信息及对应的客户名称和员工姓名。示例 2 通过 6 个表之间的连接，返回与订单明细表相关的其他信息，如产品名称、供应商名称、客户名称及员工姓名等。在获取客户名称和员工姓名时，由于订单明细表中不存在可以与客户表或员工表相匹配的任何列，因此必须先通过订单编号（OrderID）与订单表建立连接，然后通过订单表中的客户编码（CustomerID）和员工编码（EmployeeID）再与客户表和员工表连接。

/* 示例 1：使用 WHERE 连接 3 个表，在订单表中显示客户名称和负责该订单的员工姓名。*/
SELECT a. OrderID, CONVERT (varchar (10), OrderDate, 120) as ' OrderDate ', a. CustomerID, CompanyName, a. EmployeeID, FirstName + ' + LastName as ' EmployeeName ' FROM Orders as a, Customers as b, Employees as c
WHERE a. CustomerID = b. CustomerID and a. EmployeeID = c. EmployeeID
and YEAR（OrderDate）= 2008 ORDER BY a. OrderID
/* 示例 2：使用 JOIN 连接 6 个表，获取与订单明细表相关的其他信息。这里，INNER JOIN 中的 INNER 是可选项，表别名中的 AS 也是可选项。*/
SELECT a. *，e. ProductName，c. CompanyName as ' CustomerName '，c. City AS ' CustomerCity '，f. CompanyName as ' SupplierName '，f. City as ' SupplierCity '，FirstName + Space（1）+ LastName as ' EmployeeName ' FROM OrderItems a
JOIN Orders　　　b　　ON b. OrderID = a. OrderID
JOIN Customers　　c　　ON c. CustomerID = b. CustomerID
JOIN Employees　　d　　ON d. EmployeeID = b. EmployeeID
JOIN Products　　　e　　ON e. ProductID = a. ProductID
JOIN Suppliers　　f　　ON f. SupplierID = e. SupplierID

6.5.2　外连接

外连接分为左外连接（LEFT OUTER JOIN 或 LEFT JOIN）、右外连接（RIGHT OUTER

JOIN 或 RIGHT JOIN)和完全外连接(FULL OUTER JOIN 或 FULL JOIN)3 种。与内连接不同的是,外连接不只列出与连接条件相匹配的行,而是列出左表(左外连接时)、右表(右外连接时)或两个表(完全外连接时)中所有符合搜索条件的数据行。

① 左外连接的结果集包括 LEFT OUTER 子句中指定的左表的所有行,而不仅仅是连接列所匹配的行。如果左表的某行在右表中没有匹配行,则在结果集中为右表所有列返回空值。

② 右外连接是左外连接的反向连接,返回右表中的所有行。如果右表的某行在左表中没有匹配行,则在结果集中为左表所有列返回空值。

③ 完全外连接返回左表和右表中的所有行。当某行在另一个表中没有匹配行时,则另一个表的列返回空值。如果表之间有匹配行,则整个结果集行包含基表的数据值。

实例 6-39   使用 LEFT OUTER JOIN,比较与 INNER JOIN 的区别。

内连接与外连接的区别在于:仅当至少有一个同属于两表的行符合连接条件时,内连接才返回行。内连接消除与另一个表中的任何行不匹配的行,而外连接会返回 FROM 子句中提到的至少一个表中的所有行,只要这些行符合任何 WHERE 搜索条件。

本实例中的第一条语句使用 INNER JOIN 返回客户及其订单的信息,没有订单的客户被排除在外。第二条语句使用 LEFT OUTER JOIN 同样返回客户及其订单的信息,但包括那些没有订单的客户。不管是否与 Orders 表中的 CustomerID 列匹配,LEFT OUTER JOIN 均会在结果中包含 Customers 表的所有行。这时,没有订单的客户其返回的行中 OrderID 为空值(NULL)。

```
/* 下列语句返回的结果集中,把没有订单的客户排除在外,共返回 1280 行。 */
SELECT a. CustomerID,CompanyName,b. OrderID,OrderDate FROM Customers as a
INNER JOIN Orders as b ON a. CustomerID = b. CustomerID ORDER BY a. CustomerID
/* 下列语句返回的结果集中,包括还没有订单的客户(FISSA 和 PARIS),共返回 1282 行。 */
SELECT a. CustomerID,CompanyName,b. OrderID,OrderDate FROM Customers as a LEFT OUTER JOIN Orders as
b ON a. CustomerID = b. CustomerID ORDER BY a. CustomerID
```

实例 6-40   使用 RIGHT OUTER JOIN,比较与 LEFT OUTER JOIN 的区别。

右外连接运算符(RIGHT OUTER JOIN)指明:不管第一个表中是否有匹配的数据,结果都将包含右边表中的所有行。

本实例通过 City 列连接客户表(Customers)和订单表(Suppliers),列出客户与供应商居住在同一个城市的信息。第一条语句使用左连接,返回客户表中的所有记录,不管它们是否与供应商居住在同一个城市,而第二条语句使用右连接,返回供应商表中的所有记录,不管他们是否与客户居住在一个城市。

```
/* 下列语句使用左连接,结果返回所有客户记录,共 91 行。*/
SELECT a. CompanyName as Customer,p. CompanyName as Supplier FROM Customers AS a
LEFT OUTER JOIN Suppliers AS p ON a. city = p. city    ORDER BY Supplier,Customer
/* 下列语句使用右连接,结果返回所有供应商记录,共 38 行。*/
SELECT a. CompanyName as Customer,p. CompanyName as Supplier FROM Customers AS a
RIGHT OUTER JOIN Suppliers AS p ON a. city = p. city    ORDER BY Supplier,Customer
```

6.5.3   自连接

自连接就是在一条 SELECT 语句中不止一次地引用相同的表。自连接通常可以用来替代子查询。虽然返回的结果相同,但有时处理连接的速度要远比处理子查询快。了解这两种不同的方法，有助于确定哪一种查询的性能更好。

理解自连接的最好办法是把一张表看做是内容完全相同的两张表，其他处理与多表连接一样。在使用自连接时，必须使用表别名。在多表连接中很少使用不等连接（＜　＞），通常不等连接只有与自连接同时使用时才有意义。

实例 6-41　使用 SELF-JOIN 自连接。

本实例中，示例 1 在产品表（Products）中使用自连接，查找提供产品 Tofu 的供应商还提供了其他哪些产品。示例 2 使用不等连接和自连接，在员工表（Employees）中查找哪些员工是同一天被雇佣的。在自连接中，有时候会产生重复行，使用 DISTINCT 或者在列名之前加上一个表别名十分重要。

```
/* 示例1:在输出列列表中,ProductID 和 ProductName 的表别名是 b 而不是 a,否则返回结果是不对的;为了在输
出的结果中排除 Tofu 本身,因此需要在 WHERE 子句中添加 b. ProductName < >'Tofu'这个条件。*/
SELECT b. ProductID,b. ProductName FROM Products as a,Products as b
WHERE a. ProductName ='Tofu' and b. SupplierID = a. SupplierID and b. ProductName < >'Tofu'
/* 示例2：使用 DISTINCT 去掉重复行。*/
SELECT DISTINCT a. EmployeeID, a. LastName, a. FirstName, CONVERT( varchar( 10), a. HireDate, 120) as
'HireDate' FROM Employees a INNER JOIN Employees b ON a. EmployeeID < >b. EmployeeID and DateDiff( day,
a. HireDate,b. HireDate) = 0 ORDER BY a. EmployeeID
```

6.5.4　使用带聚合函数的多表连接

前面讲述的有关聚合函数的实例只是从一个表中汇总数据，但聚合函数也可以与连接结合起来使用。当 SELECT 语句使用带 GROUP BY 的多表连接时，多表连接 JOIN 关键字应该放在 GROUP BY 之前，因为 JOIN 与 WHERE 相似，而 WHERE 总是放在 GORUP BY 之前。

实例 6-42　在分组汇总 GROUP BY 子句中使用内连接。

本实例中的示例 1 根据产品表（Products）和产品类别表（Categories），统计列出每类产品的平均单价，要求输出产品类别名称。示例 2 根据订单明细表（OrderItems）和客户表（Customers），统计列出汇总 2008 年度销售额大于 500000 的所有客户的名称，并按销售额从大到小排序。

```
/* 示例1:分组列出每类产品的平均单价。只有在 GROUP BY 中出现的列表才可以在 SELECT 语句的列表中
出现。JOIN 要放在 GROUP BY 之前。*/
SELECT b. CategoryName,avg( a. UnitPrice) as 'Avgprice' FROM Products as a JOIN Categories as b
ON a. CategoryID = b. CategoryID GROUP BY b. CategoryName ORDER BY b. CategoryName
/* 示例2：使用 SUM 函数，在 HAVING 子句中使用带聚合函数的条件 */
SELECT CompanyName as 'Customer', SUM( Amount) AS 'Amount' FROM OrderItems AS a
JOIN Orders as b ON a. OrderID = b. OrderID
JOIN Customers as c ON c. CustomerID = b. CustomerID
WHERE OrderDate Between '2008-01-01' and '2008-12-31'
GROUP BY CompanyName HAVING SUM( Amount) >500000 ORDER BY Amount DESC
```

实例 6-43　在分组汇总 GROUP BY 子句中使用外连接。

本实例分别使用左外连接和右外连接查询 2008 年度每个客户的销售额和订单笔数。在使用左外连接时，结果集中那些没有订单的 8 个客户也名列其中，返回空值或 0。这里必须注意几点：①"Year(OrderDate) = 2008"这个条件必须放在 LEFT OUTER JOIN 的 ON 关键字中，而不能放在 WHERE 中，否则不会返回那些没有订单的客户；②COUNT 函数括号内必须注明是 c. OrderID，而不能是 b. OrderID 或星号（＊），因为"Year(OrderDate) = 2008"这个条件在 OrderItems（别名为 c）表中；③在 OrderItems 和 Orders 中都要使用 LEFT OUTER

JOIN。

/* 使用左外连接,以左表 Customers 表为基准,没有订单的 8 个客户也排列其中,共返回 91 行。*/
SELECT CompanyName AS Customer,SUM(Amount)AS Amount, COUNT(c. OrderID) FROM Customers a
LEFT OUTER JOIN Orders b ON a. CustomerID = b. CustomerID
LEFT OUTER JOIN OrderItems c ON c. OrderID = b. OrderID and year(OrderDate) = 2008
GROUP BY CompanyName   ORDER BY CompanyName
/* 使用右外连接,只需要在 Customers 前使用 RIGHT OUTER JOIN,返回结果与左外连接相同。为避免存在疑
义,最好使用 LEFT OUTER JOIN,将 Customers 表放在 JOIN 左边。*/
SELECT CompanyName AS Customer,SUM(Amount),COUNT(b. OrderID) AS Amount FROM OrderItems a
INNER JOIN Orders b ON a. OrderID = b. OrderID and year(OrderDate) = 2008
RIGHT OUTER JOIN Customers c ON c. CustomerID = b. CustomerID
GROUP BY CompanyName   ORDER BY CompanyName

6.6　子查询

在 SQL 中,当一个查询语句嵌套在另一个查询之中时称为子查询。子查询也称为内部查询或内部选择,而包含子查询的语句也称为外部查询或外部选择。子查询总是写在圆括号内。任何允许使用表达式的地方都可以使用子查询,也就是说,子查询可以嵌套在 SE-LECT、INSERT、UPDATE、DELETE 语句或其他子查询中,也可以出现或嵌套在 FROM、WHERE、GROUP BY、HAVING 子句及 SELECT 语句的选择列表中。

许多包含子查询的 T-SQL 语句可以改用连接表示,但有些问题只能由子查询处理。在 T-SQL 中,包括子查询的语句和不包括子查询的语句如果在语义上等效,那么在性能方面通常没有太大差别。但是,在一些必须检查存在性的查询中,使用连接会产生更好的性能。因为,这时为确保消除重复值,必须为外部查询的每个结果都处理嵌套查询。所以,在这些情况下,连接方式会产生更好的效果。

子查询可返回单值、元组(即两个或两个以上值)及多值结果集。子查询具有下列 3 种基本形式:①通过 IN 引入或者通过返回单个值的比较运算符引入;②通过 ANY 或 ALL 比较运算符引入;③通过 EXISTS 引入。其基本语法格式分别为:

① WHERE expression[NOT] IN (subquery)
② WHERE expression comparison_operator [ANY | ALL] (subquery)
③ WHERE [NOT] EXISTS (subquery)

6.6.1　使用单值子查询

子查询如果只返回一个值,则称它为单值子查询。单值子查询由一个比较运算符(= 、< > 、>、>= 、<、! > 、! < 或 <=)引入。由于聚合函数往往只返回一个值,因此单值子查询通常与聚合函数结合起来使用。

实例 6-44　使用聚合函数的单值子查询。

本实例中的示例 1 使用子查询检索单价最低的那些产品是由哪些供应商提供的。示例 2 检索哪些产品的单价比 Tofu 这个产品单价的两倍还大。示例 2 使用比较运算符(>)引入子查询,这在语法上存在风险。因为如果有两个产品的名称都是 Tofu 时,那么子查询返回的结果就不是一个单值,而是包含多条记录的一个集合值。这时 SQL Server 就会提示整个查询失败。为了避免语法上的风险,可以引入聚合函数,使这个子查询在任何情况下只返回一个单值。

/* 示例 1：由于供应商名称在 Suppliers 表中，因此需要多表连接。MIN 函数只返回一个单值，引用子查询可以使用等于号，这条查询语句在语法上没有风险。*/
SELECT ProductName, CompanyName AS Supplier, UnitPrice FROM Products a JOIN Suppliers b
ON a. SupplierID = b. SupplierID WHERE UnitPrice = (SELECT MIN(UnitPrice) FROM Products)
/* 示例 2：子查询是否只返回一个单值，取决于 Products 表中满足 WHERE 条件的记录是否只有一条。如果有多条记录满足条件，那么这条查询语句就会出现语法上的错误。*/
SELECT * FROM Products WHERE UnitPrice > 2 * (SELECT UnitPrice From Products WHERE ProductName = 'Tofu')
/* 在子查询中使用聚合函数，可以保证子查询只返回一个单值，消除这条语句在语法上存在的风险。*/
SELECT * FROM Products WHERE UnitPrice > 2 * (SELECT MIN(UnitPrice) From Products WHERE ProductName = 'Tofu')

6.6.2 使用 IN 或 NOT IN 的子查询

单值子查询中一般使用聚合函数返回结果。然而，在很多情况下，一个子查询返回的结果往往不止一条记录，这时不能直接使用比较运算符，而应该使用 IN 对子查询结果中的每一行进行比较和判断。

使用 IN 或 NOT IN 可以验证外部查询的当前行中的某个值是否是子查询返回的结果集中的一部分。当子查询结果包含多个值的列表时，外部查询必须使用 IN 才能引入子查询。子查询一般与 IN 操作符结合使用，当子查询值返回零个值或单个值时，也可以使用 IN。在使用 IN 子查询时，引用它的 SELECT 列表中只能有一个列。

实例 6-45　使用 IN 的简单子查询。

本实例中的示例 1 利用 IN 检索 2009 年 6 月 26 日这天所有产品的订单明细信息。由于订单明细表中没有订单日期，而且 2009 年 6 月 26 日这天发生的订单可能不止一条，因此只能使用 IN 引入子查询。示例 2 利用 IN 检索 Germany、Switzerland 和 Mexico 这 3 个国家所有客户的订单信息。由于这 3 个国家的客户不止一个，外部查询中只能使用 IN 引入子查询。

/* 示例 1：子查询返回的订单号有多个，只能使用 IN 引入子查询。*/
SELECT * FROM OrderItems WHERE OrderID IN
(SELECT OrderID FROM Orders WHERE OrderDate = '2009-06-26')
ORDER BY OrderID, ProductID
/* 示例 2：子查询返回的信息中客户有多个，只能使用 IN 引入子查询。*/
SELECT * FROM Orders WHERE CustomerID IN
(SELECT CustomerID FROM Customers WHERE Country IN('Germany','Switzerland','Mexico'))
GO

子查询就是查询中又嵌套的查询，嵌套的级数随数据库系统的设定而有所不同。SQL Server 一般最大嵌套数不超过 32 级。在实际应用中，子查询超过 4 级时，代码就会变得比较难以理解。在理解多层嵌套式子查询时，最好的办法是从里到外逐级分解剖析。子查询的执行依赖于嵌套查询。查询树从最里层开始，一层一层向外执行。高层的嵌套查询可以访问低层嵌套查询的结果。

实例 6-46　使用 IN 的多层嵌套子查询。

本实例检索 2008 年 9 月份订购了 Confections 这类产品的所有客户信息。下列查询语句包含 4 层子查询。从里往外分析，第 4 层子查询查找 Confection 的类别编码，第 3 层子查询查找属于该类别的所有产品的编码，第 2 层子查询从明细订单表中查找包含这些产品编码的所有订单号，第 1 层子查询查找这些订单号所对应的订单中的客户编码，最后由外部查询根据客户编码找到客户名称等信息。

```
SELECT * FROM Customers WHERE CustomerID IN
( SELECT CustomerID FROM Orders WHERE DateDiff( month, OrderDate, '2008-9-1') = 0 and OrderID IN
( SELECT OrderID FROM OrderItems WHERE ProductID IN
( SELECT ProductID FROM Products WHERE CategoryID IN
( SELECT CategoryID FROM Categories WHERE CategoryName = 'Confections' ) ) ) )
```

实例 6-47　IN 嵌套子查询和多表连接之间的比较与转换。

一般来说，许多包含嵌套子查询的 SQL 语句可以改用多表连接来表示，但是这样可能会导致代码量增大。子查询就如递归函数一样，有时候使用起来能达到事半功倍之效，只是其执行效率相对较低。

本实例检索所有提供 Confections 这类产品的供应商的信息。下面分别采用 IN 子查询、JOIN 连接和 WHERE 连接这 3 种不同方式加以实现，以显示嵌套子查询和多表连接在语法上的差异。

```
/* 使用子查询实现,包含两层嵌套 */
SELECT * FROM Suppliers WHERE SupplierID IN
( SELECT SupplierID FROM Products WHERE CategoryID IN
( SELECT CategoryID FROM Categories WHERE CategoryName = 'Confections' ) )
/* 使用 JOIN 连接改写上述语句,包含 3 表之间关联 */
SELECT a. * FROM Suppliers a
JOIN Products b ON a. SupplierID = b. SupplierID
JOIN Categories c ON c. CategoryID = b. CategoryID and CategoryName = 'Confections'
/* 使用 WHERE 连接改写 JOIN,包含 3 表之间关联 */
SELECT a. * FROM Suppliers a, Products b, Categories c
WHERE a. SupplierID = b. SupplierID and c. CategoryID = b. CategoryID and CategoryName = 'Confections'
```

实例 6-48　使用 NOT IN 子句，实现多表连接无法完成的查询。

很多由 IN 子句引入的子查询可以转换成多表连接，但也有一些逻辑处理问题需要使用 NOT IN 子句实现，而 NOT IN 的许多功能无法用多表连接完成。

本实例检索 2008 年度哪些客户没有购买任何产品（即没有销售订单）。从逻辑上分析，这个问题无法使用 IN 或多表连接实现，必须进行反向思维，即先检索出 2008 年度购买过产品的客户，然后利用 NOT IN 排除这些客户，剩下的就是满足条件的客户了。下面这个子查询检索的结果是 2008 年度购买过产品的客户编码。

```
SELECT * FROM Customers WHERE CustomerID NOT IN
( SELECT CustomerID FROM Orders WHERE OrderDate Between '2008-1-1' and '2008-12-31')
```

实例 6-49　利用 NOT IN 和 TOP 子句检索表中从某一行开始的中间一部分记录。

只要表中存在一个具有 UNIQUE 特征的列（如主键、IDENTITY 列等），使用 TOP 语句不仅能检索一个表中前 n 条记录，而且还可以提取表中间任何位置开始的后 n 条记录。

本实例检索产品表（Products）中第 11 行之后的后 20 条记录。这里采用的方法是先利用子查询从表中检索出前 10 行，然后使用 NOT IN 检索出排除这 10 行之后的其他剩余行，最后在这个剩余行的集合中检索前 20 行，即为第 11～30 行。在子查询中，只有同时指定了 TOP，才可以使用 ORDER BY 排序。

```
SELECT TOP 20 * FROM Products WHERE ProductID NOT IN
( SELECT TOP 10 ProductID FROM Products Order By ProductID) Order By ProductID
```

实例 6-50　用于替代表达式的子查询。

在 T-SQL 中，除了在 ORDER BY 列表中外，在其他任何可以使用表达式的地方都可以使用子查询来替代。

本实例计算返回 2008 年 5 月份每笔明细订单的销售额占这个月总销售额的百分比。首先由一个子查询计算出 2008 年 5 月份所有订单的总销售额（这是一个常量，即 900353.01），然后计算每笔订单的销售与这个总销售额的百分比。在这个实例中，子查询类似于一个变量应用在一个输出的表达式中。STR 函数可以将求得的百分比数保留两位小数。

也可以不使用子查询，将 2008 年 5 月份的总销售额存储到一个变量中，然后在外部查询中使用这个变量，这样程序的可读性可能会更好些。

```
/* 直接在求百分比的表达式中使用子查询。*/
SELECT a. OrderID, b. OrderDate, a. Amount,
STR(100 * Amount/(SELECT SUM(Amount) FROM OrderItems a JOIN Orders b ON a. OrderID = b. OrderID
and DateDiff(month,'2008-5-1',OrderDate) = 0),6,2) as 'Percentage'  FROM OrderItems a
JOIN Orders b ON a. OrderID = b. OrderID WHERE DateDiff(month,'2008-5-1',OrderDate) = 0
GO
/* 定义一个变量,将 2008 年 5 月份总销售额赋值给变量@total。*/
DECLARE @total Money
SELECT @total = SUM(Amount) FROM OrderItems a
JOIN Orders b ON a. OrderID = b. OrderID and DateDiff(month,'2008-5-1',OrderDate) = 0
/* 在外部查询中使用变量@total,程序可读性和查询性能可能更好些。*/
SELECT a. OrderID, b. OrderDate, a. Amount, STR(100 * Amount/@total,6,2) as 'Percentage' FROM OrderItems a
JOIN Orders b ON a. OrderID = b. OrderID WHERE DateDiff(month,'2008-5-1',OrderDate) = 0
```

6.6.3　使用 ANY 和 ALL 操作符的嵌套查询

ANY 和 ALL 操作符必须与比较操作符配合使用。SOME 和 ANY 是等效的。以比较运算符 "＞" 为例，"＞ALL" 表示大于每一个值，即大于最大值；"＞ANY" 表示至少大于一个值，即大于最小值。当使用带 "＞ALL" 的子查询时，引入子查询的列的值必须大于子查询返回值中的每个值。同样，使用带 "＞ANY" 的子查询时，引入子查询的列的值必须至少大于子查询返回值中的一个值。因此，＞、＜、＞＝、＜＝这些比较运算符在与 ALL 和 ANY 连接时都可以使用聚合函数。"＝ANY" 与 IN 等效，"＜＞ALL" 与 NOT IN 等效。

实例 6-51　使用 ALL 和 ANY 替代聚合函数实现单值子查询。

本实例统计列出 Confections 这类产品中有哪些产品的单价大于 Condiments 类别中的任何一个产品的单价。这里，实际上查询的是 Confections 类别中有哪些产品的价格大于 Condiments 类别中所有产品单价的最大值。这项检索完全可以用聚合函数替代，其中的 "＝ANY" 与 IN 等效。

```
/* 采用 ALL 和 ANY 连接子查询 */
SELECT * FROM Products WHERE CategoryID = ANY
(SELECT CategoryID FROM Categories WHERE CategoryName = 'Confections') and UnitPrice >ALL (SELECT
UnitPrice FROM Products WHERE CategoryID = ANY(SELECT CategoryID FROM Categories WHERE CategoryName
='Condiments'))
/* 在子查询中使用聚合函数,采用 IN 连接子查询。*/
SELECT * FROM Products WHERE CategoryID IN(SELECT CategoryID FROM Categories WHERE CategoryName =
'Confections') AND UnitPrice >(SELECT MAX(UnitPrice) FROM Products WHERE CategoryID IN (SELECT
CategoryID FROM Categories WHERE CategoryName ='Condiments'))
```

6.6.4　EXISTS 和 NOT EXISTS 的使用

子查询的另一个用途是与 EXISTS 谓词联合使用。EXISTS 指定子查询以测试行是否存在。EXISTS 和 NOT EXISTS 引入的子查询可用于两种集合原理的操作：交集与差集。两个集合的交集包含同时属于两个原集合的所有元素；差集包含只属于两个集合中的第一个集合的元素。

子查询可以返回结果集或逻辑值。在使用 EXISTS 子句时,子查询不返回结果集,而只返回 TRUE 或 FALSE 这类逻辑值。

由 EXISTS 引入的子查询,其目标列表达式通常使用星号(*),因为带 EXISTS 的子查询只返回真或假值,给出列名无实际意义。但是,为了提高 EXISTS 的效率,通常在 EXISTS 引入的子查询中只返回一个常量列(如1)。

实例 6-52　使用带 EXISTS、IN 和 = ANY 的子查询,并在语法上进行比较。

在语法上,使用 EXISTS 引入的子查询可以返回多列,而 IN 和 = ANY 则只能返回一个列。

本实例使用 EXISTS、IN 和 ANY 这 3 个语义类似的关键字,采用 3 层子查询查找哪些客户购买了"Tofu"这个产品。第 3 层子查询检索"Tofu"的产品编码,第 2 层子查询检索这个产品的所有订单,第 1 层子查询检索这些订单所对应的客户编码,最后由外部查询根据客户编码找到客户的其他信息。

```
SELECT * FROM Customers a Where EXISTS
( SELECT * FROM Orders b Where a. CustomerID = b. CustomerID and EXISTS
( SELECT * FROM OrderItems c Where c. OrderID = b. OrderID and EXISTS
( SELECT * FROM Products d Where d. ProductID = c. ProductID AND ProductName = 'Tofu' ) ) )
/* 使用 IN 的语法。*/
SELECT * FROM Customers Where CustomerID IN
( SELECT CustomerID FROM Orders Where OrderID IN
( SELECT OrderID FROM OrderItems Where ProductID IN
( SELECT ProductID FROM Products Where ProductName = 'Tofu' ) ) )
/* 使用 = ANY 的语法。*/
SELECT * FROM Customers Where CustomerID = ANY
( SELECT CustomerID FROM Orders Where OrderID = ANY
( SELECT OrderID FROM OrderItems Where ProductID = ANY
( SELECT ProductID FROM Products Where ProductName = 'Tofu' ) ) )
```

实例 6-53　NOT EXISTS 与 NOT IN 的比较。

NOT IN 逻辑上不完全等同于 NOT EXISTS。当一个列表包含空值时,NOT EXISTS 返回 TRUE,NOT IN 则返回 FALSE。在很多情况下,NOT EXISTS 的执行效率比 NOT IN 要高。

本实例检索哪些员工与客户不处在同一个地区(Region)。使用 NOT IN 不返回任何记录,因为子查询的 Region 结果集中含有空值。如果使用 NOT EXISTS,这时返回与期望相同的记录,与 NOT IN 的子查询中去掉空值的结果相同。因此,只有当子查询中的列有非空限制(NOT NULL)时,才可以使用 NOT IN,否则应该使用 NOT EXISTS。

```
/* 使用 NOT IN 不返回任何行,因为子查询包含空值。*/
SELECT * From Employees Where Region NOT IN
( SELECT Region FROM Customers )
/* 使用 NOT EXISTS 返回 11 行。*/
SELECT * From Employees a Where NOT EXISTS( SELECT 1 FROM Customers b Where a. Region = b. Region )
/* 在子查询中使用 IS NOT NULL 去掉空值,返回与 NOT EXISTS 相同的结果。*/
SELECT * From Employees Where Region NOT IN
( SELECT Region From Customers Where Region IS NOT NULL )
```

实例 6-54　使用 NOT EXISTS 实现蕴含运算。

本实例检索哪些订单至少包含了 10269 号订单所订购的全部产品。由于在 SQL 中没有全称量词的操作符,所以将其语义转换为查询这样的订单:10269 订单中的产品没有一个它不订购的。在关系代数运算中可以理解为：查询订单 X 订购的产品 Z 和订单 10269 订购的产品 Y，要求 Z 中包含全部 Y。

```
SELECT * FROM Orders as p Where NOT EXISTS
(SELECT 1 FROM OrderItems as a Where a. OrderID = 10269 and NOT EXISTS
(SELECT 1 FROM OrderItems as b Where p. OrderID = b. OrderID and a. ProductID = b. ProductID)) and OrderID
<>10269
```

6.6.5　使用衍生表

衍生表也称为派生表（Derived Table），它把一个子查询结果当做一个虚拟的表加以使用。衍生表只存在于内存中，由 AS 关键词赋予它一个别名。借助衍生表，许多原来必须用临时表或视图才能实现的问题，现在可以用衍生表来解决，这不仅可以降低数据查询的复杂程度，也可提升查询效率，因为衍生表有些时候能比临时表体现出更好的性能。

衍生表通常放在 FROM 子句中作为主表 SELECT 语句的一个数据源加以利用。例如，使用衍生表检索每类产品的平均单价（要求列出产品类别的名称）：

```
SELECT a. CategoryID, b. CategoryName, a. AvgPrice FROM
(SELECT CategoryID, AVG(UnitPrice) as 'AvgPrice' FROM Products GROUP BY CategoryID) as a, Categories as
b Where a. CategoryID = b. CategoryID
```

实例 6-55　使用子查询的衍生表，并与临时表进行比较。

本实例采用两种方法统计列出每个产品的销售额汇总值，要求列出产品名称。使用 GROUP BY 对订单明细表（OrderItems）进行分组汇总，可以得到每个产品的销售额，但这个结果集中只有产品编码，没有产品名称。方法 1 使用临时表，将分组结果保存到临时表#tmp 中，然后将临时表与产品表（Products）进行连接而得到产品名称。方法 2 将分组结果用一个衍生表来表示，然后将衍生表与产品表进行连接。利用衍生表可以简化查询过程，有时不再需要创建临时表或视图。

```
/* 方法 1:使用临时表#tmp 保存每个产品的销售额。*/
IF(OBJECT_ID(N'tempdb. dbo. #tmp') IS NOT NULL)　DROP TABLE #tmp
GO
SELECT ProductID,SUM(amount) as 'Amount' INTO #tmp FROM OrderItems GROUP BY ProductID
/* 将 Products 表与临时表#tmp 连接，得到产品名称。*/
SELECT a. ProductID, b. ProductName, a. Amount FROM #tmp a
JOIN Products b ON b. ProductID = a. ProductID
GO
/* 方法 2:将分组汇总结果定义成一个衍生表 a,将衍生表与 Products 表连接得到产品名称。*/
SELECT a. ProductID, b. ProductName, a. Amount FROM
(SELECT ProductID,SUM(amount) as 'Amount' FROM OrderItems GROUP BY ProductID) as a JOIN Products b
ON b. ProductID = a. ProductID
```

实例 6-56　使用衍生表，并与排名函数结合使用。

本实例使用衍生表和排名函数，计算产品表（Products）中 Tofu 这个产品的单价排名名次。如果不使用衍生表，直接在产品表中使用 WHERE 条件，那么只对满足条件的一条记录进行排名，返回的名次为 1。正确的方法是，先利用排名次函数按单价对产品表进行降序排序，得到每个产品的单价排名名次，然后用衍生表定义这个查询结果，最后在这个衍生表中找到 Tofu 这个产品。

```
/* 下列查询语句只对 Tofu 这个产品进行排名,返回一条记录,排名名次为 1。这个结果是错误的。*/
SELECT ProductID,ProductName,UnitPrice,Rank() Over(Order By UnitPrice DESC) AS 'Rank' FROM Products
WHERE ProductName = 'Tofu'
```

/* 下列查询语句使用衍生表，把整个表的排名结果用衍生表 p 表示，然后求 Tofu 的名次。*/
SELECT ProductID, ProductName, UnitPrice FROM
（SELECT*, Rank( ) Over(Order By UnitPrice DESC) AS 'Rank' FROM Products） AS p WHERE p. ProductName ='Tofu'

6.6.6　使用公用表表达式

SQL Server 2005 及以上版本支持使用公用表表达式（Common Table Expression, CTE）。与衍生表类似，CTE 也可以用来定义一个临时结果集，在单个 SELECT、INSERT、UPDATE、DELETE 或 CREATE VIEW 语句的执行范围内有效。与衍生表不同的是，CTE 可以在同一查询中被引用多次，也可以包括对自身的引用（这时称为递归公用表表达式，即递归 CTE）。

1. CTE 的定义

CTE 的应用非常广泛，可以在用户定义函数、存储过程、触发器或视图中定义 CTE。在很多场合中，CTE 可以替代视图、临时表、表变量和衍生表。它由表达式名称、可选列列表和定义 CTE 的查询这 3 个部分组成，其基本语法结构为：
WITH expression_name[（column_name[, ... n]）] AS
（CTE_query_definition）

以实例 6-56 中产品表中的单价排名为例，在查找 Tofu 这个产品的排名名次时，可以使用 WITH AS 子句定义一个名称为 tmp 的 CTE，然后引用它。
; WITH tmp AS
（SELECT*, Rank( ) Over(Order By UnitPrice DESC) as 'Rank' FROM Products）
SELECT ProductID, ProductName, UnitPrice, Rank FROM tmp Where ProductName ='Tofu'

在使用 CTE 时应注意以下几点。

① CTE 后面必须直接紧跟使用 CTE 的 SQL 语句（如 SELECT、INSERT、UPDATE 等），否则，CTE 将失效。

② 如果将 CTE 用在属于批处理语句中，那么在它之前的语句必须以分号结尾。CTE 后面可以跟其他的 CTE，但只能使用一个 WITH，多个 CTE 中间用逗号分隔。

③ CTE 可以引用自身（递归查询），也可以引用在同一 WITH 子句中预先定义的 CTE，但不允许前向引用。

④ 不能在 CTE 中使用 COMPUTE、COMPUTE BY、ORDER BY（除非指定了 TOP 子句）、INTO、FOR XML、FOR BROWSE 等子句。

实例 6-57　使用 WITH AS 子句重用子查询。

本实例统计列出销售额最大的前 20% 的客户及他们的销售额占总销售额的百分比。这里定义两个 CTE。第一个表达式 tmp1 通过订单明细表与订单表的连接，分组汇总每个客户的销售额。第二个表达式 tmp2 根据 tmp1 的结果，统计列出前 20% 客户的销售额及其占总销售额的百分比（但不包含客户名称）。在这两个 CTE 基础上，外部查询将 tmp2 与 Customers 表连接，输出每个客户的名称及其销售额百分比等信息。
WITH tmp1 AS
（SELECT CustomerID, SUM(Amount) as 'Amount' FROM Orders a
JOIN OrderItems b ON a. OrderID = b. OrderID GROUP BY CustomerID），
tmp2 AS
（SELECT TOP 20 Percent CustomerID, Amount, 100. 0 * Amount/（SELECT SUM（Amount）From tmp1） as 'Percentage' From tmp1 Order BY Amount DESC）
/* 在两个 CTE 之后使用主查询调用它们。*/

```
SELECT a. CustomerID,CompanyName,Amount,Percentage From tmp2 as a
JOIN Customers as b ON a. CustomerID = b. CustomerID
```

实例 6-58 使用 WITH AS 子句，并与衍生表、临时表进行比较。

本实例使用衍生表、临时表和 CTE 三种方式列出销售额最大的这个(些)客户的名称，并对这 3 种不同方式进行比较。示例 1 使用衍生表，衍生表在同一条 SQL 语句中只能被引用一次，当需要多次引用同一子查询的内容时，必须重新定义新的衍生表，因此衍生表重用性较差。示例 2 使用临时表，临时表在生成过程中占用较多的时间和临时空间，因此查询性能较低、占用系统资源较多。示例 3 使用 CTE，它功能上类似于衍生表，只是临时结果集，不存储为对象，占用系统资源较少。CTE 定义方便，查询效率较高，在同一条 SQL 语句中可以多次引用 CTE，但 CTE 只能被一条 SQL 语句引用。

```
/* 示例 1:使用衍生表。将聚合函数结果定义为一个衍生表 p,但在求最大值时依然需要再定义一次内容相
同的衍生表。*/
SELECT * FROM ( SELECT CustomerID, SUM ( a. Amount) as 'Amount' FROM OrderItems a JOIN Orders b ON
a. OrderID = b. OrderID Group By CustomerID) as p WHERE p. Amount = ( SELECT MAX ( Amount) FROM
( SELECT CustomerID,SUM( a. Amount) as 'Amount' FROM OrderItems a JOIN
Orders b ON a. OrderID = b. OrderID Group By CustomerID) as p)
GO
/* 示例 2：使用临时表，将聚合函数结果复制到一个临时表 #tmp 中，它可以被多次引用，但复制时占用时
间和空间。*/
IF( OBJECT_ID( N'tempdb. dbo. #tmp')IS NOT NULL)     DROP TABLE #tmp
GO
SELECT CustomerID,  SUM( a. Amount) as 'Amount' INTO #tmp FROM OrderItems a JOIN Orders b ON a. OrderID
= b. OrderID Group By CustomerID
SELECT * FROM #tmp WHERE Amount = (SELECT MAX( Amount) FROM #tmp)
GO
/* 示例 3：使用 CTE，可以增强 SQL 语句的可维护性，查询效率也较高，但只能被一条 SQL 语句引用。*/
; WITH tmp1 AS
( SELECT CustomerID,SUM( a. Amount) as 'Amount' FROM OrderItems a JOIN Orders b ON a. OrderID = b. OrderID
GROUP BY CustomerID)
SELECT * FROM tmp1 WHERE Amount = (SELECT MAX( Amount) FROM tmp1)
--SELECT * FROM tmp1    --此时对象名'tmp1'已无效，语句运行出错。
GO
```

2. 递归 CTE

CTE 具有一个重要的优点就是能够引用其自身，从而创建递归 CTE(也被称为"递归查询")。递归 CTE 可以极大地简化在 SELECT、INSERT、UPDATE、DELETE 等语句中运行递归查询所需的代码。在 SQL Server 的早期版本中，递归查询通常需要使用临时表、游标和逻辑来控制递归步骤。

递归 CTE 由下列 3 个元素组成。

① 定位点成员。递归 CTE 的第一个查询定义形成 CTE 结构的基准结果集，称之为"定位点成员"。

② 递归成员。递归调用包括一个或多个由引用 CTE 本身的 UNION ALL 运算符联接的 CTE 查询定义。这些查询定义被称为"递归成员"。

③ 终止检查。终止检查是隐式的；当上一个调用未返回行时，递归将停止。

递归 CTE 结构必须至少包含一个定位点成员和一个递归成员。下列代码是一个简单 CTE 的组件结构，它仅包含一个定位点成员和一个递归成员。

```
WITH cte_name( column_name[ ,...n]) AS
( CTE_query_definition     --定义定位点成员
```

UNION ALL
CTE_query_definition   --定义递归成员
)
SELECT * FROM *cte_name*   --使用 *CTE*

在使用递归 CTE 时还应该注意以下几个问题。

① 递归可以定义多个定位点成员和递归成员，但必须将所有定位点成员查询定义置于第一个递归成员定义之前。

② 定位点成员必须与以下集合运算符之一结合使用：UNION ALL、UNION、INTERSECT 或 EXCEPT。在最后一个定位点成员和第一个递归成员之间，以及组合多个递归成员时，只能使用 UNION ALL 集合运算符。

③ 定位点成员和递归成员中列的个数与列的数据类型必须一致。

④ 递归成员的 FROM 子句只能引用一次 CTE。

⑤ 在递归成员的 CTE 查询语句中不允许出现下列项：SELECT DISTINCT、GROUP BY、HAVING、标量聚合、TOP、LEFT、RIGHT、OUTER JOIN（允许出现 INNER JOIN）、子查询等。

实例 6-59 使用递归 CTE，查找某个员工的各级主管的姓名。

本实例利用递归 CTE 在员工表（Employees）中查找 MAS704F 这个员工的各级主管（包括主管的主管）。在这个递归 CTE 中，定位点成员为员工 MAS704F，递归成员为员工的主管领导。当 Employees 表中找不到前面员工的主管领导时，递归终止。

```
;WITH tmp1 AS
(SELECT EmployeeID,LastName,FirstName,Title,ReportsTo From Employees Where EmployeeID = 'MAS704F'
UNION ALL
SELECT  a. EmployeeID, a. LastName, a. Firstname, a. Title, a. ReportsTo From Employees a JOIN Tmp1 as b ON
a. EmployeeID = b. ReportsTo)
SELECT * From tmp1
GO
```

WITH AS 可以显著提高查询的效率，增强语句的可读性和降低语句的复杂度。有关 CTE 的更多应用，可参见本书第 9、10 章中的相关实例。

6.6.7 相关子查询

依赖于外部查询的子查询称为相关子查询（Correlated Subquery，也称关联子查询）。在包含相关子查询的查询中，外部查询和子查询是有联系的，尤其在子查询的 WHERE 语句中更是如此。

一般的查询（即非相关子查询）独立于外部查询，子查询总共执行一次，执行完毕后将值传递给外部查询。相关子查询的执行依赖于外部查询的数据，外部查询执行一行，子查询就执行一次。由于相关子查询是重复执行的，为外部查询可能选择的每一行都执行一次，因此相关子查询比一般子查询的效率通常要低。但是，相关子查询的一个主要优点在于它能完成传统 SQL 查询不能解决的问题。

例如，在产品表中要查找哪些产品的单价大于它所在类别中产品的平均单价，那么在下列语句的子查询中必须添加一个过滤条件，其中包含外部查询的 a. CategoryID 值。这个子查询就属于相关子查询，外部查询每执行一行，子查询都要从产品表中计算一次对应产品类别的平均单价，其查询执行过程如图 6-2 所示，其中两个带"√"的产品满足查询的条件。

SELECT CategoryID，ProductID，ProductName，UnitPrice From Products as a Where UnitPrice >
（SELECT AVG（UnitPrice）FROM Products as b WHERE b. CategoryID = a. CategoryID）
ORDER BY a. CategoryID， a. ProductID

外部查询及其 Products 表

CategoryID 产品类别	ProductID 产品编码	UnitPrice 单价
1	1	23.0
1	2	37.0✓
2	3	26.0✓
1	4	15.0
2	5	10.0

内部子查询语句

Select AVG(UnitPrice)From Products Where CategoryID=1

Select AVG(UnitPrice)From Products Where CategoryID=1

⋮

Select AVG(UnitPrice)From Products Where CategoryID=2

Products 表及其子查询结果

CategoryID 产品类别	ProductID 产品编码	UnitPrice 单价	子查询 结果
1	1	23.0	25.0
1	2	37.0	25.0
2	3	26.0	18.0
1	4	15.0	25.0
2	5	10.0	18.0

图 6-2　相关子查询执行过程示意图

实例 6-60　使用带运算符的相关子查询，并与非相关子查询进行比较。

本实例统计列出产品表（Products）中每一类产品中单价最高的产品的名称。第一条查询语句的子查询中没有使用 WHERE 语句，属于非相关子查询，这时子查询只执行了一次，返回的结果是所有产品中价格最高的产品。

第二个查询中的子查询中使用了 WHERE 搜索条件，并将子查询与外部查询关联起来，属于关联查询，返回的结果是每类产品中单价最高的产品。这时子查询不只是执行一次，而是有几个产品就执行几次。外部查询逐条检索产品表，相关子查询根据外部查询中的产品类别编码而计算这类产品的最高单价。

/* 使用非相关子查询，内部子查询与外部查询无关。子查询只执行一次，也只返回一个值。*/
SELECT CategoryID，ProductID，ProductName，UnitPrice FROM Products Where UnitPrice =
（SELECT MAX（UnitPrice）FROM Products）Order By CategoryID， ProductID
/* 使用相关子查询，内部子查询的结果取决于外部查询的参数 a. CategoryID。*/
SELECT CategoryID， ProductID， ProductName， UnitPrice FROM Products a Where UnitPrice =（SELECT MAX（UnitPrice）FROM Productsas b Where b. CategoryID = a. CategoryID）ORDER BY CategoryID，ProductID

实例 6-61　使用相关子查询和 TOP 子句进行分类排序，并与排名函数进行比较。

本实例使用两种方法统计列出每一类产品中单价排名前 3 位的产品名称。方法 1 使用相关子查询和 TOP 子句；方法 2 使用排名函数的 Partition By 子句，首先生成每类产品的单价排名名次，并将结果保存在一个 CTE 中，然后在该 CTE 中检索单价排名前 3 位的产品。针对这类问题，排名函数的查询效率往往比相关子查询要高很多。

/* 方法 1：使用相关子查询。*/
SELECT CategoryID，ProductID，ProductName，UnitPrice From Products as a WHERE ProductID IN（SELECT TOP 3 ProductID From products as b Where b. CategoryID = a. CategoryID Order By UnitPrice Desc）ORDER BY a. CategoryID，a. ProductID
GO
/* 方法 2：借助 CTE 和排名函数的 Partition By 子句。*/
;WITH tmp AS
（SELECT * ，Row_Number（）Over（Partition By CategoryID Order By UnitPrice Desc）AS ' PriceRank '
FROM Products）
SELECT * FROM tmp WHERE PriceRank <= 3 ORDER BY CategoryID，PriceRank

实例 6-62　在查询列表的表达式中使用相关子查询。

本实例中的示例 1 利用相关子查询为产品表（Products）分别添加一个按产品编码排序的行号和一个按单价排序的排名名次，这里相关子查询使用了非等值（<）的运算符。示例 2 先计算汇总每个产品的销售额，并一个用 CTE 表示，然后利用相关子查询输出每个产品的

销售额占它所在的产品类别销售额的百分比。这个示例如果不使用相关子查询，将返回每个
产品的销售额占总销售额的百分比。

```
/* 示例 1:利用相关子查询分别按产品编码和单价排序,每条产品记录返回一个排名递增值。*/
SELECT(Select Count(1)From Products AS a WHERE a. ProductID < b. ProductID) + 1 AS 'RowNumber',
(SELECT Count(1)From Products AS a WHERE a. UnitPrice < b. UnitPrice) + 1 AS 'PriceRank', * FROM Products
AS b ORDER BY RowNumber
/* 示例 2:先求出每个产品的销售额,保存到临时表 tmp 中(包括产品类别编码这一列),然后在临时表中求
每个产品销售额占它所在产品类别销售额的百分比。*/
; WITH tmp AS
(SELECT a. ProductID,CategoryID,Sum(Amount)As 'Amount'From OrderItems a
JOIN Products b On a. ProductID = b. ProductID Group By a. ProductID,CategoryID)
SELECT CategoryID,ProductID,Amount,100. 00 * Amount/
(Select Sum(Amount)From tmp b Where b. CategoryID = a. CategoryID)as 'Rate'From tmp as a
ORDER BY a. CategoryID,Amount DESC
```

实例 6-63　在 HAVING 子句中的相关子查询。

本实例检索哪些产品类别其最高单价比它的平均单价的两倍还大。这里，HAVING 中使
用相关子查询查找每类产品的平均单价，而外部查询则使用 GROUP BY 分组求出每类产品
的最高单价。如果 HAVING 引入的子查询中没有 WHERE 指定条件，那么它就成为一个普通
的非相关子查询，得到的结果将完全不同。

```
SELECT CategoryName FROM Categories Where CategoryID IN
(SELECT CategoryID FROM Products a GROUP BY CategoryID HAVING MAX(UnitPrice) >= (SELECT 2 * AVG
(UnitPrice)FROM Products b Where b. CategoryID = a. CategoryID))
```

6.6.8　在 UPDATE、DELETE、INSERT 语句中使用子查询

子查询也可以嵌套在 UPDATE、DELETE 和 INSERT 语句中。在 UPDATE 语句中使用连
接时，应该使用一个 FROM 子句，以便于多表连接。

实例 6-64　在 UPDATE 语句中使用简单的子查询。

本实例将供应商 Tokyo Traders 提供的所有产品的单价增加 20%。UPDATE 语句的 WHERE
子句中使用了子查询，以便将产品表中更新的行仅限制为该供应商提供的那些产品。

本实例也可以使用多表连接代替子查询，这时在 UPDATE 语句中必须使用一个 FROM
子句，以便 myProducts 与 Suppliers 之间进行多表连接。

```
/* 使用子查询。创建 myProducts 临时表以模拟修改操作,不破坏原有 Products 表中的数据。*/
IF(OBJECT_ID('myProducts')IS NOT NULL)    DROP TABLE myProducts
GO
SELECT * INTO myProducts FROM Products
UPDATE myProducts Set UnitPrice = UnitPrice * 1. 2 Where SupplierID IN
(SELECT SupplierID FROM Suppliers Where CompanyName = 'Tokyo Traders')
/* 使用多表连接,实现与子查询等效的 UPDATE 语句功能。*/
DROP TABLE myProducts
SELECT * INTO myProducts FROM Products
UPDATE myProducts SET UnitPrice = UnitPrice * 1. 2 FROM Suppliers as a
WHERE a. SupplierID = myProducts. SupplierID and CompanyName = 'Tokyo Traders'
```

实例 6-65　在 UPDATE 语句和 HAVING 子句中使用相关子查询。

在 UPDATE 语句中使用相关查询是十分重要的。在实际应用开发中往往需要将一些明
细表中的数据分组汇总后填充到汇总表中。

本实例在产品表(myProducts)中添加一个列(Amount)，用来存储每个产品的汇总销售

额。方法 1 使用 UPDATE 语句和相关子查询将订单明细表中每个产品的销售额进行汇总,填充到产品表的这个列中去;方法 2 先使用 GROUP BY 分组汇总,然后在 HAVING 子句中使用相关子查询;方法 3 先将 GROUP BY 分组汇总的结果定义到一个 CTE 中,在得到一个比较小的结果集后,然后在 WHERE 子句中使用相关子查询。

```
/* 创建 myProducts 临时表模拟数据操作,以不破坏原有 Products 表中的数据。*/
IF( OBJECT_ID(' myProducts ')IS NOT NULL)    DROP TABLE myProducts
GO
SELECT * INTO myProducts FROM Products
ALTER TABLE myProducts ADD Amount Decimal(12,2)    /* 在 myProducts 表中添加一列。*/
GO
/* 方法 1:在 WHERE 子句中使用相关子查询。注意:在 UPDATE 语句中的表名不能使用别名。*/
UPDATE myProducts SET Amount = (SELECT SUM(Amount)FROM OrderItems a Where
a. ProductID = myProducts. ProductID)
/* 方法 2:在 HAVING 子句中使用相关子查询。*/
UPDATE myProducts SET Amount = (SELECT SUM(Amount)FROM OrderItems a Group By ProductID HAVING
ProductID = myProducts. ProductID)
/* 方法 3:先将 GROUP BY 得到的结果定义为一个 CTE,再在 WHERE 子句中使用相关子查询。*/
;WITH tmp AS
(SELECT ProductID,SUM(Amount) as ' Amount ' FROM OrderItems a Group By ProductID)
UPDATE myProducts SET Amount =
(SELECT Amount FROM tmp Where tmp. ProductID = myProducts. ProductID)
GO
SELECT ProductID,ProductName,Amount FROM myProducts
```

实例 6-66　在 INSERT 语句中使用子查询批量插入数据,并与 INSERT...INTO 进行比较。

INSERT 语句中的 SELECT 子查询可以将一个查询结果集一次性地追加到一个表中,即批量插入。子查询中输出列的列表必须与 INSERT 语句插入列的列表相匹配。SELECT...IN-TO 是将一张表中的数据复制到另一张表中,被复制的表原来是不存在的;INSERT...SE-LECT 语句将数据追加到一张已经存在的表中,表中原有记录不受影响。

本实例使用 INSERT...SELECT 分别从产品表单价排名最低和最高的前 10 个产品中各随机提取 5 个产品,批量插入到 myProducts 表中,这时 myProducts 表中共有 10 条记录。如果使用 INSERT...INTO,复制数据前必须先删除原来的表,每次复制后原来表中的数据不再存在,即使执行两次,表中也只有最后一次复制的结果。

```
IF( OBJECT_ID(' myProducts ') IS NOT NULL)    DROP TABLE myProducts
GO
/* 新建一张 myProducts 表,列的类型和长度与 Products 表兼容,但列名可以不同。*/
CREATE TABLE myProducts(
   ProductID int Identity PRIMARY KEY,
   ProductName varchar(50),
   QuantityPerUnit varchar(20),
   UnitPrice money)
GO
/* 第一次从最低单价中随机取 5 条批量插入到 myProducts 表中,这时表中共 5 条记录。*/
INSERT INTO myProducts( ProductName,QuantityPerUnit,UnitPrice)
SELECT TOP 5 ProductName,QuantityPerUnit,UnitPrice From Products WHERE ProductID IN
(SELECT TOP 10 ProductID From Products ORDER BY UnitPrice) ORDER BY NewID()
/* 第二次从最高单价中随机取 5 条批量插入到 myProducts 表中,这时表中共 10 条记录。*/
INSERT INTO myProducts( ProductName,QuantityPerUnit,UnitPrice)SELECT TOP 5 ProductName,QuantityPerunit,
UnitPrice FROM Products WHERE ProductID IN
(SELECT TOP 10 ProductID FROM Products ORDER BY UnitPrice DESC)ORDER BY NewID()
SELECT * FROM myProducts
```

实例6-67 在 DELETE 语句中使用相关子查询，判断并删除一个表中重复的行。

本实例首先将 2008 年度及 2009 年度销售额排名前 10% 的产品检索出来并保存到 myEx-ample 表中，然后使用 SELECT 语句判断这个表中是否有重复的产品，如果存在，则将重复的产品记录删除（即只保留一个产品）。

```
IF( OBJECT_ID('myExample') IS NOT NULL)   DROP TABLE myExample
GO
CREATE TABLE myExample( RowID int Identity,ProductID int,Amount money)
/* 追加 2008 年度销售额前 10% 的产品到 myExample 表中。*/
INSERT INTO myExample( ProductID,Amount) SELECT TOP 10 PERCENT ProductID,SUM( Amount) as 'Amount'
FROM OrderItems a JOIN Orders b ON a. OrderID = b. OrderID and year( OrderDate) = 2008 GROUP BY ProductID
ORDER BY Amount DESC
/* 追加 2009 年度销售额前 10% 的产品到 myExample 表中。*/
INSERT INTO myExample( ProductID,Amount)   SELECT TOP 10 PERCENT ProductID,  SUM( Amount)
as 'Amount' FROM OrderItems a JOIN Orders b ON a. OrderID = b. OrderID and year( OrderDate) = 2009
GROUP BY ProductID ORDER BY Amount DESC
SELECT * FROM myExample ORDER BY ProductID
/* 使用相关子查询删除表中产品编码重复的行。*/
DELETE myExample WHERE RowID > ( SELECT MIN( RowID)   FROM myExample as b WHERE b. ProductID =
myExample. ProductID)
SELECT * FROM myExample ORDER BY ProductID
```

实例6-68 子查询的综合应用——汇总表与明细表的合并。

本实例根据订单明细表(OrderItems) 检索每个客户的销售明细记录，包括订单日期，销售产品、单价、数量、销售额，要求在每个客户的明细记录之后紧跟这个客户的汇总销售额。方法1返回的结果集表6-11，显然它不符合输出格式要求。例如，客户 ANTON 的汇总值排在明细记录之前。方法2在表#tmp 中添加一个标志列 RowFlag，用它来区分汇总值和明细值，然后利用这个标志列进行排序。

表6-11 客户销售情况统计表

ID	CustomerID	OrderID	OrderDate	ProductID	UnitPrice	Quantity	Amount
84	ANATR	10320	2008-3-18	71	23. 22	1200	27864. 00
85	ANATR	10332	2008-3-28	18	54. 00	800	34560. 00
86	ANATR	10332	2008-3-28	42	12. 10	800	7744. 00
87	ANATR	10332	2008-3-28	47	8. 21	320	2101. 76
35	ANATR	NULL	* SubTotal *	NULL	0. 00	0	72269. 76
41	ANTON	NULL	* SubTotal *	NULL	0. 00	0	137485. 78
88	ANTON	10402	2008-5-27	23	9. 72	240	2332. 80
89	ANTON	10402	2008-5-27	63	47. 38	130	6159. 40
90	ANTON	10413	2008-6-7	1	19. 44	168	3265. 92
91	ANTON	10413	2008-6-7	62	53. 19	140	7446. 60
⋮							

```
/* 创建一张临时表#tmp,存储汇总和明细信息。*/
IF( OBJECT_ID( N'tempdb. dbo. #tmp') IS NOT NULL)   DROP TABLE #Tmp
GO
CREATE TABLE #tmp(
  ID int IDENTITY,
  CustomerID char(5),
  OrderID int,
  OrderDate char(10),
  ProductID int,
```

```
    UnitPrice decimal(12,2) Default 0,
    Quantity int Default 0,
    Amount decimal(12,2) Default 0  )
GO
/*方法1:汇总每个客户的销售额,使用 INSERT … SELECT 语句将其追加到表#tmp 中。*/
INSERT INTO #tmp(CustomerID, Amount, OrderDate)    SELECT CustomerID, SUM(Amount),' * SubTotal * '
FROM Orders a, OrderItems b WHERE a. OrderID = b. OrderID and Year(OrderDate) = 2008 GROUP BY
CustomerID
/* 使用 INSERT … SELECT 语句将每个客户的订单明细追加到表#tmp 中。*/
INSERT INTO #tmp(CustomerID, OrderID, OrderDate, ProductID, UnitPrice, Quantity, Amount)    SELECT CustomerID,
a. OrderID, Convert(varchar(10), OrderDate, 120), ProductID, UnitPrice, Quantity, Amount FROM
Orders a, OrderItems b WHERE a. OrderID = b. OrderID AND Year(OrderDate) = 2008 ORDER BY CustomerID
SELECT * FROM #tmp ORDER BY CustomerID
GO
/*方法2:在表#tmp 中添加一个列 RowFlag 用于排序。把分组汇总表中的 RowFlag 设置为 1,把明细表中
RowFlag 设置为 0,这样按 RowFlag 排序时汇总额总是排在明细值的后面。*/
TRUNCATE TABLE #tmp
ALTER TABLE #tmp ADD RowFlag bit
GO
INSERT INTO #tmp(CustomerID, Amount, OrderDate, RowFlag) SELECT CustomerID, SUM(Amount),' * SubTotal *
',1 FROM Orders a, OrderItems b WHERE a. OrderID = b. OrderID AND year(OrderDate) = 2008 Group By
CustomerID  --插入汇总值
INSERT INTO #tmp(CustomerID, OrderID, OrderDate, ProductID, UnitPrice, Quantity, Amount, RowFlag) SELECT
CustomerID, a. OrderID, OrderDate, ProductID, UnitPrice, Quantity, Amount, 0 FROM Orders a, OrderItems b WHERE
a. OrderID = b. OrderID AND year(OrderDate) = 2008 ORDER BY CustomerID  --插入明细值
GO
SELECT * FROM #tmp ORDER BY CustomerID, RowFlag
```

6.7　使用 CASE 语句处理条件数据

　　T-SQL 中的 CASE 语句与高级计算机语言中的 Switch 语句有些类似。在一个条件判断存在多个值的情况下，CASE 语句分别执行不同的操作。灵活应用 CASE 语句可以使 SQL 语句变得简单易读。

　　CASE 语句具有两种基本格式：①CASE 简单函数格式，它通过将表达式与一组值进行比较来确定结果；②CASE 搜索函数格式，它通过计算一组布尔表达式来确定结果。这两种格式都支持可选的 ELSE 参数，其基本语法形式分别如下。

　　① CASE 简单函数格式：

```
CASE input_expression
WHEN when_expression THEN result_expression[... n]
[ ELSE else_result_expression ]
END
```

　　② CASE 搜索函数格式：

```
CASE
WHEN Boolean_expression THEN result_expression[... n]
[ ELSE else_result_expression ]
END
```

　　简单函数格式与搜索函数格式的 CASE 子句的区别在于：搜索函数格式的 CASE 子句在 CASE 关键词之后没有输入表达式的值，而在 WHEN 关键词后以 Boolean 表达式检测 TRUE 或 FALSE，并不像简单函数格式那样比较表达式之间是否相等。

CASE 可用于允许使用有效表达式的任何语句或子句。例如，可以在 SELECT、UP-DATE、DELETE 和 SET 等语句及 <*select_list*>、IN、WHERE、ORDER BY 和 HAVING 等子句中使用 CASE。

实例 6-69　CASE 语句的两种格式比较。

本实例中的示例 1 使用 CASE 的简单函数格式，对客户表中的客户类型 (TypeID) 进行分类输出。示例 2 使用 CASE 的搜索函数格式对产品表中的产品单价按不同的范围名称进行分类输出。

```
/＊示例 1:使用 CASE 的简单函数格式。＊/
SELECT CustomerID,CompanyName,TypeID,CASE TypeID
WHEN   1    THEN   'Strategic partner'
WHEN   2    THEN   'Long-term customer'
WHEN   3    THEN   'Potential customer'
WHEN   4    THEN   'New customer'
WHEN   5    THEN   'End customer'
WHEN   6    THEN   'Temporary customer'
ELSE   'Other customer' END as   'CustomerType'   From Customers
/＊示例 2:使用 CASE 的搜索函数格式。＊/
SELECT ProductID, ProductName, UnitPrice, 'PriceRange' = CASE
WHEN UnitPrice Between   0. 01 and 10. 00 THEN 'Inexpensive'
WHEN UnitPrice Between 10. 01 and 20. 00 THEN 'Moderate'
WHEN UnitPrice Between 20. 01 and 30. 00 THEN 'Semi-expensive'
WHEN UnitPrice Between 30. 01 and 50. 00 THEN 'Expensive'
ELSE 'Very expensive!'   END   FROM Products
```

实例 6-70　在聚合函数中使用 CASE 语句。

本实例在聚合函数中使用 CASE 语句，返回各个产品类别在不同单价区间里的产品个数。这里，查询语句把每类产品的各个价格区间当做列去显示，利用 SUM 函数统计每一类别的产品中不同区间单价的产品个数。如果单价满足 CASE 区间中的条件，那么产品统计个数加 1，否则个数不变。

```
SELECT b. CategoryName,
SUM(CASE WHEN UnitPrice Between 0. 01 and 10. 00 THEN 1 ELSE 0 END) as 'Inexpensive',
SUM(CASE WHEN UnitPrice Between 10. 01 and 20. 00 THEN 1 ELSE 0 END) as 'Moderate',
SUM(CASE WHEN UnitPrice Between 20. 01 and 30. 00 THEN 1 ELSE 0 END) as 'Semi-expensive',
SUM(CASE WHEN UnitPrice Between 30. 01 and 50. 00 THEN 1 ELSE 0 END) as 'Expensive',
SUM(CASE WHEN UnitPrice > 50 THEN 1 ELSE 0 END) as 'Very expensive!', COUNT(＊) as Total FROM
Products as a,Categories as b WHERE a. CategoryID = b. categoryID GROUP BY b. CategoryName
ORDER BY CategoryName
```

实例 6-71　在 GROUP BY 中使用 CASE 子句。

本实例返回各个产品类别在不同单价区间里的产品个数。与前一实例不同的是，这里查询语句把每类产品的各个价格区间当做行去显示。需要注意的是：①只有在 GROUP BY 出现过的非聚合函数列才可以在 SELECT 列表中显示；②使用 WITH ROLLUP 后，就不需要 ORDER BY 排序，SQL Server 会自动按 GROUP BY 关键字排序。

当然，也可以先使用 CASE 语句将单价区间各值保存到临时表、视图或 CTE 中，然后再使用 GROUP BY 分组汇总。为了在 GROUP BY 中使用 CASE 子句，查询语句需要在 GROUP BY 中重复 SELECT 语句中的 CASE 子句。

```
SELECT b. CategoryName,CASE
WHEN UnitPrice Between 0. 01   and 10. 00 THEN   'Inexpensive'
WHEN UnitPrice Between 10. 01 and 20. 00 THEN   'Moderate'
```

```
WHEN UnitPrice Between 20. 01 and 30. 00 THEN  'Semi-expensive'
WHEN UnitPrice Between 30. 01 and 50. 00 THEN  'Expensive'
ELSE 'Very expensive！'  END as 'PriceRange',COUNT(*) as 'Number'
FROM Products as a，Categories as b WHERE a. CategoryID = b. categoryID
GROUP BY b. CategoryName，CASE
WHEN UnitPrice Between 0. 01   and 10. 00 THEN 'Inexpensive'
WHEN UnitPrice Between 10. 01 and 20. 00 THEN  'Moderate'
WHEN UnitPrice Between 20. 01 and 30. 00 THEN  'Semi-expensive'
WHEN UnitPrice Between 30. 01 and 50. 00 THEN  'Expensive'
ELSE 'Very expensive！'  END
WITH ROLLUP
```

实例 6-72　在 UPDATE 语句中使用 CASE 表达式。

本实例在 UPDATE 语句中使用 CASE 表达式，对产品表中的价格进行更新。Seafood 类产品涨价 40%，Confections 类产品涨价 30%，Dairy Products 类产品涨价 20%，Produce 类产品涨价 10%，其他类别的产品不涨价。

```
/* 更新数据会破坏原 Products 表中的数据,为此,创建一个 myProducts 表模拟这个过程。*/
IF( OBJECT_ID('myProducts')IS NOT NULL)   DROP TABLE myProducts
GO
SELECT * INTO myProducts FROM Products
UPDATE myProducts   SET   UnitPrice = UnitPrice * ( CASE
WHEN CategoryID IN( Select CategoryID From Categories Where CategoryName = 'Seafood')THEN 1. 4
WHEN CategoryID IN( Select CategoryID From Categories Where CategoryName = 'Confections')THEN 1. 3
WHEN CategoryID IN( Select CategoryID From Categories Where CategoryName = 'Dairy Products')THEN 1. 2
WHEN CategoryID IN( Select CategoryID From Categories Where CategoryName = 'Produce')THEN 1. 1
ELSE 1 END)
```

6.8　组合查询

前面介绍的 SQL 查询只包含从一个或多个表中返回数据的单条 SELECT 语句。T-SQL 还允许执行多个查询（多条 SELECT 语句），并将结果作为单个查询结果集返回。这些将两个或更多查询的结果合并为单个结果集的查询称为组合查询或复合查询（Compound Query）。组合查询的结果集包含所有查询的全部行，这与使用连接合并两个表中的列不同。

UNION（组合）查询的基本语法如下。

```
{ < query specification > |( < query expression > )}
UNION[ ALL]
< query specification|( < query expression > )
[ UNION[ ALL] < query specification |( < query expression > )
[ ... n]]
```

在使用 UNION 进行组合查询的语句中，所有选择列表的表达式数目必须相同，数据类型之间必须兼容，即存在可能的隐性数据转换，或提供显式转换。

实例 6-73　使用简单的 UNION。

本实例中的示例 1 使用 UNION 将产品表（Products）中单价最高和最低的产品合并在一起并返回到一个结果集中。示例 2 将客户 ANTON 的每笔订单的销售金额和货款回笼金额合并在一起并返回到一个结果集中，由于这两个表中销售金额和回笼金额需要独立存储，因此在第一个查询语句中添加了一个 AmountReceived 列。

```
/* 示例 1:第 1 条 SELECT 语句返回 1 行,第 2 条 SELECT 语句返回两行,使用 UNION 后这两个查询结果合并
在一起,共返回 3 行。*/
```

SELECT ProductID,ProductName,QuantityPerUnit,UnitPrice FROM Products WHERE UnitPrice = (SELECT MAX (UnitPrice) From Products)
UNION
SELECT ProductID, ProductName, QuantityPerUnit, UnitPrice FROM Products WHERE UnitPrice = (SELECT MIN(UnitPrice) From Products)
/* 示例2：第1条 SELECT 语句返回19行，第2条 SELECT 语句返回14行，使用 UNION 将这两个查询结果合并在一起，共返回33行。*/
SELECT a. OrderID, OrderDate, Amount as ' AmountReceivable ', 0 as ' AmountReceived ' FROM Orders a
JOIN OrderItems b ON a. OrderID = b. OrderID WHERE CustomerID = ' ANTON '
UNION
SELECT a. OrderID, a. OrderDate, 0, Amount FROM Orders a
JOIN OrderCollections b ON a. OrderID = b. OrderID WHERE CustomerID = ' ANTON '

实例 6-74　使用 UNION 或 UNION ALL，包含或取消重复的行。

　　本实例分别使用 UNION 和 UNION ALL 将产品表(Products)中单价在10~20之间的产品和供应商为1或2提供的所有产品合并在一个结果集中。示例1使用不带 ALL 的 UNION，自动删除在两个查询结果集中重复的行，共返回32行。示例2使用 UNION ALL，保留在两个查询结果集中的重复行，共返回36行。

/* 示例1：第1条 SELECT 语句返回29行，第2条 SELECT 语句返回7行，使用 UNION 将这两个查询语句的结果合并在一起，但只返回32行，因为去掉了完全相同的重复行。*/
SELECT SupplierID,ProductID,UnitPrice FROM Products WHERE UnitPrice >= 10 AND UnitPrice <= 20
UNION
SELECT SupplierID,ProductID,UnitPrice FROM Products WHERE SupplierID IN(1,2)
/* 示例2：使用 UNION ALL 时不去掉重复行，共返回36行。*/
SELECT SupplierID,ProductID,UnitPrice FROM Products WHERE UnitPrice >= 10 AND UnitPrice <= 20
UNION ALL
SELECT SupplierID,ProductID,UnitPrice FROM Products WHERE SupplierID IN(1,2)

实例 6-75　使用多个 UNION 或 UNION ALL，比较查询组合的优先级。

　　本实例分别使用多个 UNION 和 UNION ALL 将产品表(Products)中单价在10~20之间的产品和供应商为1或2提供的所有产品合并在一个结果集中。示例1使用多个 UNION，这时系统自动按 UNION 的先后顺序进行合并，前两个查询结果合并后返回33行，再与第3条查询结果合并，由于去掉重复行，最后返回32行。示例2在使用多个 UNION 时，运用括号改变 UNION 的合并顺序，括号内的两个查询结果先合并后返回32行，再与第一个查询结果合并，最后返回35行。

/* 示例1：按顺序合并查询结果，共返回32行。*/
SELECT SupplierID,ProductID,UnitPrice FROM Products WHERE SupplierID = 2
UNION ALL
SELECT SupplierID,ProductID,UnitPrice FROM Products WHERE UnitPrice >= 10 AND UnitPrice <= 20
UNION
SELECT SupplierID,ProductID,UnitPrice FROM Products WHERE SupplierID = 1
/* 示例2：先合并括号内的两个查询结果，再与第一个查询结果合并，最后返回35行。*/
SELECT SupplierID,ProductID,UnitPrice FROM Products WHERE SupplierID = 1
UNION ALL
(SELECT SupplierID,ProductID,UnitPrice FROM Products WHERE UnitPrice >= 10 AND UnitPrice <= 20
UNION
SELECT SupplierID,ProductID,UnitPrice FROM Products WHERE SupplierID = 2)

实例 6-76　SELECT... INTO 与 UNION 一起使用，将组合查询结果复制到新表中。

　　在使用 UNION 时，如果将组合查询的结果集保存到另一张新表中，那么必须在第一条查询语句中使用 INTO 子句(一般放在 FROM 之前)，新表的列名来自 UNION 语句中的第一个单独的查询。如果使用列别名，必须在第一个 SELECT 语句中加以指定。

本实例先利用 UNION ALL 将订单销售额和货款回笼额合并在一个结果集中，并将这个结果集复制到一张临时表中，然后对临时表进行分组汇总，得到每一张订单的销售额和货款回笼额的汇总值。

```
IF(OBJECT_ID(N'tempdb.dbo.#tmp') IS NOT NULL)    DROP TABLE #Tmp
GO
SELECT a.OrderID,a.OrderDate,CustomerID,Amount as 'AmountReceivable',0 as 'AmountReceived'
INTO #tmp From Orders a JOIN OrderItems b ON a.OrderID = b.OrderID
UNION ALL
SELECT a.OrderID,a.OrderDate,CustomerID,0,Amount FROM Orders a
JOIN OrderCollections b ON a.OrderID = b.OrderID
GO
SELECT OrderID,OrderDate,CustomerID,SUM(AmountReceivable) as 'AmountReceivable',
SUM(AmountReceived) as 'AmountReceived' FROM #tmp Group By OrderID,OrderDate,CustomerID
```

实例 6-77　在带 UNION 的组合查询中使用 ORDER BY 子句。

本实例将 2008 年度或 2009 年度销售额前 10% 的客户合并在一个结果集中，通过 ORDER BY 子句，按客户编码排序输出结果集。

由于在使用 UNION 进行组合查询时，只能使用一条 ORDER BY 子句，而且必须放在最后一条 SELECT 语句后，因此，本实例在单个查询中先将带有 ORDER BY 的查询定义到一个衍生表中，然后再从衍生表中提取数据。

```
SELECT CustomerID,'2008' as 'Yearof',Amount FROM(
SELECT TOP 10 percent CustomerID,SUM(amount) as 'Amount' From Orders a JOIN OrderItems b
ON a.OrderID = b.OrderID WHERE OrderDate between '2008-1-1' and '2008-12-31'
GROUP BY CustomerID ORDER BY Amount desc) as p
UNION ALL
SELECT CustomerID, '2009' as 'Yearof', Amount FROM(
SELECT TOP 10 percent CustomerID,SUM(amount) as 'Amount' From Orders a JOIN OrderItems b
ON a.OrderID = b.OrderID WHERE OrderDate between '2009-1-1' and '2009-12-31'
GROUP BY CustomerID ORDER BY Amount desc) as p
ORDER BY CustomerID,Yearof
```

实例 6-78　UNION 与 GROUPING SETS 的比较——汇总表与明细表的合并。

本实例将每个客户 2008 年度的销售明细表与汇总表进行合并，并与 GROUPING SETS 运算符和实例 6-68 中的方法进行比较。示例 1 使用 UNION 和一个排序列 RowFlag 先从订单明细表中检索数据（其 RowFlag 设置为 0），然后使用 GROUP BY 分组汇总每个客户的销售额（其 RowFlag 设置为 1），并将两个查询结果合并在一起。

示例 2 使用 GROUP BY 中的 GROUPING SETS 可一次性地实现销售明细表和汇总表的合并。GROUPING SETS 列表中的第一个元素（a.CustomerID，a.OrderID，a.OrderDate，b.ProductID，b.UnitPrice，b.Quantity，b.Amount）实质上没有对信息进行分组汇总，返回的是明细表记录，第二个元素（a.CustomerID）返回的是每个客户销售汇总额，第三个元素（（））返回的是所有客户销售额的总计值。本实例中的示例 2 需要在 SQL Server 2008 中运行。

```
/* 示例 1：由于在使用 UNION 后，两个 SELECT 语句的列数目必须相同，因此在第二个查询中需要增加一些
常量或 NULL 值。*/
SELECT a.CustomerID,a.OrderID,CONVERT(varchar(10),OrderDate,120) as 'OrderDate',ProductID,
UnitPrice,Quantity,Amount,0 as 'RowFlag' FROM Orders as a
JOIN OrderItems as b ON a.OrderID = b.OrderID WHERE year(OrderDate) = 2008
UNION ALL
SELECT CustomerID,NULL,'* SubTotal *',NULL,NULL,NULL,SUM(Amount) as 'Amount',1 FROM Orders
as a JOIN OrderItems as b ON a.OrderID = b.OrderID WHERE year(OrderDate) = 2008 Group By CustomerID
```

ORDER BY a. CustomerID , RowFlag
/* 示例 2：GROUPING SETS 列表中的第一个元素列出明细订单数据，其他元素列出分组汇总数据。*/
SELECT a. CustomerID , a. OrderID , CONVERT (varchar (10) , OrderDate , 120) as ' OrderDate ' , ProductID , UnitPrice ,
Quantity , SUM (Amount) as ' Amount ' FROM Orders as a JOIN OrderItems as b ON a. OrderID = b. OrderID
WHERE year (OrderDate) = 2008　　GROUP BY GROUPING SETS ((a. CustomerID , a. OrderID , a. OrderDate ,
b. ProductID , b. UnitPrice , b. Quantity , b. Amount) , (a. CustomerID) , ( ))

习题

1. 在产品表中检索所有产品名称以字符串' en '或' ton '结尾的产品，并按单价降序排序。

2. 依据产品表，在单价为 15 ~ 25 之间的产品中随机检索 5 个产品。

3. 在客户表中检索所有的美国客户分别来于哪些城市。

4. 在供应商表中检索所有邮政编码(PostalCode) 以字母开头的且传真号 (Fax) 为非空
(NULL) 的供应商信息。

5. 在员工表中检索所有职位为 Sales Representative 的员工的主管领导 (ReportsTo) 的
编码。

6. 在订单表中检索所有在 2009 年 6 月 30 日之前需要发货但还没有发货的订单信息。

7. 按产品类别编码对产品表进行分组汇总，检索平均单价在 20 以上的产品类别。

8. 按供应商和产品类别进行分组汇总，检索每个供应商提供的每类产品的平均单价。

9. 按供应商编码对产品表进行分组汇总，检索哪些供应商至少提供了两个单价在 20 以
下的产品。

10. 按客户和月份对订单表进行分组汇总，统计检索 2009 年度每个客户每月的订单
数量。

11. 统计检索 2009 年度每个产品的订单数和订单金额。

12. 统计检索 2009 年度销售额大于 150 万的员工姓名。

13. 统计检索与 Tofu 在同一类别的产品中，哪些产品的单价比 Tofu 的单价两倍还高。

14. 统计检索哪几类产品的平均单价大于 Beverages 类产品的平均单价。

15. 统计检索订单表中订单数量在 20 张以上的客户的名称。

16. 统计检索哪些客户的订单数量最多。

17. 统计检索哪些订单所包含的产品个数最多。

18. 统计检索哪几类产品其所属的产品个数最多、平均单价最高。

19. 分别使用 EXISTS、IN 和 ANY 三个子句检索美国供应商提供的所有产品名称。

20. 利用随机函数，从产品表单价排名最低的前 20 个产品中随机取出 5 个。

21. 统计检索 Confections 这类产品中单价最低的产品名称。

22. 统计检索 Confections 这类产品中每个产品单价与平均单价的差额。

23. 统计检索 Chef Anton ' s Gumbo Mix 产品的单价在所有产品中的排名。

24. 统计检索 Chef Anton ' s Gumbo Mix 产品的单价在它所属的那类产品中的排名。

25. 统计检索单价最低的前 10% 的产品是由哪些供应商提供的。

26. 统计检索 2008 年度上半年哪些客户没有销售订单记录。

27. 统计检索哪些产品的销售单价大于成本单价。

28. 统计检索哪些产品的平均销售单价大于成本单价。

29. 统计检索平均单价小于 30 的产品的销售订单信息。

30. 根据订单明细表中销售单价与成本单价之间的差值，汇总每笔订单的盈利额，并按降序排序。

31. 统计检索哪些产品与 Chocolate 这个产品的单价最接近。

32. 使用排名函数或其他方法，统计检索哪些产品的价格是相同的。

33. 使用自连接，检索员工表中每个员工的直接主管领导（ReportsTo）的姓名和职务。

34. 检索哪些订单至少订购了 10308 订单所含的全部产品。

35. 检索哪些订单所订购的产品与 10308 订单是完全一样的。

36. 使用 CTE 的 WITH 子句统计列出每个客户销售额的排名。

37. 统计检索每个产品的销售额在它所属产品类别中的排名。

38. 分别使用相关子查询和排名函数，统计检索每个产品类别中销售额排名在前 3 位的产品。

39. 在客户表中添加两个列（Amount、Num），分别存储每个客户的销售额和订单笔数的合计值。使用 UPDATE 和相关子查询，订单明细表中的销售额和订单笔数分组汇总后填充到这两个列中。

40. 使用 UNION 组合查询，在一个结果集中列出 2008 年度每个产品的明细销售记录和汇总销售额。

41. 统计检索 2009 年 6 月份没有包含 Confections 类产品的订单。

42. 统计检索 2009 年 6 月份只包含 Confections 类产品的订单。

43. 统计检索哪些订单中包含 Confections 类产品的个数最多。

44. 统计检索所有客户中利润贡献率前 20% 的客户名称。

45. 统计计算销售额前 20% 的客户其销售额的合计数占总销售的百分比。

46. 统计检索销售额前 20% 的客户的所有订单信息，按客户编码和日期排序。

47. 统计检索销售额前 20% 的客户购买次数前 20% 的产品名称。

48. 统计检索销售额前 20% 的客户每个月的订单数和销售额。

49. 统计检索所有订单中销售单价比成本单价低的这类情况出现次数最多的产品名称。

50. 统计检索每个客户购买的产品中折扣率的最大值。

51. 使用相关子查询，计算订单表中每笔订单的销售额占当月销售额的百分比。

52. 统计检索哪些订单包含两个及两个以上的产品，而且每个产品的销售单价（打折后）都低于成本单价。

53. 使用 CASE 语句，在输出员工表时添加员工的性别和雇佣年限。当员工编码最后一位字符为 'F' 时显示'Female '，为'M '时显示'Male '。

54. 在 UPDATE 语句中使用 CASE 语句修改产品表中所有 Beverages 类产品的价格。价格小于 5：涨价 25%；5.01～15：涨价 20%；15.01～25：涨价 15%；25.01～40：涨价 10%；其他不涨价。

55. 在员工表中添加两个列 AccountReceivable 和 AccountReceived，使用相关子查询将每个员工的销售额和货款回笼额分别计算填充到这两个列中。

56. 在 SUM 函数中使用 CASE 语句，在一个结果集中统计检索每类产品中单价在下列各个区间中的产品个数。

1 ~ 10、10. 01 ~ 20、20. 01 ~ 30、30. 01 ~ 40、40. 01 ~ 50、大于 50。

57. 统计检索 2009 年度下半年订单销售额每个月都在 3 万以上的产品名称。

58. 统计检索 2009 年度每个月销售额最大的客户名称。

59. 分别使用相关子查询和 UNION ALL，统计检索每张订单的销售额和货款回笼额，同时列出订单的其他全部信息。

60. 使用 UNION ALL 将 2008 年度及 2009 年度销售额排名前 5 位的客户合并在一个结果集中，并按客户编码排序。

第 7 章　T-SQL 程序设计

7.1　T-SQL 程序设计基础

前面使用的大部分 SQL 语句都是独立的语句。例如，SELECT 语句可以检索数据，AL-TER TABLE 语句可以对表进行修改，但是有的数据检索更为复杂，常常涉及多条语句、多个处理和混合的数据操作。

Transact-SQL(简称 T-SQL)是在 SQL Server 上使用的 ANSI SQL 的一种版本，它除了提供标准 SQL 的 DDL 和 DML 功能外，还对 SQL 做了许多补充，提供了类似 C、Basic 和 Pascal 的基本功能(如变量声明、流控制语言、功能函数等)。T-SQL 不是一种通用的程序设计语言，但它支持某些基本的程序设计思想和概念。这些思想和概念一般在简单的 SQL 语句中不经常使用，但在存储过程、游标、触发器中却需要经常使用。T-SQL 是 SQL Server 系统的核心。

7.1.1　变量定义

T-SQL 使用 DECLARE 语句声明变量，使用 SET 或 SELECT 语句给变量赋值。变量定义的语法为：

```
DECLARE
{{@local_variable data_type}
|{table_type_definition}[ ,...n]
```

T-SQL 对变量的定义具有下列特殊的规则和要求：所有 T-SQL 变量名必须以@开头，其中局部变量以@为前缀，而全局变量以@@为前缀。

可用多条 DECLARE 语句定义多个变量，也可以在单条 DECLARE 语句中定义多个变量(变量之间用逗号分隔)。所有变量在声明后其初始值均为 NULL。

实例 7-1　定义变量并对变量赋值。

变量名可以与列名相同，但必须用@作为前缀。本实例中的示例 1 使用两条 DECLARE 语句分别定义@Prodname 和@Price 两个局部变量，并在产品表(Products)中检索产品名称中包含'Tofu'这个字符串的所有产品。示例 2 使用一条 DECLARE 语句定义两个变量，在所有来自 USA 的员工中检索 1993 年 1 月 1 日起开始雇佣的员工。

```
/* 示例 1:使用两个 DECLARE 分别定义两个变量。注意:在 GO 语句之后,此前定义的变量全部失效,因此示例 1 中定义的变量不能在示例 2 中使用。*/
DECLARE @Prodname varchar(60)
DECLARE @Price REAL
SET @Prodname ='% Tofu%'
SET @Price = 15
SELECT * FROM Products WHERE ProductName Like@Prodname and UnitPrice > = @Price
GO
/* 示例 2:在一个 DECLARE 语句中定义两个不同类型的变量,变量之间用逗号分隔。*/
SET DateFormat mdy
```

```
DECLARE @Country char(10),@HireDate datetime
SET @Country ='USA'
SET @HireDate ='01/01/93'
SELECT * FROM Employees WHERE Country = @Country and HireDate > = @HireDate
```

实例 7-2 通过查询给变量赋值，比较 SET 和 SELECT 两种赋值方式。

变量在声明后不包含值(它们实际上包含的是 NULL)。可使用 SET 和 SELECT 语句给变量赋值，但这两个语句存在一些差异：SET 只能给单个变量赋值，要赋值给多个变量必须使用多条 SET 语句，而 SELECT 可在单条语句中给多个变量赋值。

本实例中的示例 1 定义两个变量，分别用来存储产品表(Products)中产品单价的最大值和最小值，两条 SET 语句将子查询中聚合函数的结果赋值给两个变量，每个聚合函数只返回一个值。示例 2 定义一个字符型变量，用来存储单价为 10 的产品的名称。由于单价为 10 的产品不止一个，这时使用 SET 语句赋值就会出错，必须使用 SELECT 语句赋值。示例 3 使用一条 SELECT 语句获取表内某列数据的组合字符串，将所有产品的名称组合后赋值到一个变量中，不同产品名称之间使用 CHAR(9)(即〈Tab〉键)分隔。

```
DECLARE @Minprice money,@Maxprice money
/* 示例 1:使用两条 SET 语句给变量赋值。*/
SET @Maxprice = (SELECT MAX(UnitPrice)FROM Products)
SET @Minprice = (SELECT MIN(UnitPrice)FROM Products)
/* 使用一条 SELECT 语句将查询结果赋值给两个变量。*/
SELECT @Maxprice = MAX(UnitPrice), @Minprice = MIN(UnitPrice)FROM Products
/* 示例 2:由于单价为 10 的产品有 3 个,不能使用 SET 赋值,因此下列 SET 语句运行出错。*/
DECLARE @ProductName varchar(30)
--SET @ProductName = (SELECT ProductName FROM Products Where UnitPrice =10)
/* 使用 SELECT 语句给变量赋值,这时变量被赋值 3 次,但最终存放的是最后一个单价为 10 的产品名称,
它覆盖了前两次的赋值。*/
SELECT @ProductName = ProductName FROM Products Where UnitPrice =10
PRINT @ProductName
/* 示例 3:,将不同产品的名称组合连接在一起后存放到一个变量中。*/
DECLARE @s nvarchar(4000)
SET @s = N''
SELECT @s = @s + CHAR(9) + ProductName FROM Products
PRINT @s
```

实例 7-3 使用 TABLE(表)变量并对其赋值。

TABLE 是一种特殊的数据类型，用于存储结果集以供后续处理。该数据类型主要用于临时存储一组行，这些行将作为表值函数的结果集返回。TABLE 变量可用于函数、存储过程和批处理中。在其作用域内，TABLE 变量可像表那样使用，可应用于 SELECT、INSERT、UPDATE 和 DELETE 语句中。

本实例定义一个 TABLE 变量，并使用 INSERT...SELECT 语句将客户表(Customers)中的部分列数据存储到 TABLE 变量中，然后在 TABLE 变量中使用 SELECT 语句检索数据。

```
DECLARE @myTable TABLE(
    CustomerID char(5),
    CustomerName varchar(60),
    Address varchar(60),
    City char(20),
    Country char(20))
--GO /* 不能使用 GO 语句,否则前面定义的 TABLE 变量将从内存中释放而不再存在。*/
/* 使用 INSERT...SELECT 语句将客户表中的数据批量复制到 TABLE 变量中。*/
INSERT INTO @myTable(CustomerID,CustomerName,Address,City,Country)    SELECT CustomerID,
```

CompanyName，Address，City，Country FROM Customers
/* 注意：不能使用 SELECT...INTO 将查询结果复制到 TABLE 变量中，因此下列这条语句是错误的。
SELECT CustomerID，CompanyName，Address，City，Country INTO @myTable FROM Customers */
SELECT * FROM @myTable WHERE CustomerName LIKE '%an%'

7.1.2　PRINT（输出）语句

在使用变量时，经常需要查看它们的内容，其中最简单的办法就是输出它们。在 SQL Server 中，变量可以通过 SELECT 语句和 PRINT 语句输出。SELECT 语句可以在一条语句中输出多个变量和表达式，而 PRINT 语句一次只能输出一个变量或表达式。PRINT 语句的基本语法为：

PRINT '*any ASCII text*' | @*local_variable* | @@*FUNCTION* | *string_expr*

这里，@*local_variable* 为任意有效的字符数据类型变量，它必须是 char 或 varchar，或者能够隐式转换为 char 或 varchar 的数据类型。例如，可以将获得当前日期时间的 GetDate 函数的结果转换为 varchar 类型，然后与其他字符串拼接后由 PRINT 语句输出。

PRINT 'This message was printed on' + RTRIM(Convert(varchar(30)，GetDate( ))) + '.'

7.1.3　语句块

BEGIN 和 END 是控制流语句的关键字。该语句可以把多条 T-SQL 语句组合为一个逻辑块。任何时候当控制流语句执行一个包含两条或两条以上 T-SQL 语句的语句块时，必须使用 BEGIN 和 END 语句。

BEGIN 和 END 语句必须成对出现，即任何一条语句均不能单独使用。BEGIN 语句之后为 T-SQL 语句块，END 语句指示语句块结束。BEGIN 和 END 语句主要应用于 WHILE 循环、IF 或 ELSE 条件处理和 CASE 函数的语句块中。

7.1.4　条件处理（IF...ELSE）

条件处理是在程序代码中做出判断的一种方法。IF...ELSE 在执行 T-SQL 语句时强加条件，如果条件满足（布尔表达式返回 TRUE），则在 IF 关键字及其条件后执行 T-SQL 语句。可选的 ELSE 关键字引入备用的 T-SQL 语句，当不满足 IF 条件时（布尔表达式返回 FALSE），就执行这个语句。条件处理语句的基本语法为：

IF *Boolean_expression*
{ *sql_statement* | *statement_block* }
[ELSE
{ *sql_statement* | *statement_block* }]

实例 7-4　使用条件处理 IF...ELSE 和流语句控制关键字 BEGIN...END。

本实例随机生成一个日期区间，根据订单表（Orders）和订单明细表（OrderItems）输出这个日期区间内所有订单的销售额。如果这个区间内没有订单，则予以提示说明。

DECLARE @date1 datetime，@date2 datetime，@sum money，@message varchar(100)
SELECT @date1 = Cast('2009-1-1' as datetime) + RAND( ) * 100
SELECT @date2 = @date1 + RAND( ) * 15
SET @message = 'from' + Convert(varchar(10)，@date1，120) + 'to' + convert(varchar(10)，@date2，120)
IF(SELECT COUNT(*) From Orders Where OrderDate Between @date1 and @date2) > 0
BEGIN

```
SELECT @sum = SUM( amount) From OrderItems as a
JOIN Orders as b ON a. OrderID = b. OrderID
Where OrderDate Between @date1 and @date2
SET @message = 'Total amount is ' + Cast( @sum as varchar) + @message
PRINT @message
END
ELSE
BEGIN
SET @message = 'No order found ' + @message
PRINT @message
END
```

7.1.5　循环处理

与其他程序设计语言一样，T-SQL 支持循环，能够根据需要重复一个语句块。T-SQL 循环由 WHILE 语句完成。在 WHILE 语句中需要设置重复执行 SQL 语句或语句块的条件。只要指定的条件为真，就重复执行语句，但可以使用 BREAK 和 CONTINUE 控制 WHILE 循环中语句的执行。WHILE 语句的基本语法为：

```
WHILE Boolean_expression
{ sql_statement | statement_block }
[ BREAK ]
{ sql_statement | statement_block }
[ CONTINUE ]
```

与 IF 语句一样，WHILE 只重复紧跟在它后面的单条语句。如果要重复多行代码，可使用 BEGIN 和 END 限定该语句块。

实例 7-5　利用循环处理字符串，并使用 BREAK 终止循环。

BREAK 语句用来退出循环内部的 WHILE 语句。T-SQL 循环也是可以嵌套的，如果嵌套了两个或多个 WHILE 循环，则内层的 BREAK 将退出到下一个外层循环。

本实例首先从员工表(Employees)中找到第一个备注(Notes)为非空的员工，然后利用循环提取备注信息中的每一个英文单词，并用 PRINT 语句将其显示在屏幕上。

```
DECLARE @string nvarchar( 4000) , @s varchar( 100) , @x int , @i int , @count int
/* 使用 WHERE DataLength( Notes) < >0 查找第一条备注列不为空的员工记录。*/
SELECT Top 1 @string = Notes FROM Employees Where DataLength( Notes) >0 and Notes IS NOT NULL
PRINT @string
SET @string = @string + SPACE( 1)　　/* 右边添加一个空格,有利于后面的循环处理。*/
SET @i = 1
SET @count = 0
WHILE( 1 = 1)　　　/* 没有指定循环退出条件,直到使用 BREAK 语句时强制终止循环。*/
BEGIN
SET @x = CHARINDEX( char( 32) , @string , @i)　　　/* 查找空格出现的位置。*/
  IF @x > 0
  BEGIN
    SET @s = LTRIM( RTRIM( SUBSTRING( @string , @i , @x-@i)))　　/* 取两个空格之间的字符串。*/
    SET @i = @x + 1
    IF @s < >"
    BEGIN
      SET @count = @count + 1
      PRINT @s
    END
  END
  ELSE　　BREAK　　/* 找不到空格时表示所有单词都已经输出,循环因此终止。*/
END
```

PRINT 'Total:' + LTRIM(Str(@count,4)) + ' words '

7.2 视图

视图是数据库的一种逻辑对象,是一个逻辑表或虚拟表,是查询数据的一种方式。视图可以用来定义一个或多个表的行和列的多种连接,是关系数据库提供用户查看数据库中数据的一种重要机制。

7.2.1 视图概述

视图是一个虚拟表,其内容由查询语句定义。同真实的表一样,视图包含一系列带有名称的列和行数据。但是,视图并不在数据库中以存储的数据值集形式而存在(即视图并不包含数据),除非是索引视图。视图中行和列的数据来自其定义的查询语句所引用的表(称为基础表),并且在引用视图时动态生成。

视图在数据库中存储的是 SELECT 语句,它所对应的 SELECT 语句可以来自当前或其他数据库中的一个或多个表(或者其他视图)的连接。SELECT 语句的结果集构成视图所返回的虚拟表。可以像引用基础表那样引用视图虚拟表。

为了进一步介绍视图的具体概念和用途,先来分析下面这个例子。该例从 3 个表的连接中查找购买了产品编号为 51 的产品的客户信息。

```
SELECT CompanyName, ContactName, ProductID From Customers a
JOIN Orders b ON a. CustomerID = b. CustomerID
JOIN OrderItems c ON c. OrderID = b. OrderID
WHERE ProductID = 51
```

在这个查询语句中,如果要检索购买了其他产品的客户,那么就必须在 3 个表连接的基础上修改 WHERE 子句中的条件。

假如把这个查询定义为一个视图(名称为 myOrderView),那么利用视图可以方便地检索类似的数据:

```
CREATE VIEW myOrderView AS
   SELECT CompanyName, ContactName, ProductID From Customers a
   JOIN Orders b ON a. CustomerID = b. CustomerID
   JOIN OrderItems c ON c. OrderID = b. OrderID
GO
SELECT CompanyName, ContactName From myOrderView Where ProductID = 51
```

如果要检索购买了另外一个产品的客户,只要在查询视图的 SELECT 语句中修改 WHERE 条件,而不必再进行 3 个表之间的连接。

```
SELECT CompanyName, ContactName From myOrderView Where ProductID = 10
```

这就是视图的作用。myOrderView 作为视图,它不包含或存储任何列或数据,它包含的只是一个 SQL 查询语句。

视图通常用来集中、简化和自定义用户对数据库的不同认识。视图可用做安全机制,它允许用户只能通过视图访问数据,而不授予用户直接访问基础表的权限。

视图一旦创建后,可以像使用表一样使用视图。具体来说,可以对视图执行 SELECT 操作,将视图与其他视图或表连接,甚至可以通过视图插入和更新数据。

7.2.2　创建视图

SQL Server 中使用 CREATE VIEW 语句来创建视图,其基本语法如下:

```
CREATE VIEW view_name[(column[,...n])]    [WITH ENCRYPTION]
AS
select_statement
[WITH CHECK OPTION]
```

视图中的每一列都必须有一个列名。下列情况中,必须在 CREATE VIEW 语句或 SE-LECT 语句中指派列名:①列是从表达式、函数或常量派生出来的;②两个或更多的列可能会具有相同的名称(通常是因为多表连接);③视图中的某列被赋予了不同于派生来源列的名称。

视图定义中的 SELECT 子句有几个限制,即 CREATE VIEW 语句中不能包含 ORDER BY、COMPUTE、COMPUTE BY、INTO 等子句,也不能引用临时表。另外,创建视图语句之前必须使用 GO 语句,除非 CREATE VIEW 是批处理中的第一条语句。

实例 7-6　创建简单的视图,简化复杂的连接。

视图不必是具体某个表的行和列的简单子集,它可以是任意复杂的 SELECT 子句。当需要频繁地查询列的某种组合或使用多表连接时,建立视图非常有用。

本实例通过 5 表连接创建一个包含产品订单详细信息的视图。借助这个视图,可以方便地按不同条件检索需要的数据。

```
/* 判断视图是否存在。如果存在,则删除它。*/
IF(OBJECT_ID('myOrderView','V')IS NOT NULL)    DROP VIEW myOrderView
GO
CREATE VIEW myOrderView AS
   SELECT a. OrderID,b. OrderDate,b. CustomerID,c. CompanyName,b. EmployeeID,d. LastName,
   d. FirstName,a. ProductID,e. ProductName,a. UnitPrice,a. Quantity,a. Amount From OrderItems AS a
   JOIN Orders     AS b ON a. OrderID = b. OrderID
   JOIN Customers AS c ON b. CustomerID = c. CustomerID
   JOIN Employees AS d ON b. EmployeeID = d. EmployeeID
   JOIN Products    AS e ON a. ProductID = e. ProductID
GO
/* 从视图中检索产品 Tofu 的销售情况 */
SELECT * FROM myOrderView WHERE ProductName ='Tofu'
/* 从视图中检索员工 Saveley Mary 负责的销售情况 */
SELECT * FROM myOrderView WHERE LastName ='Saveley' and FirstName ='Mary'
```

实例 7-7　在视图中使用表达式和别名。

视图的另一个常见的用途是重新格式化检索出来的数据,包括改变列的数据类型、重命名列的名称等。

本实例通过多表连接将员工负责的每笔订单销售额检索出来,并采用两种不同方式在创建视图时给员工姓名和销售额指定别名。方法 1 在 CREATE VIEW 与 AS 之间指定视图的各个列名,而无须在 SELECT 语句中为表达式指定别名,这种方法要求视图列名与 SELECT 语句中的列的个数和类型相对应。方法 2 在 SELECT 语句中使用 AS 指定视图的列名,员工的 FirstName 和 LastName 拼接后命名为 FullName;产品单价与销售数量之积命名为 Amount。

```
IF(OBJECT_ID('myView1')IS NOT NULL)    DROP VIEW myView1
GO
/* 方法 1:在 CREATE VIEW 语句后定义视图列名。这种方法定义并不是最好的,因为不是每个列都需要重命名或指定别名。*/
```

```
CREATE VIEW myView1(EmployeeID, FullName, OrderID, OrderDate, Amount) AS
   SELECT b. EmployeeID, RTRIM(c. FirstName) + SPACE(1) + RTRIM(c. LastName),
   a. OrderID, b. OrderDate, a. UnitPrice * (1-a. Discount) * a. Quantity FROM OrderItems as a
   JOIN Orders      as b ON a. OrderID = b. OrderID
   JOIN Employees   as c ON b. EmployeeID = c. EmployeeID
GO
/* 方法 2：在 SELECT 语句中为每个没有列名的表达式指定一个别名，这种方法比较简便。*/
DROP VIEW myView1
GO
CREATE VIEW myView1 AS
   SELECT b. EmployeeID, RTRIM(c. FirstName) + SPACE(1) + RTRIM(c. LastName) as 'FullName', a. OrderID,
   b. OrderDate, a. UnitPrice * (1-a. Discount) * a. Quantity as 'Amount' FROM OrderItems as a
   JOIN Orders AS b ON a. OrderID = b. OrderID
   JOIN Employees AS c ON b. EmployeeID = c. EmployeeID
GO
/* 下面使用视图，检索员工 Andrew Fuller 在 2008 年度实现的每笔订单销售额。*/
SELECT * FROM myView1 WHERE Fullname = 'Andrew Fuller' and Year(OrderDate) = 2008
```

实例 7-8　在视图中使用聚合函数，并与 CTE 进行比较。

与视图和 CTE 相比，临时表、表变量的查询性能较低，因此在实际应用中，它们往往被视图或 CTE 所替代。

本实例使用聚合函数，先分组统计每个产品类别的平均单价，然后查找平均单价最低的那个（些）产品类别的名称。示例 1 使用视图，它在数据库中是永久存在的，在不同的查询中可以被多次引用。示例 2 使用 CTE，对于临时性的应用，CTE 的定义比视图的定义要简单得多，但 CTE 只在查询期间有效，在紧跟其后的 SQL 语句之后当即失效，也就是说它不能被多个 SQL 语句重复引用。

```
/* 示例 1：使用视图。将聚合函数的查询结果定义为一个视图，再对视图进行子查询操作。*/
IF(OBJECT_ID('myView1') IS NOT NULL)    DROP VIEW myView1
GO
CREATE VIEW myView1 AS
   SELECT CategoryName, AVG(UnitPrice) as 'AvgPrice' FROM Categories as a
   JOIN Products as b ON a. CategoryID = b. CategoryID GROUP BY CategoryName
GO
SELECT * FROM myView1 WHERE AvgPrice = (SELECT MIN(AvgPrice) FROM myView1)
/* 示例 2：使用 CTE。将聚合函数的查询结果定义为一个 CTE，再对 CTE 进行子查询操作。*/
;WITH tmp AS
(SELECT CategoryName, AVG(UnitPrice) as 'AvgPrice' FROM Categories as a
JOIN Products as bON a. CategoryID = b. CategoryID GROUP BY CategoryName)
SELECT * FROM tmp WHERE AvgPrice = (SELECT MIN(AvgPrice) FROM tmp)
```

实例 7-9　视图的嵌套使用，视图与表连接。

在 SQL 中，视图可以嵌套使用，即可以像使用表一样使用视图，但视图嵌套可能会影响查询的性能。

本实例先创建一个视图，通过多表连接将客户的销售信息检索出来，然后将该视图与客户表连接创建另一个视图，分组汇总每个客户的销售额。在此基础上，利用第二个视图列出销售额排名前 20% 的那些客户的信息，以及这些客户占总销售额的百分比。

```
IF(OBJECT_ID('myView1') IS NOT NULL)    DROP VIEW myView1
IF(OBJECT_ID('myView2') IS NOT NULL)    DROP VIEW myView2
GO
/* 建立一个视图并将订单信息连接在一起，同时计算订单销售额。*/
CREATE VIEW myView1 AS
```

```
SELECT a. OrderID , b. OrderDate , b. CustomerID , a. ProductID , a. UnitPrice , a. Quantity , a. Amount
FROM OrderItems as a JOIN Orders as b ON a. OrderID = b. OrderID
GO
```
/* 视图嵌套。视图 myView1 与表 Customers 连接,创建视图 myView2,分组汇总每个客户的销售额。*/
```
CREATE VIEW myView2 AS
    SELECT b. CompanyName AS ' CustomerName ' , SUM( amount) AS ' Amount ' From myView1 as a
JOIN Customers AS b ON a. CustomerID = b. CustomerID GROUP BY b. CompanyName
GO
```
/* 在第二个视图中检索销售额排名前 20% 的客户名称。*/
```
SELECT TOP 20 PERCENT * FROM myView2 ORDER BY Amount DESC
```
/* 在第二个视图中计算并返回销售额排名前 20% 的客户占总销售额的百分比。下面第一个子查询使用 IN 检索计算出排名前 20% 客户的销售额,最后一条子查询返回所有客户的总销售额。*/
```
SELECT ' Percentage ' = 100. 0 * ( SELECT SUM( Amount) FROM myView2 Where CustomerName IN
    ( SELECT TOP 20 PERCENT CustomerName FROM myView2 Order By Amount DESC ) )/( SELECT SUM
( Amount) FROM myView2)
```

7.2.3　通过视图修改数据

在 SQL Server 中可以通过视图更新数据,即可以对视图使用 INSERT、UPDATE 和 DE-LETE 语句。通过视图修改数据,实际上改变的是基础表中的数据;同样,基础表数据的改变也会自动反映在由基础表产生的视图中。

由于逻辑上的原因,有些视图可以修改对应的基础表,有些则不能(只能查询)。总体来说,如果 SQL Server 不能正确地确定被更新的基础表数据,则不允许更新(包括插入和删除)数据。具体来说,下列情况不能通过视图更新数据。

①　多个基础表或连接。SQL Server 必须能够明确地解析对视图所引用基础表中的特定行所做的修改操作。不能在一个语句中对多个基础表使用数据修改语句。因此,UPDATE 或 INSERT 语句中的列必须属于视图定义中的同一个基础表。

②　使用 GROUP BY 分组或聚合函数(MAX( )、MIN( )、COUNT( )、SUM( )等)。

③　子查询。

④　组合查询(使用 UNION)。

⑤　DISTINCT 或 TOP 子句。

⑥　计算(导出)列。

实例 7-10　通过视图将数据插入到基础表中。

在视图中插入行,实际上是向基础表中插入行。对于基础表中需更新而又不允许空值的所有列,它们的值在 INSERT 语句或 DEFAULT 定义中指定,这将确保基础表中所有需要值的列都可以获取值。

本实例中的 INSERT 语句指定一个视图名,将新行插入到该视图对应的基础表中。在 INSERT 语句中,VALUES 列表的顺序必须与视图的列顺序相匹配。

```
IF( OBJECT_ID(' myView1 ') IS NOT NULL)    DROP VIEW myView1
IF( OBJECT_ID(' myExample ') IS NOT NULL)    DROP TABLE myExample
GO
CREATE TABLE myExample( Col1 int , Col2 varchar( 30) NOT NULL DEFAULT ' Row#n ')
INSERT INTO myExample VALUES( 1 , ' Row#1 ')
GO
```
/* 定义一个视图,其列表中列的顺序与表定义时的不同。*/
```
CREATE VIEW myView1 AS
SELECT Col2 , Col1 FROM myExample
GO
```

```
/* 向视图中插入行,列表的顺序必须与视图定义时的一致。*/
INSERT INTO myView1 VALUES('Row#2',2)
INSERT INTO myView1(Col1) VALUES(3)
GO
SELECT * FROM myExample
```

实例 7-11　通过视图修改和删除基础表中的数据。

本实例先定义一个视图，并通过视图向产品表(myProducts)中添加 7 条记录，然后通过视图和 UPDATE 语句修改基础表中的数据，最后通过视图删除基础表中的数据。

通过视图修改基础表中列的数据，必须符合对这些列的各种约束(如为空性、CHECK 约束、DEFAULT 约束等)。同样，通过视图删除基础表中的一行，也必须满足相关表中的所有 FOREIGN KEY 约束，否则删除操作不能成功。

```
IF(OBJECT_ID('myView1') IS NOT NULL)    DROP VIEW myView1
IF(OBJECT_ID('myProducts') IS NOT NULL)    DROP TABLE myProducts
GO
CREATE TABLE myProducts(
   ProductID int IDENTITY(1,1) NOT NULL,
   ProductName nvarchar(40) NOT NULL,
   CategoryID int NULL,
   UnitPrice money NULL DEFAULT(0))
GO
/* 创建视图,并通过视图向表中插入 7 行。*/
CREATE VIEW myView1 AS
   SELECT ProductID,ProductName,CategoryID,UnitPrice FROM myProducts
GO
INSERT INTO myView1(ProductName,CategoryID,UnitPrice) VALUES('Chai',1,18)
INSERT INTO myView1(ProductName,CategoryID,UnitPrice) VALUES('Chang',1,19)
INSERT INTO myView1(ProductName,CategoryID,UnitPrice) VALUES('Aniseed Syrup',2,10)
INSERT INTO myView1(ProductName,CategoryID,UnitPrice) VALUES('Vegie-spread',2,43.9)
INSERT INTO myView1(ProductName,CategoryID,UnitPrice) VALUES('Tofu',7,23.25)
INSERT INTO myView1(ProductName,CategoryID) VALUES('Genen Shouyu',2)
INSERT INTO myView1(ProductName,CategoryID,UnitPrice) VALUES('Steeleye Stout',1,18)
SELECT * FROM myProducts
GO
/* 通过视图修改表 myProducts,如果单价为空,则将单价设置为平均单价。*/
UPDATE myView1 SET UnitPrice = (SELECT AVG(UnitPrice) From myView1) Where UnitPrice IS NULL
SELECT * FROM myProducts
GO
/* 通过视图删除表 myProducts 中单价小于平均单价的所有行。*/
DELETE myView1 WHERE UnitPrice < (SELECT AVG(UnitPrice) FROM myView1)
SELECT * FROM myProducts
```

7.2.4　删除视图

在创建视图后，如果不再需要该视图，或想清除视图定义及与之相关联的权限，可以删除该视图。删除视图后，表和视图所基于的数据并不受到影响，任何使用基于已删除视图的对象的查询将会失败。删除视图的语法为：

```
DROP VIEW{view[,...n]
```

视图一旦被删除，所有在 sysobjects、syscolumns、syscomments、sysdepends 和 sysprotects 等系统表中的有关该视图的定义及其他相关信息也被同时删除，视图的所有权限也同时被删除。

7.3　存储过程

7.3.1　存储过程概述

前面介绍的大多数 SQL 语句都是针对一个或多个表的单条语句，并非所有的操作都这么简单，在很多情况下，一个完整的操作需要多条语句才能完成。存储过程(Stored Procedure)可以将常用的或复杂的功能预先用 T-SQL 语句编写好，并用一个指定的名称进行存储，经编译后保存在数据库中，用户在需要的时候可以使用 EXECUTE 语句执行存储过程。简单来说，存储过程就是为以后的使用而保存的一条或多条 T-SQL 语句的集合。

存储过程与其他编程语言中的过程(Procedure)有许多类似之处，主要体现在以下几个方面。

① 接受输入参数并以输出参数的形式将多个值返回至调用过程或批处理中。

② 包含执行数据库操作的编程语句。

③ 向调用过程或批处理返回状态值，以表明成功或失败。

存储过程具有下列优点。

① 执行速度较快。存储过程只在创建时进行编译，以后每次执行存储过程都无须重新编译，而一般的 T-SQL 语句每执行一次都要编译一次，因此存储过程可以提高数据库的执行速度。

② 允许标准组件式编程。存储过程在创建后可以在程序中被多次调用，而不必重新编写该存储过程的 T-SQL 语句，而且还可以随时对存储过程进行修改，但对应用程序源代码毫无影响(因为应用程序源代码中只包含调用存储过程中的语句)，从而极大地提高了程序的可移植性，并减少数据库开发人员的工作量。

③ 减少网络流量。对于同一个针对数据库对象的操作(如查询、修改、删除)，如果这一操作所涉及的 T-SQL 语句被组织成一个存储过程，那么在客户端计算机上调用该存储过程时，网络传送的只是该调用语句，而不是多条 T-SQL 语句，从而减少了网络流量。

④ 增强数据的安全性。可将存储过程和用户权限结合起来，也就是设定只有授权的用户才具有存储过程的使用权，从而能够实现对相应的数据进行访问权限的限制，避免非授权用户对数据的访问，保证数据的安全。

存储过程一般分为两类：系统提供的存储过程和用户定义存储过程。系统提供的存储过程主要存储在 master 数据库中并以 sp_或 xp_为前缀。本节所涉及的存储过程主要是指用户定义存储过程。

7.3.2　创建存储过程

在 SQL Server 中使用 CREATE PROCEDURE 语句创建存储过程。存储过程定义包含两个主要组成部分：①存储过程的名称及其参数说明；②存储过程的主体，其中包含执行过程操作的 T-SQL 语句。

创建存储过程的基本语法为：

CREATE PROC[EDURE] *procedure_name*[;*number*]

$[\,\{\,@parameter\ data\_type\,[\,\mathrm{VARYING}\,]\,[\,=default\,]\,[\,\mathrm{OUTPUT}\,]\,]\,[\,,\ldots n\,]$
A S$sql\_statement\,[\,\ldots n\,]$

与创建视图相似,CREATE PROCEDURE 语句之前必须使用 GO 语句,除非它是批处理中的第一条语句。存储过程的主体定义在 AS 与下一个 GO 语句之间。

实例 7-12　创建带输入参数的存储过程。

一个存储过程可以带一个或多个输入参数,输入参数是指由调用程序向存储过程传递的参数,它们在创建存储过程的语句中定义,在执行存储过程中给出相应的参数值。

本实例创建一个存储过程 myproc,输入一个员工的姓名,通过 4 表连接返回该员工负责的所有产品销售情况。该存储过程有两个输入参数:@FirstName 和@Lastname。

```
IF( OBJECT_ID('myproc','P') IS NOT NULL)   DROP PROCEDURE myproc
GO
CREATE PROCEDURE myproc   @Lastname varchar(40),@FirstName varchar(20)
AS
  SELECT LastName, FirstName, b.OrderID, b.OrderDate, d.ProductName, c.UnitPrice, c.Quantity, c.Amount
  FROM Employees a
  INNER JOIN Orders       b ON a.EmployeeID = b.EmployeeID
  INNER JOIN OrderItems   c ON b.OrderID = c.OrderID
  INNER JOINProducts      d ON c.ProductID = d.ProductID
  WHERE LastName = @Lastname AND FirstName = @FirstName
GO
/* 执行存储过程,不显式指定输入参数。*/
EXECUTE myproc 'Davolio','Nancy'
/* 执行存储过程,显式指定输入参数及其对应的值。*/
EXECUTE myproc @Lastname = 'Davolio',@FirstName = 'Nancy'
/* 执行存储过程,显式指定输入参数,但次序与存储过程定义时的不同。*/
EXECUTE myproc @FirstName = 'Nancy',@Lastname = 'Davolio'
```

实例 7-13　创建使用 RETURN 返回值的存储过程。

RETURN 语句无条件终止查询、存储过程或批处理。在存储过程或批处理中,RETURN 之后的语句都不执行。当存储过程使用 RETURN 语句时,该语句可以返回一个整数值。如果 RETURN 未指定值,则返回 0。

本实例创建一个存储过程,输入一个产品名称,使用 RETURN 语句返回该产品 2008 年 12 月的销售量。如果该产品在该月份没有销售,则返回 0。在运行存储过程时,必须定义一个变量将其返回的值接收回来。

```
IF( OBJECT_ID('myproc') IS NOT NULL)   DROP PROCEDURE myproc
GO
CREATE PROCEDURE myproc @productname varchar(100)
AS
  DECLARE @qty int
  SELECT @qty = SUM( Quantity) From OrderItems a
  JOIN Orders b ON a.OrderID = b.OrderID
  JOIN Products c ON c.ProductID = a.ProductID
  WHERE DateDiff( month,'2008-12-1',OrderDate) = 0 and ProductName = @productname
  IF( @qty IS NULL) RETURN(0)
  ELSE RETURN(@qty)
GO
/* 执行存储过程,定义一个变量@n 用于接收存储过程返回的值。*/
DECLARE @n int
EXECUTE @n = myproc 'Tofu'
PRINT @n
```

实例 7-14　创建使用 OUTPUT 输出参数的存储过程。

存储过程可以同时包含输入参数、输出参数和返回值。OUTPUT 参数允许把信息返回给存储过程的调用者。在调用存储过程时需要定义局部变量来保存 OUTPUT 的值。使用 OUTPUT 返回存储过程执行后的值，其在参数的个数和数据类型上几乎没有限制，而不像 RETURN 只能返回一个值，而且是整型的值。

本实例创建一个存储过程，输入一个产品类别的名称，通过两个 OUTPUT 变量返回这类产品单价的最大值和最小值，使用 RETURN 语句返回这类产品的个数。

```
IF( OBJECT_ID('myproc')IS NOT NULL)    DROP PROCEDURE    myproc
GO
CREATE PROCEDURE    myproc
  @category varchar(40),
  @maxprice real    OUTPUT,
  @minprice real    OUTPUT
AS
  DECLARE @count int
  IF( SELECT COUNT(*)FROM Products a JOIN Categories b ON b. CategoryID = a. CategoryID and
  CategoryName = @category) >0
    SELECT @maxprice = MAX( a. UnitPrice),@minprice = MIN( a. UnitPrice),@count = COUNT(*) From
    Products a JOIN Categories b ON b. CategoryID = a. CategoryID WHERE Categoryname = @category
  ELSE
    SELECT @maxprice = 0,@minprice = 0,@count = 0
  RETURN( @count)
GO
/* 定义 3 个变量以接收存储过程返回的值。参数名与变量名不一定相同，但数据类型必须匹配。*/
DECLARE @minp real,@maxp real,@num int
EXECUTE @num = myProc 'Confections',@maxp OUTPUT,@minp OUTPUT
/* 可以在执行存储过程中显式指定输出参数及其对应的值。*/
EXECUTE @num = myProc 'Confections',@maxprice = @maxp OUTPUT,@minprice = @minp OUTPUT
SELECT @maxp,@minp,@num
```

实例 7-15　创建带默认值 DEFAULT 的存储过程。

本实例创建一个存储过程，输入一个客户编码和日期值，输出该客户到输入日期为止的所有应收账款占销售额的比例。该存储过程中的两个输入参数带有默认值，分别为空值（NULL）和 2010-12-31。当客户编码为空值时，则输出全部客户应收账款占销售额的比例。注意本例中的 DEFAULT 关键字的多种使用方法。

```
IF( OBJECT_ID('myProc')IS NOT NULL)    DROP PROCEDURE    myProc
GO
CREATE PROCEDURE    myProc
  @CustomerID varchar(100) = NULL,
  @date        datetime = '2010-12-31',
  @ratio        money OUTPUT
AS
  DECLARE @x1 money,@x2 money
  IF( @CustomerID = '')or( @CustomerID IS NULL)
  BEGIN
    SELECT @x1 = SUM( a. Amount)From OrderItems a JOIN Orders b ON a. OrderID = b. OrderID
    WHERE OrderDate < = @date
    SELECT @x2 = SUM( a. amount)From OrderCollections a JOIN Orders b ON a. OrderID = b. OrderID
    WHERE CollectionDate < = @date
  END
  ELSE
  BEGIN
    SELECT @x1 = SUM( a. Amount)From OrderItems a JOIN Orders b ON a. OrderID = b. OrderID
```

```
        WHERE OrderDate < = @date and CustomerID = @CustomerID
        SELECT @x2 = SUM(a. amount) From OrderCollections a JOIN Orders b ON a. OrderID = b. OrderID
        WHERE CollectionDate < = @date and CustomerID = @CustomerID
    END
    IF(@x1 < >0 and @x1 is NOT NULL)    SET @ratio = 100. 0 * @x2/@x1
    ELSE    SET @ratio = 0
GO
DECLARE @ratio money
/* 运行存储过程时不使用默认值。*/
EXECUTE myProc 'ANTON', '2009-06-30', @ratio OUTPUT
PRINT CAST(@ratio as varchar)
/* 运行存储过程时使用一个默认值,并以'@name = value'的形式传递参数。一旦使用了'@name = value'形式
后,所有后续的参数就必须以同样的形式传递。*/
EXECUTE myProc @CustomerID ='BERGS',@date = DEFAULT,@ratio = @ratio OUTPUT
PRINT CAST(@ratio as varchar)
/* 使用多个默认值,直接使用 DEFAULT。*/
EXECUTE myProc DEFAULT,DEFAULT,@ratio = @ratio OUTPUT
PRINT CAST(@ratio AS varchar)
```

7.3.3 存储过程与动态 SQL 语句

常用的 SQL 语句大多是静态的,也就是说,SQL 语句的结构是固定的,在编译时,整个 SQL 语句都是已知的,它们不能在运行时动态地改变。但是,在有些情况下,SQL 语句或 SQL 所带的参数在编译时并不可以事先确定,应用程序必须在运行时才能确定 SQL 语句的内容。这种在运行时才能确定的 SQL 语句称为动态 SQL 语句。

如果在预编译时下列信息不能确认,那么就需要使用动态 SQL 技术:①SQL 语句正文;②主变量个数;③主变量的数据类型;④SQL 语句中引用的数据库对象(如列、索引、基本表、视图等)。

动态 SQL 允许在程序运行过程中临时"生成"SQL 语句,它主要有 3 种形式:①语句可变:允许用户在程序运行时临时输入完整的 SQL 语句;②条件可变:对于查询语句SELECT子句是确认的,即语句的输出是确定的,其他子句(如 WHERE 子句、HAVING 子句)有一定的可变性;③数据库对象,查询条件均可变:对于查询语句,SELECT 子句的列名、FROM 子句中的表名或视图名、WHERE 子句和 HAVING 子句中的条件均可由用户临时构造,即语句的输入和输出可能都是不确定的。

SQL Server 有两种方法执行动态 SQL 语句,一是使用 EXECUTE;二是使用 sp_ExecuteSQL系统存储过程。有时这两种方法产生相同的结果,但在运行机制上有些不同。

下面的例子使用带一个变量的 EXECUTE '*tsql_string*'语句,这个例子显示 EXECUTE 语句如何处理动态生成的、含有变量的字符串。它要求返回@tablename 变量指定的表名中前@n 行记录,@n 的值由随机函数产生。

```
DECLARE @tablename varchar(100),@n int,@SqlString nvarchar(500)
SET @tablename ='Products'
SET @n = Rand() * 10 + 1
```

在 SELECT 语句中,表名必须是已知的,TOP 后面也必须紧跟常量,但这里表名和 TOP @n 的值存放在一个变量中。因此,下列语句在语法上是错误的。

```
SELECT TOP @n * FROM @Tablename
```

这时,只能使用动态 SQL 语句。根据@tablename 和@n 的值动态生成一条 SQL 查询语句,将 SQL 语句放到一个字符串变量中,然后使用 EXECUTE 语句执行这个字符串。

```
SET @SqlString = 'SELECT TOP ' + CAST( @n as varchar ) + ' * FROM ' + @tablename
EXECUTE( @SqlString )
```

实例 7-16　创建带输入参数的存储过程，使用 EXECUTE 执行动态 SQL 语句。

在使用带有输入参数的存储过程时，有些 SQL 语句不能直接使用参数。如在 SELECT *
FROM @TableName 或 SELECT @ColumnName FROM Products 语句中，表名和列名不能使用
变量，必须是明确的值。这时，需要使用一个字符串存储 SQL 语句，然后使用 EXECUTE 执
行这类动态的 SQL 语句。

本实例创建一个带 3 个输入参数变量的存储过程，即两个字符串变量和一个整数变量，
要求将变量@tablename1 指定的表中的前 *n* 行数据复制到变量@tablename2 指定的表中。

```
IF( OBJECT_ID( 'myproc' ) IS NOT NULL)    DROP PROCEDURE    myproc
GO
CREATE PROCEDURE myproc    @Tablename1 varchar( 100 ),@n INT,@tablename2 varchar( 100 )
AS
  /* 定义一个足够大的字符串变量，存储 SQL 命令行。*/
  DECLARE @SqlString nvarchar( 2000 )
  SET @SqlString = 'IF( OBJECT_ID( '" + @tablename2 + "')    IS NOT NULL)'
  SET @SqlString = @SqlString + '    DROP TABLE    ' + @tablename2
  SET @SqlString = @SqlString + '    SELECT TOP    ' + CAST( @n AS varchar( 10 ) ) + ' * INTO    ' + @tablename2
  SET @SqlString = @SqlString + '    FROM    ' + @tablename1
  /* 查看@SqlString 变量中的 SQL 语句。*/
  PRINT @SqlString
  /* 利用 EXECUTE 执行字符串变量@SqlString 中的 SQL 语句。*/
  EXECUTE( @SqlString )
GO
/* 执行存储过程，将 Products 表中的前 5 行记录复制到 tmp 表中。*/
EXEC myproc 'Products',5,'tmp'
SELECT * FROM tmp
```

实例 7-17　在存储过程中使用 EXECUTE 执行动态 SQL 命令并返回其内部参数值。

在执行动态 SQL 语句时，往往不能访问 EXECUTE 语句所在的批处理中声明的任何变
量，包含 EXECUTE 语句的批处理也不能访问执行的字符串中定义的变量。

本实例创建一个存储过程，输入一个表名，返回该表的行数（即有多少条记录）。如果
直接在 EXECUTE 执行的字符串中赋值，那么 EXECUTE 无法识别外部的这个@count 变量，
因此这样的赋值是无效的。同样，如果在 EXECUTE 后面的括号内的字符串中定义变量，那
么 EXECUTE 之外的语句无法识别这个变量，因此这样的赋值也是无效的。

本实例使用临时表实现 EXECUTE 语句结果值的内外传递。具体方法是：将 EXECUTE
语句执行的结果保存到一个临时表的某个列中，然后将列中的数据赋值到 EXECUTE 之外的
变量中。

```
SET NOCOUNT ON
IF( OBJECT_ID( 'tmp1' ) IS NOT NULL)    DROP TABLE tmp1
IF( OBJECT_ID( 'myproc' ) IS NOT NULL)    DROP PROCEDURE myproc
GO
CREATE PROCEDURE myproc @tablename varchar( 100 ),@count int OUTPUT
AS
  DECLARE @SqlString nvarchar( 1000 )
  IF( Object_ID( 'tmp1' ) IS NOT NULL) DROP TABLE tmp1
  /* 在 EXECUTE 内部的字符串中无法调用外部的@count 变量，因此下列语句是错误的。
  SET @SqlString = 'SELECT @count = COUNT( * ) FROM ' + @tablename
  EXECUTE( @SqlString )
  EXECUTE 内部变量的值也无法传递至外部语句，EXECUTE 执行完后，@count 变量立即被释放。
```

```
    SET @SqlString = 'DECLARE @count int SELECT @count = COUNT(*) FROM ' + @tablename
    EXECUTE(@SqlString)    */
    SET @SqlString = 'SELECT Count(*) AS Col INTO tmp1 FROM ' + @tablename
    /* 将计算结果保存到表中。*/
    EXECUTE(@SqlString)
    SELECT @count = Col FROM tmp1    --从表中提取数据赋值到变量
GO
DECLARE @n int
EXECUTE myProc 'Products ',@n OUTPUT
PRINT @n
```

实例 7-18 在存储过程中使用 **sp_ExecuteSQL**，在动态 **SQL** 语句中进行参数传递。

与 EXECUTE 相比，sp_ExecuteSQL 更具有优势，它提供输入/输出接口，实现动态 SQL 语句与外部之间的变量值传递。

本实例创建一个存储过程，输入一个表名和列名，利用 SUM 函数求出该列的和，并输出返回。由于表名或列名是未知的，因此必须在存储过程中使用动态的 SQL 语句。本实例在系统存储过程 sp_ExecuteSQL 中直接使用输出变量@sum。注意：sp_ExecuteSQL 执行的字符串必须是 Unicode 类型(如 nvarchar)。

```
IF(OBJECT_ID('myproc','P') IS NOT NULL)    DROP PROCEDURE myproc
GO
CREATE PROCEDURE myproc
@tablename varchar(100),@field varchar(100),@sum decimal(14,2) OUTPUT
AS
    DECLARE @SqlString nvarchar(1000),@x decimal(14,2)
    SET @SqlString = 'SELECT @x = SUM(' + @field + ') FROM ' + @tablename
    EXECUTE sp_ExecuteSQL    @SqlString,N'@x decimal(14,2) OUTPUT ',@x OUTPUT
    SET @sum = @x
GO
DECLARE @x decimal(14,2)
EXECUTE myproc 'OrderItems ','Amount ',@x OUTPUT
PRINT @x
```

实例 7-19 执行系统存储过程，在 **SQL Server** 环境中运行 **DOS** 语句。

本实例调用系统存储过程 xp_fixeddrives 和 xp_cmdshell，执行 WINDOWS 中的 DOS 命令。在 SQL Server 2000 中可以直接调用 xp_cmdshell 等存储过程，但在 SQL Server 2008 中，xp_cmdshell 在默认情况下是关闭的，必须使用 sp_configure 先启用它。

```
EXEC sp_configure 'show advanced options ',1    --启用高级安全选项设置。
Reconfigure
EXEC sp_configure 'xp_cmdshell ',1
Reconfigure    --启用 xp_cmdshell,之后必须使用 RECONFIGURE 语句。
/* 开始使用 DOS 命令。*/
EXEC master..xp_fixeddrives    --查看硬盘分区。
EXEC master..xp_cmdshell 'dir c:\ * .exe/s/p '    --显示 C 盘所有文件夹中的 EXE 文件。
EXEC master..xp_cmdshell 'del c:\a * .xls ',NO_OUTPUT    --删除 C 盘中所有以字母 a 开头的 EXCEL 文件。
EXEC master..xp_cmdshell 'md c:\mydbf ',NO_OUTPUT    --在 C 盘的根目录上创建一个文件夹 c:\mydbf。
EXEC sp_configure 'xp_cmdshell ',0    --禁用 xp_cmdshell。
Reconfigure
```

7.4 用户定义函数

函数是由一个或多个 T-SQL 语句组成的子程序，可用于封装代码以便重复使用。SQL

Server 除提供系统函数外，还允许用户创建自己定义的函数，称为用户定义函数（User-defined Function）。用户定义函数与存储过程有些类似，它们都是由多行的 T-SQL 语句所组成的程序单元。

在 SQL Server 中，用户定义函数分为标量值函数和表值函数。如果函数中 RETURNS 子句指定一种标量数据类型，则函数为标量值函数；如果 RETURNS 子句指定 TABLE 类型，则函数为表值函数。根据函数主体的定义方式，表值函数又分为内嵌表值函数和多语句表值函数。如果 RETURNS 子句指定的 TABLE 类型不附带列的列表，则该函数为内嵌表值函数；如果 RETURNS 子句指定的 TABLE 类型带有列及其数据类型，在函数体内可以使用多条 T-SQL语句，则该函数为多语句表值函数。

7.4.1　标量函数

标量函数（scalar functions）只返回单一的数据值，数据值的类型可以是除 text、ntext、image、cursor、timestamp 之外的任何数据类型。创建标量函数的基本语法为：

```
CREATE FUNCTION [ schema_name. ]function_name
( [ { @parameter_name[ AS ] [ type_schema_name. ] parameter_data_type
[ = default ]  [ ,... n ] ] )
RETURNS return_data_type  [ WITH < function_option > [ ,... n ] ]
[ AS ]
BEGIN
    function_body
    RETURN scalar_expression
END
```

在 SQL Server 中，不是所有的 T-SQL 语句都可以在用户定义函数中使用，有效语句类型包括：

① 赋值语句。为函数局部对象赋值，如使用 SET 给标量和表局部变量赋值。

② 除 TRY...CATCH 语句之外的流控制语句。

③ 定义局部数据变量和局部游标的 DECLARE 语句。

④ SELECT 语句，其中的选择列表包含为局部变量分配值的表达式。

⑤ 游标操作，即在函数中声明、打开、关闭和释放的局部游标。只允许使用以 INTO 子句向局部变量赋值的 FETCH 语句，不允许使用将数据返回到客户端的 FETCH 语句。

⑥ 修改 TABLE 局部变量的 INSERT、UPDATE 和 DELETE 语句。

⑦ 调用扩展存储过程的 EXECUTE 语句。

标量函数的应用非常广泛，可以在 T-SQL 语句中允许使用标量表达式的任何位置调用返回标量值的用户定义函数，主要包括：①SELECT 语句查询列表中的表达式；②WHERE 或 HAVING 子句中的表达式；③GROUP BY 子句中的表达式；④ORDER BY 子句中的表达式；⑤作为 UPDATE 语句中 SET 子句的表达式；⑥CHECK 约束；⑦DEFAULT 定义；⑧计算列；⑨流控制语句；⑩CASE 表达式；⑪PRINT 语句等。

实例 7-20　创建和调用基本的标量函数。

本实例创建一个用户定义标量函数 myPriceRank。输入一个产品编码，该函数返回这个产品在所有产品中的单价排名。在调用该标量函数时，需要提供数据库名和函数名，或者在函数名之前添加一个前缀 dbo，即为 mySales. dbo. myPriceRank 或 dbo. myPriceRank。注意以下各种函数调用方式在语法结构上的差异。

```
IF( OBJECT_ID('myPriceRank')IS NOT NULL)    DROP FUNCTION myPriceRank
GO
CREATE FUNCTION myPriceRank(@ProductID int)
RETURNS int
AS
BEGIN
    DECLARE @Rank int,@CategoryID int,@price money
    /* 先检索该产品的单价。*/
    SELECT @price = UnitPrice From Products Where ProductID = @ProductID
    /* 求出单价比@price 高的产品的个数,排名为该个数加1。*/
    SELECT @Rank = Count(*)FROM Products Where UnitPrice > @price
    RETURN(@Rank + 1)
END
GO
/* 调用方式1:使用 EXECUTE 语句调用函数,使用变量接受返回的值,这种方式与存储过程相似。*/
DECLARE @rank int
EXECUTE @rank = mySales. dbo. myPriceRank @ProductID = 10
PRINT @rank
/* 调用方式2:使用 SET 语句接受函数返回的值。*/
SET @rank = mySales. dbo. myPriceRank(10)
PRINT @rank
/* 调用方式3:直接使用 PRINT 语句作为一个表达式调用函数。*/
PRINT. dbo. myPriceRank(10)
```

实例7-21 在 FROM 和 WHERE 子句中使用用户定义函数。

本实例创建一个用户定义标量函数 myCategoryPriceRank,输入一个产品编码,返回该产品在它所属产品类别中的单价排名。第一条查询语句在 FROM 子句的查询列表中调用该函数,输出产品表中所有产品在它所属产品类别中的单价排名。第二条查询语句在 WHERE 和 ORDER BY 子句中调用该函数,仅输出每类产品中单价排名前3位的产品名称。

```
IF( OBJECT_ID('myCategoryPriceRank')IS NOT NULL)    DROP FUNCTION myCategoryPriceRank
GO
CREATE FUNCTION myCategoryPriceRank(@ProductID int)
RETURNS int
AS
  BEGIN
  DECLARE @Rank int, @CategoryID int, @price money
  /* 提取产品所属的类别编码和单价。*/
  SELECT    @CategoryID = CategoryID,@price = UnitPrice From Products Where ProductID = @ProductID
  SELECT @Rank = Count(*)FROM Products WHERE CategoryID = @CategoryID and UnitPrice > @price
  RETURN(@Rank + 1)
END
GO
/* 在 SELECT 语句的查询列表中调用该用户定义函数,这是存储过程无法实现的。*/
SELECT ProductID,ProductName,CategoryName,UnitPrice,mySales. dbo. myCategoryPriceRank
( ProductID) as 'PriceRank' From Products as a JOIN Categories as b ON a. CategoryID = b. CategoryID
ORDER BY a. CategoryID,PriceRank
/* 在 WHERE 和 ORDER BY 子句中调用该用户定义函数。*/
SELECT ProductID,ProductName,CategoryName,UnitPrice,mySales. dbo. myCategoryPriceRank(ProductID)
as 'PriceRank' From Products as a JOIN Categories as b ON a. CategoryID = b. CategoryID WHERE mySales.
dbo. myCategoryPriceRank(ProductID) < = 3
ORDER BY a. CategoryID,mySales. dbo. myCategoryPriceRank(ProductID)
```

实例 7-22　**在定义表的计算列中使用用户定义函数。**

如果一个表中计算列的定义公式比较复杂，包含流控制语句或需要从其他表中提取数据，这时可以使用用户定义函数来定义这类计算列。

本实例创建一个返回 Decimal 类型的标量函数，并在计算列的定义中使用该函数。该函数根据员工年收入（Salary）计算其个人所得税（Tax）。由于在计算过程中带有条件判断语句，因此在定义员工表（myEmployees）之前先创建一个用户定义函数，然后在定义 Tax 列时使用这个函数。假设一下，月个人所得税的计算公式见表 7-1。

表 7-1　月个人所得税计算方法示例

级数	应纳税所得额	税率(%)	级数	应纳税所得额	税率(%)
1	不超过 2000 部分	0	4	超过 10000 且不超过 30000 的部分	20
2	超过 2000 且不超过 5000 的部分	5	5	超过 30000 且不超过 50000 的部分	30
3	超过 5000 且不超过 10000 的部分	10	6	超过 50000 的部分	35

```
/* 由于表绑定了用户定义函数,因此必须先删除表,才能删除用户定义函数。*/
IF( OBJECT_ID('myEmployees') IS NOT NULL)   DROP TABLE myEmployees
IF( OBJECT_ID('myCmtTax') IS NOT NULL)   DROP FUNCTION myCmtTax
GO
CREATE FUNCTION myCmtTax( @salary money)
RETURNS Decimal( 12,2)
AS
BEGIN
  DECLARE @x Decimal( 12,2) ,@y Decimal( 12,2)
  SET @y = @salary/12. 0     /* 年收入分摊到每个月,计算每个区间中的税额。*/
  SET @x = 0
  IF( @y > 2000) AND( @y < = 5000) SET @x = @x + 0. 05 * ( @y-2000)   /* 超过 2000 且不超过 5000 的部分
*/
  ELSE IF( @y > 5000) SET @x = @x + 0. 05 * ( 5000-2000)   /* 超过 5000 的第一部分税 */
  IF( @y > 5000) AND( @y < = 10000) SET @x = @x + 0. 10 * ( @y-5000)       /* 超过 5000 且不超过 10000 的
部分 */
  ELSE IF( @y > 10000) SET @x = @x + 0. 20 * ( 10000-5000)   /* 超过 10000 的第二部分税 */
  IF( @y > 10000) AND( @y < = 30000) SET @x = @x + 0. 20 * ( @y-10000)       /* 超过 100000 且不超过
30000 的部分 */
  ELSE IF( @y > 30000) SET @x = @x + 0. 20 * ( 30000-10000)   /* 超过 30000 的第三部分税 */
  IF( @y > 30000) AND( @y < = 50000) SET @x = @x + 0. 30 * ( @y-30000)       /* 超过 30000 且不超过 50000
的部分 */
  ELSE IF( @y > 50000) SET @x = @x + 0. 35 * ( @y-50000)   /* 超过 50000 的第四部分税 */
  RETURN( 12 * @x)   /* 返回 12 个月的总税额 */
END
GO
CREATE TABLE myEmployees(
EmployeeID int IDENTITY( 10,1) ,
FirstName nvarchar( 10) ,
LastName nvarchar( 20) ,
Salary money ,
Tax AS dbo. myCmtTax( Salary))   /* 在计算列的定义公式中使用用户定义函数。*/
GO
INSERT INTO myEmployees( FirstName ,LastName ,Salary) VALUES('Karin','Josephs',90000)
INSERT INTO myEmployees( FirstName ,LastName ,Salary) VALUES('Pirkko','Koskitalo',210000)
SELECT * FROM myEmployees
```

实例 7-23　**在 CHECK 约束中调用用户定义函数。**

在 CHECK 约束条件中也可以使用用户定义函数。本实例创建一个标量函数，在定义订单明细表(myOrderItems)时,添加一个表级 CHECK 约束,规定订单明细表中销售单价的折扣率(discount)不能高于这张订单所对应的客户类别表(CustomerTypes)中规定的上限。如果超过这个上限,那么 INSERT 语句就会与 CHECK 约束发生冲突,语句将被终止执行(如下列代码中的第 3 条 INSERT 语句)。

```
IF( OBJECT_ID(' myOrderItems ')IS NOT NULL)    DROP TABLE myOrderItems
IF( OBJECT_ID(' myDiscountLimit ')IS NOT NULL)    DROP FUNCTION myDiscountLimit
GO
CREATE TABLE myOrderItems( OrderID int,ProductID int,UnitPrice money,Quantity int,Discount real)
GO
CREATE FUNCTION myDiscountLimit(@OrderID int)
RETURNS real
AS
BEGIN
  DECLARE @limit real
  /* 通过订单明细表的 OrderID 与订单表连接,获取 CustomerID,根据客户表与客户类别表的连接,得到折扣率的上限值。*/
  SELECT @limit = discount_limit From Customertypes a
  JOIN Customers b ON b. TypeID = a. TypeID
  JOIN Orders c ON c. CustomerID = b. CustomerID
  JOIN OrderItems d ON d. OrderID = c. OrderID    WHERE d. OrderID = @OrderID
  RETURN( @limit)
END
GO
/* 在 myOrderItems 表中添加一个 CHECK 约束。*/
ALTER TABLE myOrderItems ADD CONSTRAINT CK_myOrderItems_discount
  CHECK( Discount > = 0 and Discount < = dbo. myDiscountLimit( OrderID))
GO
INSERT INTO myOrderItems Values(10248,11,18. 9,60,0. 2)
INSERT INTO myOrderItems Values(10790,21,13. 5,1600,0. 15)
/* 下列语句中 Discount 值超出范围,与 CHECK 冲突,记录无法插入。
INSERT INTO myOrderItems Values(10790,21,13. 5,1600,0. 2) */
SELECT * FROM myOrderItems
```

7.4.2　表值函数

表值函数返回 TABLE 类型的变量值。按照函数主体的定义方式,表值函数又分为内嵌表值函数和多语句表值函数。内嵌表值函数使用 RETURN 语句直接返回一个 SELECT 查询语句的结果,在 AS 与 RETURN 语句之间没有其他语句,而多语句表值函数可以有多条语句,但 TABLE 类型变量包含的列需要用户自己定义。创建标量函数的基本语法如下。

内嵌表值函数:

```
CREATE FUNCTION [ owner_name. ]function_name
  ([ { @parameter_name[ AS] scalar_ parameter_data_type[ = default]}[ ,... n]])
RETURNS TABLE
[ WITH < function_option >[[ ,]... n]]
[ AS]
RETURN[ ( ]select-statement[ )]
```

多语句表值函数:

```
CREATE FUNCTION[ owner_name. ]function_name
  ([ { @parameter_name[ AS]scalar_ parameter_data_type[ = default]}[ ,... n]])
RETURNS @return_variable TABLE < table_type_definition >
[ WITH < function_option >[[ ,]... n]]
[ AS]
```

```
BEGIN
  function_body
  RETURN
END
```

可在 SELECT、INSERT、UPDATE 或 DELETE 语句的 FROM 子句中调用表值函数。表值函数功能强大，有时可以替代视图。在 T-SQL 查询中使用表或视图的地方，很多也可以使用表值用户定义函数。视图受限于单个 SELECT 语句，而表值函数可包含更多语句，这些语句的逻辑功能比视图中的逻辑功能更加强大。

用户自定义的内嵌用户定义表值函数需要遵循以下规则。

① RETURNS 子句只包含关键字 TABLE，不必定义返回变量的格式，因为它由 RETURN 子句中的 SELECT 语句设置。

② function_body 不用 BEGIN 和 END 分隔。

③ RETURN 子句在括号中包含单个 SELECT 语句。SELECT 语句的结果集构成函数所返回的表。内嵌函数中使用的 SELECT 语句与视图中使用的 SELECT 语句受到相同的限制。

④ 表值函数只接受常量或 @local_variable 参数。

实例 7-24　创建和使用内嵌表值函数，返回 TABLE 变量。

本实例创建一个内嵌表值函数。输入一个时间区间，该函数返回这个期间销售额排名前 10% 的客户的信息。通过 SELECT 语句调用该表值函数，检索这些客户及其订单。

```
IF( OBJECT_ID('myTop10Customers') IS NOT NULL)    DROP FUNCTION myTop10Customers
GO
CREATE FUNCTION myTop10Customers( @date1 datetime,@date2 datetime)
RETURNS TABLE
AS
RETURN( SELECT TOP 10 Percent CustomerID From OrderItems a
JOIN Orders b ON a. OrderID = b. OrderID WHERE OrderDate BETWEEN @date1 and @date2
GROUP BY CustomerID ORDER BY SUM( Amount) DESC)
GO
/* 使用该表值函数检索 2009 年度上半年销售额排名前 10% 的客户的信息。*/
SELECT * FROM Customers Where CustomerID IN
( SELECT CustomerID From dbo. myTop10Customers('2009-1-1','2009-6-30')) Order By CustomerID
/* 使用该表值函数检索 2009 年度上半年销售额排名前 10% 的客户的订单信息。*/
SELECT * FROM Orders Where CustomerID IN
( SELECT CustomerID From dbo. myTop10Customers('2009-1-1','2009-6-30')) and( OrderDate Between '2009-1-1'
and '2009-6-30')
```

实例 7-25　创建和使用多语句表值函数，返回表变量。

在使用多语句表值函数时，RETURNS 子句为函数返回一组表类型的变量值。RETURNS 子句可以定义表的结构。函数主体中的 T-SQL 语句生成行并将其插入到 RETURNS 子句所定义的表变量中，通常通过 INSERT...SELECT 语句实现。

本实例创建一个多语句表值函数。输入一个日期区间和一个销售额度值 @Amount，该函数返回这个期间内销售额超过 @Amount 的所有订单信息。如果输入日期区间为空，则返回销售额超过 @Amount 的所有订单。这个函数的主体语句将行插入到表变量 @BigOrders 中。通过调用该函数，第一条查询语句使用多表连接，检索 2009 年度上半年销售额超过 5 万的所有订单信息，第二条查询语句检索这些订单所对应的客户信息。

```
IF( OBJECT_ID('myBigSales') IS NOT NULL)    DROP FUNCTION myBigSales
GO
CREATE FUNCTION myBigSales( @date1 datetime,@date2 datetime,@amount money)
```

```
RETURNS @BigOrders TABLE( OrderID int , CustomerID char(7) , Amount   money)
AS
BEGIN
   IF( @date1 is NULL) SET @date1 = '1900-1-1'
   IF( @date2 is NULL) SET @date2 = '2099-12-31'
   INSERT INTO @BigOrders( OrderID, CustomerID, Amount) SELECT b. OrderID, CustomerID, SUM( Amount)
   FROM OrderItems a   JOIN Orders b ON a. OrderID = b. OrderID
   WHERE OrderDate > = @date1 and OrderDate < = @date2
   GROUP BY b. OrderID , b. CustomerID   HAVING SUM( Amount) > @Amount
   RETURN
END
GO
/* 使用多语句表值函数与多表连接,检索 2009 年度上半年销售额大于 5 万的所有订单信息。*/
SELECT a. * , b. Amount FROM Orders as a JOIN dbo. myBigSales( '2009-1-1' , '2009-6-30' , 50000)   as b
ON a. OrderID = b. OrderID   ORDER BY a. OrderID
/* 检索 2009 年度上半年销售额大于 5 万的所有订单是由哪些客户订购的。*/
SELECT * FROM Customers Where CustomerID IN
( SELECT CustomerID From dbo. myBigSales( '2009-1-1' , '2009-6-30' , 50000) )
Order By CompanyName
```

实例 7-26   **使用表值函数替代视图,获得参数化视图的效果。**

表值函数允许其拥有和视图一样的方式返回数据。相对于视图,内嵌表值函数可使用参数,拥有了更强的适应性。

本实例分别创建一个视图和一个表值函数,返回某个时期每个客户的盈利额。示例 1 在定义这个视图时必须指定日期区间,因为在调用视图时无法更改查询区间。示例 2 使用表值函数,提供了一个带日期区间参数的查询方法,输出的结果可以作为其他 SELECT 语句的列表使用。

```
/* 示例 1:使用视图检索 2009 年度上半年盈利额排名前 10% 的客户,如果要检索另一个时期的盈利情况,必须重新定义视图。*/
IF( OBJECT_ID( 'myTopviewProfit' ) IS NOT NULL)   DROP VIEW   myTopviewProfit
GO
CREATE VIEW myTopviewProfit   AS
   SELECT CustomerID, SUM( Amount-Quantity * c. UnitPrice) as Profit From OrderItems a
   JOIN Orders b ON a. OrderID = b. OrderID
   JOIN Products c ON c. ProductID = a. ProductID
   Where OrderDate BETWEEN '2009-1-1' AND '2009-6-30' GROUP BY CustomerID
GO
SELECT a. * FROM Customers a Where CustomerID IN
( SELECT TOP 10 CustomerID From myTopviewProfit Order By Profit DESC)
/* 示例 2:使用内嵌表值函数可以在调用过程中指定参数,获得参数化视图的效果。*/
IF( OBJECT_ID( 'myTopCustomers' ) IS NOT NULL)   DROP FUNCTION myTopCustomers
GO
CREATE FUNCTION myTopCustomers( @date1 datetime , @date2 datetime)
RETURNS TABLE
AS
   RETURN( SELECT CustomerID , SUM( Amount-Quantity * c. UnitPrice) as Profit From OrderItems a
   JOIN Orders b ON a. OrderID = b. OrderID
   JOIN Products c ON c. ProductID = a. ProductID
   Where OrderDate BETWEEN @date1 AND @date2 GROUP BY CustomerID)
GO
/* 使用表值函数检索 2009 年度上半年盈利额排名前 10% 的客户。*/
SELECT a. * FROM Customers a Where CustomerID IN
( SELECT TOP 10 CustomerID From dbo. myTopCustomers( '2009-1-1' , '2009-6-30') Order By Profit DESC)
/* 使用表值函数检索 2009 年度下半年盈利额排名前 10% 的客户及其盈利额。*/
SELECT a. CustomerID , a. CompanyName , b. Profit FROM Customers a,
```

（SELECT TOP 10 *From dbo. myTopCustomers（'2009-7-1'，'2009-12-31'）Order By Profit DESC）as b Where a. CustomerID = b. CustomerID

7.4.3　存储过程与用户定义函数的比较

用户定义函数与存储过程存在许多相似之处，但它们之间还存在一些明显的差异。

① 存储过程只能返回一个整数值；而用户定义函数则可返回多种数据类型的值。

② 存储过程可以通过参数来返回数据（将参数设为 OUTPUT）；但用户定义函数则只能接收参数，不可由参数返回数据。

③ 在存储过程中可以进行任何的数据修改，例如，新建表、修改数据、更改数据库的设置等，但用户定义函数则不允许更改数据库的状态或内容。

④ 存储过程必须用 EXECUTE 来执行，因此不能使用在表达式中。例如，SET @var = myProc 或 Select * From myProc 都是错误的，而用户定义函数则除了可用 EXECUTE 来执行外，也可用于表达式中，并以返回值来取代。

⑤ 一般来说，存储过程比较适合对一些数据库进行操作或设置，其执行结果通常不必返回，或将结果返回到执行该程序的应用程序中。用户定义函数则适用于计算或提取数据，然后将结果返回给调用它的表达式或 SQL 语句（例如 SELECT 或 FROM 子句），并在其中使用。

实例 7-27　用户定义函数与存储过程的比较，在用户定义函数中使用排序函数实现 TOP 子句的功能。

本实例分别创建一个存储过程和用户定义函数，输入一个日期区间和一个整数 n，返回在这个日期区间内销售额排名前 n 位的客户名称。

示例 1 创建一个存储过程，在查询语句中使用 TOP 子句，但需要采用动态 SQL 语句执行查询语句。存储过程不能直接返回表值，只能将查询结果保存在一张临时表中（如本实例中的 tmp）。

示例 2 创建一个多语句表值函数。由于用户定义函数中不能使用动态 SQL 语句或运行存储过程，因而不能使用 TOP 子句。这里使用排序函数实现类似 TOP 的功能，即先求出每个客户的销售额，并按销售额进行排序，每行得到一个排序号，然后利用排序号求得销售额排名前 n 位的客户。通过这个实例可以发现，存储过程和用户定义函数各有优缺点。

```
/*示例1：创建一个存储过程，使用动态 SQL 语句，将查询结果保存到一个新表中。*/
IF( OBJECT_ID('mypTopCustomers')IS NOT NULL)    DROP PROCEDURE mypTopCustomers
GO
CREATE PROCEDURE mypTopCustomers @n int,@date1 datetime,@date2 datetime
AS
  IF( OBJECT_ID('tmp')IS NOT NULL)    DROP TABLE tmp
  DECLARE @sql varchar(1000)
  /*构造动态 SQL 语句。*/
  SET @sql ='SELECT TOP '+ CAST(@n as varchar)+'  CustomerID,SUM(Amount)as Amount INTO tmp
  FROM OrderItems a JOIN Orders b ON a. OrderID = b. OrderID WHERE OrderDate BETWEEN
  '''+ CAST(@date1 as varchar)+''' AND '''+ CAST(@date2 as varchar)+''' GROUP BY CustomerID ORDER BY
  SUM(Amount) DESC'
  --PRINT @sql    --查看一些动态 SQL 语句是否正确
  EXECUTE(@sql)
GO
EXECUTE   mypTopCustomers 10 ,'2009-1-1','2009-12-31'
SELECT * FROM tmp
```

```
GO
/* 示例2:创建一个用户定义函数,先将客户销售额及其排名存放到一个表变量@table 中,然后将表变量的前
n 行复制到输出表@mytable 中。*/
IF(OBJECT_ID('myfTopCustomers')IS NOT NULL)    DROP FUNCTION myfTopCustomers
GO
CREATE FUNCTION myfTopCustomers(@n int,@date1 datetime,@date2 datetime)
RETURNS @mytable TABLE(CustomerID varchar(7),Amount money)
AS
BEGIN
  DECLARE @tmp TABLE(Rowno int,CustomerID varchar(7),Amount money)
  INSERT INTO @tmp(Rowno,CustomerID,Amount)    SELECT RANK()OVER(Order By SUM(Amount)DESC)
  as 'RowNo',CustomerID,SUM(Amount)as 'Amount' From OrderItems a
  JOIN Orders b ON a. OrderID = b. OrderID Where OrderDate Between @date1 AND @date2
  GROUP BY CustomerID Order By SUM(Amount)DESC
  INSERT INTO @mytable(CustomerID,Amount)    SELECT CustomerID,Amount FROM @tmp
  Where RowNo < = @n
  RETURN
END
GO
SELECT * FROM dbo. myfTopCustomers(10,'2009-1-1','2009-12-31')
```

7.5　触发器

7.5.1　触发器概述

SQL Server 提供两种主要的机制来强制使用业务规则和数据完整性:约束和触发器。触发器(Trigger)是特殊类型的存储过程,可在执行语言事件时自动生效。触发器由 INSERT、UPDATE 或 DELETE 语句触发,它在插入、修改或删除数据时触发执行规定的动作。

1. 触发器的基本概念

在 SQL Server 中,存储过程和触发器都是 SQL 语句和流程控制语句的集合。就本质而言,触发器也是一种存储过程,即一种在数据表被修改时自动执行的内嵌过程,主要通过事件进行触发而被执行。当对某一表进行诸如 UPDATE、INSERT 或 DELETE 等操作时,SQL Server 就会自动执行触发器所定义的 SQL 语句,从而确保对数据的处理必须符合由这些 SQL 语句所定义的规则。

2. 触发器的用途

触发器的主要作用是它能够实现由主键和外键所不能保证的、复杂的参照完整性和数据一致性。除此之外,触发器还可以强制比用 CHECK 约束定义的更为复杂的约束。与 CHECK 约束不同,触发器可以引用其他表中的列。触发器还可以同步实时地复制表中的数据,自动计算数据值,也可以使用自定义的错误信息或启用复杂的事务处理等。

3. 触发器的类型

SQL Server 包括 3 种常规类型的触发器:DDL 触发器、DML 触发器和 LOGON(登录)触发器。

(1) DDL 触发器

当服务器或数据库中发生数据定义语言(DDL)事件时将调用 DDL 触发器。DDL 触发器的触发事件主要是 CREATE、ALTER、DROP、GRANT、DENY、REVOKE 等语句。

（2）DML 触发器

当数据库中发生数据操作语言（DML）事件时将调用 DML 触发器。DML 事件包括在指定表或视图中修改数据的 INSERT 语句、UPDATE 语句或 DELETE 语句。DML 触发器可以查询其他表，还可以包含复杂的 T-SQL 语句。DML 触发器有助于在表或视图中修改数据时强制业务规则，扩展数据完整性。

（3）LOGON 触发器

LOGON 触发器将为响应登录事件而触发存储过程，与 SQL Server 实例建立用户会话时将引发此事件。

DDL 触发器与 DML 触发器相同，可以为同一个 T-SQL 语句创建多个 DDL 触发器。同时，DDL 触发器和触发它的语句运行在相同的事务中，可从触发器中回滚此事务。

本节主要介绍 DML 触发器。

4. 触发器与约束的比较

触发器与约束一样，可以用来增强实体的完整性，但触发器与约束在不同情况下各有优势。触发器的主要优势在于它可以使用 T-SQL 代码进行复杂的逻辑处理，因此触发器可以支持约束的所有功能。但在实现某些功能时，触发器并不总是最好的选择，因为实体完整性可以通过 PRIMARY KEY 和 UNIQUE 约束强制执行，域完整性可以通过 CHECK 约束强制执行，引用完整性可以通过 FOREIGN KEY 约束强制执行。

当约束所支持的功能无法满足应用程序的功能要求时，触发器就变得极为有用。例如，CHECK 约束只能根据逻辑表达式或同一表中的另一列来验证列值。如果应用程序要求根据另一个表中的列验证列值，这时就应该使用触发器。另外，约束只能通过标准的系统错误信息传递错误内容。如果应用程序要求使用自定义信息和较为复杂的错误处理，则必须使用触发器。除此之外，触发器可以禁止或回滚违反引用完整性的更改，从而取消所尝试的数据修改。当更改外键且新值与主键不匹配时，触发器就可能发生作用。

5. 触发器中的两个临时表

当触发器被激活时，系统会给每一个触发器自动创建两个临时表："inserted"表和"deleted"表。这两个表的结构总是与激活触发器所依附的表的结构相同，触发器执行完成后，与该触发器相关的这两个临时表也会被自动删除。

当执行 INSERT 语句，向表中插入数据时，在系统将数据插入表的同时，也把相应的数据插入 inserted 这一系统临时表中；在执行 DELETE 语句以删除表中的数据时，在系统将数据从表中删除的同时，自动把删除的数据插入到 deleted 这一系统临时表中；在执行 UPDATE 语句修改表中的数据时，系统先从表中删除原有的行，然后再插入新行，其中被删除的行存放在 deleted 表中，新插入的行存放在 inserted 表中。inserted 表和 deleted 表中总是只有一行记录。

7.5.2　创建触发器

一个触发器由以下几部分组成：触发器名称、触发事件或语句、触发时间、触发对象和触发条件的限制。在 SQL Server 中，创建不同类型的触发器其语法上有所差异。

（1）DML 触发器

DML 触发器在执行 INSERT、UPDATE 或 DELETE 语句时触发，其基本语法为：

```
CREATE TRIGGER[ schema_name. ]trigger_name
ON { table | view } [ WITH < dml_trigger_option > [ ,... n ] ]
{ FOR | AFTER | INSTEAD OF } [ [ INSERT ] [ , ] [ UPDATE ] [ , ] [ DELETE ] ]
AS { sql_statement   [ ; ] [ ,... n ] }
```

（2）DDL 触发器

DDL 触发器在执行 CREATE、ALTER、DROP、GRANT、DENY、REVOKE、UPDATE STATISTICS 语句时触发，其基本语法为：

```
CREATE TRIGGER trigger_name
ON { ALL SERVER | DATABASE } [ WITH < ddl_trigger_option > [ ,... n ] ]
{ FOR | AFTER } { event_type | event_group } [ ,... n ]
AS { sql_statement   [ ; ] [ ,... n ] }
```

（3）LOGON 触发器

该触发器在登录时触发，其基本语法为：

```
CREATE TRIGGER trigger_name
ON ALL SERVER [ WITH < logon_trigger_option > [ ,... n ] ]
{ FOR | AFTER } LOGON
AS { sql_statement   [ ; ] [ ,... n ] }
```

一个表中可以有多个触发器，但每个触发器只能应用于一个表。单个触发器可应用于 3 个用户操作(UPDATE、INSERT 和 DELETE)的任何组合。

实例 7-28 创建 INSERT 触发器，利用触发器的临时表 *inserted* 生成数据。

触发器的一项重要功能是生成数据。也就是说，当表中插入一行时，触发器根据预先设定的规则计算出某一列的值，实现在表定义时计算列无法完成的功能。

本实例利用 INSERT 触发器自动生成员工表(myEmployees)中的员工编码(EmployeeID)。该编码规则定义如下：员工编码的前 3 位分别由 FirstName、Minit 和 LastName 的首字母组成(如果 Minit 值为空,则为-(横杠))，第 4 ~ 6 位由一个随机的 3 位整数组成，最后 1 位由性别的首字母组成；员工表中各个员工编码不重复。

这里利用 inserted 表获取刚插入的这个员工的信息。inserted 表与 myEmployees 表结构相同。当 myEmployees 表中插入一条记录时，inserted 表中会自动产生一条相同的记录，即 myEmployees 表中刚刚插入的那一条。只要表中有一个主键或具有 UNIQUE 特征的列(如 IDENTITY 列)，利用 inserted 表就可以判断出哪一条是 myEmployees 表中新插入的记录。

```
/* 先删除原来已经存在的 myEmployees 表。一旦表被删除,表的所有触发器也将同时被删除。*/
IF( OBJECT_ID( 'myEmployees' ) IS NOT NULL )    DROP TABLE myEmployees
GO
CREATE TABLE myEmployees(
   EmployeeID char(7),
   FirstName nvarchar(10),
   LastName nvarchar(20),
   Minit char(1),
   Gender char(6),
   RowID int IDENTITY(1,1)   )
GO
/* CREATE TRIGGER 语句必须是批处理中的第一个语句或之前有 GO 语句。*/
CREATE TRIGGER myGenEmpID ON myEmployees FOR INSERT
AS
BEGIN
   DECLARE @minit char(1),@EmployeeID char(7),@n int,@id int
   /* 从临时表 inserted 中提取刚插入的那条记录中的 Minit 和 RowID 的值,并存放到变量中。*/
   SELECT @minit = Minit,@id = RowID From inserted
```

```
IF(@minit = '')OR(@minit is NULL)SET @minit = '-'
WHILE(1 = 1)
BEGIN
    SET @n = 1000 * Rand() + 1000    --随机生成一个 3 位数整数
    /* 根据 inserted 表和随机数计算出一个员工编码。*/
    SELECT @EmployeeID = Left(FirstName,1) + @minit + Left(LastName,1) + Right(str(@n,4),4) +
    Left(Gender,1)From inserted
    /* 如果这个员工编码与其他员工编码不重复,那么使用 BREAK 语句中止循环,否则继续生成随机数,直
到找到一个不重复的编码为止。*/
    IF(SELECT COUNT(*)FROM myEmployees WHERE EmployeeID = @EmployeeID) = 0    BREAK
END
    /* 修改 myEmployees 表中新插入的那条记录的 EmployeeID 值,其 RowID 值为@id。*/
    UPDATE myEmployees SET EmployeeID = @EmployeeID WHERE RowID = @id
END
GO
    /* 下面执行两次 INSERT 语句,触发器也被触发两次。注意:INSERT 语句后要加 GO 语句。*/
INSERT INTO myEmployees(FirstName,minit,LastName,Gender)VALUES('Robert','F','King','Male')
GO
INSERT INTO myEmployees(FirstName,LastName,Gender)VALUES('Martine','Rance','Female')
GO
SELECT * FROM myEmployees
```

实例 7-29　使用触发器和 Rollback Transaction(回滚事务)**维护表与表之间的业务规则。**

由于 CHECK 约束一般只能引用表本身中的列, 表间的任何约束(或称业务规则)通常需要通过定义触发器来实现。

本实例在订单明细表(myOrderItems)上创建一个触发器。当插入或更新订单明细表中的销售折扣率(Discount)时, 该触发器自动检查销售折扣率是否超过对应客户规定的上限。如果超出这个上限, 表示插入记录不符合业务规则, 必须通过回滚取消插入动作, 或者删除新插入的记录。

```
IF(OBJECT_ID('myOrderItems')IS NOT NULL)    DROP TABLE    myOrderItems
GO
CREATE TABLE myOrderItems(
    OrderID int,
    ProductID int,
    Quantity int,
    UnitPrice money,
    Discount money)
GO
CREATE TRIGGER myDiscountLimit ON myOrderItems FOR INSERT,UPDATE
AS
BEGIN
    DECLARE @discount money,@discount_limit money,@OrderID int,@typeid int
    /* 提取新插入记录的订单号和折扣率,存储到变量中。*/
    SELECT @OrderID = OrderID,@discount = discount From inserted
    /* 根据订单号从 Orders 表和 Customers 表中获取对应的客户类别编码。*/
    SELECT @typeid = TypeID From Orders a
    JOIN Customers b ON a. CustomerID = b. CustomerID Where OrderID = @OrderID
    /* 根据客户类别编码从 CustomerTypes 表中获取折扣率的上限值。*/
    SELECT @discount_limit = Discount_limit From CustomerTypes Where TypeID = @typeid
    /* 如果新插入记录的折扣率超过规定的上限或小于 0,则回滚事务,取消插入操作。*/
    IF(@discount is not NULL)and((@discount < 0)or @discount > @discount_limit)
    BEGIN
        Print 'Discount out of range! '
        Rollback Transaction    --回滚事务
    END
```

```
END
GO
INSERT INTO myOrderItems Values(10248,11,18.9,60,0.2)
INSERT INTO myOrderItems Values(10790,21,13.5,1600,0.15)
/*下面插入语句中的 Discount 值超出范围,插入失败。myOrderItems 表中最后只有两条记录。*/
INSERT INTO myOrderItems VALUES(10790,21,13.5,1600,0.2)
SELECT * FROM myOrderItems
```

实例 7-30　使用 INSERT 触发器实现实体完整性和引用完整性约束。

本实例创建一个触发器,实现类似于主键和外键的功能。在订单明细表(myOrderItems)中插入一条记录时,判断其订单编号(OrderID)在订单表(Orders)中是否存在,其产品编码(ProductID)在产品表(Products)中是否存在。另外,同一订单中同一产品的销售记录只能出现一次。利用此 INSERT 触发器,可以实现这 3 个表之间数据的相互制约。

```
IF(OBJECT_ID('myOrderItems')IS NOT NULL)   DROP TABLE myOrderItems
IF(OBJECT_ID('myTrigger')IS NOT NULL)   DROP TRIGGER myTrigger
GO
CREATE TABLE myOrderItems(OrderID int,ProductID int,Quantity int,UnitPrice money)
GO
CREATE TRIGGER myTrigger ON myOrderItems FOR INSERT,UPDATE
AS
BEGIN
  DECLARE @OrderID int,@productid int,@errmsg varchar(200)
  SET @errmsg ="
  SELECT @OrderID = OrderID,@productid = ProductID From inserted
  IF NOT EXISTS(SELECT 1 From Orders Where OrderID = @OrderID)
    SET @errmsg ='Error1:OrderID not found IN Table Orders!'
  IF NOT EXISTS(SELECT 1 From Products Where ProductID = @productid)
    SET @errmsg = @errmsg + char(13) +'Error2:ProductID not found in Table Products!'
  IF(SELECT COUNT(*)From myOrderItems Where OrderID = @OrderID and ProductID = @productid) > =2
    SET @errmsg = @errmsg + Char(13) +'Error3:Duplicate ProductID and OrderID!'
  /*当表中出现插入错误时,显示用户自定义的错误提示信息,并回滚事务。*/
  IF @errmsg < >"
  BEGIN
    PRINT @errmsg
    Rollback Transaction
  END
END
GO
INSERT INTO myOrderItems(OrderID,ProductID,Quantity,UnitPrice)VALUES(10248,17,10,56.78)
INSERT INTO myOrderItems(OrderID,ProductID,Quantity,UnitPrice)VALUES(51248,97,10,36.25)
SELECT * FROM myOrderItems
```

实例 7-31　在删除记录时使用触发器。

本实例使用 DELETE 触发器和临时表 *deleted*。当从产品表(myProducts)中删除一个产品时,首先判断与它相关的订单明细表(myOrderItems)中是否存在该产品的销售记录。如果存在,则在产品表中不能删除该产品。本实例为便于模拟删除操作,从正式表中复制数据到模拟表。

```
IF(OBJECT_ID('myProducts')IS NOT NULL)   DROP TABLE myProducts
IF(OBJECT_ID('myOrderItems')IS NOT NULL)   DROP TABLE myOrderItems
GO
SELECT * INTO myProducts FROM Products
SELECT * INTO myOrderItems FROM OrderItems
GO
IF(OBJECT_ID('myTrigger')IS NOT NULL )   DROP TRIGGER myTrigger
```

```
GO
CREATE TRIGGER myTrigger ON myProducts FOR DELETE
AS
IF(SELECT COUNT(*) FROM myOrderItems r,deleted d WHERE r. ProductID = d. ProductID) > 0
BEGIN
  PRINT 'Transaction cannot be proceeded. '
  ROLLBACK TRANSACTION
END
GO
DELETE myProducts WHERE ProductName = 'Tofu'
```

实例 7-32　使用 UPDATE 触发器更新关联表数据。

在使用 UPDATE 触发器时，可以同时使用 *deleted* 和 *inserted* 这两张临时表。*deleted* 指向修改前的旧数据，而 *inserted* 指向修改后的新数据。

本实例中的示例 1 创建一个触发器，当订单明细表(myOrderItems)中的销售量 Quantity 列发生改变时，将同步刷新产品表(myProducts)中的累计销售量(ytdsales)列。示例 2 创建一个触发器，当订单明细表中删除一条记录时，触发器自动更新产品表中的 ytdsales 列。本实例为了便于模拟，从正式表中复制数据到模拟表，在模拟的产品表中添加 ytdsales 列，用来存储产品累计销售量。

```
/* 生成两个模拟表,并在产品表中添加 ytdsales 列。*/
DROP TABLE myProducts,myOrderItems
GO
SELECT * INTO myProducts From Products
SELECT * INTO myOrderItems From OrderItems
ALTER TABLE myProducts ADD ytdsales int
GO
/* 使用相关子查询,计算 myProducts 表中每个产品的累计销售量。*/
UPDATE myProducts SET ytdsales = ( Select SUM ( Quantity ) From myOrderItems Where ProductID =
myProducts. ProductID)
GO
IF( OBJECT_ID('myTrigger1')IS NOT NULL)    DROP TRIGGER myTrigger1
IF( OBJECT_ID('myTrigger2')IS NOT NULL)    DROP TRIGGER myTrigger2
GO
/* 示例 1:创建 UPDATE 触发器,当订单明细表发生变化时,触发器自动修改产品表中 ytdsales 列的值。*/
CREATE TRIGGER myTrigger1 ON myOrderItems FOR UPDATE AS
BEGIN
/* 先从 ytdsales 列中减去 myOrderItems 表中修改前的旧值。*/
UPDATE myProducts SET ytdsales = ytdsales-(SELECT SUM(Quantity)
FROM deleted WHERE ProductID = myProducts. ProductID)
/* 再向 ytdsales 列中加入 myOrderItems 表中修改后的新值。*/
UPDATE myProducts SET ytdsales = ytdsales +
(SELECT SUM(Quantity)FROM inserted WHERE ProductID = myProducts. ProductID)
END
GO
/* 比较 myOrderItems 表中 Quantity 这一列的修改前后,Products 表中 ytdsales 这一列数据相应的变化情况。*/
SELECT ProductID,ytdsales FROM myProducts WHERE ProductID = 1
GO
/* 修改 myOrderItems 表中产品编码为 1 的 Quantity 值,触发器同时更新 myProducts 表中 ytdsales 列的数据。*/
UPDATE myOrderItems SET Quantity = Quantity + 100 WHERE OrderID = 10285 AND ProductID = 1
SELECT ProductID,ytdsales FROM myProducts WHERE ProductID = 1
GO
/* 示例 2:创建一个 DELETE 触发器,当删除 myOrderItems 表的某一行时,将同时更新 myProducts 表中 ytd-
sales 列的值。*/
CREATE TRIGGER myTrigger2 ON myOrderItems    FOR DELETE
AS
```

```
IF(SELECT COUNT(*)FROM myProducts a,deleted b WHERE a.ProductID = b.ProductID) < >0
   UPDATE myProducts SET ytdsales = ytdsales-
   (SELECT SUM(Quantity)FROM deleted WHERE ProductID = myProducts.ProductID)
GO
DELETE myOrderItems WHERE ProductID = 1 AND OrderID = 10285
GO
SELECT ProductID，ytdsales FROM myProducts WHERE ProductID = 1
```

7.6 游标

7.6.1 游标概述

游标（Cursor）是处理数据的一种方式。前面介绍的数据库操作往往是对整个行结果集产生影响。例如，由 UPDATE 语句修改所有满足 WHERE 子句指定条件的行。然而，在许多应用程序中，并不总是能将整个结果集作为一个单元来进行处理。这些应用程序有时需要一种机制以便每次只处理一行或一部分行。

游标实际上就是这种能从包含多条记录的结果集中每次只提取一条记录的程序机制。游标提供了在结果集中一次一行或者多行向前或向后浏览数据的能力。可以把游标当做一个指针，它可以指定结果集中的任何位置，然后允许用户对指定位置的数据进行处理。

1. 游标的基本原理

在执行 SELECT、INSERT、UPDATE、DELETE 等语句时，系统会在内存中分配一段缓存区，在该缓存区中设置了一种指针用于指向该区的数据，这种指针就是游标。

游标允许程序员对 SELECT 语句返回的行结果集中每一行进行相同或不同的操作，而不是一次对整个结果集进行同一操作，它还具有基于游标位置对表中的数据进行删除和修改的功能，它把面向集合的数据库管理系统和面向行的程序设计两种数据处理方式进行沟通与结合。

游标包含两部分：游标结果集和游标位置。游标结果集是游标对应的 SELECT 语句返回的行的集合，游标位置是指向这个结果集中的当前行指针。

2. 游标的使用步骤

T-SQL 游标主要用在存储过程、用户定义函数和触发器中。使用游标的基本步骤如下。

① 声明 T-SQL 变量，用来存储游标返回的数据。结果集中的每列都要声明一个变量。变量的大小和数据类型必须与游标返回的值相对应。

② 使用 DECLARE CURSOR 语句把 T-SQL 游标与一个 SELECT 语句相关联。DECLARE CURSOR 语句同时定义游标的特征，如游标名称及游标是否为只读或只进特性。

③ 使用 OPEN 语句执行 SELECT 语句并生成游标。

④ 使用 FETCH INTO 语句提取单个行，并把每列中的数据转移到指定的变量中，以便其他语句可用这些变量来访问已提取的数据值。

⑤ 使用 CLOSE 语句关闭游标。关闭游标可以释放某些资源，如游标结果集和对当前行的锁定，但是如果重新执行 OPEN 语句，则该游标结果仍可用于处理。使用 DEALLOCATE 语句可以完全释放分配给游标的资源，包括游标名称。此时，游标已不存在。

7.6.2　定义游标

DECLARE 语句用来定义(声明)游标。在定义一个游标时需要指定以下主要内容：①游标的名称；②数据来源(表和列)；③选取条件；④游标的属性(只读或可修改)。定义游标的基本语法为：

```
DECLARE cursor_name CURSOR [LOCAL| GLOBAL]
[FORWARD_ONLY| SCROLL][STATIC| KEYSET| DYNAMIC| FAST_FORWARD]
[READ_ONLY| SCROLL_LOCKS| OPTIMISTIC]
FOR select_statement
[FOR UPDATE[OF column-name[,...n]]]
```

DECLARE 语句的主要参数描述如下。

① FORWARD_ONLY：定义只进游标。只进游标不支持滚动，它只支持游标按从头到尾的顺序提取数据行，即从游标中提取数据记录时，只能按照从第一行到最后一行的顺序，此时只能选用 FETCH NEXT 操作。

② SCROLL：表明所有的提取操作(如 FIRST、LAST、PRIOR、NEXT、RELATIVE、ABSOLUTE)都可用。如果不使用该保留字，那么只能进行 NEXT 提取操作。SCROLL 极大地增加了提取数据的灵活性，可以随意读取结果集中的任一行数据。

③ STATIC：定义静态游标。静态游标始终是只读的，即静态游标会将它定义所选取出来的数据记录存放在一个临时表内(tempdb 数据库中)。对该游标的读取操作都由临时表来应答。因此，对基本表的修改并不影响游标中的数据，即游标不会随着基本表内容的改变而改变，同时也无法通过游标来更新基本表。

④ KEYSET：定义键集驱动游标。键集驱动游标同时具有静态游标和动态游标的特点。当打开游标时，该游标中的成员及行的顺序是固定的，键集在游标打开时也会存储到临时工作表中，对非键集列的数据值的更改在用户游标滚动的时候可以看见，游标打开以后在数据库中插入的行是不可见的，除非关闭并重新打开游标。

⑤ DYNAMIC：定义动态游标。动态游标与静态游标相反，当滚动游标时，动态游标反映结果集中的所有更改。结果集中的行数据值、顺序和成员每次提取时都会改变。然而，与 KEYSET 和 STATIC 类型游标相比，动态游标需要大量的游标资源。

⑥ FAST_FORWARD：定义快进游标。指定启用性能优化的 FORWARD_ONLY、READ_ONLY 游标。如果指定 FAST_FORWARD，则不能指定 SCROLL 或 FOR_UPDATE。FAST_FORWARD 和 FORWARD_ONLY 是互斥的，即如果指定某一个，则不能指定另一个。

实例 7-33　使用简单游标读取游标单行记录。

本实例使用两种不同方法定义游标变量。第一种方法直接定义一个游标变量 customer_cursor，游标所生成的结果集包含客户表(Customers)中的所有行和列。第二种方法先定义一个游标变量 mycursor，并未指定包含的内容，然后使用 SET 语句将 customer_cursor 的值赋给它。游标变量的定义内容也可以通过 SET 语句重新设置。

```
/* 直接定义游标。*/
DECLARE customer_cursor CURSOR FOR SELECT * FROM Customers
OPEN customer_cursor
FETCH NEXT FROM customer_cursor
/* 使用 DECLARE 声明游标变量,通过 SET 语句对游标变量进行赋值。*/
DECLARE @mycursor Cursor
```

```
SET @mycursor = customer_cursor
FETCH NEXT FROM @mycursor
/* 重新定义游标变量。*/
SET @mycursor = CURSOR FOR SELECT * FROM Customers WHERE Country = 'USA'
OPEN @mycursor
FETCH NEXT FROM @mycursor
/* 关闭游标和游标变量。*/
CLOSE customer_cursor
DEALLOCATE customer_cursor
DEALLOCATE @mycursor
```

7.6.3 使用 FETCH 读取游标数据

游标打开后,可使用 FETCH 语句访问游标指定的其一行,并将这行的数据显示在屏幕上或者保存到变量中去。FETC + 语句的基本语法如下:

```
FETCH
[[NEXT|PRIOR|FIRST|LAST    |ABSOLUTE{n|@nvar}|RELATIVE{n|@nvar}]
FROM]  {{[GLOBAL]cursor_name}|@cursor_variable_name}
[INTO @variable_name[,...n]]
```

FETCH 语句的主要参数描述如下。

① NEXT:顺序向下提取当前记录行的下一行,并将其作为当前行。第一次对游标进行操作时,FETCH NEXT 取第一行为当前行。处理完最后一行后再用 FETCH NEXT,则游标指向最后一行之后,此时@@FETCH_STATUS 的值为-1。

② PRIOR:顺序向上提取当前记录行的上一行,并将其作为当前行。第一次对游标进行 FETCH PRIOR 操作时,没有记录返回,游标指针指向第一行之前,此时@@FETCH_STA-TUS 的值为-1。

③ FIRST:提取游标中的第一行并将其作为当前行。

④ LAST:提取游标中的最后一行并将其作为当前行。

⑤ ABSOLUTE n:如果 n 为正数,按绝对位置提取游标结果集的第 n 行,并将其作为当前行;如果 n 为负数,则提取游标结尾之前的第 n 行,并将其作为当前行;如果 n 为 0,则不提取行。

⑥ RELATIVE n:如果 n 为正数,则提取当前行之后的第 n 行,并将其设为当前行;如果 n 为负数,则提取当前行之前的第 n 行,并将其设为当前行;如果 n 为 0,则提取当前行。

实例 7-34 在游标中使用 FETCH 提取数据,并将数据保存到变量中。

FETCH...INTO 允许将提取操作的列数据保存到变量中。列表中的各个变量从左到右与游标结果集中的列相对应。各变量的数据类型必须与相应的结果列的数据类型匹配或者是可以隐性转换的。变量的数目必须与游标选择列表中的列的数目一致。

本例将产品表(Products)中所有记录定义为一个游标,并使用 FETCH 语句提取一些行。FETCH 语句既可以用单行结果集的形式返回由游标指定的行,也可以将游标指定的各列值保存到变量中去(这时屏幕中不再输出游标所对应的行的值)。

```
DECLARE mycursor CURSOR SCROLL FOR
SELECT ProductID,ProductName,UnitPrice FROM Products WHERE ProductName LIKE 'c%'
OPEN mycursor
FETCH First FROM mycursor              /* 提取第一行 */
```

```
FETCH Last FROM mycursor            /* 提取最后一行 */
FETCH Prior FROM mycursor           /* 提取上一行 */
FETCH Next FROM mycursor            /* 提取下一行 */
FETCH Absolute 5 FROM mycursor      /* 提取第 5 行 */
FETCH Relative 5 FROM mycursor      /* 向下移动 5 行,提取第 10 行 */
FETCH Relative -3 FROM mycursor     /* 向上移动 3 行,提取第 7 行 */
Declare @pid int,@pname varchar(100), @price money
/* 将 FETCH 提取的值保存到变量中去, 使用 PRINT 语句输出变量中的值。*/
FETCH Next FROM mycursor into @pid,@pname,@price
PRINT STR(@pid,4) + SPACE(2) + @pname + SPACE(2) + STR(@price,12,2)
CLOSE mycursor
DEALLOCATE mycursor  /* 可以不关闭游标,直接释放游标变量 */
GO
```

在使用游标过程中，根据游标位置和对应的结果集，系统会利用游标函数返回不同的值。游标函数是非确定性的，也就是说，即便使用相同的一组输入值，也不会在每次调用这些函数时都返回相同的结果。这里，介绍两个常用的游标函数：@@CURSOR_ROWS 和@@FETCH_STATUS。

（1）@@CURSOR_ROWS

该函数返回最近打开的游标中当前存在的行数。调用@@CURSOR_ROWS 可以对符合游标的行的数目进行检索。该函数返回值见表 7-2。

表 7-2　@@CURSOR_ROWS 函数返回值

返回值	描　述
0	表示无符合条件的记录，或者该游标已被关闭或被释放
-1	表示该游标为动态的，记录行经常变动无法确定。因为动态游标可反映所有更改，所以符合游标的行数不断变化
n	表示游标已完全从结果集中读入数据，总共有 n 条记录
$-m$	表示制定的结果集还没有全部读入，目前游标中有 m 条记录

（2）@@FETCH_STATUS

该函数返回被 FETCH 语句执行的最后一个游标的状态，而不是任何当前被连接打开的游标的状态。也就是说，如果有多个游标同时被连接打开，那么@@FETCH_STATUS 返回的是最后一个 FETCH 语句对应的游标的状态。该函数的返回值见表 7-3。

表 7-3　@@FETCH_STATUS 函数返回值

返 回 值	描　述
0	FETCH 语句成功
-1	FETCH 语句失败或此行不在结果集中
-2	被提取的行不存在

7.6.4　游标循环

借助游标指针和游标函数，可以利用循环语句逐行地遍历和处理一个结果集中的每一行。游标循环可以从头指针开始，由 FETCH NEXT 语句逐行下移，直至游标指针的尾部，这时@@FETCH_STATUS 值为-1。游标循环下移算法，可由 WHILE 语句描述为：

```
OPEN Cursor_name
FETCH NEXT FROM Cursor_name
WHILE @@FETCH_STATUS = 0
BEGIN
  /*输出或处理当前行*/
  FETCH NEXT FROM Cursor_name
END
GO
```

实例 7-35　利用 FETCH_STATUS 和 WHILE 语句，循环遍历整个结果集。

本实例将产品表(Products)中产品名称以字母 C 开头的这些行定义为一个游标，利用 WHILE 循环语句逐行输出结果集中的内容。在循环主体中，先由 FETCH NEXT...INTO 语句将当前游标对应的行内容保存到变量中，再由 PRINT 语句将变量组合成一个字符串后返回到客户端。

```
/*定义变量,用来存储游标返回的内容。*/
DECLARE @ProductName varchar(100),@UnitPrice money
/*定义游标。*/
DECLARE mycursor CURSOR SCROLL FOR
SELECT ProductName,UnitPrice FROM Products WHERE ProductName LIKE 'C%' Order By ProductName
OPEN mycursor
DECLARE @i INT
SET @i = 1
/*提取第一行,将值保存到变量中,这时屏幕不显示 FETCH 语句的结果。*/
FETCH NEXT FROM mycursor INTO @ProductName,@UnitPrice
WHILE @@FETCH_STATUS = 0
BEGIN
  /*PRINT 语句输出变量值。*/
  PRINT STR(@i,2) +': '+ @ProductName + space(2) + CAST(@UnitPrice AS Varchar(14))
  /*游标向下移动,直至全部输出为止。*/
  FETCH NEXT FROM mycursor into @ProductName,@UnitPrice
  SET @i = @i + 1
END
DEALLOCATE mycursor
```

实例 7-36　嵌套游标，按格式输出报表。

本实例利用游标嵌套生成复杂的格式化报表。第一个游标利用循环逐行显示产品表(Products)中的每一个产品。第二个游标从订单明细表(OrderItems)中提取当前产品 2008 年度的全部销售记录，并利用游标按一定格式逐行输出。

```
DECLARE @ProductID int,@ProductName varchar(100)
DECLARE @OrderID int,@qty int,@amount decimal(12,2),@i int,@msg varchar(200)
/*定义第一个游标,指向产品表中所有的产品。*/
DECLARE mycursor1 CURSOR SCROLL FOR
SELECT ProductID,ProductName FROM Products ORDER BY ProductName
OPEN mycursor1
/*提取第一行产品,将产品编码和名称保存到变量中。*/
FETCH NEXT FROM mycursor1 INTO @ProductID,@ProductName
WHILE @@FETCH_STATUS = 0
BEGIN
  PRINT 'OrderItems for product ' + SPACE(1) + @ProductName +' in 2008 '
  PRINT Replicate('-',36 + datalength(@ProductName))
  /*定义第二个游标,指向该产品的销售明细记录。*/
  DECLARE mycursor2 CURSOR FOR
  SELECT a. OrderID,Quantity,Amount FROM OrderItems a, Orders b WHERE a. OrderID = b. OrderID and year
  (OrderDate) = 2008 and a. ProductID = @ProductID
  SET @i = 1
```

```
OPEN mycursor2
FETCH NEXT FROM mycursor2INTO @OrderID,@qty,@amount
IF(@@FETCH_STATUS < >0)    PRINT space(2) +'No OrderItems'
ELSE
BEGIN
   /* 利用循环,逐行输出该产品的销售明细记录。*/
   WHILE @@FETCH_STATUS =0
   BEGIN
     PRINT STR(@i,2) +'. ' + CAST(@OrderID as varchar) +" + CAST(@qty as varchar) + STR(@amount,
     12,2)
     FETCH NEXT FROM mycursor2 INTO @OrderID,@qty,@amount
     SET @i = @i + 1
   END
END
/* 必须释放第二个游标,否则下一个产品将无法再定义成名称为 mycursor2 的游标。*/
DEALLOCATE mycursor2
PRINT "   /* 输出一个空行 */
/* 第二个游标处理结束,当前产品的明细销售记录输出完毕,提取下一个产品。*/
FETCH NEXT FROM mycursor1 into @ProductID,@ProductName
END
DEALLOCATE mycursor1
```

实例 7-37　使用游标,复制表中部分行到一个新表中。

本实例使用游标将员工表(Employees)中的最后 5 行的 3 个列复制到表 myExample 中。这里利用游标逐行复制其中的 3 个列,即先从游标中提取一行,然后在新表中插入一行。如果要把这 5 行所有的列复制到一个新表 myEmployees 中,可以利用 myExample 表中已经复制的 5 个员工编码的主键值,使用 SELECT...INTO 语句按条件检索出来后复制到新表中。

```
IF(OBJECT_ID('myExample')IS NOT NULL)   DROP TABLE myExample
IF(OBJECT_ID('myEmployees')IS NOT NULL)   DROP TABLE myEmployees
GO
/* 复制包含 3 个列的表结构到新表 myExample 中。*/
SELECT TOP 0 EmployeeID,LastName,FirstName INTO myExample FROM Employees
DECLARE @empid char(7),@lname nvarchar(20),@fname nvarchar(20),@i int
DECLARE mycursor CURSOR SCROLL FOR SELECT EmployeeID,LastName,FirstName FROM Employees
OPEN mycursor
/* 游标先定位到最后一行,然后移至倒数第 6 行,再下移 1 行,以防止表中记录不足 5 行。*/
FETCH LAST FROM mycursor INTO @empid,@lname,@fname
FETCH RELATIVE -5 FROM mycursor INTO @empid,@lname,@fname
FETCH NEXT FROM mycursor INTO @empid,@lname,@fname
SET @i =1
WHILE @@FETCH_STATUS =0 AND @i < =5
BEGIN
   /* 提取一行复制一行。*/
   INSERT INTO myExample(EmployeeID,LastName,FirstName) VALUES(@empid,@lname,@fname)
   FETCH NEXT FROM mycursor INTO @empid, @lname, @fname
   SET @i = @i + 1
END
DEALLOCATE mycursor
SELECT * FROM myExample
GO
/* 根据 myExample 表中的主键值 EmployeeID, 复制最后 5 行所有的列到新表 myEmployees 中。*/
SELECT * INTO myEmployees FROM Employees Where EmployeeID IN
(SELECT EmployeeID FROM myExample)
SELECT * FROM myEmployees
```

7.6.5 WHERE CURRENT OF 的应用

利用游标不仅可以从表中检索数据,还可以对数据进行逐行处理,即修改或删除游标所对应的行的数据。修改或删除数据仍然使用 UPDATE 或 DELETE 语句,条件由 WHERE CURRENT OF 指定。CURRENT OF < cursor_name > 表示当前游标指针所指的行。CURRENT OF 只能在 UPDATE 和 DELETE 语句中使用。

必须指出的是,如果在定义游标时选择了 INSENSITIVE 选项,则该游标中的数据不能被修改。另外,游标所对应的表必须要有主键,否则游标为只读(Readonly)状态,不能修改或删除数据。

实例 7-38   利用 WHERE CURRENT OF 修改表中部分行中的数据。

本实例使用游标将产品表(myProducts)中最后 5 个产品的单价增加 20%。这里利用 WHERE CURRENT OF 逐行修改当前游标指定的行的数据。由于 myProducts 表的数据从 Products 复制过来(这样做是为了不破坏 mySales 原有数据),原有的主键约束条件不会被同时复制过去,因此,在定义游标之前,必须通过 ALTER TABLE 语句为其添加一个主键。为了便于对修改前后的数据进行比较,本实例在复制数据时向 myProducts 表中添加了一个 Old-Price 列,以记录修改之前的产品单价(UnitPrice)。

```
IF( OBJECT_ID('myProducts') IS NOT NULL)    DROP TABLE myProducts
GO
SELECT * ,UnitPrice as 'OldPrice' INTO myProducts FROM Products
/* SELECT... INTO 产生的新表没有主键,因此必须在 myProducts 表中添加一个主键。*/
ALTER TABLE myProducts
ADD CONSTRAINT myProducts_pk_ProductID PRIMARY KEY CLUSTERED( ProductID)
GO
DECLARE @p1 int,@i int
DECLARE mycursor CURSOR SCROLL FOR SELECT ProductID FROM myProducts
OPEN mycursor
/* 先将游标定位到最后一行,然后倒移指针,逐条修改数据。*/
FETCH LAST FROM mycursor INTO @p1
SET @i = 1
WHILE @@FETCH_STATUS = 0 and @i < = 5
BEGIN
  UPDATE myProducts SET UnitPrice = UnitPrice * 1.2 WHERE CURRENT OF mycursor
  FETCH PRIOR FROM mycursor INTO @p1
  SET @i = @i + 1
END
CLOSE mycursor
DEALLOCATE mycursor
SELECT * FROM myProducts WHERE UnitPrice < > OldPrice
```

实例 7-39   利用 WHERE CURRENT OF 删除表中部分行记录。

本实例利用游标,删除 myCustomers 表中第 51 ~ 70 行。由于 myCustomers 表的数据从 Customers 表中复制过来,原有的主键约束条件不会被同时复制过去,因此,在定义游标之前,必须通过 ALTER TABLE 语句为其添加一个主键。

```
IF( OBJECT_ID('myCustomers') IS NOT NULL)    DROP TABLE myCustomers
GO
/* 复制一个模拟数据表 myCustomers,并向表中添加一个主键。*/
SELECT * INTO myCustomers From Customers
ALTER TABLE myCustomers
ADD CONSTRAINT myCustomers_pk_CustomerID PRIMARY KEY CLUSTERED( CustomerID)
```

```
GO
DECLARE @cno varchar(20),@i int
DECLARE mycursor CURSOR SCROLL FOR SELECT CustomerID FROM myCustomers
OPEN mycursor
/*先将游标定位到表的第51行,然后移动游标逐条删除记录。*/
FETCH ABSOLUTE 51 FROM mycursor INTO @cno
SET @i = 1
WHILE @@FETCH_STATUS = 0 and @i < = 20
BEGIN
  DELETE myCustomers WHERE CURRENT OF mycursor
  FETCH NEXT FROM mycursor INTO @cno
    SET @i = @i + 1
END
CLOSE mycursor
DEALLOCATE mycursor
SELECT * FROM myCustomers
```

7.6.6　游标的综合应用

　　游标通常用来解决整个结果集操作中无法直接使用 UPDATE、DELETE 或 SELECT 语句完成相应任务的问题。对于一些单行的数据处理任务,游标体现出很大的优势。当然,使用游标会降低数据处理效率。一般来说,如果一个数据操作能直接使用 SELECT、INSERT、UPDATE 或 DELETE(包括 WHERE 子句)实现,尽量不要使用游标。下列通过几个典型的实例来介绍游标在实际应用开发中的特殊用途。

　　实例 7-40　在用户定义函数中使用游标,实现带参数 TOP *n* 子句的功能。

　　本实例创建一个用户定义表值函数,输出某个日期区间内销售额排名前 *n* 位的客户的信息。由于在用户定义函数中不能使用动态 SQL 语句,该函数先汇总得到每个客户的销售额并排序,然后利用游标逐行提取销售额排名前 *n* 位的客户,最后将这些客户的编码和销售额存放到一个表变量@mytable 中进行返回。

```
IF(OBJECT_ID('myTopCustomers') IS NOT NULL)    DROP FUNCTION myTopCustomers
GO
CREATE FUNCTION myTopCustomers(@n int,@date1 datetime,@date2 datetime)
RETURNS @mytable TABLE(CustomerID varchar(7),Amount money)
AS
BEGIN
  DECLARE @cid char(7),@amount money,@i int
  DECLARE c1 cursor For    SELECT CustomerID,SUM(Amount)as Amount From OrderItems a JOIN Orders b ON
  a. OrderID = b. OrderID WHERE OrderDate BETWEEN @date1 AND @date2 GROUP BY CustomerID ORDER
  BY SUM(Amount) DESC
  OPEN c1
  SET @i = 1
  FETCH NEXT FROM c1INTO @cid,@amount
  WHILE @@FETCH_STATUS = 0 and @i < = @n
  BEGIN
    INSERT INTO @mytable Values(@cid,@amount)
    FETCH NEXT FROM c1INTO @cid,@amount
    SET @i = @i + 1
  END
  DEALLOCATE c1
  RETURN
END
GO
/*调用该用户定义函数,检索2009年度销售额排名前10位客户。*/
```

```
SELECT * FROM dbo. myTopCustomers( 10 ,'2009-1-1 ','2009-12-31 ')
```

实例 7-41　使用游标逐行处理数据,计算销售额的环比增长率。

本实例利用游标计算 2009 年度每个月销售额的环比增长率。环比增长率的计算公式为:(当月销售额 – 上月销售额)/上月销售额,由于在计算当月的环比增长率时,需要记录上月的销售额,因此,如果利用 SELECT 或 UPDATE 语句进行整体处理,则算法会比较复杂,而利用游标逐行计算,算法比较简单。

```
IF( OBJECT_ID('mySaleRate')IS NOT NULL)    DROP TABLE mySaleRate
/* 新建一个表用来存储 2009 年度每个月的汇总销售额。*/
CREATE TABLE mySaleRate( Month int primary key, Amount money, Rate decimal(6,2))
GO
/* 使用 INSERT. . . SELECT 语句将 GROUP BY 分组汇总结果批量插入到新表中。*/
INSERT INTO mySaleRate( Month,Amount)SELECT month( OrderDate) as Month,SUM( amount) as 'Amount'
FROM OrderItems a JOIN Orders b ON a. OrderID = b. OrderID
WHERE Orderdate BETWEEN '2009-1-1 ' AND '2009-12-31 '    GROUP BY Month( OrderDate)
GO
DECLARE c1 Cursor FOR SELECT Month,Amount FROM mySaleRate FOR UPDATE
OPEN c1
DECLARE @month int ,@amt money ,@amt1 money ,@rate decimal( 6 ,2)
FETCH NEXT FROM c1 into @month,@amt
SET @amt1 = @amt

/* 利用游标逐条计算环比增长率。*/
WHILE @@FETCH_STATUS = 0
BEGIN
  SET @rate = 100 * ( @amt-@amt1 )/@amt1
  SET @amt1 = @amt
  UPDATE mySaleRate SET Rate = @rate WHERE Current of c1
  FETCH NEXT FROM c1 INTO @month,@amt
END
DEALLOCATE c1
SELECT * FROM mySaleRate
```

实例 7-42　在存储过程中,使用游标和动态 SQL 语句删除一个表中的所有约束条件。

本实例创建一个存储过程,输入一个表的名称(@tablename),利用系统表 sysobjects 删除该表中的所有约束条件。该存储过程利用游标从系统表中检索出指定表的所有约束名称,然后逐行加以删除。在删除约束时,由于约束名事先是未知的,因此需要使用动态 SQL 语句。本实例以 myOrders 表进行模拟操作,先向该表添加 4 个不同的约束条件,然后调用存储过程将所有约束条件删除。

```
IF( OBJECT_ID('myOrders')IS NOT NULL)    DROP TABLE myOrders
GO
/* 在 myOrders 表中进行模拟操作,增加 4 个约束条件。*/
SELECT * INTO myOrders From Orders
ALTER TABLE myOrders ADD
  Constraint PK_myorders_OrderID Primary Key( OrderID) ,
  Constraint CK_myorders_OrderDate CHECK( OrderDate < = GetDate( )) ,
  Constraint FK_myorders_CustomerID FOREIGN KEY( CustomerID) References Customers( CustomerID) ,
  Constraint FK_myorders_EmployeeID FOREIGN KEY( EmployeeID) References Employees( EmployeeID)
GO
DROP PROCEDURE myDropConstraints
GO
CREATE PROCEDURE myDropConstraints @tablename varchar( 100) AS
  DECLARE @sql varchar( 1000) , @name varchar( 100)
  DECLARE mycursor CURSOR FAST_FORWARD
```

```
FOR SELECT name From sysobjects WHERE parent_obj = OBJECT_ID( @tablename )
OPEN mycursor
PRINT ' All the following constraints will be dropped From table ' + @tablename
FETCH NEXT FROM mycursor INTO @name
WHILE( @@FETCH_STATUS < > -1 )
BEGIN
  PRINT @name
  /* 使用动态 SQL 语句执行删除操作。*/
  SET @sql = 'ALTER TABLE' + @tablename + ' DROP CONSTRAINT' + @name
  EXECUTE( @sql )
  FETCH NEXT FROM mycursor INTO @name
END
  DEALLOCATE mycursor
GO
/* 执行存储过程,删除 myOrders 表中的所有约束条件。*/
EXEC myDropConstraints ' myOrders '
```

习题

1. 创建一个存储过程，输入一个产品类别名称，返回这类产品的销售额合计值。

2. 创建一个存储过程，输入一个产品名称，返回该产品销售额在所有产品中的排名。

3. 创建一个存储过程，输入一个表名和列名，从系统表中判断该列在表中是否存在，如果存在，则返回该列的数据类型和长度，否则返回星号(*)。

4. 创建一个用户定义函数，输入一个客户名称和年份，返回该客户该年度每个月的订单数和订单销售额。

5. 创建一个用户定义函数，输入一个日期，返回到这个日期为止已开发票但还没有发货的所有订单信息。

6. 创建一个用户定义函数，该函数输入一个客户编码和产品编码，输出该客户购买该产品的次数。通过调用该函数，分别检索哪些客户购买了编码为 12 的这个产品、哪些产品卖给了 ANTON 这个客户。

7. 创建一个用户定义函数，该函数给定一个日期区间，返回该区间中销售量排名前 10% 的产品。要求在查询语句的 WHERE 子句中调用该函数，并检索哪些客户购买了这些产品。

8. 创建两个用户定义函数。第一个函数的功能是输入一个产品价格，返回该价格所在的区间范围名称。0. 01 ~ 10：Inexpensive；10. 01 ~ 20. 00：Moderate；20. 01 ~ 30. 00：Semi-expensive；30. 01 ~ 50. 00：Expensive；大于 50：Very expensive。第二个函数输入一个供应商编码，输出该供应商提供的所有产品的价格区间范围名称。要求第二个函数调用第一个函数的结果。

9. 将客户表(Customers)复制到(myCustomers)中，将销售明细表(OrderItems)复制到 myOrderItems 中。在客户表中添加一列 Amount，用来记录每个客户的销售额合计值。创建触发器，当订单明细表中新增、修改或删除某个客户的销售数据时，触发器自动更新 myCustomers 表中 Amount 列的数据。

10. 创建一个触发器，当用户在订单明细表中插入一个产品销售记录时，触发器自动判断其产品编号是否合法(即在 Products 表中是否存在)、销售单价是否正确(销售单价是否大于 0)及订单号与产品号是否重复(同一订单中的同一产品只能出现一次)。若检验不正确,则拒绝插入。

11. 创建一个存储过程,输入一个产品类别名称,利用游标而不直接使用聚合函数,通过一次循环,计算并返回该产品类别中所有产品单价的平均值与方差。

12. 建立一个存储过程,输入一个产品的编号及要求查询的日期区间(x~y),使用游标逐条输出该产品在该区间内的所有销售明细记录,要求日期从大到小排序,输出格式如下:

产品编号: * *   产品名称: * * * * * * * *

日期区间: * * * * ~ * * * *

订单号	订单日期	销售数量	销售单价	销售金额
* * * *	* * *	* * * *	* * * *	* * * * *
* * * * *	* * *	* * * *	* * * *	* * * * *

13. 创建一个用户定义函数,输入一个产品名称,返回该产品的销售额在它所属同类产品中的排名,并通过调用该函数,检索每类产品中销售额排名前 3 位的产品名称。

14. 创建一个用户定义函数,输入一个员工的出生日期,计算并返回其实际年龄,要求将该用户定义函数应用于计算列的定义中。例如,在员工表中增加一个员工实际年龄 Age 的计算列,调用该用户定义函数。

15. 创建一个存储过程,利用游标和动态 SQL 语句,删除 mySales 数据库中所有以 "my" 这两个字符开头的数据库对象,如数据表 myOrders、存储过程 myProc、触发器 myTrigger 等。

16. 创建两个存储过程,第一个存储过程输入一个产品编码和日期,返回该产品在这个输入日期的销售额;第二个存储过程输入一个产品名称,通过循环反复调用第一个存储过程,输出该产品 2009 年度每月的销售额,并将其存放到 tmp 表一行的 12 个列中。要求使用动态 SQL 语句创建 tmp 表的结构。

第 8 章　SQL Server 数据安全管理

数据库管理系统必须具有统一的数据安全保护功能，以维护数据库中数据的安全可靠和正确有效。数据库建立后，数据的安全就显得尤为重要。对于一个数据库管理员来说，安全性意味着必须保证那些具有特殊数据访问权限的用户能够登录 SQL Server，访问数据并对数据库对象实施各种权限范围内的操作；同时，还要防止所有非授权用户的非法操作。为此，SQL Server 提供了既有效又容易的安全管理模式，这种安全管理模式是建立在安全账户认证和访问许可两个机制上的。

本章通过用户管理、角色管理、权限管理、事务控制及并发控制等介绍 SQL Server 的数据安全保护功能与机制。

8.1　用户管理

8.1.1　SQL Server 登录用户管理

安全账户认证用来确认用户登录账户及其密码的正确性，由此验证用户是否具有连接 SQL Server 的权限。任何用户在使用 SQL Server 数据库之前，都必须经过安全账户认证。SQL Server 提供两种认证模式：Windows NT 认证模式和混合认证模式。

SQL Server 数据库系统通常运行在 Windows NT 服务器平台上，而 Windows NT 作为网络操作系统，本身就具备管理登录、验证用户合法性的能力。Windows NT 认证模式正是利用了这一用户安全性和账号管理的机制，允许 SQL Server 也可以使用 NT 的用户名和密码。在这种模式下，用户只需要通过 Windows NT 的认证就可以连接到 SQL Server，这样 SQL Server 本身也就不需要管理一套登录数据。由于 Windows 身份验证已集成到 Windows 操作系统、本地计算机和域中，并且不会有密码通过网络传输，因此它比 SQL Server 登录名安全得多。

混合认证模式允许用户使用 Windows NT 安全性或 SQL Server 安全性连接到 SQL Server，也就是说，用户可以使用其账号登录到 Windows NT，或者使用其登录名登录到 SQL Server 系统。在这种认证模式下，用户在连接 SQL Server 时必须提供登录名和登录密码。

混合认证模式允许用户创建属于自己的数据库登录名和密码，SQL Server 为此提供了一系列创建、修改和删除登录用户的系统存储过程和命令语句，具体见表 8-1。

1. 映射 Windows 登录账户为 SQL Server 登录账户

映射 Windows 登录账户为 SQL Server 登录账户的系统存储过程主要有 sp_grantlogin、sp_denylogin 和 sp_revokelogin，它们分别允许、阻止和删除 Windows 用户或组到 SQL Server 的连接许可。在 SQL Server 2005 及以上版本中，这些系统存储过程可以由 CREATE LOGIN、ALTER LOGIN 和 DROP LOGIN 等命令来代替。例如，为 Windows 用户［myHome＼Robert］创建一个 SQL Server 登录名，可使用下列命令：

CREATE LOGIN［myHome＼Robert］FROM WINDOWS

WITH DEFAULT_DATABASE = mySales

表 8-1　登录用户管理的常用系统存储过程与命令语句

命 令	描 述	示 例
sp_grantlogin	创建 SQL Server 的 Windows 用户或用户组登录名	EXEC sp_grantlogin [loginame] EXEC sp_grantlogin [Corporate \ George]
sp_denylogin	阻止 Windows 用户或 Windows 组连接到 SQL Server 实例	EXEC sp_denylogin [loginame] EXEC sp_denylogin 'Corporate \ George'
sp_revokelogin	删除由 CREATE LOGIN、sp_grantlogin 或 sp_denylogin 创建的 Windows 用户或组登录项	EXEC sp_revokelogin [loginame] EXEC sp_revokelogin '[Corporate \ George]'
sp_addlogin	创建新的 SQL Server 登录，该登录允许用户使用 SQL Server 身份验证连接到 SQL Server 实例	EXEC sp_addlogin [loginame] EXEC sp_addlogin 'Victoria', 'B1234'
sp_droplogin	删除 SQL Server 登录名。阻止使用该登录名对 SQL Server 实例进行访问	EXEC sp_droplogin [loginame] EXEC sp_droplogin Victoria
sp_password	为 SQL Server 登录名添加或更改密码	EXEC sp_password 'old_password', 'new_password', [loginame] EXEC sp_password NULL, 'ok', 'Victoria' EXEC sp_password 'ok', 'coffee'
sp_helplogins	提供每个数据库中的登录及相关用户的信息	EXEC sp_helplogins [LoginNamePattern] UsemySales EXEC sp_helplogins EXEC sp_helplogins 'Newton'
CREATE LOGIN	在 SQL Server 2008 中创建新的 SQL Server 登录名	CREATE LOGIN [< domainName > \ < loginName >] FROM WINDOWS CREATE LOGIN Victoria WITH PASSWORD = 'dba'
ALTER LOGIN	在 SQL Server 2008 中更改 SQL Server 登录账户的属性	ALTER LOGIN Victoria WITH PASSWORD = 'mydba' OLD_PASSWORD = 'dba' ALTER LOGIN Mary5 WITH NAME = John2 ALTER LOGIN Mary5 ENABLE
DROP LOGIN	在 SQL Server 2008 中删除 SQL Server 登录账户	DROP LOGIN [loginName]

2. 混合认证模式的登录账户的管理

管理 SQL Server 登录账户的系统存储过程有：sp_addlogin、sp_droplogin、sp_revokelogin，它们可用来创建或删除 SQL Serve 登录账户。在 SQL Server 2005 及以上版本中，sp_addlogin 和 sp_droplogin 分别可以用 CREATE LOGIN 和 DROP LOGIN 命令替代。

SQL Server 2000 不能修改登录用户及其属性，只能增加和删除用户，或者使用 sp_password 修改密码。但 ALTER LOGIN 语句可以修改登录用户名、密码、默认语言、默认数据库，以及启用或禁用登录账号。

实例 8-1　创建混合认证模式的 SQL Server 登录用户，并修改登录用户的属性。

本实例首先利用存储过程 sp_addlogin 和 CREATE LOGIN 两种方式分别创建两个 SQL Server 登录用户 Darwin 和 Newton，前者仅指定用户密码，后者则指定用户密码和默认数据库。然后使用 ALTER LOGIN 命令修改登录用户的属性，包括修改登录密码、禁止登录和允许登录，最后将登录用户名由 Newton 改为 Edison。

```
USE master
IF EXISTS( SELECT 1 FROM master. . syslogins Where name = 'Darwin')     EXEC sp_droplogin 'Darwin'
IF EXISTS( SELECT 1 FROM master. . syslogins Where name = 'Darwin')     DROP LOGIN Newton
```

```
GO
/* 使用系统存储过程创建一个登录用户 Darwin,指定密码为 dba,但不指定默认数据库。*/
EXEC sp_addlogin 'Darwin','dba'
/* 使用命令创建一个登录用户 Newton,指定密码为 dba,同时指定默认数据库为 mySales。*/
CREATE LOGIN Newton WITH Password = 'dba',DEFAULT_DATABASE = mySales
/* 修改登录用户 Newton 的密码。*/
ALTER LOGIN Newton WITH password = 'mydba' old_password = 'dba'
/* 禁止 Newton 登录 SQL Server。*/
ALTER LOGIN Newton Disable
/* 启用已禁用的登录,允许 Newton 登录 SQL Server。*/
ALTER LOGIN Newton Enable
/* 将登录用户 Newton 的名称改为 Edison。*/
ALTER LOGIN Newton WITH name = Edison
GO
```

3. 查看 SQL Server 登录名

系统存储过程 sp_helplogins 可以提供数据库系统中的所有登录用户及其属性。如果要查看登录用户更详细的信息,可以借助 master 数据库中的 syslogins 系统表。

```
SELECT * FROM master..syslogins
```

8.1.2　数据库用户管理

在 SQL Server 中,登录名提供身份验证和映射用户的方法,而访问一个数据库则必须通过创建用户,并把特定的权限映射给用户才能实现。在 SQL Server 的每个数据库中都有一个用户集,每个用户名与登录名是一一对应的关系,即一个登录名在一个数据库中只能创建一个用户。常用的创建、修改和删除数据库用户的系统存储过程和命令语句见表 8-2。

表 8-2　管理数据库用户的常用系统存储过程与命令语句

命　令	描　述	实　例
sp_grantdbaccess	将数据库用户添加到当前数据库	EXEC sp_grantdbaccess 'Corporate \ UBill', 'Bill'
sp_revokedbaccess	从当前数据库中删除数据库用户	EXEC sp_revokedbaccess 'Edmonds \ LolanSo'
sp_dropuser	从当前数据库中删除数据库用户	EXEC sp_dropuser UNewton
sp_adduser	向当前数据库中添加新的用户	EXEC sp_adduser 'Newton', 'Unewton'
sp_helpuser	查看当前数据库中数据库级登录名、用户、角色等信息	EXEC sp_helpuser EXEC sp_helpuser 'db_securityadmin'
CREATE USER	向当前数据库添加用户	CREATE USER UNewton FOR LOGIN Newton
ALTER USER	修改数据库用户的属性	ALTER USER Mary WITH NAME = Helen
DROP USER	从当前数据库中删除用户	DROP USER UNewton

使用 CREATE USER 命令创建数据库用户,例如,下列语句为 Darwin 登录用户创建一个 mySales 数据库用户 UDarwin:

```
USE mySales
CREATE USER UDarwin FOR LOGIN Darwin
```

在 SQL Server 中,所有数据库中登录用户的信息保存在用户数据库的系统表 sysusers 中,Windows 验证模式的用户标志列 isntuser = 1,SQL Server 验证模式的用户标志列 issqluser = 1。例如,下列语句可以查看 sysusers 表中 UDarwin 用户的相关信息。

```
USE mySales
SELECT * FROM sysusers WHERE NAME = 'UDarwin' AND issqluser = 1
```

系统存储过程 sp_helpuser 也可以用来查询某个数据库的用户信息,例如,下列语句在

sp_helpuser 之后没有跟随用户名，则显示 mySales 中的全部数据库用户：

```
USE mySales
sp_helpuser
```

如果在 sp_helpuser 语句之后跟随一个用户名，那么只列出该用户的相关信息。

```
sp_helpuser 'UDarwin'
```

　　SQL Server 还可以更改已有数据库用户的属性及删除数据库用户，它们分别由 ALTER USER 和 DROP USER（在 SQL Server 2000 中为系统存储过程 sp_dropuser）语句实现。在删除数据库用户之前，应当利用系统表 sysusers 先判断该用户名是否存在。一个数据库用户被删除后，不会影响与它关联的 Windows 或 SQL Server 的登录用户的存在。

8.2　角色管理

　　角色的概念类似于用户组，使用角色有助于简化 SQL Server 的安全机制。通过创建一个角色，为这个角色分配一定的权限，然后把一个用户加入到这个角色中，那么这个用户就拥有一定的权限。

　　SQL Server 角色有两种：一种是固定服务器角色，它所具有的管理权限都是 SQL Server 内置的，即不能对其权限进行添加、删除和修改，可以在这些角色中添加用户以获得相关的管理权限；另一种是数据库角色，它又可分为固定数据库角色和用户定义角色两种，对应的权限是数据库的权限，用于对数据库对象的管理。

8.2.1　固定服务器角色

　　固定服务器角色是指根据 SQL Server 的管理任务及这些任务相对的重要性等级，把用户划分成不同的用户组，每一组所具有的权限已被预定义，不能被修改。SQL Server 共有 8 种固定的服务器角色，各种角色的具体含义见表 8-3。

表 8-3　固定服务器角色

固定服务器角色	描　　述
sysadmin	在 SQL Server 中进行任何活动。该角色的权限跨越所有其他固定服务器角色
serveradmin	配置服务器范围的设置
setupadmin	添加和删除链接服务器，并执行某些系统存储过程（如 sp_serveroption）
securityadmin	管理服务器登录
processadmin	管理在 SQL Server 实例中运行的进程
dbcreator	创建和改变数据库
diskadmin	管理磁盘文件
bulkadmin	执行 BULK INSERT 语句

　　固定服务器角色与具体数据库无关，可以将直接登录账户添加到对应的固定服务器角色中。在 SQL Server 中，管理固定服务器角色的系统存储过程主要有 sp_addsrvrolemember、sp_dropsrvrolemember、sp_helpsrvrole 和 sp_helpsrvrolemember，分别用来添加、删除和查看固定服务器角色成员。例如，EXEC sp_addsrvrolemember 'Darwin', 'sysadmin' 语句可以将登录用户 Darwin 添加到 sysadmin 固定服务器角色中，这时如果以 Darwin 重新登录 SQL Server，就可以进行任何数据库管理性工作。如果要从 sysadmin 固定服务器角色中删除登录用户 Darwin，可以执行 EXEC sp_dropsrvrolemember 'Darwin'，'sysadmin'命令语句。

8.2.2　数据库角色

在 SQL Server 中，通常需要将一个数据库的专用权限授予给多个用户，这时就可以在数据库中添加新的数据库角色或使用已经存在的数据库角色，让这些具有相同数据库权限的用户归属于同一角色。因此，数据库角色能为某一用户或一组用户授予不同级别的管理或访问数据库(包括数据库对象)的权限。

SQL Server 提供了两种数据库角色类型：固定数据库角色和用户定义的数据库角色。

1. 固定数据库角色

固定数据库角色是指这些角色所具有的管理、访问数据库权限已被 SQL Server 定义，不能对其进行任何修改。SQL Server 中的每一个数据库在创建后便会自动地建立一组内置的、预定义的数据库角色。固定数据库角色共有 9 个，其权限见表 8-4。

表 8-4　固定数据库角色

数据库角色	描　　述
db_accessadmin	访问权限管理员，具有 ALTER ANY USER、CREATE SCHEMA、CONNECT、VIEW ANY DATABASE 等权限，可以为 Windows 登录名、Windows 组、SQL Server 登录名等添加或删除访问权限
db_backupoperator	数据库备份管理员，具有 BACKUP DATABASE、BACKUP LOG、CHECKPOINT、VIEW DATABASE 等权限，可以执行数据库备份操作
db_datareader	数据检索操作员，具有 SELECT、VIEW DATABASE 等权限，可以检索所有用户表中的所有数据
db_datawriter	数据维护操作员，具有 DELETE、INSERT、UPDATE、VIEW DATABASE 等权限，可以在所有用户表中执行插入、更新、删除等操作
db_ddladmin	数据库对象管理员，具有创建和修改表、类型、视图、过程、函数、XML 架构、程序集等权限，可以执行对这些对象的管理操作
db_denydatareader	拒绝执行检索操作员，拒绝 SELECT 权限，具有 VIEW ANY DATABASE 权限，不能在数据库中对所有对象执行检索操作
db_denydatawriter	拒绝执行数据维护操作员，拒绝 DELETE、INSERT、UPDATE 权限，不能在数据库中执行所有的删除、插入、更新等操作
db_owner	数据库所有者，具有 CONTROL、VIEW ANY DATABASE 权限，具有数据库中的所有操作权限
db_securityadmin	安全管理员，具有 ALTER ANY APPLICATION ROLE、ALTER ANY ROLE、CREATE SCHEMA、VIEW DEFINITION、VIEW ANY DATABASE 等权限，可以执行权限管理和角色成员管理等操作

数据库固定角色的管理主要通过系统存储过程 sp_addrolemember、sp_droprolemember 和 sp_helprolemember 实现。

实例 8-2　创建一个数据库用户，并将其添加到固定数据库角色中。

本实例首先创建一个数据库用户 UDarwin，然后使用系统存储过程 sp_addrolemember，将其添加到固定数据库角色 db_ddladmin 和 db_datawriter 中。这时，如果以 Darwin 登录 SQL Server，就可以在 mySales 中创建和修改表、视图、存储过程及用户定义函数等数据库对象。
USE mySales

```
/*示例:建立 SQL Server 登录用户 Darwin 和数据库用户 UDarwin。*/
IF(SELECT COUNT(*)FROM sysusers WHERE name ='UDarwin')  >0   DROP USER UDarwin
IF EXISTS(SELECT 1 FROM master..syslogins WHERE name ='Darwin')    DROP LOGIN Darwin
GO
CREATE LOGIN Darwin WITH PASSWORD ='dba',DEFAULT_DATABASE = mySales
CREATE USER UDarwin FOR LOGIN Darwin
GO
/*在 db_ddladmin 和 db_datawriter 角色中添加数据库用户 UDarwin。*/
EXEC sp_addrolemember'db_ddladmin','UDarwin'
EXEC sp_addrolemember'db_datawriter','UDarwin'
GO
/*使用 sp_helprolemember 查询当前数据库中 db_datawriter 这个角色的成员。*/
EXEC sp_helprolemember'db_datawriter'
/*在 db_datawriter 角色中删除 UDarwin 这个成员。*/
EXEC sp_droprolemember'db_datawriter','UDarwin'
GO
```

2. 用户自定义的数据库角色

如果要为某些数据库用户设置权限，但这些权限又与固定数据库角色所具有的权限不同，那么可利用 SQL Server 提供的用户自定义的数据库角色来满足这一要求，从而使这些用户能够在数据库中实现某一特定功能。

创建用户定义的数据库角色一般方法是：先创建一个数据库角色，授予它到安全对象的权限，然后添加一个或多个数据库用户到这个数据库角色作为它的成员。当需要修改权限时，只要修改单个数据库角色的权限，角色的成员将自动继承这些权限的改变。

SQL Server 创建用户定义的数据库角色的系统存储过程和命令语句见表 8-5。

表 8-5　创建用户定义的数据库角色的系统存储过程和命令语句

命　令	描　述
sp_addrole / CREATE ROLE	在当前数据库中创建新的数据库角色
sp_droprole / DROP ROLE	从当前数据库中删除数据库角色
sp_helprole	返回当前数据库中有关角色的信息
sp_addrolemember	为当前数据库中的数据库角色添加数据库用户、数据库角色、Windows 登录名或 Windows 组
sp_droprolemember	从当前数据库的 SQL Server 角色中删除安全账户
sp_helprolemember	返回有关当前数据库中某个角色的成员的信息

8.3　权限管理

8.3.1　权限管理概述

权限用来指定授权用户可以使用的数据库对象和可以对这些数据库对象执行的操作。用户在登录到 SQL Server 后，其用户账号所归属的 NT 组或角色所被赋予的权限决定了该用户能够对哪些数据库对象执行哪种操作及能够访问、修改哪些数据。在每个数据库中，用户的权限独立于用户账号和用户在数据库中的角色，每个数据库都有自己独立的权限系统。SQL Server 主要包括两种类型的权限，即对象权限和语句权限。

1. 对象权限

对象权限是指对特定的数据库对象(即表、视图、字段、存储过程和函数等)的操作权限，它决定了能对表、视图等数据库对象执行哪些操作(如 UPDATE、DELETE、INSERT、EXE-CUTE 等)。不同类型的数据库对象针对它的操作权限是不同的，例如，表和视图权限包括 SELECT、UPDATE 和 REFERENCES 语句的操作许可，存储过程权限包括 EXECUTE 语句的操作许可。不同对象的操作权限见表 8-6。

表 8-6　对象权限表

对　象	操　作
表	SELECT、INSERT、UPDATE、DELETE、REFERENCE
视图	SELECT、INSERT、UPDATE、DELETE
存储过程	EXECUTE
列	SELECT、UPDATE

2. 语句权限

语句权限主要指用户是否具有权限来执行某一语句，这些语句通常是一些具有管理性的操作，如创建数据库、表、存储过程等。这种语句虽然仍包含有操作的对象，但这些对象在执行该语句之前并不存在于数据库中。因此，语句权限针对的是某个 SQL 语句，而不是数据库中已经创建的特定的数据库对象。

只有 sysadmin、db-owner 和 db-securityadmin 角色的成员才能授予语句权限。T-SQL 语句权限表见表 8-7。

表 8-7　T-SQL 语句权限表

语　句	含　义	语　句	含　义
CREATE DATABASE	创建数据库	CREATE DEFAULT	创建默认
CREATE TABLE	创建表	CREATE PROCEDURE	创建存储过程
CREATE VIEW	创建视图	BACKUP DATABASE	备份数据库
CREATE RULE	创建规则	BACKUP LOG	备份事务日志

权限管理主要包括对权限的授予、拒绝和取消 3 种操作，其对应的 T-SQL 命令分别为 GRANT、DENY 和 REVOKE。

8.3.2　授予权限

GRANT 语句把权限授予某一用户，以允许该用户执行针对某对象的操作或允许其运行某些语句，其语法分为语句权限和对象权限两种形式。

(1) 语句权限 GRANT 命令

GRANT {ALL| *statement*[,... n]} TO *security_account*[,... n]

(2) 对象权限 GRANT 命令

GRANT {ALL[PRIVILEGES]| *permission*[,... n]}
{　[(*column*[,... n])]} ON {*object_name*}　TO *security_account*[,... n]
[WITH GRANT OPTION]　[AS{*group*| *role*}]

这里，ALL 表示具有所有的语句或对象权限。对于语句权限来说，只有 sysadmin 角色才具有所有的语句权限；对于对象权限来说，只有 sysadmin 和 db_owner 角色才具有访问某一数据库所有对象的权限。statement 表示用户具有使用该语句的权限，这些语句见表 8-7。WITH GRANT OPTION 表示该权限授予者可以向其他用户授予访问数据库对象的权限。

实例 8-3　使用 GRANT 语句为多个用户授予数据库对象权限和语句权限。

本实例首先使用 GRANT 语句给 mySales 数据库用户 UNewton 授予创建表等语句的权限，给 UDarwin 授予所有 T-SQL 语句权限，然后给 UNewton 用户授予对 Customers 表进行所有操作的对象权限。

```
/* 在 mySales 中为登录用户 Newton 创建数据库用户 UNewton。*/
USE mySales
IF EXISTS(SELECT 1 FROM master..syslogins WHERE name = 'Newton')    DROP LOGIN Newton
IF(SELECT COUNT(*)FROM sysusers WHERE name = 'UNewton') >0    DROP USER Unewton
GO
CREATE LOGIN Newton WITH PASSWORD = 'dba'
CREATE USER UNewton FOR LOGIN Newton
GO
/* 授予用户创建表等语句的权限。*/
GRANT   CREATE TABLE,CREATE FUNCTION,CREATE PROCEDURE   TO UNewton
/* 授予用户所有允许的 T-SQL 语句权限。*/
GRANT ALL TO UNewton
/* 将特定语句的权限授予 UNewton。*/
GRANT   SELECT,INSERT,UPDATE,DELETE   ON Customers TO UNewton
```

8.3.3　查看权限

在 SQL Server 中，使用系统存储过程 sp_helprotect 可以查看当前数据库中某对象的用户权限或语句权限的信息，其基本语法为：

sp_helprotect[[@name =]'object_statement']   [,[@username =]'security_account']
  [,[@grantorname =]'grantor'][,[@permissionarea =]'type']

例如，下列命令列出数据库用户 UNewton 的所有权限：

EXEC sp_helprotect NULL,'UDarwin'

下列命令列出 Customers 表中所有用户的权限：

EXEC sp_helprotect 'Customers'

下列命令列出当前数据库 mySales 中所有语句的权限：

```
USE mySales
EXEC sp_helprotect NULL,NULL,NULL,'s'
```

8.3.4　拒绝权限

DENY 语句可以阻止用户进行某些动作，即可以从用户的账户中删除某些现有的权限，或防止用户从它所在的组或角色中获取权限，该语句的语法为：

```
DENY {ALL [PRIVILEGES]
  | permission[(column[,...n])][,...n]
  [ON [class::]securable] TO principal[,...n]
  [CASCADE][AS principal]
```

DENY 语句可以阻止特定的用户、组或角色获取它们所在组或角色的成员所赋予的权限。也就是说，如果某用户属于某个组(角色)，而该用户不能使用授予该组(角色)的权限，那么这个用户将成为这个组中唯一不能使用该权限的人。同样，如果整个组都被取消了某个权限，那么该组中的所有成员都不能使用此项权限。

DENY 明确阻止用户获得目标对象上指定的访问权限。如果用户个人的权限和基于角色成员身份所获得的权限混合在一起，DENY 和 GRANT 同时存在于其中，那么 DENY 总是优先的。或者说，如果用户或用户所属的任何角色在权限问题上有 DENY 出现，则用户将不能使用在那个对象上的访问权限。

如果使用 DENY 命令拒绝某用户获得的某项权限，即使该用户后来加入了具有该项权限的某工作组或角色，该用户将依然无法使用该项权限。

8.3.5　取消权限

使用 REVOKE 语句可以取消以前授予或拒绝的权限。取消类似于拒绝，但是取消权限是删除已授予的权限，并不妨碍用户组或角色从更高级别集成已授予的权限。取消对象权限的 REVOKE 命令的基本语法为：

```
REVOKE[ GRANT OPTION FOR]  { ALL [ PRIVILEGES] | permission[ ,...n]
ON{ object_name } [ TO | FROM security_account[ ,...n]
[ CASCADE][ AS{ group | role} ]
```

实例 8-4　使用角色授予、拒绝或取消权限。

本实例首先创建一个 Leader 角色，并将 Customers 表中的一系列对象权限授予给它（或拒绝授予给它），然后将用户 UNewton 添加到角色 Leader 中去，通过多次授予、拒绝或取消权限，查看 Customers 表的对象权限和 UNewton 用户的权限情况。

```
USE mySales
IF EXISTS( SELECT 1 FROM master.. syslogins WHERE name = Newton )  DROP LOGIN Newton
IF( SELECT COUNT(*) FROM sysusers WHERE name = UNewton ) >0  DROP USER UNewton
/* 在角色中删除 UNewton 这个成员，否则无法删除角色。*/
EXEC sp_droprolemember Leader, UNewton
IF EXISTS( SELECT * FROM sysusers WHERE name = Leader )  DROP ROLE Leader
GO
CREATE LOGIN Newton WITH PASSWORD = dba
CREATE USER UNewton FOR LOGIN Newton
GO
/* 创建一个角色 Leader。*/
CREATE ROLE Leader
/* 将多条语句权限授予角色 Leader。*/
GRANT  SELECT,INSERT,UPDATE,DELETE  ON Customers  TO Leader
EXEC sp_helprotect Customers , Leader
GO
/* 在角色中添加成员 UNewtont，然后查看该用户的权限。*/
EXEC sp_addrolemember Leader, UNewton
EXEC sp_helprotect NULL, UNewton
/* 将多条语句权限授予用户 UNewton。*/
GRANT  CREATE TABLE,CREATE PROCEDURE,CREATE FUNCTION  TO UNewton
EXEC sp_helprotect NULL, UNewton
GO
DENY  CREATE FUNCTION  TO UNewton
GO
/* 拒绝角色 Leader 的 DELETE 权限，取消角色 Leader 的 UPDATE 权限。*/
DENY  DELETE ON Customers  TO Leader
REVOKE  UPDATE ON Customers  FROM Leader
EXEC sp_helprotect Customers , Leader
/* 取消用户 UNewton 的 CREATE FUNCTION 语句权限。*/
REVOKE  CREATE FUNCTION  FROM UNewton
EXEC sp_helprotect NULL, UNewton
```

实例 8-5　数据库权限管理综合应用。

本实例在 SQL Server 2008 语法体系下设置数据库权限。首先创建两个登录用户 Darwin 和 Newton，然后在每个登录用户上各创建一个数据库用户（UDarwin 和 UNewton）。用户 UNewton 被授予数据库 mySales 的 db_ddladmin 权限，它具有对该数据库几乎所有的操作权限。此外，在数据库中再创建一个角色 RDarwin，在这个角色上添加一个用户成员，然后通过不同方式给这个角色授权。

```
USE mySales
EXEC sp_droprolemember N'RDarwin',UDarwin
IF EXISTS(SELECT * FROM sysusers WHERE name ='RDarwin')   DROP ROLE RDarwin
/* 创建两个登录用户 Darwin 和 Newton,密码分别为 dba1 和 dba2。*/
IF NOT EXISTS(SELECT name FROM master. . syslogins WHERE name ='Darwin')
CREATE LOGIN Darwin WITH PASSWORD ='dba1'
IF NOT EXISTS(SELECT name FROM master. . syslogins WHERE name ='Newton')
  CREATE LOGIN Newton WITH PASSWORD ='dba2'
/* 创建两个数据库用户 UDarwin 和 UNewton。*/
IF EXISTS(SELECT name FROM sysusers WHERE name ='UDarwin')   DROP USER UDarwin
IF EXISTS(SELECT name FROM sysusers WHERE name ='UNewton')   DROP USER UNewton
CREATE USER UDarwin FOR LOGIN Darwin
CREATE USER UNewton FOR LOGIN Newton
GO
/* 授予用户 UNewton 固定数据库角色 db_ddladmin,使它几乎可以操作数据库中所有 DDL 语句。*/
EXEC sp_addrolemember 'db_ddladmin','UNewton'   /* 创建一个角色 RDarwin。*/
CREATE ROLE RDarwin AUTHORIZATION UDarwin   /* 为这个角色授权。*/
GRANT CONTROL ON dbo. Customers TO RDarwin WITH GRANT OPTION
GRANT SELECT ON dbo. Customers TO RDarwin WITH GRANT OPTION
/* 角色 RDarwin 被授予修改 Employees 表中两个列(LastName、FirstName)的权限。*/
GRANT UPDATE ON dbo. Employees(LastName,FirstName)TO RDarwin WITH GRANT OPTION
/* 拒绝授予角色 Rdarwin 对 customers 进行删除操作的权限。*/
DENY DELETE ON dbo. Customers TO RDarwin
/* 向角色 RDarwin 添加一个用户成员,使得该用户具有 RDarwin 的权限。*/
EXEC sp_addrolemember N'RDarwin',N'UDarwin'
```

8.4　事务控制与并发处理

8.4.1　事务概述

1. 事务的定义

事务（Transaction）是用户定义的一组操作序列，这些操作要么全做要么全不做，是一个不可分割的工作单位。例如，在银行的转账业务中，从账号 A 转一笔钱款（5000）到账号 B，这就是一个典型的银行数据库业务。这个业务可以分解成两个动作：①从账号 A 中减掉金额 5000；②在账号 B 中增加金额 5000。这两个动作应当构成一个不可分割的整体，不能只做动作①而忽略动作②，否则从账号 A 中减掉的金额 5000 就成了问题；同样也不能只做动作②而忽略了动作①。也就是说，这个业务必须是完整的，要么全做，要么全不做。这种不可分割的业务单位在数据库运行中就是一个典型的事务。

在关系数据库中，一个事务可以是一条 SQL 语句、一组 SQL 语句或整个程序。通常情况下，一个应用程序包括多个事务。在程序中，事务的开始和结束可以由用户显式控制。如果没有用户定义事务，则由 SQL Server 自动划分事务。SQL Server 定义事务开始和结束的语

句有下列 3 条:

BEGIN TRANSACTION
COMMIT
ROLLBACK

　　事务通常以 BEGIN TRANSACTION 开始, 以 COMMIT 或 ROLLBACK 结束。COMMIT 语句表示事务执行成功的提交, 也就是事务中的所有操作都已交付实施。ROLLBACK 语句表示事务执行不成功的结束, 也就是事务中的所有操作被撤销, 数据库回滚到事务开始时的状态。例如, 上述的转账业务可以组织成如下事务:

```
BEGIN TRANSACTION
  A-5000
  IF(A 不成功)ROLLBACK
  ELSE
  BEGIN
    B + 5000
    IF(B 不成功)ROLLBACK
  END
COMMIT
```

2. 事务的特性

　　为确保数据库管理过程的正常, 事务必须具备 4 个性质, 即原子性(Atomicity)、一致性(Consistency)、隔离性(Isolation)和持久性(Durability)。这 4 个性质简称为事务的 ACID 性质。

　　(1) 原子性

　　事务是一个不可分割的工作单位, 事务中包含的各个操作要么都做, 要么都不做。

　　(2) 一致性

　　在事务开始以前, 数据库处于一致性的状态, 事务结束后, 数据库也必须处于一致性状态。如银行转账, 一致性要求事务的执行不应改变 A、B 这两个账户的金额总和。如果没有这种一致性要求, 转账过程中就会发生钱多了 5000 或者少了 5000 的现象。事务应该把数据库从一个一致性状态转换到另外一个一致性状态。可见, 一致性与原子性密切相关。

　　(3) 隔离性

　　一个事务的执行不能被其他事务干扰, 即一个事务内部的操作及使用的数据对并发的其他事务是隔离的, 并发执行的各个事务之间不能相互干扰。例如, 对于任何一对事务 T1 和 T2, 在事务 T1 看来, T2 要么在 T1 开始之前已经结束, 要么在 T1 完成之后才开始执行。这样, 每个事务都感觉不到系统中有其他事务在并发执行。

　　(4) 持久性

　　一个事务一旦成功提交, 它对数据库的改变应该是永久性的, 接下来的其他操作或故障不应该对其有任何影响。

8.4.2　事务的并发控制

　　在多用户和网络环境下, 数据库是一个共享资源, 多个用户或应用程序同时对数据库的同一数据对象进行读写操作, 这种现象称为对数据库的并发操作。并发操作可以充分利用系统资源, 但是如果对并发操作不进行控制, 就会造成一些错误。对并发操作进行的控制称为并发控制。并发控制机制是衡量一个 DBMS 的重要性能指标。

下面以航空订票系统为例，阐述并发操作带来的数据不一致性问题。

假设在航空订票系统中，甲、乙两个售票点同时出售同一航班的机票，有这样一个活动序列：

① 甲售票点（事务 T1）读出某航班的机票余额 A，设 A = 50。

② 乙售票点（事务 T2）读出同一航班的机票余额 A，也为 50。

③ 甲售票点卖出一张机票，修改机票余额 A，这时 A = 49，把 A 写回数据库。

④ 乙售票点也卖出一张机票，修改机票余额 A，这时 A = 49，把 A 写回数据库。

这时出现了一个问题，虽然已经卖出了两张机票，但数据库中机票余额只减少了 1 张，这种情况就称为数据的不一致性，它是由甲、乙两个售票点并发操作引起的。

实际上，并发操作带来的数据不一致性包括 3 类：丢失修改（Lost Update）、不可重复读（Non-repeatable Read）和读"脏"数据（Dirty Data）。图 8-1 以航空订票系统为例，列出 3 个活动序列造成的 3 种数据不一致情况。

T1	T2	T1	T2	T1	T2
1）读 A = 50		1）读 A = 50 读 B = 100 求和为 150		1）读 C = 100 C = C×2 写回 C = 200	
2）	读 A = 50		2）读 B = 100 B = B×2 写回 B = 200	2）	读 C = 200
3）A = A-1 写回 A = 49					
4）	A = A-1 写回 A = 49 （A 少减一次）	3）读 A = 50 读 B = 200 求和为 250 （验算不对）		3）ROLLBACK C 恢复为 100	（错误的 C 值已经读出）
a）丢失数据		b）不可重复读		c）读"脏"数据	

图 8-1 事务并发产生的 3 种数据不一致的实例

（1）丢失修改

事务 T1 与事务 T2 从数据库读入同一数据并修改，事务 T2 的提交结果破坏了事务 T1 提交的结果，导致事务 T1 的修改丢失，如图 8-1a 所示。

（2）不可重复读

事务 T1 读取数据后，事务 T2 执行数据更新操作，使事务 T1 无法再现前一次读取的结果。具体来说，不可重复读包括 3 种情形：

第 1 种情形是：当事务 T1 读取某一数据后，事务 T2 对其数据做了修改，但事务 T1 再次读改数据时，得到与前一次不同的值。如图 8-1b 所示，事务 T1 读取 B = 100 进行运算，事务 T2 读取同一数据 B，对其进行修改后将 B = 200 写回数据库。事务 T1 为了校验数据重读数据 B，这时 B 已为 200，与第一次读取值不一致。

第 2 种情形是：事务 T1 按一定条件从数据库中读取某些数据记录后，事务 T2 删除了其中的一部分记录，当事务 T1 再次按相同条件读取数据时，发现一些记录已经不存在了。

第 3 种情形是：事务 T1 按一定条件从数据库中读取某些数据记录后，事务 T2 插入了一部分记录，当事务 T1 再次按相同条件读取数据时，发现多了一些记录。

（3）读"脏"数据

事务 T1 修改某一数据，并将其写回磁盘，事务 T2 读取同一数据后，事务 T1 由于某种原因被撤销，这时事务 T1 已经修改过的数据恢复原值，事务 T2 读到的数据就与数据库中的数据不一致，是不正确的数据。

当事务 T1 和事务 T2 并发执行时，在事务 T1 对数据库更新的结果没有提交之前，事务 T2 使用了事务 T1 的结果，而在事务 T2 操作之后事务 T1 又回滚，这时引起的错误是事务 T2 读取了事务 T1 的"脏数据"。如图 8-1c 所示的执行过程就产生了这种错误。

产生上述 3 类数据不一致的主要原因是并发操作并没有保证事务的隔离性。并发控制就是要用正确的方法确保事务的特性不被破坏。

并发控制的主要手段是封锁（Locking）。例如，在航空售票的例子中，事务 T1 要修改 A，如果在读出 A 前先锁住 A，其他事务就不能读取和修改 A 了，直到甲修改并写回 A 同时解除对 A 的封锁为止，这样就不会丢失甲对 A 的修改。

8.4.3　锁的概念与分类

1. 封锁及锁的类型

封锁机制是并发控制的主要手段。封锁是使事务对它要操作的数据有一定的控制能力。封锁具有 3 个环节：第 1 个环节是申请加锁，即事务在操作前要对它要使用的数据提出加锁请求；第 2 个环节是获得锁，即当条件成熟时，系统允许事务对数据加锁，从而事务获得数据的控制权；第 3 个环节是释放锁，即完成操作后事务放弃数据的控制权。为了达到封锁的目的，在使用时事务应选择合适的锁，并要遵守一定的封锁协议。

基本的封锁类型有两种：排他锁（Exclusive Locks，简称 X 锁）和共享锁（Share Locks，简称 S 锁）。

（1）排他锁

排他锁也称为独占锁或写锁。一旦事务 T 对数据对象 A 加上排他锁（X 锁），则只允许 T 读取和修改 A，其他任何事务既不能读取和修改 A，也不能再对 A 加任何类型的锁，直到 T 释放 A 上的锁为止。

（2）共享锁

共享锁又称读锁。如果事务 T 对数据对象 A 加上共享锁（S 锁），其他事务对 A 只能再加 S 锁，不能加 X 锁，直到事务 T 释放 A 上的 S 锁为止。

2. 封锁协议

简单地对数据加 X 锁和 S 锁并不能保证数据库的一致性。在对数据对象加锁时，还需要约定一些规则。例如，何时申请 X 锁或 S 锁、持锁时间、何时释放等。这些规则称为封锁协议。对封锁方式规定不同的规则，就形成了各种不同的封锁协议。封锁协议分 3 级，各级封锁协议可以在不同程度上解决并发操作带来的丢失修改、不可重复读取和读"脏"数据等不一致问题。

（1）一级封锁协议

一级封锁协议是：事务 T 在修改数据之前必须先对其加 X 锁，直到事务结束才释放。

一级封锁协议可以有效地防止丢失修改这个问题，并且能保证事务 T 的可恢复性。但是，由于一级封锁没有要求对读数据进行加锁，所以不能保证可重复读和不读"脏"数据。

例如，图 8-2a 中使用一级封锁协议解决了图 8-1a 中的丢失修改问题。在图 8-2a 中，事务 T1 在读 A 进行修改之前先对 A 加 X 锁，当事务 T2 请求对 A 加锁时被拒绝，事务 T2 只能等待事务 T1 完成修改写回数据并释放 A 上的锁时，才能获得对 A 的加锁，这时事务 T2 读到的 A 值已经是事务 T1 更新过的值 49，按这个 A 的新值进行运算，并将结果 A = 48 写回磁盘。

T1	T2	T1	T2	T1	T2
1）X 锁 A 获得		1）S 锁 A 获得 S 锁 B 获得 读 A = 50 读 B = 100 A + B = 150		1）X 锁 C 获得 读 C = 100 C = C×2 写回 C = 200	
2）读 A = 50	X 锁 A 等待	2）	X 锁 B 等待	2）	X 锁 C 等待
3）A = A-1 写回 A = 49 Commit Unlock A	等待	3）读 A = 50 读 B = 100 A + B = 150 Commit Unlock A Unlock B	等待	3）ROLLBACK C 恢复为 100 Unlock C	
4）	X 锁 A 获得 读 A = 49 A = A-1 写回 A = 48 Commit Unlock A	4）	X 锁获得 读 B = 100 B = B×2 写回 B = 200 Commit Unlock A Unlock B	4）	X 锁 C 获得 读 C = 100 Commit Unlock C

a）没有丢失数据　　　　　　　　b）可重复读　　　　　　　　c）不读"脏"数据

图 8-2　使用封锁机制解决 3 种数据不一致的实例

（2）二级封锁协议

二级封锁协议是：事务 T 对要求修改的数据必须先加 X 锁，直到事务结束才释放 X 锁；对要读取的数据必须先加 S 锁，读完后即可释放 S 锁。二级封锁协议不但能够防止出现丢失修改的问题，还可进一步防止读"脏"数据。但是由于二级封锁协议读完数据后即可释放 S 锁，所以不能避免"不可重复读"错误。

图 8-2c 中使用二级封锁协议解决了图 8-1c 中的读"脏"数据的问题。在图 8-2c 中，事务 T1 在对 C 进行修改之前，先给 C 加上 X 锁，修改其值后写回磁盘。这时事务 T2 请求在 C 上加 S 锁，由于事务 T1 已经在 C 上加了 X 锁，T2 只能等待。当事务 T1 由于某种原因撤销了修改后的 C 值，C 就恢复为原值 100。这时，事务 T1 释放 C 上的 X 锁后，事务 T2 获得 C 上的 S 锁，读 C = 100。这样就避免了事务 T2 读"脏"数据。

（3）三级封锁协议

三级封锁协议是：事务 T 在读取数据之前必须先对其加 S 锁，在修改数据之前必须先对其加 X 锁，直到事务结束后才释放所有锁。三级封锁协议除了防止出现丢失修改和读"脏"数据等问题外，还可进一步防止出现不可重复读这个问题。

图 8-2b 中使用三级封锁协议解决了图 8-1b 中的不可重复读问题。在图 8-2b 中，事务 T1 在读 A 和 B 之前，先对 A 和 B 加 S 锁，这样其他事务只能再对 A 和 B 加 S 锁，而不能加 X 锁，即其他事务只能读 A、B，而不能修改它们的值。当事务 T2 为修改 B 而申请对 B 加 X 锁时被拒绝，只能等待事务 T1 释放 B 上的锁。事务 T1 为验算再读 A、B 的值，这时读出的 B 仍然为 100，求和结果仍为 150，即可重复读。事务 T1 释放 A、B 上的 S 锁后，事务 T2 才获得对 B 加 X 锁的权力。

3. 封锁出现的问题及解决方法

事务使用封锁机制后，会产生活锁、死锁等问题，DBMS 必须妥善地解决这些问题，才能保障系统的正常运行。

（1）活锁

如果事务 T1 封锁了数据 R，事务 T2 又请求封锁 R，于是事务 T2 等待；事务 T3 也请求封锁 R，当事务 T1 释放了 R 上的封锁后，系统首先批准事务 T3 的请求，事务 T2 仍然等待；然后事务 T4 又请求封锁 R，当 T3 释放了 R 上的封锁后，系统又批准了事务 T4 的请求……如此下去，事务 T2 有可能永远等待。这种在多个事务请求对同一数据封锁时，使某一用户总是处于等待的状况称为活锁。

解决活锁问题的方法是采用先来先服务的原则，即对要求封锁数据的事务进行排队，使前面的事务先获得数据的封锁权。

（2）死锁

如果事务 T1 和 T2 都需要数据 R1 和 R2，操作时事务 T1 封锁了数据 R1，事务 T2 封锁了数据 R2，然后事务 T1 又请求封锁 R2，事务 T2 又请求封锁 R1，因事务 T2 已封锁了 R2，故事务 T1 等待事务 T2 释放 R2 上的锁。同理，因事务 T1 已封锁了 R1，故事务 T2 等待事务 T1 释放 R1 上的锁。由于事务 T1 和 T2 都没有获得全部需要的数据，所以它们不会结束，只能继续等待。这种多事务交错等待的僵持局面称为死锁。

数据库中解决死锁问题主要有两类方法：一类方法是采用一定措施来预防死锁的发生；另一类方法是允许发生死锁，然后采用一定手段定期诊断系统中有无死锁，若有则解除。

一般来讲，死锁是不可避免的。DBMS 的并发控制子系统一旦检测到系统中存在死锁，就要设法解除。通常采用的方法是选择一个处理死锁代价最小的事务，将其撤销，释放此事务持有的所有的锁，使其他事务得以继续运行下去。当然，对撤销的事务所执行的数据修改操作必须加以恢复。

4. 封锁的粒度

封锁粒度（Granularity）是指封锁对象的大小。封锁对象可以是逻辑单元，也可以是物理单元。以关系数据库为例，封锁对象可以是属性值、属性值的集合、元组、关系，甚至是整个数据库；也可以是一些物理单元，如页（数据页或索引项）、块等。封锁粒度与系统的并发度和并发控制的开销密切相关。封锁的粒度越小，并发度越高，系统开销也越大；封锁的粒度越大，并发度越低，系统开销也越小。

一个系统应同时支持多种封锁粒度供不同的事务进行选择，这种封锁方法称为多粒度封锁。选择封锁粒度时应该综合考虑封锁开销和并发度这两个因素，选择适当的封锁粒度以求得最优的效果。通常，需要处理大量元组的事务可以以关系为封锁粒度；需要处理多个关系的大量元组的事务可以以数据库为封锁粒度；而对于一个处理少量元组的用户事务，以元组为封锁粒度比较合适。

8.4.4　SQL Server 的并发控制机制

事务和锁是并发控制的两种主要机制，SQL Server 通过支持事务机制来管理多个事务，保证数据的一致性，并使用事务日志保证修改的完整性和可恢复性。SQL Server 遵守三级封锁协议，从而有效地控制并发操作可能产生的丢失修改、读"脏"数据、不可重复读等错误。SQL Server 具有多种不同粒度的锁，允许事务锁定不同的资源，并能自动使用与任务相对应的等级锁来锁定资源对象，以使锁的成本最小化。

1. SQL Server 的事务类型

SQL Server 的事务分为两种类型：系统提供的事务和用户自定义的事务。系统提供的事务是指在执行某些语句时，一条语句就是一个事务，它的数据对象可能是一个或多个表（视图），可能是表（视图）中的一行数据或多行数据；用户自定义的事务以 BEGIN TRANSAC-TION 语句开始，以 COMMIT（事务提交）或 ROLLBACK（回滚）结束。对于用户自定义的分布式事务，其操作会涉及多个服务器，只有每个服务器的操作都成功时，其事务才能被提交，否则，即使只有一个服务器的操作失败，整个事务就必须回滚结束。

2. SQL Server 锁的粒度

锁是为防止其他事务访问指定的资源，实现并发控制的主要手段。要加快事务的处理速度并缩短事务的等待时间，就要使事务锁定的资源最小。SQL Server 为使事务锁定资源最小化提供了多粒度锁。

（1）行级锁

表中的行是锁定的最小空间资源。行级锁是指在事务操作过程中锁定一行或若干行数据。

（2）页和页级锁

在 SQL Server 中，除行之外的最小数据单位是页。一个页有 8KB，所有的数据、日志和索引都放在页上。为了管理方便，表中的行不能跨页存放，一行的数据必须在同一个页上。页级锁是指在事务的操作过程中，无论事务处理多少数据，每一次都锁定一页。使用页级锁可能会出现数据的浪费现象。

（3）簇和簇级锁

页之上的空间管理单位是簇，一个簇有 8 个连续的页。

簇级锁指事务占用一个簇，这个簇不能被其他事务占用。簇级锁是一种特殊类型的锁，只用于一些特殊的情况。例如，在创建数据库和表时，系统用簇级锁分配物理空间。由于系统是按照簇分配空间的，系统分配空间时使用簇级锁，可防止其他事务同时使用一个簇。

（4）表级锁

表级锁是一种主要的锁。表级锁是指事务在操纵某一个表的数据时锁定了这些数据所在的整个表，其他事务不能访问该表中的数据。当事务处理的数量比较大时，一般使用表级锁。

（5）数据库级锁

数据库级锁是指锁定整个数据库，防止其他任何用户或者事务对锁定的数据库进行访问。这种锁的等级最高，因为它控制整个数据库的操作。数据库级锁是一种非常特殊的锁，它只用于数据库的恢复操作。如果对数据库进行恢复操作，那么就需要将数据库设置为单用户模式，以防止其他用户对该数据库进行各种操作。

3. SQL Server 锁的类型及其控制

SQL Server 的基本锁是共享锁（S 锁）和排他锁（X 锁）。除基本锁之外，还有 3 种特殊锁：意向锁、修改锁和模式锁。这几种锁由 SQL Server 系统自动控制，故不进行详细介绍。

一般情况下，SQL Server 能自动提供加锁功能，不需要用户专门设置，这些功能表现如下。

① 当用 SELECT 语句访问数据库时，系统能自动用共享锁访问数据；在使用 INSERT、UPDATE 和 DELETE 语句增加、修改和删除数据时，系统会自动为使用数据加排他锁。

② 系统使用意向锁使锁之间的冲突最小化。意向锁建立一个锁机制的分层结构，其结构按行级锁层、页级锁层和表级锁层设置。

③ 当系统修改一个页时，会自动加修改锁。修改锁与共享锁兼容，而当修改了某页后，修改锁会上升为排他锁。

④ 当操作涉及参照表或索引时，SQL Server 会自动提供模式锁和修改锁。

不同 DBMS 提供的封锁类型、封锁协议、封锁粒度和达到的系统一致性级别不尽相同，但其依据的基本原理和技术是共同的。

SQL Server 能自动使用与任务相对应的等级锁来锁定资源对象，以使锁的成本最小化。所以，用户只需要了解封锁机制的基本原理，使用中不涉及锁的操作。也可以说，SQL Server 的封锁机制对用户是透明的。

8.4.5　SQL Server 事务编程

T-SQL 使用下列 4 条语句来管理事务：BEGIN TRANSACTION，COMMIT TRANSAC-TION，ROLLBACK TRANSACTION 和 SAVE TRANSACTION。

1. 事务的开始与终止

开始一个事务过程分为隐式开始和显式开始两种。一个应用程序的第一条语句开始一个新事务，一个 COMMIT 或 ROLLBACK 语句之后的第一条语句开始一个新事务，这种事务开始方式称为隐式开始；使用 BEGIN TRANSACTION 语句开始一个新事务，称为显式开始。

实例 8-6　构造一个简单的事务，包含事务的开始和终止。

本实例定义一个事务 T1，它以 BEGIN TRANSACTION 开始，以 COMMIT TRANSACTION 结束。在该事务中，创建一张新表 myOrderItems，在新表中插入模拟数据的 1000 条记录。在这些记录中，OrderID 的值随机产生，取值范围在 10247 ~ 10347 之间；ProductID 的值从 Products 表中随机提取，UnitPrice 取值为对应产品单价的 1.25 倍。

```
USE mySales
IF( OBJECT_ID('myOrderItems') IS NOT NULL)    DROP TABLE myOrderItems
CREATE TABLE myOrderItems( id int identity, OrderID int, ProductID int, UnitPrice money, Quantity int )
GO
BEGIN TRANSACTION T1    /* 事务开始。*/
DECLARE @i int, @ProductID int, @OrderID int, @UnitPrice money
SET @i = 1
```

```
WHILE @i < = 1000
BEGIN
  SELECT @ProductID = ProductID,@UnitPrice = UnitPrice * 1.25 FROM Products ORDER BY NEWID()
  SELECT @OrderID = Rand() * 100 + 10247
  INSERT INTO myOrderItems(OrderID,ProductID,UnitPrice,Quantity)
  VALUES(@OrderID,@ProductID,@UnitPrice,Rand() * 100 + 1)
  SET @i = @i + 1
END
COMMIT TRANSACTION T1   /* 事务终止。*/
GO
SELECT * FROM myOrderItems ORDER BY OrderID,ProductID
GO
```

2. 事务的回滚

事务的回滚使用 ROLLBACK TRANSACTION 语句，它清除自事务的起点到某个保存点进行的所有数据修改。

实例 8-7　事务回滚，并在存储过程中使用事务。

本实例首先创建一张部门表（myDepartments）和一张员工表（myPersons），并在部门表中插入 3 行记录。创建一个存储过程，在这个存储过程中定义一个事务 T1，其功能是向员工表插入一行记录。由于员工表中的部门编号（DeptNo 列）是外键（参照部门表中的部门编号），如果员工表中插入记录的部门编号在部门表中是不存在的，那么系统返回错误信息@@error，同时事务 T1 将回滚员工表中的插入操作。

```
IF(OBJECT_ID('myPersons')IS NOT NULL)    DROP TABLE myPersons
IF(OBJECT_ID('myDepartments')IS NOT NULL)      DROP TABLE myDepartments
IF(OBJECT_ID('myProc1')IS NOT NULL)       DROP PROCEDURE myProc1
GO
CREATE TABLE myDepartments(DeptNo int identity primary key,DeptName varchar(40))
CREATE TABLE myPersons(EmpID int identity(101,1),EmpName char(10),DeptNo int References myDepartments
(DeptNo)   )
INSERT INTO myDepartments VALUES('Sales')
INSERT INTO myDepartments VALUES('Marketing')
INSERT INTO myDepartments VALUES('Production')
GO
CREATE PROC myproc1 @name varchar(20),@deptno int
AS
  DECLARE @errorA int
  BEGIN TRAN T1    /* 定义事务 T1 */
  INSERT INTO myPersons(EmpName,DeptNo)VALUES(@name,@deptno)
  SET @errorA = @@error
  IF @errorA = 547   /* 如果违反 CHECK 或 FOREIGN KEY 约束,则系统返回 ide 错误值为 547。*/
  BEGIN
    ROLLBACK TRANSACTION
    RETURN 0
  END
  ELSE
  BEGIN
    COMMIT TRAN T1
    RETURN 1
  END
GO
DECLARE @x int
EXEC @x = myproc1 'Mary',2
EXEC @x = myproc1 'Helen',4
EXEC @x = myproc1 'Nancy',3
```

```
SELECT * FROM myPersons
GO
```

3. 设置事务保存点

事务保存点提供了一种机制，用于回滚部分事务。在 SQL Server 中使用 SAVE TRANS-ACTION < savepoint_name > 语句创建保存点。在执行 ROLLBACK TRANSACTION < savepoint_name > 语句时可以回滚到保存点，而不是回滚到事务的起点。如果要取消整个事务，应该使用 ROLLBACK TRANSACTION 语句。

在事务中允许有重复的保存点名称，但指定保存点名称的 ROLLBACK TRANSACTION 语句只将事务回滚到使用该名称的最近的 SAVE TRANSACTION。

实例 8-8　事务保存点及其在回滚中的应用。

本实例首先在新建的部门表(myDepartments)和员工表(myPersons)) 中插入若干行记录。事务 T1 的内容是在部门表中删除 Production 这行记录。由于员工表参照了部门表中的DeptNo，因此在删除部门表中的 Production 之前必须先删除员工表中参照它的记录。在这个事务中，设置了两个保存点 pd1 和 pd2，在回滚记录时，如果从保存点 pd1 开始回滚(即ROLLBACK TRANSACTION pd1)，那么两个表中被删除的记录都被恢复；如果从保存点 pd2开始回滚(即 ROLLBACK TRANSACTION pd2)，那么只有部门表中被删除的记录才被恢复，而员工表中的两条记录已经被删除。

```
IF( OBJECT_ID('myPersons')IS NOT NULL)DROP TABLE myPersons
IF( OBJECT_ID('myDepartments')IS NOT NULL)DROP TABLE myDepartments
GO
CREATE TABLE myDepartments(DeptNo int identity primary key,DeptName varchar(40))
CREATE TABLE myPersons(EmpID int identity(101,1),EmpName char(10),
DeptNo int References myDepartments(DeptNo))
INSERT INTO myDepartments VALUES('Sales')
INSERT INTO myDepartments VALUES('Marketing')
INSERT INTO myDepartments VALUES('Production')
INSERT INTO myPersons VALUES('Mary',2)
INSERT INTO myPersons VALUES('Steven',3)
INSERT INTO myPersons VALUES('Martin',1)
INSERT INTO myPersons VALUES('Helen',1)
INSERT INTO myPersons VALUES('Peter',3)
GO
BEGIN TRANSACTION t1
SAVE TRAN pd1
DELETE myPersons Where DeptNo IN
( SELECT DeptNo From myDepartments Where DeptName ='production')
SAVE TRAN pd2
DELETE myDepartments Where DeptName ='production'
IF @@trancount >0
  ROLLBACK TRANSACTION pd1      - -ROLLBACK TRANSACTION pd2
GO
SELECT * FROM myDepartments
SELECT * FROM myPersons
```

习题

1. 在 SQL Server 中创建一个数据库 Test，增加一个登录用户 user1，对该用户授权，此用户可以对 Test 数据库进行任何操作，但没有访问其他数据库的权限。

2. 在数据库 mySales 中添加一个用户 Robert，只授予此用户对 Employees 表的所有操作权限。

3. 使用 sp_helprotect 查看数据库对象及用户的权限。先创建两个登录用户 Newton 和 Edison，同时建立相应的数据库用户 UNewton 和 UEdison 并授予一系列权限，然后使用 sp_helprotect 分别从用户（UNewton 和 UEdison）、数据库对象（Customers 表）和当前数据库（mySales）这 3 个方面显示相应的权限设置情况。

4. 在数据库 mySales 中，构造一个事务，在 Customers 表中删除一个客户时，在事务中同时删除与该客户相关的所有业务数据（包括 Orders、OrderItems、Ordercollections、CustomeEmployees 等表中的相关记录）。

第9章 SQL Server 高级技术及查询优化

前面介绍了 SQL Server 数据库的基础和相关技术。在实际应用开发过程中，还会涉及一些比较复杂的事务处理过程，需要综合应用各种数据库技术，并对数据处理的性能和效率进行优化。本节介绍一些在数据库应用开发过程中常用的 T-SQL 高级程序设计技术，包括数据导入和导出技术、利用系统表编程技术、数组模拟技术及树状结构实现技术等。

9.1 数据的导入与导出

数据的导入与导出是 SQL Server 中一个不容忽略的实用程序。在数据库应用中，经常需要将数据库中的数据导出或转换成其他格式的数据文件，同样，也需要将其他格式文件中的数据导入到数据库中。数据导入/导出也经常被用来在异构的数据库之间进行数据转换。虽然许多软件开发工具也可以通过编程实现数据的导入与导出功能，但数据处理效率远远低于数据库系统本身提供的实用工具。

9.1.1 SQL Server 数据的导出

bcp 是 SQL Server 中导入/导出数据的一个命令行工具，它能以并行方式高效地导入/导出大容量数据。bcp 不仅可以将数据库的表、视图或 SELECT 查询语句结果进行过滤后导出，也可以使用默认值或一个格式文件将文件中的数据导入到数据库中。

这里主要介绍如何利用 bcp 中的 QUERYOUT 子句将一个 SELECT 语句的查询结果导出到文本文件、Office 文档或 XML 文件中。在导出数据时，指定文件的扩展名很重要，有时它确定了导出文件的类型。

实例 9-1 利用 bcp 和 QUERYOUT 从 SQL Server 导出数据到文本文件和 Office 文档中。

本实例中的示例 1 将数据库 mySales 中订单表（Orders）中的 2008 年度的订单数据导出到 Orders2008. txt 中。示例 2 导出同样的数据到 Orders2008. xls。示例 3 将会计科目表中的数据经过函数运算后按一定格式导出到 AccountTree. txt 中，该文本文件可以被 Delphi 的 TreeView 控件识别。

在使用 bcp 中的 QUERYOUT 时，需要指定数据库服务器、用户名和登录密码，本实例中分别为（local）\SQLEXPRESS、sa 和 sql2008。

```
/* 在 SQL Server 2008 中需要设置启用 xp_cmdshell 选项，而在 SQL Server 2000 中没有这个选项。*/
EXEC sp_configure 'show advanced options',1
RECONFIGURE
EXEC sp_configure 'xp_cmdshell',1
RECONFIGURE
/* 示例 1：将 Orders 表中的部分数据导出到文本文件。表之前需要加上数据库的名称。*/
EXEC master.. xp_cmdshell ' bcp " SELECT * FROM mySales. dbo. Orders WHERE YEAR ( OrderDate ) = 2008 "
```

QUERYOUT c：\orders2008. txt-c-S "（local）SQLEXPRESS "-U " sa "-P " sql2008 "
/* 示例 2：将 Orders 表中的数据导出到 Excel 文件。*/
EXEC master.. xp_cmdshell ' bcp " SELECT * FROM mySales. dbo. Orders WHERE YEAR（OrderDate） = 2008 "
QUERYOUT c：\orders2008. xls-c-S "（local）\SQLEXPRESS "-U " sa "-P " sql2008 "
/* 示例 3：将会计科目（Accounts）表导出到一个格式化文本文件（AccountTree. txt）中，生成的文件中每个会计科目编码之前添加若干个（Tab）键，以显示科目树中的各级层次。*/
EXEC master.. xp_cmdshell ' bcp " SELECT REPLICATE（CHAR（9），Level – 1）+ RTRIM（AccountID）+ SPACE（1）
+ RTRIM（AccountName）FROM mySales. dbo. Accounts "QUERYOUT c：\AccountTree. txt-c-S "（local）\SQLEXPRESS
"-U " sa "-P " sql2008 "

实例 9-2　利用 bcp 和 sp_makewebtask 从 SQL Server 2000 中导出数据到 XML 文件。

在 SQL Server 2000 中，系统存储过程 sp_makewebtask 主要用来创建 HTML 文档，但也可以配合格式文件对导入/导出数据进行限制。本实例中的示例 1 利用 sp_makewebtask 将 Orders 表中的数据导出到一个格式化的 XML 文件（C：\Demo. xml）中。在导出到 XML 文件之前，先需要在 C 盘上创建一个 XML 模板文件 sample. tpl（内容如下所示）。可以在本书配套资料中找到该文件。

由于 SQL Server 2008 不再提供 sp_makewebtask 这个系统存储过程，所以在示例 2 中利用 bcp 和 SELECT...FOR XML 命令导出数据到一个 XML 文件。

/* 示例 1：利用 sp_makewebtask 将数据导出到 XML 文件中。模板文件 sample. tpl，内容如下所示。
< ? xml version = " 1. 0 " encoding = " UTF-8 "? >
< Table >
< % begindetail% >
< % insert_data_here% >
< % enddetail% >
< /Table >
*/
/* 在 SQL Server 2000 中，导出数据到 XML 文件（C：\Demo. xml）*/
EXEC sp_makewebtask　　@outputfile = ' C：\Demo. xml ',
@query = ' SELECT * FROM Orders for XML AUTO，ELEMENTS ',@templatefile = ' C：\sample. tpl '
/* 示例 2：使用 bcp 将 Orders 表中数据导出到 XML 文件。*/
EXEC master.. xp_cmdshell ' bcp " SELECT * FROM mySales. dbo. Orders WHERE YEAR（OrderDate） = 2008
FOR XML RAW " QUERYOUT c：\orders2008. xml-c-S "（local）\SQLEXPRESS"-U " sa "-P " sql2008 "

需要指出的是，无论采用 sp_makewebtask 还是 bcp，当查询结果的行数很多或输出的 XML 文件很大时，XML 文件会出现断裂或被中间截断，使得它无法被解析。到目前为止，即使在 SQL Server 2008 中，这个问题还依然没有得到很好的解决。建议应用开发人员在软件开发工具（如 Delphi、C#等）中实现从数据库到 XML 文件的导出。

9.1.2　SQL Server 数据的导入

在 SQL Server 中，通常使用 SELECT INTO...FROM 和 INSERT INTO 语句从外部导入数据，这类似于在 SQL Server 表间复制数据。

通常从异构的数据库中导入数据时，情况会变得复杂。首先要解决的是如何打开异构数据库的问题。为此，SQL Server 提供了 OPENDATASOURCE 函数和 OPENROWSET 函数。这两个函数可以根据各种类型数据库的 OLE DB Provider 打开并操作这些数据库。

比较而言，OPENROWSET 比 OPENDATASOURCE 更加灵活。OPENDATASOURCE 只能打开相应数据库中的表或视图，如果需要过滤的话，只能在 SQL Server 中进行处理；而 OPENROWSET 可以在打开数据库的同时对其进行过滤。

实例 9-3　利用 bcp 从文本文件导入数据到 SQL Server 数据库。

本实例利用 bcp 的 IN 命令将一个文本文件(account. txt)中的数据导入到已经存在的数据表 myAccounts 中。如果 myAccounts 表不存在,则必须先创建一个空表。在定义表结构时,表中的列必须与文本文件一致。本实例中使用的 account. txt 文件可以在本书配套资料中找到。

```
IF( OBJECT_ID('myAccounts') IS NOT NULL) DROP TABLE myAccounts
GO
CREATE TABLE myAccounts(AccountID varchar(14),AccountName varchar(30),
    Debit money,Credit money,ParentNode varchar(14),ParentFlag tinyint,Level tinyint)
GO
/* 从 account. txt 中导入数据到当前数据表。*/
EXEC master.. xp_cmdshell 'bcp mySales. dbo. myAccounts IN c:\account. txt-c-T-S "( local)\SQLEXPRESS "-U " sa
"-P " sql2008 "'
SELECT * FROM myAccounts
```

bcp 命令不需要启动任何图形管理工具就能以高效的方式导入/导出数据,它也可以通过 xp_cmdshell 在 SQL 语句中执行,通过这种方式可以将其应用到客户端程序中(如 Delphi、C#等)运行,这也是客户端程序实现数据导入/导出功能的方法之一。

实例 9-4　利用 OPENROWSET 从 Excel 文件中导入数据到 SQL Server 数据库。

本实例中的示例 1 将 Excel 文件(account. xls)中全部列数据导入到已存在的 myAccounts 表中。示例 2 使用 INSERT INTO 将 Excel 文件中 3 个列的数据导入到 myAccounts 表中。示例 3 使用 SELECT... INTO 将 Excel 文件中 3 个列的数据导入到一个原来不存在的新数据表中。本实例使用的 account. xls 文件可以在本书配套的资料中找到,该文件共有 7 列(列名分别为 F1 ~ F7)。

需要注意的是,不管以哪种方式导入数据,这时的 Excel 文件都不能处于打开状态,而且文件的第一行必须是列名。如果 Excel 文件第一行是数据行,那么必须插入一个列名行。

```
IF( OBJECT_ID('myAccounts')IS NOT NULL) DROP TABLE myAccounts
GO
/* 先定义 myAccounts 表结构。*/
CREATE TABLE myAccounts(AccountID varchar(14),AccountName varchar(30),
    Debit money,Credit money,ParentNode varchar(14),ParentFlag tinyint,Level tinyint)
GO
/* 在 SQL Server 2008 中需要开启 Ad Hoc Distributed Queries 选项,但在 SQL Server 2000 中没有该选项。*/
EXEC sp_configure 'show advanced options',1
Reconfigure
EXEC sp_configure 'Ad Hoc Distributed Queries',1
Reconfigure
GO
/* 示例 1:从 Excel 文件中导入全部列数据到数据库表。*/
INSERT INTO myAccounts SELECT * FROM OPENROWSET('MICROSOFT. JET. OLEDB. 4. 0','Excel5. 0;HDR = YES;
DATABASE = c:\account. xls',sheet1 $ )
SELECT * FROM myAccounts
/* 示例 2:从 Excel 文件中导入 3 个列数据到 Accounts 表。*/
TRUNCATE TABLE myAccounts
INSERT INTO myAccounts(AccountID,AccountName,ParentNode) SELECT F1,F2,F3 FROM
OPENROWSET('MICROSOFT. JET. OLEDB. 4. 0','Excel 5. 0;HDR = YES;DATABASE = c:\account. xls',sheet1 $ )
SELECT * FROM myAccounts
/* 示例 3:从 Excel 文件中导入 3 个列数据到一个新表(原来不存在的表)。这里需要使用衍生表 a。*/
DROP TABLE myAccounts
SELECTa. F1,a. F2,a. F7 INTO myAccounts FROM OPENROWSET('MICROSOFT. JET. OLEDB. 4. 0','
Excel5. 0;HDR = YES;DATABASE = c:\account. xls',sheet1 $ ) AS a
SELECT * FROM myAccounts
```

9.2 SQL Server 系统表与系统函数的应用

系统表一般被用于记录和追踪表、视图、索引、存储过程等这些在数据库中定义的对象。SQL Server 数据库的一切信息都保存在它的系统表中。许多高级程序设计经常需要使用这些系统表处理和了解用户数据库的信息，例如在 SQL Server 中用户创建了哪些数据库，每个数据库中有哪些表，每个表中又有哪些列等。

9.2.1 系统表的应用

在 SQL Server 中，一些系统表是 master 数据库独有的，例如，sysdatabases 系统表用来存放数据库的信息，每个数据库信息在表中占一行；另外一些系统表是每个数据库中都有的，例如，sysobjects 表用来保存配置数据库中创建的对象信息，syscolumns 表用来保存数据库中每个表或视图中的每列的信息。

在 SQL Server 2000 中，系统表往往以 sys 作为前缀，而在 SQL Server 2005 及以上版本中，还可以利用一些以 sys. 作为前缀的系统表，内容更加丰富。SQL Server 2008 中常用的系统表及其应用示例见表 9-1。

表 9-1 常用的系统表及其应用示例

选　项	含　义	示　例
sysdatabases	存放 SQL Server 中所有数据库的信息	Select * From master.. sysdatabases Where dbid > 4
syslogins	存放登录用户的信息	Select * From master.. sysdatabases Where sid IN (Select sid From master.. syslogins Where Name = 'sa')
sysfiles	存放数据库数据文件和日志文件的路径等信息	Select * From sysfiles Where name = 'mySales_dat'
sysusers	存放数据库系统用户	Select * From sysusers Where issqluser = 1
sysmembers	存放数据库角色成员	Select * From sysmembers
sysobjects	存放一个数据库的所有对象，或一个表中的触发器和约束条件等对象	Select * From sysobjects WHERE xtype = 'P' Select * From sysobjects Where parent_obj = OBJECT_ID('Orders')
syscolumns	存放某个表的所有列的信息	Select name, xtype, xusertype, length, xprec, xscale, iscomputed, isnullable From syscolumns Where Id = Object_Id('Orders')
syscomments	存放与某个表相关的视图、存储过程、函数、触发器等对象的内容	Select a. * From sysobjects a, syscomments b Where a. Id = b. Id And b. Text Like '% Orders%'
systypes	存放一个数据库的所有数据类型	Select * From systypes
sysindexes	存放一个数据库的所有索引名	Select * From sysindexes
sysconstrains、sys. check_constraints	存放一个数据库中所有 CHECK 约束的定义信息	Select name, definition From sys. check_constraints Where parent_object_id = object_id('orderitems')
sys. default_constraints	存放一个数据库中所有 DEFAULT 约束的定义信息	Select name, definition From sys. default_constraints Where parent_object_id = object_id('orderitems')
sysforeignkeys、sys. foreign_key_columns	存放一个数据库中所有外键列的信息	Select * From sys. foreign_key_columns
sys. computed_columns	存放一个数据库中所有计算列的定义信息	Select object_id, name, definition From sys. computed_columns
sys. identity_columns	存放一个数据库中所有 IDENTITY 列的信息	Select Object_id, name, increment_value, seed_value From sys. identity_columns

实例 9-5　创建一个存储过程,输入一个对象的名称,判断该对象在数据库 **mySales** 是否存在。如果存在,则将其删除。

本实例首先利用系统表判断数据库中某个对象是否存在。对于表、存储过程、用户函数、触发器等直接使用 DROP 语句删除;对于约束条件(如 Primary Key、Foreign Key、Default、Check 等)则使用 ALTER TABLE 和 DROP CONSTRAINT 语句删除,而且还必须找到约束所对应的表对象。在系统表 sysobjects 中, xtype 列指明对象的类型, parent_obj 列指明约束条件所依附的父对象(即表)。

```
IF( OBJECT_ID('mydropobject')IS NOT NULL) DROP PROCEDURE myDropObject
GO
CREATE PROCEDURE myDropObject(@Object Varchar(100))
AS
  DECLARE@xtype varchar(20),@pobj varchar(100),@Pid bigint,@Sql varchar(500)
  /*从 sysobjects 表中提取某个对象所对应的父对象(即表)的 ID 值。*/
  SELECT @xtype = Xtype,@pid = Parent_Obj From Sysobjects Where Name = @Object
  /*根据表的 ID 值从 sysobjects 表中提取表的名称。*/
  SELECT @Pobj = Name From Sysobjects Where Id = @pid
  /*判断待删除对象的类型。*/
  IF @xtype ='U' Set @Sql ='Drop Table'+@object
  ELSE IF @xtype ='V'　SET @Sql ='DROP　View'+@object
  ELSE IF @xtype ='P'　SET @Sql ='DROP　Procedure'+@object
  ELSE IF @xtype ='FN'　SET @Sql ='DROP　Function'+@object
  ELSE IF @xtype ='TR'　SET @Sql ='DROP　Trigger'+@object
  ELSE IF @xtype IN('PK','UQ','D','F','C')
  SET @Sql ='ALTER TABLE'+@pobj +'DROP　CONSTRAINT'+@object
  ELSE　SET @Sql ='
  /*因为对象名称事先不能确定,因此只能使用动态 SQL 语句。*/
  IF @Sql < >'
  BEGIN
    EXECUTE(@Sql)
    PRINT 'Object'+@Object +'Is Deleted!'
  END
  ELSE PRINT 'Object'+@Object +'Is Not Found!'
GO
/*在 mySales 数据库中判断 myEmployees 这个表对象是否存在,如果存在将其删除。*/
EXEC myDropObject 'myEmployees'
GO
```

利用 SQL Server 2008 的系统函数, 还可以提取各种约束条件的名称及其定义(即表达式)。例如, 利用 sys. check_constraints 和 sys. columns 的连接, 可以得到某个表(如 OrderItems)的所有 CHECK 约束的具体定义。

```
SELECT a. name as 'ChecktName',b. name as 'ColumnName',a. Definition From sys. check_constraints a
JOIN sys. columns b ON a. parent_column_id = b. column_id and a. parent object_id = b. object_id
Where parent_object_id = object_id('orderitems')
```

同样, 利用 sys. default_constraints 和 sys. columns 的连接, 可以得到某个表(如 OrderItems)的所有 DEFAULT 约束的具体定义。

```
SELECT a. name as 'DefaultName',Definition,b. name as 'ColumnName' From sys. default_constraints a
JOIN sys. columns b ON a. parent_column_id = b. column_id and a. parent object_id = b. object_id
WHERE parent_object_id = OBJECT_ID('OrderItems')
```

实例 9-6　创建一个存储过程, 输出某个数据表的全部索引及其定义。

本实例在 SQL Server 2008 中创建一个存储过程, 输入一个表名, 利用系统表 sys. indexes、sys. columns 和 sys. index_columns,返回该表的所有索引及其定义(包括索引的关键字、排序方向、是否为主键索引等）。

这里首先定义一个游标，通过 3 表连接，将游标指向一个数据表的所有索引定义，然后提取一个索引的全部关键字（一个索引可能有多个关键字），逐行输出创建每个索引的 T-SQL 脚本语句。在数据库应用开发中，可以利用这个存储过程重建一个表的所有索引。

```
IF(OBJECT_ID('showindexes') IS NOT NULL)   DROP PROCEDURE showindexes
GO
CREATE PROCEDURE showindexes @tablename varchar(250)
AS
  DECLARE @indexname varchar(250),@type varchar(250),@colname varchar(250)
  DECLARE @isunique int,@isprimary int,@isdesc int
  DECLARE @sql nvarchar(4000),@indexname1 varchar(250),@indexkey varchar(250)
  /* 获取一个表中所有索引的名称、类型、关键字及其他属性。*/
  DECLARE c1 CURSOR FOR SELECT c.name as Indexname,c.type_desc,b.name as ColName,c.is_unique,
  c.is_primary_key,a.is_descending_key From sys.index_columns a
  JOIN sys.columns b ON a.column_id = b.column_id and b.object_id = a.object_id
  JOIN sys.indexes c ON a.object_id = c.object_id and c.index_id = a.index_id
  WHERE a.object_id = object_id(@tablename)
  OPEN c1
  FETCH next From c1 into @indexname,@type,@colname,@isunique,@isprimary,@isdesc
  /* 利用游标逐个处理索引。*/
  WHILE @@FETCH_STATUS = 0
  BEGIN
    IF @isprimary = 1/* 主键索引通过 ALTER TABLE 语句定义。*/
    BEGIN
      SET @sql = 'ALTER TABLE' + @tablename +'ADD Constraint PK_' + @tablename
      SET @sql = @sql +'PRIMARY KEY' + @type +'ON' + @tablename
    END
    ELSE
    BEGIN
      SET @sql = 'CREATE'/* 其他索引通过 CREATE INDEX 命令创建。*/
      IF @isunique = 1 SET @sql = @sql +'UNIQUE'
      SET @sql = @sql + @type +'INDEX' + @indexname +'ON' + @tablename
    END
    SET @indexkey = ''
    SET @indexname1 = @indexname
    /* 利用循环提取同一个索引中的所有关键字（列）及其排序方向。*/
    WHILE @@FETCH_STATUS = 0 and @indexname1 = @indexname
    BEGIN
      IF @indexkey < >'' SET @indexkey = @indexkey +', '
      SET @indexkey = @indexkey + @colname
      IF @isdesc = 1 set @indexkey = @indexkey +'DESC'
      FETCH NEXT From c1 into @indexname,@type,@colname,@isunique,@isprimary,@isdesc
    END
    SET @indexname1 = @indexname
    SET @sql = @sql +'(' + @indexkey +')'
    PRINT @sql         --EXECUTE(@sql)
  END
  DEALLOCATE c1
GO
EXECUTE showindexes 'products'   --执行存储过程，输出 products 表的所有索引定义语句。
```

9.2.2 ColumnProperty 函数及其应用

ColumnProperty（列属性）函数返回有关列或过程函数的信息，其基本语法为：

ColumnProperty(id,column,property)

这里，id 包含表或过程的标识符，column 包含列或参数的名称，property 包含为 id 返回的信息。列属性函数的主要参数见表 9-2。

表9-2　列属性函数表

值	说　　明
AllowsNull	是否允许空值
ColumnId	对应于 sys. columns. column_id 的列 ID 值
IsComputed	是否为计算列
IsDeterministic	是否为确定性列，此属性只适用于计算列和视图列
IsIdentity	是否为 IDENTITY 列
IsIndexable	是否可以对列进行索引
IsPrecise	是否为精确列。此属性只适用于确定性列
IsRowGuidCol	列是否具有 uniqueidentifier 数据类型，并且定义了 ROWGUIDCOL 属性
Precision	列或参数的数据类型的长度
Scale	列或参数的数据类型的小数位数

例如，判断 OrderItems 表中的 Amount 列是否为一个计算列，可以使用下列命令：

SELECT ColumnProperty(OBJECT_ID('OrderItems') ,'Amount','iscomputed')

如果是计算列，返回 1，否则返回 0。如果这个列不存在或表不存在，则返回 NULL 值。

同样，如果要提取 Orders 表中 OrderID 这一 Identity 列的基数、增量值和当前的最大值，可以分别使用 IDENT_SEED、IDENT_INCR 和 IDENT_CURRENT 函数。

IF(SELECT ColumnProperty(OBJECT_ID('Orders') ,'OrderID','isidentity')) = 1
　SELECT IDENT_INCR('Orders') as 'Increment',IDENT_SEED('Orders') AS 'Seed',
　IDENT_CURRENT('Orders') AS 'MaxIdentity'

实例 9-7　使用系统表获取数据库中创建某个表的 T-SQL 脚本语句（不包括约束的定义）。

本实例创建一个存储过程，输入一个表名，输出创建该表的 T-SQL 脚本语句，即输出该表所有列的定义（不包括约束条件的定义）。由于本实例使用了系统表 sys. computed_columns，因此需要在 SQL Server 2008 上运行。

这里，从系统表中提取列的名称、类型、长度、小数位数、是否为计算列、计算列的定义公式、是否为 Identity 列、是否允许为空等属性的值。

IF(OBJECT_ID('myTableScript') IS NOT NULL)　DROP PROCEDURE myTableScript
GO
CREATE PROCEDURE myTableScript @Tablename varchar(250) ,@sqlscript nvarchar(4000) Output
AS
　DECLARE @fname varchar(100) ,@ftype varchar(100) ,@fid bigint ,@flen smallint ,@fdec smallint
　DECLARE @iscomputed tinyint ,@ispersisted tinyint ,@isidentity tinyint ,@isnullable tinyint
　DECLARE @increment int ,@seed int ,@definition varchar(1000)
　SET @sqlscript ="
　/* 提取系统表中某个表的各列及其属性。*/
　DECLARE c1 CURSOR FOR
　SELECT a. id ,a. name ,b. name as 'xtype' ,a. prec ,a. scale ,a. iscomputed,
　ColumnProperty(OBJECT_ID(@tablename) ,a. name ,'isidentity') as 'Isidentity' ,isnullable FROM syscolumns a
　JOIN systypes b ON a. xusertype = b. xusertype WHERE a. id = OBJECT_ID(@tablename)
　OPEN c1
　FETCH NEXT From c1 INTO @fid ,@fname ,@ftype ,@flen ,@fdec ,@iscomputed ,@isidentity ,@isnullable

```
WHILE @@FETCH_STATUS = 0
BEGIN
  IF @sqlscript < >" SET @sqlscript = @sqlscript +','+ CHAR(13) + CHAR(9)
  /* 从 sys. computed_columns 中提取计算列的定义公式。*/
  IF @iscomputed = 1
  BEGIN
    SELECT @definition = definition,@ispersisted = is_persisted From sys. computed_columns
    Where object_id = @fid
    SET @sqlscript = @sqlscript + @fname +' AS '+ @definition
    IF @ispersisted = 1 SET @sqlscript = @sqlscript +' Persisted '
  END
  ELSE
  BEGIN
    SET @sqlscript = @sqlscript + @fname +" + @ftype
    IF @ftype IN('char','nchar','varchar','nvarchar')
      SET @sqlscript = @sqlscript +'(' + CAST(@flen as varchar) +')'
    ELSE IF @ftype in('float','numberic','decimal')
      SET @sqlscript = @sqlscript +'(' + CAST(@flen as varchar) +','+ CAST(@fdec as varchar) +')'
    /* 利用系统函数,提取 identity 的技术与增长量。*/
    IF @isidentity = 1
    BEGIN
      SELECT @Increment = IDENT_INCR(@tablename),@seed = IDENT_SEED(@tablename)
      SET @sqlscript = @sqlscript +' Identity(' + cast(@Increment as varchar) +','+ CAST(@seed as varchar) +
      ')'
    END
    IF @isnullable = 0 SET @sqlscript = @sqlscript +' NOT NULL '
  END
  FETCH Next From c1 INTO @fid,@fname,@ftype,@flen,@fdec,@iscomputed,@isidentity,@isnullable
END
DEALLOCATE c1
/* 在每列的定义脚本中增加建表语句 CREATE TABLE。*/
SET @sqlscript =' CREATE TABLE '+ @tablename +'(' + CHAR(13) + CHAR(9) + @sqlscript + CHAR(13) +')'
GO
DECLARE @sqlscript nvarchar(4000)
EXECUTE myTableScript' orderitems ',@sqlscript output
PRINT @sqlscript
```

9.2.3 BINARY_CHECKSUM 和 CHECKSUM_AGG 函数的应用

BINARY_CHECKSUM 返回按照表的某一行或表达式列表计算得到的二进制校验值。如果任意两个表达式列表的对应元素具有相同的类型和字节表示法,则在这两个列表上应用的 BINARY_CHECKSUM 将返回相同的值,否则返回不同的值。因此,BINARY_CHECKSUM 可用于检测表中行的更改状态。

CHECKSUM_AGG 返回组中值的校验值。CHECKSUM_AGG 可用于检测表中的更改。表中行的顺序不影响 CHECKSUM_AGG 的结果。此外,CHECKSUM_AGG 函数还可与 DISTINCT 关键字和 GROUP BY 子句一起使用。如果表达式列表中的某个值发生更改,则列表的校验和通常也会更改。

实例 9-8 使用 BINARY_CHECKSUM 的 CHECKSUM_AGG 函数,检测表中数据更改的状态。

在实际的应用开发过程中,判断表中的数据是否被修改过通常是很重要的。本实例使用带有 BINARY_CHECKSUM 函数的 CHECKSUM_AGG,检测 myOrderItems 表中的更改情况。当表结构或表中数据发生更改时,CHECKSUM_AGG 检测到的值也将发生变化。

```
IF (OBJECT_ID('myOrderItems')IS NOT NULL) DROP TABLE myOrderItems
SELECT * INTO myOrderItems From OrderItems
/* 由于 myOrderItems 是从 OrderItems 赋值而来,因此这两个函数返回相同的值。*/
DECLARE @oldvalue bigint,@newvalue bigint
SELECT @oldvalue = CHECKSUM_AGG(BINARY_CHECKSUM( * ))FROM OrderItems
SELECT @newvalue = CHECKSUM_AGG(BINARY_CHECKSUM( * ))FROM myOrderItems
SELECT @newvalue,@oldvalue
/* myOrderItems 表的结构发生变化后,这时 CHECKSUM_AGG 返回一个新值。*/
ALTER TABLE myOrderItems ADD f1 int;
SELECT @newvalue = CHECKSUM_AGG(BINARY_CHECKSUM( * ))FROM myOrderItems
SELECT @newvalue,@oldvalue
GO
/* 在 myOrderItems 使用 UPDATE 语句后,CHECKSUM_AGG 值又发生改变。*/
DECLARE @oldvalue bigint,@newvalue bigint
SELECT @oldvalue = CHECKSUM_AGG(BINARY_CHECKSUM( * ))FROM myOrderItems
UPDATE myOrderItems SET UnitPrice = UnitPrice * 1.05 Where OrderID IN
(SELECT OrderID From Orders Where OrderDate Between '2009-01-01' And '2009-01-31')
SELECT @Newvalue = CHECKSUM_AGG(BINARY_CHECKSUM( * ))FROM Myorderitems
SELECT @newvalue,@oldvalue
```

9.3　SQL Server 数组模拟

　　SQL Server 没有提供数组变量，ANSI SQL-92 标准中并没有任何有关数组方面的定义，这给程序设计增添了许多麻烦，但是可以通过一些特殊的处理方法(其中包括字符串、临时表、XML 等)在 SQL Server 中实现其他高级语言中的数组功能。这里介绍两种方法，即分别利用字符串变量和临时表来模拟实现数组功能。

1. 利用字符串变量模拟数组

　　假设一个数组由 30 个元素组成，每个元素占用的最大长度为 20 字符，那么可以定义一个长度为 600 的(定长)字符串变量来模拟数组。规定变量中第 1～20 个字符对应数组的第一个元素，第 21～40 个字符对应数组的第二个元素，依次类推。

　　如果对数组@array 中第 i 个元素赋值 x，则使用字符串处理函数 STUFF，将数组变量中以第 $20 \times (i-1)+1$ 开始的后 20 个字符替换成新值 x，即 STUFF(@array,20 * (@i-1)+1,20，@x)。如果从数组中提取第 i 个元素，则使用字符串处理函数 SUBSTRING，从数组变量中提取以第 $20 \times (i-1)+1$ 开始的后 20 个字符，即 SUBSTR(@array,20 * (@i-1)+1，20)。

　　下面这段程序模拟一个数组，输入 30 个随机整数，将它们赋值到一个模拟数组@array 中，然后再从该数组中随机提取一个值。

```
DECLARE @array char(600),@i int,@x int
SET @array = SPACE(600)
SET @i = 1
WHILE @i < = 30
BEGIN
  SET @x = RAND( ) * 100 + 1
  SET @array = STUFF(@array,20 * (@i-1)+1,20,STR(@x,20))
  SET @i = @i + 1
END
/* 随机产生一个数组下标,从模拟数组中提取该下标对应的值。*/
SET @i = RAND( ) * 29 + 1
SET @x = CAST(SUBSTRING(@array,20 * (@i-1)+1,20) as int)
PRINT @x
```

实例 9-9 构造用户定义函数，模拟基于字符串的数组变量，通过用户定义函数给数组赋值或从数组中取值。

本实例创建两个用户定义函数，利用字符串模拟数组。第一个函数 sys_pushSarray 给定一个数组变量名、数组元素值及其下标，向数组赋值；第二个函数 sys_popSarray 给定一个数组变量名及其下标，从该数组中提取对应的元素值。

通过调用这两个函数，先将 9 个数字（1～9）对应的（大写）汉字赋值到一个模拟数组@s 中，然后随机产生一个 1～9 之间的数字，输出该数字对应的（大写）汉字。

```
/* 创建第一个用户定义函数,将某个下标的值存储到模拟数组中。*/
IF（OBJECT_ID（'sys_pushSarray'）IS NOT NULL）DROP FUNCTION sys_pushSarray
IF（OBJECT_ID（'sys_popSarray'）IS NOT NULL）DROP function sys_popSarray
GO
CREATE FUNCTION sys_pushSarray（@s nchar（4000），@i int，@k nvarchar（20））
RETURNS nchar（4000）
AS
BEGIN
  SELECT @s = STUFF（@s，20 *（@i - 1）+1，20，CAST（@k as char（20）））
    RETURN @s
END
GO
/* 创建第二个用户定义函数,从数组中提取某个下标对应的值。*/
CREATE FUNCTION sys_popSarray（@s nchar（4000），@i int）
RETURNS nvarchar（20）
AS
BEGIN
  RETURN（SUBSTRING（@s，20 *（@i - 1），20））
END
GO
DECLARE @s nchar（4000），@x int
SET @s = SPACE（4000）
SELECT @s = dbo. sys_pushSarray（@s,1,'壹'），@s = dbo. sys_pushSarray（@s,2,'贰'），@s = dbo. sys_pushSarray
（@s,3,'叁'），@s = dbo. sys_pushSarray（@s,4,'肆'），@s = dbo. sys_pushSarray（@s,5,'伍'），@s = dbo. sys_
pushSarray（@s,6,'陆'），@s = dbo. sys_pushSarray（@s,7,'柒'），@s = dbo. sys_pushSarray（@s,8,'捌'），@s =
dbo. sys_pushSarray（@s,9,'玖'）
Set @x = RAND（）* 8 +1
SELECT @x,dbo. sys_popSarray（@s,@x）
```

2. 利用临时表模拟数组

当数组中元素较多时，一个字符串变量无法存储数组中的所有元素，这时可以使用临时表或表变量来模拟数组。临时表一般应该包含两个列：数组的下标及其对应的值。例如，临时表#array 可以存储最大长度为 20 的字符串类型的数组元素，而数组中元素的个数没有限制。

```
CREATE TABLE array(
  id int PRIMARY KEY,
  K nvarchar(20))
```

由于在用户定义函数内不能使用 INSERT 或 UPDATE 语句向外表插入行或修改行，因此这里使用存储过程给出模拟数组的实现方法。

实例 9-10 利用临时表模拟数组变量。

本实例创建一个存放数值型数据的临时表和两个存储过程，分别模拟给数组赋值和从数组中取值。先调用第一个存储过程输入 10 个随机整数，将它们赋值到一个模拟数组中，然后调用第二个存储过程从该数组中随机提取某一个下标对应的值。

```
IF (OBJECT_ID('array') IS NOT NULL) DROP TABLE array
IF (OBJECT_ID('sys_pushTarray') IS NOT NULL) DROP PROCEDURE sys_pushTarray
IF (OBJECT_ID('sys_popTarray') IS NOT NULL) DROP PROCEDURE sys_popTarray
GO
CREATE TABLE array(id int Primary Key, K int )
GO
/*创建第一个存储过程,向数组赋值。*/
CREATE PROCEDURE sys_pushTarray @id int, @k int AS
  IF NOT EXISTS (SELECT 1 FROM array WHERE id = @id) INSERT INTO array VALUES(@id, @k)
    ELSE UPDATE array SET k = @k WHERE id = @id
GO
/*创建第二个存储过程,从数组中取值。*/
CREATE PROCEDURE sys_popTarray @id int, @k int output AS
  SELECT @k = K FROM array WHERE id = @id
GO
/*调用第一个存储过程,随机将 10 个整数保存到模拟数组中。*/
DECLARE @i int, @x int
SET @i = 1
WHILE @i < = 10
BEGIN
  SET @x = RAND( ) * 100 + 1
  EXECUTE sys_pushTarray @i, @x
  SET @i = @i + 1
END
GO
/*调用第二个存储过程,随机从模拟数组中提取一个值,增加 1000 后再把它存放到模拟数组中。*/
DECLARE @x int, @i int
SET @i = RAND( ) * 9 + 1
EXECUTE sys_popTarray @i, @x output    --从数组中提取一个值
SELECT @i, @x
SET @x = @x + 1000    --将这个值加上 1000 后放入数组
EXECUTE sys_pushTarray @i, @x
EXECUTE sys_popTarray @i, @x output    --再从数组中提取这个下标对应的值
SELECT @i, @x
```

9.4　SQL Server 中树状结构的实现技术

在现实世界中,树状(层次)结构和网状结构是普遍存在的。虽然 SQL Server 基于关系数据模型,但也可以实现层次模型或网状模型的主要操作。本节以会计科目表的树状结构为例,介绍如何在 SQL Server 中实现树状结构的存储,以及树中节点的增加、更新和删除等操作。

9.4.1　树状结构的关系表存储结构

在关系数据库中,对具有树状结构的对象,可以在数据表中添加一列以记录每个记录节点的父节点。下面给出会计科目表(Accounts)的树状存储结构。

```
CREATE TABLE Accounts(
  AccountID varchar(16) PRIMARY KEY,
  AccountName nvarchar(40),
  ParentNode varchar(16),
  ParentFlag tinyint,
  Level tinyint)
```

这里,AccountID 为科目编码(主键),AccountName 为科目名称,ParentNode 为一个节点记录的父节点,ParentFlag 为节点标志位(ParentFlag = 1 表示该节点为父节点,即它有子女

节点，否则为叶子节点），Level 为节点在树状结构中的层次号。

在会计科目中，每个节点只有一个父节点，但存在多个节点没有父节点。为此，可以设立一个虚拟的根节点（如空值节点），把这些节点的父节点设置为这个虚拟节点，这样就完全符合层次模型的数据结构。

为了其他处理的方便，在树状存储结构中设置了 ParentFlag 和 Level 这两个列，它们的值通常是在节点修改过程中计算得到的，但也可以根据每个节点的 ParentNode 列计算得到，算法的核心是利用数据结构中堆栈的原理实现递归计算。例如，在 SQL Server 2000 中，可以利用游标逐条处理和模拟数组实现堆栈原理，而在 SQL Server 2008 中，则可以利用递归 CTE 直接实现。

实例 9-11　使用递归 CTE，计算树状结构中节点的层次号。

本实例利用递归 CTE，计算会计科目表（Accounts）中所有科目的层次号（Level 列的值）。在科目表中，ParentNode 为每个科目节点的父节点。在这个递归 CTE 中，定位点成员为所有一级科目，其父节点为空，层次号为 1。各级子节点的层次号等于其父节点的层次号加 1。tmp1 通过递归得到每个科目的层次号，然后使用带相关子查询的 UPDATE 语句计算科目表中所有科目的层次号。

```
UPDATE Accounts SET Level = NULL    --初始化 level 的值
;WITH tmp1 AS(
SELECT AccountID,AccountName,ParentNode,1 as 'xlevel' From Accounts Where ParentNode ="
UNION ALL
SELECT a. AccountID,a. AccountName,a. ParentNode,b. xlevel + 1 From Accounts a JOIN tmp1 as b
ON a. ParentNode = b. AccountID)
/* 使用相关子查询,将 tmp1 的 xlevel 值更新到 Accounts 表中。*/
UPDATE Accounts SET Level = (SELECT xlevel From tmp1 WHERE tmp1. AccountID = Accounts. AccountID)
GO
SELECT * FROM Accounts Order By AccountID
```

9.4.2　插入节点

按照树状结构的完整性约束，除根节点外，其他节点总是插入在其父节点之下。也就是说，在插入一个子节点之前必须先确定其父节点。

假设新插入的节点为 Cnode，其父节点为 Pnode。按照前面所述的存储结构，在树状结构中插入节点的具体算法如下。

① 如果父节点 Pnode 为空，则设置新节点 Cnode 的 ParentNode 值为空值（NULL），ParentFlag 值为 0，Level 值为 1。

② 如果父节点 Pnode 为非空，则设置新节点 Cnode 的 ParentNode 值为 Pnode，ParentFlag 值为 0，Level 值为其父节点对应 Level 值加 1。

③ 如果 Pnode 原来没有子节点，那么在插入新节点后，Pnode 已从叶子节点变成父节点，其 ParentFlag 值从原来的 0 变为 1；如果 Pnode 原来已有子节点，那么 Pnode 对应的 ParentFlag 值不改变。

实例 9-12　以会计科目表为例，实现树状结构中插入节点的算法。

本实例创建一个存储过程，以会计科目表（myAccounts）为例，给定一个科目的编码、科目名称及其父级科目（即父节点），将该科目节点插入到原有的树状结构中。

```
IF(OBJECT_ID('myAccounts')IS NOT NULL)    DROP TABLE myAccounts
```

```
IF(OBJECT_ID('InsertNode')IS NOT NULL)    DROP PROCEDURE InsertNode
SELECT * INTO myAccounts FROM Accounts
GO
CREATE PROCEDURE InsertNode(@NodeID Varchar(16),@NodeDesc Varchar(40),@ParentNode Varchar(16))
AS
BEGIN
  DECLARE @x Tinyint,@Level Tinyint,@Parentflag Tinyint
  SET @x = 1
  /* 如果新节点没有父节点,则直接插入新节点,设置其 ParentNode 为 NULL。*/
  IF @Parentnode IS NULL OR @Parentnode ='
    INSERT INTO myAccounts(AccountID,AccountName,ParentNode,ParentFlag,Level)
    VALUES(@Nodeid,@Nodedesc,NULL,0,1)
  ELSE
  BEGIN
    /* 查找父节点所在的行记录,设置父节点的 ParentFlag 值和新节点的 Level 值。*/
    IF EXISTS(SELECT 1 From myAccounts Where AccountID = @ParentNode)
    BEGIN
      SELECT @Level = Level,@Parentflag = Parentflag From myAccounts Where AccountID = @Parentnode
      IF @Parentflag = 0 UPDATE myAccounts SET Parentflag = 1 Where AccountID = @Parentnode
      INSERT INTO myAccounts(AccountID,AccountName,ParentNode,ParentFlag,Level) VALUES(@NodeID,
      @NodeDesc,@ParentNode,0,@Level + 1)
    END
    ELSE SET @X = 0
  END
  RETURN(@x)
END
GO
/* 执行存储过程,插入两个子节点。*/
EXEC InsertNode '10203','招商银行','102'
EXEC InsertNode '12801','包装物 A','128'
SELECT * FROM myAccounts Order by AccountID
```

9.4.3　查询节点

通常在树状结构中查找一个节点需要从根节点开始,逐级查找子节点,直到找到为止。在关系数据库中查找某个节点记录可以直接使用 SELECT 的 WHERE 子句。但如果要查找一个节点的所有子节点(包括子节点的子节点),那么这个算法就相对复杂,这里利用递归算法思想来实现。

实例 9-13　以会计科目表为例,实现在树状结构中遍历子节点的算法。

本实例创建一个用户定义函数,输入一个节点值 NodeID,返回该节点及其所有子节点。这里给出两种不同算法,分别可以在 SQL Server 2000 和 2008 中应用。第一个算法利用循环逐级找出每个节点的子节点,当所有节点都没有子节点时,循环结束。第二个算法利用 SQL Server 2008 的递归 CTE,可以显著提高查询效率。

```
IF(OBJECT_ID('GetChildNodes')IS NOT NULL) DROP FUNCTION GetChildNodes
IF(OBJECT_ID('GetSubNodes')IS NOT NULL) DROP FUNCTION GetSubNodes
GO
CREATE FUNCTION GetChildNodes(@NodeID varchar(16))
RETURNS @table TABLE(
  AccountID varchar(16),AccountName varchar(40),
  ParentNode varchar(20),ParentFlag tinyint,Level tinyint)
AS
BEGIN
  DECLARE @Level Int
```

```
SELECT @Level = Level From Accounts a Where AccountID = @NodeID
INSERT INTO @Table SELECT AccountID, AccountName, ParentNode, ParentFlag, Level From Accounts WHERE
AccountID = @NodeID    --输出 NodeID 节点本身
WHILE @@Rowcount > 0
BEGIN
   /* 每次都将下一级子节点(@level + 1)插入到表变量中，然后查找子节点的子节点。*/
   SET @Level = @Level + 1
   INSERT INTO @Table Select a. AccountID, a. AccountName, a. ParentNode, a. Parentflag, a. Level
   From Accounts a, @Table as b Where a. ParentNode = b. AccountID and b. Level = @Level - 1
END
RETURN
END
GO
SELECT * FROM. dbo. GetChildNodes('1')ORDER BY AccountID
GO
CREATE FUNCTION GetSubNodes(@NodeID varchar(16))
RETURNS @table TABLE( AccountID varchar(16), AccountName varchar(40),
   ParentNode varchar(20), ParentFlag tinyint, Level tinyint)
AS
BEGIN
   /* 在 SQL Server 2008 中运行。*/
   ;WITH tmp AS(
   SELECT AccountID, AccountName, ParentNode, ParentFlag, Level FROM Accounts WHERE AccountID = @nodeid
   UNION ALL
   SELECT a. AccountID, a. AccountName, a. ParentNode, a. ParentFlag, a. Level FROM Accounts as a JOIN tmp ON
   a. ParentNode = tmp. AccountID)
   INSERT INTO @table SELECT * FROM tmp
   RETURN
END
GO
SELECT * FROM. dbo. GetSubNodes('2') ORDER BY AccountID
```

9.4.4 删除节点

按照树状结构（层次模型）的完整性约束，一个父节点被删除后，它的所有子节点（包括子节点的子节点）也将被全部删除。如果删除的节点是其父节点的最后一个子节点，那么这个节点被删除后，其父节点将成为叶子节点。

实例 9-14 以会计科目表为例，实现在树状结构中删除节点的算法。

本实例创建一个存储过程，输入一个节点值，利用实例 9-13 中的 GetChildNodes 函数，在找到该节点及其所有子节点（如果存在的话）后将这些节点删除，然后处理其父节点的 ParentFlag 的值。如果该父节点变成了叶子节点，这时需要将其父节点的标志列（ParentFlag）的值从原来的 1 设置为 0。本实例通过调用这个存储过程，在删除 10201 和 10202 两个节点后，发现 102 成为叶子节点，其 ParentFlag 值已变为 0。

```
IF( OBJECT_ID('DeleteNodes')IS NOT NULL)DROP Procedure DeleteNodes
IF( OBJECT_ID('myAccounts')IS NOT NULL) DROP TABLE myAccounts
SELECT * INTO myAccounts FROM Accounts
GO
CREATE PROCEDURE DeleteNodes(@NodeID varchar(20))
AS
BEGIN
  DECLARE @parentnode varchar(20)
  /* 查找该节点的父节点。*/
  SELECT @parentnode = ParentNode FROM myAccounts WHERE AccountID = @NodeID
```

```
/* 调用实例9-13 中的用户定义函数,删除该节点的所有的子节点。*/
DELETE myAccounts WHERE EXISTS(SELECT 1 FROM dbo. GetChildNodes(@NodeID)as a
WHERE a. AccountID = myAccounts. AccountID)
/* 判断该节点的父节点是否还有子节点。*/
IF NOT EXISTS(Select 1 FROM myAccounts WHERE ParentNode = @parentnode)
UPDATE   myAccounts   SET ParentFlag = 0 WHERE AccountID = @parentnode
END
GO
EXECUTE DeleteNodes '10201'
EXECUTE DeleteNodes '10202'
SELECT * FROM myAccounts Order By AccountID
```

9.5 SQL Server 查询优化

查询优化在关系数据库中有着十分重要的地位。SQL Server 提供查询优化器,充分了解和利用这一优化器,有助于提高数据库应用系统的整体性能。本节从索引和查询语句这两方面介绍一些常用的 SQL Server 性能优化的途径和方法。

1. 数据库设计与规划

在进行数据库设计时,应当考虑下列因素对查询效率的影响。

① 主键列的长度应尽量小,若能使用 SmallInt 就不使用 Int。如学生表,若能用学号当主键,就不要用身份证号码当主键;又如 Identity 列,如果数据表记录不超过 3 万条,就应该使用 SmallInt 而不必使用 Int。

② 对于长度固定的字符型字段(如身份证号码),不应使用 varchar 或 nvarchar,而应该使用定长的 char 或 nchar 类型;而对于长度不固定的字符型列(如地址),则可以使用 var-char 或 nvarchar 类型。

③ 在定义和设计表结构时,若某列的值可有可无,最好给它一个默认值,并设成 NOT NULL, 因为 SQL Server 在存放和查询包含 NULL 的数据表时,会花费额外的运算时间。

应尽量避免在 WHERE 子句中对列进行 NULL 值判断,否则将导致引擎放弃使用索引而进行全表扫描。例如:

SELECT * From Products Where UnitPrice IS NULL

可以在 UnitPrice 上设置默认值0,确保表中的 UnitPrice 列没有 NULL 值,然后进行下列查询。

SELECT * From Products WHERE UnitPrice = 0

④ 若一个数据表中的列过多,可以考虑将其垂直切割成两个以上的数据表,并用同名的主键连接起来,这样可以避免在存取数据时加载过多的数据,或者在修改数据时造成互相锁定或锁定过久的局面。

2. 适当建立索引

① 对外键列应尽量建立索引,即使很少被连接也应该建立索引。

② 对常被查询或排序的列应该建立索引,例如,在常被当做 WHERE 子句条件查询的列上建立索引,可以大大提高检索的效率。

③ 对使用率低的列不要建立索引,以免浪费硬盘空间。对于内容重复性高的列(如性别),一般也不宜创建索引;反之,对于重复性低(如姓名)的列,创建索引可以明显地提高

数据检索的效率。

④ 一个数据表中不宜对过多列建立索引，否则会影响 INSERT、UPDATE、DELETE 的性能，尤其是以 OLTP（联机事务处理）为主的数据库应用系统，创建太多的索引反而会影响整个系统的性能。

⑤ 若数据表存放的数据很少，就不必刻意建立索引，否则数据库按照存放索引的树状结构去搜寻索引中的数据，可能反而比扫描整个数据表还慢。

⑥ 若查询时符合条件的数据很多，则通过非聚集索引搜寻的性能反而可能不如对整个数据表进行逐笔扫描。

3. 适当使用索引

通常，使用 LIKE 和%进行模糊查询时，即使在某个列建立索引，但以常量字符开头才会使用到索引，若以通配符（%）开头则不会使用索引。例如，虽然 CustomerID 列建有索引，但下列查询语句中 LIKE '%D'不会使用到索引。

```
SELECT * FROM Orders WHERE CustomerID LIKE 'D%'   /* 能使用索引 */
SELECT * FROM Orders WHERE CustomerID LIKE '%D'   /* 不能使用索引 */
```

4. 多表连接的性能分析

SQL Server 在执行多表连接时可能会非常耗费资源，因此在没有必要时尽量不要使用多表连接。因为连接的表越多，性能下降越严重。为此，在很多情况下，需要在数据冗余、数据一致性和与查询性能之间找到一个适当的平衡。也就是说，为了提高数据查询的速度，可以适当地浪费数据库中数据存储空间，在多个表中重复存储相同的数据，以避免在数据检索时进行多表连接等操作。在 SQL Server 中可以使用 SET STATISTICS TIME ON 来测试查询时执行的性能和效率。

5. 避免在 WHERE 子句中使用函数

对列使用字符串的串接或数字运算，可能会让查询优化器无法有效地使用索引。但真正对性能影响最大的是在大容量的数据表中使用函数。如果有 10 万条记录，那么在查询时就需要调用函数 10 万次，这是必须避免的。在系统开发初期往往感觉不到差异，但当系统运行一段时间且数据持续累积后，这些语法细节所造成的性能问题就会逐步表现出来。例如：

```
SELECT * FROM Orders Where Year(OrderDate) = 2008 and Month(OrderDate) = 7
```

应改为

```
SELECT * FROM Orders Where OrderDate Between '2008-7-1' and '2008-7-31'
```

同样，

```
SELECT * FROM Orders Where Left(CustomerID,1) = 'D'
```

应改写为

```
SELECT * FROM Orders Where CustomerID LIKE 'D%'
```

6. 在 WHERE 子句中正确使用表达式

如果在 WHERE 子句中使用参数或变量，可能导致查询优化器无法直接使用索引，而采用整个表扫描。因为 SQL 必须在运行之前确定查询优化策略。例如，下列语句将进行全表扫描：

```
SELECT * FROM Products Where CategoryID = @CategoryID
```

假设 Products 表中存在一个 CategoryID 列的索引 Products_CategoryID，那么上述语句可以改为强制使用索引的查询模式。

SELECT * FROM Products With(Index(Products_CategoryID)) Where CategoryID = @CategoryID

应尽量避免在 WHERE 子句中对列进行表达式操作，这将导致全表扫描。例如：

SELECT * FROM Products Where UnitPrice/2 = 5

应改为

SELECT * FROM Products Where UnitPrice = 5 * 2

除此之外，在 WHERE 子句中使用下列运算符常会使查询优化器可能无法有效地使用索引，因此最好使用其他运算符和语法进行改写，包括 NOT、! = 、< >、! >、! <、NOT EXISTS、NOT IN、NOT LIKE。

7. AND 与 OR 的使用

在 AND 运算中，只要有一个条件能使用索引，就可以大幅提升查询速度。但在 OR 运算中，则需要所有的条件都能使用索引时，才能提升查询速度。例如：

SELECT * FROM Orders Where CustomerID = 'BERGS' AND Freight = 615. 60

这条语句可以使用 CustomerID 列上建立的索引。但是下面这条语句就无法使用 CustomerID 列上的索引。

SELECT * FROM Orders Where CustomerID = 'BERGS' or Freight = 615. 60

对于上述的 OR 运算的查询语句，可用 UNION 组合查询适当地改善性能。例如，上述查询语句可以改写为如下形式。

SELECT * FROM Orders Where CustomerID = 'BERGS'
UNION ALL
SELECT * FROM Orders Where Freight = 615. 60

这时第一个查询能使用索引，但第二个查询仍然只能扫描整个表。但即使这样，也可以明显提高查询性能。

8. 谨慎使用子查询

对于子查询，如果一个查询能用 JOIN 完成，那么最好使用 JOIN。除了 JOIN 的语法比较容易理解之外，在大多数情况下，JOIN 的性能比子查询要好。

子查询可分为独立子查询和相关子查询两种。对于相关子查询而言，外部查询的每一次查询都需要引用内部查询的数据，或内部查询的每一次查询都需要参考外层查询的数据。

例如，将数据库 mySales 中 Orders 表中的数据全部检索出来，并自动添加一个编号。如果使用排名函数 ROW_NUMBER，那么查询执行效率会很高。

SELECT OrderID,ROW_NUMBER( )OVER （ORDER BY OrderID） AS 'RowNo' FROM Orders

但是，如果使用子查询或辅以 AS 关键词的衍生表，那么可以用下列语句实现。

SELECT OrderID,(SELECT COUNT(*)FROM Orders as a Where a. OrderID < = b. OrderID） as 'RowNo' FROM Orders as b Order By RowNo

这是一个相关子查询。外层查询的每一次查询动作都需要引用内层查询的数据。也就是说，外层每查询一笔订单，都要等内层查询扫描整个数据表并进行比对和计数后才能进行，因此 1280 笔订单中的每一笔都要重复扫描整个数据表 1280 次，将耗用大量的时间。对于上万条记录的数据表，使用 ROW_NUMBER 函数查询时间不到 1 秒钟，而使用相关子查询，则需要 1 分钟左右的时间。

由此可见，子查询的使用需要十分谨慎，尤其是相关子查询。在系统开发初期数据量很少时往往感受不到这种差异，但随着系统中的数据量逐渐增大，就会出现系统运行效率越来越低的现象。

9. 在临时表中插入和删除记录

在新建临时表时，如果一次性插入数据量很大，那么可以使用 SELECT INTO 代替 CRE-ATE TABLE，避免造成大量事务日志，以提高效率；如果数据量不是很大，为了缓和系统表的资源，应该先使用 CREATE TABLE 语句，然后再使用 INSERT 语句。

临时表使用结束后，在删除大容量数据时，可以先使用 TRUNCATE TABLE 命令，然后再使用 DROP TABLE 命令，这样可以避免系统表被长时间锁定。

10. 使用 EXISTS 代替 IN，谨慎使用 IN 和 NOT IN

通常情况下，EXISTS 的查询效率要高于 IN。例如：

SELECT * From Products Where SupplierID IN
(SELECT SupplierID From Suppliers Where Country = ' USA ')

可以用下面的语句替换：

SELECT * From Products as a Where EXISTS
(SELECT 1 From Suppliers b Where b. SupplierID = a. SupplierID and Country = ' USA ')

IN 和 NOT IN 也要慎用，否则会导致全表扫描。例如：

SELECT * From Products Where ProductID IN(1 , 2 , 3)

可以用 BETWEEN. . . AND 替换：

SELECT * From Products Where ProductID BETWEEN 1 AND 3

11. 谨慎使用游标

尽量避免使用游标，因为游标的效率较差，如果游标操作的数据超过 1 万行，那么就应该考虑改写。在使用基于游标的方法之前，应先寻找基于结果集的解决方案来解决问题，因为结果集的方法通常更会有效。

与使用结果集的方法相比，游标并不是不可使用。对小型数据集使用 FAST_FORWARD 游标通常要优于其他逐行处理方法，尤其是在多表连接时，更是如此。在开发数据库应用时，可以对基于游标的方法和基于结果集的方法进行比较，选择查询性能较高的那一种。

12. 其他查询技巧

① 对于有很多列的表，应尽量避免使用星号（ * ）返回所有的列，即尽量避免使用 SE-LECT * FROM *tablename*，而应该指定具体的列名，以免浪费服务器的 I/O 资源。

② DISTINCT、ORDER BY 子句会让数据库进行额外的运算。此外使用组合查询时，如果没有必要剔除重复的数据，UNION ALL 比 UNION 性能更好，因为后者会加入类似 DIS-TINCT 的算法。

③ 对于 SQL Server 2005 及以上版本，在存取数据库对象时，最好明确指定该对象的模式（ Schema ），否则如果预设模式不是 dbo，则 SQL Server 在执行时，会先寻找该使用者预设模式所搭配的对象，在找不到的情况下才会使用预设的 dbo，这会耗费更多的寻找时间。

④ 尽可能用存储过程取代应用程序直接存取数据表。存储过程除了经过事先编译、性能较好等优点以外，也可节省 SQL 语句传递的网络频宽，方便业务逻辑的重复使用。

⑤ 尽可能在数据来源层过滤数据。使用 SELECT 语法时，在数据返回至前端之前设定 WHERE 等过滤条件。虽然一些数据库应用开发工具（如 C + + 、DELPHI、ASP. NET、JSP 等）也可以对数据进行筛选和排序，但会额外消耗数据库的系统资源、Web 服务器的内存及网络频宽。因此，最好的办法是在数据库和数据源的层面上，就先使用 SQL 条件或存储过程

筛选所需要的数据。

以上只是简单介绍了读者比较容易忽略的 SQL 语法性能问题，书中提到的几点建议可以帮助读者强化对 SQL 语法性能的认识。更多相关内容可以查阅相关书籍。

习题

1. 将数据库 mySales 中 OrderItems 表中的 Tofu 这个产品的所有明细销售导出到一个 Excel 文件(名称为 Tofu. xls)中。

2. 编制一个 Excel 文件，将其所有行和列数据导入到数据库 mySales 的一张表中，要求表中的列与 Excel 表中的列一致。

3. 创建一个存储过程，输入一个表名，利用系统表和游标，删除该表中所有其他对象，包括各类约束条件、索引和触发器等。

4. 创建一个存储过程，输入两个表的名称 tableA 和 tableB，将 tableA 的表结构(包括列名、列类型、列长度及其所有约束条件)复制到 tableB 表中。

5. 创建一个用户定义函数，输入表名和列名这两个变量，利用系统表 syscolumns 与 systypes 判断该表是否存在这一列。如果存在，则返回这列的数据类型、长度、小数位数及是否为计算列或 IDENTITY 列等属性，否则返回空记录。

6. 通过 SQL Server 2008 中的各个相关的系统表(如 sys. default _ constraints 和 sys. columns)，输出某个表(如 OrderItems)的所有外键(FOREIGN KEY)约束的具体定义。

7. 创建一个存储过程，输入一个表名，输出创建该表的所有 T-SQL 脚本语句，包括各个索引条件的定义。

8. 已知会计科目表(Accounts)结构(见 9.4.1)，分别采用递归 CTE 和模拟数组这两种不同的算法编写 T-SQL 程序，根据科目编码及其父节点值计算会计科目表中每个节点的层次号(Level)及其特征值(ParentFlag)。

9. 参照实例 10-4，编写程序算法，利用递归 CTE 分级汇总科目表(Accounts)中各级科目的借贷方发生额。

10. 参照实例 10-6，编写程序算法，利用递归 CTE 计算客户应收账款明细账中每笔借贷业务发生之后的科目余额。

第3篇

数据库应用

　　第3篇由第10章组成，介绍数据库技术在实际管理信息系统开发中的综合应用。除提供一些常用的 MIS 用户定义函数外，还会介绍会计核算系统和销售营销系统中的常用数据处理与数据分析挖掘技术，同时采用 T-SQL 介绍科目发生额的分级汇总、明细账的生成、应收账款账龄分析、客户盈利能力分析、发货准时率分析、销售趋势分析及业务员绩效考核等功能模块的算法和程序。

第 10 章　数据库在 MIS 开发中的应用

管理信息系统(MIS)是当今数据库应用的重点领域之一，是企业信息化的基础。MIS 的核心是数据库处理技术。数据库记录插入、修改、删除和查询是组成 MIS 的最基本模块单元。当然，在实际 MIS 开发过程中，还会涉及许多比较复杂的数据处理技术。本章主要以会计核算系统和销售营销系统为例，采用 T-SQL 介绍 MIS 中一些典型的数据处理与数据分析技术的算法程序。

10.1　常用的 MIS 用户定义函数

MIS 的开发环境不仅包括数据库管理系统，还包括软件开发工具。对于同一个数据库处理问题，能采用数据库编程技术实现的(如存储过程、用户定义函数、触发器等)，尽量不要使用软件开发工具实现。因为数据库技术不仅数据处理速度快，而且独立于具体的软件开发工具和程序设计语言。这不仅有助于应用程序的维护，而且可以提高 T-SQL 代码的可移植性。本节介绍 3 个常用的 MIS 用户定义函数。

实例 10-1　创建一个用户定义函数，生成基于 Unicode 的汉字助记码。即输入一串汉字，输出其中每个汉字汉语拼音的第一个字母。例如，输入"数据库原理与应用"，则输出对应的拼音助记码为"SJKYLYYY"。

该用户定义函数的主要算法如下。

① 确定汉字库。本实例基于 Unicode 汉字库标准，而不是 GB2312-80 汉字库。

② 利用"Unicode 汉字大小是以拼音字母排序"这个规则，查阅 Unicode 汉字库，先找到每个发音字母(A ~ Z)中排在最后的那个汉字(例如，所有以发音 A 字母开头的汉字中，"鳌"这个字排在最后)，然后产生一个由 26 个拼音字母组成的汉字排序区间(如鳌—簿—错—…—咗)。

③ 利用循环，从一串汉字中提取每个汉字，判断该汉字在哪个拼音字母区间内，利用 CASE…WHEN 语句得到该汉字的首个拼音字母，最终生成一个字符串的拼音助记码。

④ 对于同一个汉字不同发音的情况，本实例不进行处理。

```
IF( OBJECT_ID('sysGetPy')IS NOT NULL) DROP FUNCTION sysGetPy
GO
CREATE FUNCTION sysGetPy(@str nvarchar(1000))
RETURNS nvarchar(1000)
AS
BEGIN
  DECLARE @word nchar(1),@py nvarchar(1000),@i int
  SELECT @PY ='',@i = 1
  WHILE @i < = LEN(@str)
  BEGIN
    SET @word = SUBSTRING(@str,@i,1)   /* 提取一个汉字。*/
    SELECT @py = @py + CASE
    WHEN @word < = N'Z' then @word
```

```
            WHEN @word < = N'鷔' then 'A'
            WHEN @word < = N'簿' then 'B'
            WHEN @word < = N'错' then 'C'
            WHEN @word < = N'鹅' then 'D'
            WHEN @word < = N'贰' then 'E'
            WHEN @word < = N'鳆' then 'F'
            WHEN @word < = N'腂' then 'G'
            WHEN @word < = N'霍' then 'H'
            WHEN @word < = N'攫' then 'J'
            WHEN @word < = N'髻' then 'K'
            WHEN @word < = N'霩' then 'L'
            WHEN @word < = N'鳘' then 'M'
            WHEN @word < = N'糯' then 'N'
            WHEN @word < = N'沤' then 'O'
            WHEN @word < = N'曝' then 'P'
            WHEN @word < = N'裠' then 'Q'
            WHEN @word < = N'鹨' then 'R'
            WHEN @word < = N'蜶' then 'S'
            WHEN @word < = N'箨' then 'T'
            WHEN @word < = N'鹜' then 'W'
            WHEN @word < = N'鑵' then 'X'
            WHEN @word < = N'韻' then 'Y'
            WHEN @word < = N'咗' then 'Z'
         ELSE'' END
         SET @i = @i + 1
     END
   RETURN @PY
END
GO
SELECT dbo. sysGetPy('头孢克肟分散片 PT12')
```

如果要得到一个汉字的完整拼音，那就需要构造一个基于 Unicode 的汉字字库表。在本书配套资料中，运行 sys_GenUnicodes. sql 文件，可以生成一个汉字库表 sys_Unicodes。该表存储了 20250 个汉字及其汉语拼音，其表结构为：

```
CREATE TABLE sys_unicodes(
    sysid int IDENTITY(1,1),
    xcode int PRIMARY KEY CLUSTERED,   /* Unicode 编码值 */
    xchn nchar(2),  --汉字
    xpyn varchar(20),  --拼音
    xpy1 tinyint)  --音调
```

需要注意的是，通过 Unicode 字库表，每次从 2 万多个汉字中去检索一个汉字的拼音首字，与前面所述的 CASE…WHEN 语句相比，查询效率要低一些。

实例 10-2 创建一个用户定义函数，输入一个(小写)金额数值，返回该金额所对应的人民币大写(字符串)。例如，输入数字金额 "2060580096. 28"，则输出对应的人民币大写为 "贰拾亿零陆仟零伍拾捌万零玖拾陆元贰角捌分"。

该用户定义函数的主要算法如下。

① 确定可转换金额的取值范围。本实例规定金额最大为千亿级。

② 将小写金额数值转换成字符串(不足千亿,前面用 0 补足),并将整数部分与小数部分单独处理,分别存放在 s1 和 s2 两个变量中。

③ 取字符串金额中的亿数量级、万数量级和万以下部分(不包括小数点后面的部分),并分别存放到 s11、s12 和 s13 字符串变量中。

④ 分别处理 s11、s12 和 s13 字符串。在这 3 个变量中插入量词（仟、佰、拾），并将处理结果赋值到变量@rmb 中。

⑤ 处理变量@rmb 中重复的 0，即将其中多个连续的 0 替换成一个 0。

⑥ 确定是否需要在人民币大写金额的最后添加一个"整"字。

⑦ 将变量@rmb 中的阿拉伯数字替换成对应的人民币大写汉字（零、壹……）。

下面以 2060580096.28 为例，通过有关变量值的变化情况，描述实现该算法的 T-SQL 代码。

```sql
IF( OBJECT_ID('sys_FloatToRmb') IS NOT NULL) DROP FUNCTION sys_FloatToRmb
GO
CREATE FUNCTION sys_FloatToRmb( @amount decimal( 15,2) )
RETURNS varchar( 100) AS
BEGIN
  DECLARE @s1 varchar( 20),@s2 varchar( 6),@rmb varchar( 80)
  DECLARE @s11 varchar( 40),@s12 varchar( 40),@s13 varchar( 40)
  SET @s1 = STR( 1000000000000 + @amount,16,2)    --数值金额转换成字符串
  SET @s2 = RIGHT( @s1,2)    --取小数部分，即 28
  SET @s11 = SUBSTRING( @s1,2,4)    --取亿数量级，即 0020
  SET @s12 = SUBSTRING( @s1,6,4)    --取万数量级，即 6058
  SET @s13 = SUBSTRING( @s1,10,4)    --取万以下的部分，即 0096
  SET @rmb = ''
  IF @s11 < >'0000'    --如果金额在"亿"部分中有值
  BEGIN
    SELECT @s11 = STUFF( @s11,2,0,'仟'),@s11 = STUFF( @s11,4,0,'佰'),@s11 = STUFF( @s11,6,0,'拾')
    /* 此时 s11 的值为:0 仟 0 佰 2 拾 0。*/
    SELECT @s11 = REPLACE( @s11,'0 仟','0'),@s11 = REPLACE( @s11,'0 佰','0'),
    @s11 = REPLACE( @s11,'0 拾','0')    /* 此时 s11 的值为:002 拾 0。*/
    SET @rmb = @s11 +'亿'    /* 此时 rmb 的值为:002 拾 0 亿。*/
  END
  IF @s12 < >'0000'    --如果金额在"万"部分中有值
  BEGIN
    SELECT @s12 = STUFF( @s12,2,0,'仟'),@s12 = STUFF( @s12,4,0,'佰'),@s12 = STUFF( @s12,6,0,'拾')
    SELECT @s12 = REPLACE( @s12,'0 仟','0'),@s12 = REPLACE( @s12,'0 佰','0'),
    @s12 = REPLACE( @s12,'0 拾','0')
    SET @rmb = @rmb + @s12 +'万'
  END
  ELSE    SET @rmb = @rmb +'0'
  IF @s13 < >'0000'    --如果金额在"万"以下部分中有值
  BEGIN
    SELECT @s13 = STUFF( @s13,2,0,'仟'),@s13 = STUFF( @s13,4,0,'佰'),@s13 = STUFF( @s13,6,0,'拾')
    SELECT @s13 = REPLACE( @s13,'0 仟','0'),@s13 = REPLACE( @s13,'0 佰','0'),
    @s13 = REPLACE( @s13,'0 拾','0')
    SET @rmb = @rmb + @s13 +'元'
  END
  ELSE    SET @rmb = @rmb +'元'
  /* 这时 rmb 的值为:002 拾 0 亿 6 仟 05 拾 8 万 009 拾 6 元。下面利用循环去掉重复的 0。*/
  WHILE CHARINDEX( '00',@rmb) >0    SET @rmb = REPLACE( @rmb,'00','0')
  /* 这时 rmb 的值为:02 拾亿 06 仟 05 拾 8 万 09 拾 6 元。下面对量词单位进行处理。*/
  SELECT @rmb = REPLACE( @rmb,'0 亿','亿 0'),@rmb = REPLACE( @rmb,'0 万','万 0'),
  @rmb = REPLACE( @rmb,'0 元','元 0')
  /* 这时 rmb 的值为:02 拾亿 06 仟 05 拾 8 万 09 拾 6 元 2 角 8 分。下面利用循环去掉可能重复的 0。*/
  WHILE CHARINDEX( '00',@rmb) >0    SET @rmb = REPLACE( @rmb,'00','0')
  /* 如果左边第一个为 0,则去掉它。*/
  IF LEFT( @rmb,1) = 0    SET @rmb = SUBSTRING( @rmb,2,255)
  /* 这时 rmb 的值为:2 拾亿 06 仟 05 拾 8 万 09 拾 6 元 2 角 8 分。下面处理小数部分( 角和分)。*/
  IF LEFT( @s2,1) < >'0'    SET @rmb = @rmb + substring( @s2,len( @s2) -01,1) +'角'
```

```
IF RIGHT(@s2,1) < >'0'
BEGIN
IF LEFT(@s2,1) ='0' SET @rmb = @rmb +'0'
SET @rmb = @rmb + RIGHT(@s2,1) +'分'
END
ELSE    SET @rmb = @rmb +'整'
/* 这时 rmb 的值为:2 拾亿 06 仟 05 拾 8 万 09 拾 6 元 2 角 8 分。下面将阿拉伯数字替换成大写汉字。*/
SELECT @rmb = replace(@rmb,'0','零'),
@rmb = replace(@rmb,'1','壹'),@rmb = replace(@rmb,'2','贰'),@rmb = replace(@rmb,'3','叁'),
@rmb = replace(@rmb,'4','肆'),@rmb = replace(@rmb,'5','伍'),@rmb = replace(@rmb,'6','陆'),
@rmb = replace(@rmb,'7','柒'),@rmb = replace(@rmb,'8','捌'),@rmb = replace(@rmb,'9','玖')
RETURN(@rmb)
END
GO
PRINT dbo. sys_FloatTormb(2060580096. 28)
```

实例 10-3　创建一个用户定义函数，实现多级计量单位之间的换算及加法运算。该函数输入两个带二级计量单位的数量和一个转换系数，将这两个数量相加（或相减），返回求和结果。

在实际数据库应用开发中，许多原材料、成品的数量可能包含多级计量单位。例如，药品的销售数量可以是 5 箱 12 盒，它的计量单位是箱和盒的组合，通常用 5. 12 来表示。对于这类数据，必须明确各级计量单位之间的转换系数（如 1 箱 =48 盒,1 盒 = 24 片），因为它们已经不是十进制的数字。

假设，某药品的两次销售数量分别为 10 箱 18 盒和 25 箱 36 盒，折算系数为 1 箱 =48 盒，那么 18. 25 +28. 36 =47. 13（即 47 箱 13 盒）。

对于包含两级计量单位的两个数量，其加（减）法运算的主要算法如下。

①　提取各级计量单位中的数值部分，将其折算成最后一级计量单位的数值。上例中的一级计量单位部分为 18 与 28，二级计量单位部分为 25 与 36，折算成盒之后分别为 $18 \times 48 +25 =889$ 盒和 $28 \times 48 +36 =1380$ 盒。

②　将折算后的两个数量值相加（或相减），得到一个以最后一级计量单位表示的数量值。将这个数量值除以折算系数，得到整数部分和小数部分。整数部分为一级计量单位的数量，扣除整数部分后得到二级计量单位的数量。在上例中，数量之和为 2269，除以系数 48，得到整数部分为 47（即箱的数量为 47），盒的数量为 $2269 - 47 \times 48 = 13$。

```
IF(OBJECT_ID('sys_addqty')    IS NOT NULL)    DROP FUNCTION sys_addqty
GO
CREATE FUNCTION sys_addqty(@qty1 varchar(40),@qty2 varchar(40),@factor money)
RETURNS varchar(40)    AS
BEGIN
  DECLARE @x int,@x1 int,@x2 int,@sgn int,@sum int,@s varchar(40)
  /* 提取第一个数据中二级计量单位的各个部分,并折算到最后一级计量单位。*/
  SET @x = CHARINDEX('. ',@qty1)
  IF(@x >0)    SELECT @x1 = CAST(left(@qty1,@x - 1) as int),@x2 = CAST(substring(@qty1,@x + 1,255)
as int)
  ELSE    SELECT @x1 = @qty1,@x2 ='0'
  IF @x1 <0    SET @x2 = - @x2
  SET @sum = @x1 * @factor + @x2
  /* 提取第二个数据中二级计量单位的各个部分,折算到最后一级计量单位,并与上一个数值相加。*/
  SET @x = CHARINDEX('. ',@qty2)
  IF(@x >0)    SELECT @x1 = CAST(left(@qty2,@x - 1) as int),@x2 = CAST(substring(@qty2,@x + 1,255)
as int)
```

```
ELSE    SELECT @x1 = @qty2,@x2 = '0'
IF @x1 < 0    SELECT @x2 = - @x2
SET @Sum = @Sum + @x1 * @factor + @x2
/* 判断相加后的数值符号。*/
IF(@Sum < 0)    SELECT @sgn = - 1,@Sum = - @Sum
ELSE    SET @sgn = 1
/* 取整数部分为相加后一级计量单位的数量。*/
SET @x1 = Floor(@Sum/@factor)
/* 扣除一级计量单位的数量后,得到二级计量单位的数量。*/
SET @x2 = @Sum - @x1 * @factor
/* 两级计量单位的数量合在一起转换成字符串输出返回。*/
SET @s = CAST(@x1 as varchar) + '.' + CAST(@x2 as varchar)
IF @sgn < 0    SET @s = '-' + @s
RETURN(@s)
END
GO
SELECT dbo. sys_addqty('18. 25','25. 36',48),dbo. sys_addqty('- 10. 26','8. 34',48)
```

10.2   会计核算系统中常用的数据处理技术

会计核算系统是 MIS 中的一个基础子系统，其中包含很多典型的事务处理流程。本节采用 T-SQL 程序设计实现一些常用的数据处理技术，如数据逐级汇总技术、账簿和报表的生成、应收账款账龄分析等。

10.2.1   科目发生额逐级汇总

已知会计科目表(Accounts)的结构见 9.4.1 小节，其模拟记录见表 10-1，这是一个比较典型的树状结构。在实际应用开发中，通常需要根据下级明细科目的发生额(借、贷方金额)逐级汇总得到上一级(父级)科目的发生额，最终计算得到全部一级科目的发生额。

例如，科目 102 的发生额由它的下级子科目 10201 和 10202 的发生额汇总得到，科目 113 的发生额由 11301、11302 和 11303 汇总得到。同样，一级科目 1(资产类)的发生额由二级科目 101、102、109……汇总得到。

下面通过实例介绍两种不同的算法来实现上述功能。至于哪种算法的效率和性能较高，读者可以在实际应用开发中进行分析比较。

表 10-1   会计科目表(Accounts)模拟数据

科目编码 AccountID	科目名称 AccountName	借方 Debit	贷方 Credit	父节点科目 ParentNode	父节点标记 ParentFlag	层次号 Level
1	资产类	6701225. 5	7042944. 14		1	1
101	现金	550000	550000	1	0	2
102	银行存款	2020000	2643091. 14	1	1	2
10201	工行存款	2020000	2609065. 64	102	0	3
10202	中行存款	0	34025. 5	102	0	3
109	其他货币资金	0	115300	1	0	2
111	短期投资	0	15000	1	0	2
112	应收票据	292500	492500	1	0	2
113	应收账款	370000	0	1	1	2

科目编码 AccountID	科目名称 AccountName	借方 Debit	贷方 Credit	父节点科目 ParentNode	父节点标记 ParentFlag	层次号 Level
11301	甲公司	361000	0	113	0	3
11302	乙公司	9000	0	113	0	3
11303	丙公司	0	0	113	0	3
⋮						

实例 10-4　编写 T-SQL 程序算法，利用递归分级汇总科目发生额，即将子节点科目的发生额逐级汇总到上一级的父节点科目。

本实例利用带相关子查询的 UPDATE 语句，从最底层的明细科目开始逐级汇总得到上一级科目的借贷方金额。这种算法无法一次完成所有级次科目的汇总，需要进行多次循环，而循环的次数与科目表中科目级次的最大值有关。由于最后一级科目一定都是叶子节点（明细）科目，因此从倒数第二级父节点科目开始计算，直到第一级科目。

```
UPDATE Accounts SET Debit = 0, Credit = 0 Where ParentFlag = 1
DECLARE @i int, @n int
/* 计算科目层次最大有几级。*/
SELECT @n = max(Level) FROM Accounts
SET @i = @n - 1
/* 从倒数第二级开始循环，总共循环 n - 1 次。*/
WHILE @i > 0
BEGIN
UPDATE Accounts SET
Debit = (Select Sum(Debit) From Accounts as p Where p. ParentNode = Accounts. AccountID),
Credit = (Select Sum(Credit) From Accounts as p Where p. ParentNode = Accounts. AccountID)
WHERE ParentFlag = 1 AND Level = @i
SET @i = @i - 1
END
GO
SELECT * FROM Accounts
```

实例 10-5　编写 T-SQL 程序算法，利用游标和模拟数组分级汇总科目发生额。

本实例以借方发生额（Debit）的计算为例，阐述利用游标逐级汇总的主要算法。这个算法要求游标对应的查询语句必须按科目编码排序，而且所有父节点科目必须在其第一个子节点科目之前。在软件开发工具中，使用程序设计语言中的数组变量，这个算法的实现会变得比较简单，其基本思想相同，主要过程如下。

① 将非叶子节点科目的发生额清空，即初始化。

② 由于 SQL Server 没有数组变量，但可以用一个字符串来模拟数组。这里假设科目最多有 20 级，每级科目的借方（Debit）发生额最多 16 位长度。定义一个长度为 320 的字符串变量，分别存储 1～20 级科目的发生额，并将模拟数组的 20 个初值设为 0。

③ 定义游标，一开始将游标指向底部，自底向上循环，逐级汇总。

④ 处理一个科目节点。假设当前科目的层次为 n，如果当前科目是父节点科目，则将其子节点科目的汇总值 $a[n+1]$ 赋值给 $a[n]$，再将 $a[n+1]$ 清空为 0。每次节点科目遍历时，总是把科目发生额累加到 $a[n]$ 中，同时将新的 $a[n]$ 值保存到模拟数组中。

⑤ 游标指针向上移动，不断循环，直至全部节点科目处理完成为止。

```
/* 初始化。所有父节点科目的借方发生额 Debit 都设置为 0。*/
```

```
UPDATE Accounts SET Debit = 0 Where ParentFlag = 1
/* 定义模拟数组,可以存储 20 个值,每个值占 16 个字符,初始化模拟数组。*/
Declare @array varchar(320),@c varchar(16),@x decimal(16,2)
Declare @accountid varchar(16),@debit decimal(16,2),@parentflag int,@level int
SET @array = REPLICATE(STR(0,16,2),20)
/* 定义游标,SELECT 结果集必须按科目编码排序。*/
DECLARE c1 CURSOR SCROLL FOR
SELECT AccountID,Debit,ParentFlag,Level FROM Accounts ORDER BY AccountID
OPEN c1
/* 将游标指向最后一个科目节点。*/
FETCH LAST FROM c1 INTO @accountid,@debit,@parentflag,@level
WHILE @@FETCH_STATUS = 0
BEGIN
    /* 如果是父节点科目,则需将它的值设置为 a[n+1]数组中的值。*/
    IF @parentflag = 1
    BEGIN
        /* 从模拟数组中提取值 a[n+1]的值,并转换成数值型。*/
        SET @c = SUBSTRING(@array,16 * (@level) + 1,16)
        SET @x = CAST(@c as Decimal(16,2))
        /* 计算更新父节点科目的 Debit 值。*/
        UPDATE Accounts SET Debit = @x Where Current of c1
        SET @debit = @x
        /* 父节点科目值计算完成后,将其子节点科目的汇总值设置为 0,即 a[n+1]为 0。*/
        SET @array = STUFF(@array,16 * (@level) + 1,16,str(0,16,2))
    END
    /* 从模拟数组中提取当前节点所在层次的汇总值,即 a[n]。*/
    SET @c = SUBSTRING(@array,16 * (@level - 1) + 1,16)
    /* 将原有数组中汇总值与当前节点的发生额相累加。*/
    SET @x = CAST(@c as decimal(16,2)) + @debit
    /* 将累加后的值保存到模拟数组中。*/
    SET @array = STUFF(@array,16 * (@level - 1) + 1,16,STR(@x,16,2))
    /* 上移游标指针,处理上一条,直至第一条处理完后,循环退出。*/
    FETCH PRIOR FROM c1 INTO @accountid,@debit,@parentflag,@level
END
DEALLOCATE c1
GO
SELECT * FROM Accounts
```

10.2.2　明细账的生成及其余额的滚动计算

明细账将科目发生额中的每一笔借方或贷方记录检索出来，然后按时间和凭证号进行排序。按照明细账要求，在输出账簿时，必须计算每一笔借贷业务发生后的科目余额。

下面以客户应收账款明细账为例，阐述明细账的数据生成方法。明细账主体部分样式见表 10-2。

表 10-2　客户应收账款明细账样式

凭证号 DocID	凭证日期 DocDate	摘要 Description	借方 Debit	贷方 Credit	余额 Balance	借或贷 Dr. or Cr.
—	2009.01.01	年初结转	10000.00	0.00	10000.00	借
10674	2009.01.04	商品销售（货款未收）	5771.25	0.00	15771.25	借
10714	2009.01.16	商品销售（货款未收）	24545.70	0.00	40316.95	借
90506	2009.01.17	货款回笼	0.00	17200.00	23116.95	借
90514	2009.01.22	货款回笼	0.00	5771.25	17345.70	借

（续）

凭证号 DocID	凭证日期 DocDate	摘要 Description	借方 Debit	贷方 Credit	余额 Balance	借或贷 Dr. or Cr.
10716	2009.01.31	商品销售（货款未收）	9832.00	0.00	27177.70	借
—	2009.01.31	1 月份发生额	50148.95	22971.25	27177.70	借
90582	2009.02.20	货款回笼	0.00	7345.70	19832.00	借
⋮						

实例 10-6　输出客户应收账款明细账。创建一个存储过程，输入一个科目编码（即客户编码），输出该客户所有应收账款的借贷方发生额，并计算每笔借贷业务发生后的科目余额。

本实例中应收账款的借方取自订单销售额（Orders 和 OrderItems 表），贷方发生额取自货款回笼单（OrderCollections 表）。本实例在存储过程中利用游标计算每一笔借贷方业务发生之后的余额，主要算法和过程如下。

① 新建一张分录表 Journal，用来记录应收账款明细账，表中必须创建一个主键。添加年初余额到明细账中。

② 按照订单号开票日期（InvoiceDate）和回笼单日期（CollectionDate）的先后次序，将该客户科目的所有借贷方分录从 Orders、OrderItems 和 OrderCollections 表中提取出来插入到分录表 Journal 中。

③ 计算每个月的借贷方发生额合计值和年累计发生额总计值，并插入到分录表 Journal 中。

④ 在分录表 Journal 中，利用游标逐条计算余额，并通过 UPDATE…WHERE CURRENT OF 把余额保存到每条记录的余额（Balance）列中。

```
IF( OBJECT_ID(' Journal ') IS NOT NULL)    DROP TABLE Journal
IF( OBJECT_ID(' Genjournal ') IS NOT NULL)    DROP PROCEDURE GenJournal
GO
CREATE TABLE Journal( Id Int Identity PRIMARY KEY, DocID Int, Docdate Datetime, Description Varchar(250),
Debit decimal(12,2) default 0, Credit decimal(12,2) default 0, Balance decimal(12,2) default 0)
GO
CREATE PROC GenJournal( @Accountid Varchar(20), @Year Int) AS
BEGIN
  TRUNCATE TABLE Journal
  DECLARE @Debit money, @Credit money, @Balance money, @Docdate Datetime
  DECLARE @Month Int, @DocID int, @Maxdate Datetime
  /* 插入年初余额，假设为 0。*/
  INSERT INTO Journal( DocID, Docdate, Description, Debit, Credit, Balance)
  VALUES(0, Str( @Year, 4) + ' -01 - 01 ', '年初结转', 10000, 0, 0) ;
  /* 使用 INSERT...SELECT 语句批量插入借方记录。*/
  INSERT INTO Journal ( DocID, Docdate, Description, Debit)
  SELECT a. OrderID, a. InvoiceDate, '商品销售（货款未收）', p. Amount From Orders a,
  ( SELECT OrderID, SUM ( Amount) as ' Amount ' From OrderItems Group By OrderID) As p
  Where a. OrderID = p. OrderID And CustomerID = @accountid And Year ( InvoiceDate)  = @Year
  /* 使用 INSERT...SELECT 语句批量插入贷方记录。*/
  INSERT INTO Journal( DocID, Docdate, Description, Credit)
  SELECT CollectionID, Collectiondate, '货款回笼', Amount From Ordercollections a Where OrderID IN
  ( SELECT OrderID From Orders Where CustomerID = @Accountid And YEAR( InvoiceDate) = @Year)
  and Year( Collectiondate) = @Year
```

```
/*计算并插入每个月发生额的合计值。*/
SET @month = 1
WHILE @month < = 12
BEGIN
    SELECT @debit = SUM( debit) ,@credit = SUM( credit) From Journal Where month( docdate) = @month
    SET @Maxdate = DateAdd( DD, – 1, DateAdd( M,1,Str( @Year,4) +' – '+ Str( @month,2) +' – 01')))
    INSERT INTO Journal( DocID,Docdate,Description,Debit,Credit)
    VALUES( – 1,@Maxdate,Ltrim( Str( @Month,2)) +'月份发生额',@Debit,@Credit)
    SET @month = @month + 1
END
SELECT @Credit = SUM( Credit) ,@Debit = SUM( Debit) From Journal Where DocID = – 1
INSERT INTO Journal( DocID,Docdate,Description,Debit,Credit)    VALUES( – 1,Str( @Year,4) +' – 12 – 31',
'年累计发生额',@Debit,@Credit)    /*插入年度发生额总计值。*/
/*开始计算余额。先定义游标,并按时间排序,但月末和年末汇总值不参与余额滚动计算。*/
DECLARE C1 Cursor For Select Docdate,Debit,Credit,DocID From Journal Order By Docdate
OPEN C1
FETCH Next From C1 Into @Docdate,@Debit,@Credit,@DocID
SELECT @Balance = @Debit – @Credit
WHILE @@Fetch_Status = 0
BEGIN
    IF @DocID > 0 Set @Balance = @Balance + @Debit – @Credit
    UPDATE Journal Set Balance = @Balance Where CURRENT Of C1
    FETCH Next From C1 Into @Docdate,@Debit,@Credit,@DocID
END
DEALLOCATE C1
END
GO
/*执行存储过程,输出 2009 年度客户 RAT TC 的应收账款明细账。*/
EXEC GenJournal ' RATTC ',2009
SELECT CASE WHEN DocID > 0 THEN CAST( DocID AS Varchar) ELSE '—' END as 'DocID',CONVERT( Varchar,
Docdate,102) as ' Date ',Description,Debit,Credit,ABS( Balance) as ' Balance ',
CASE WHEN Balance > 0 THEN '借' WHEN Balance < 0 Then '贷' ELSE '—' END as ' Dr. orCr. ' FROM Journal
Order By Date
```

10.2.3　应收账款分析

应收账款分析可以涉及很多主题和内容。这里主要介绍如何利用数据库技术计算应收账款周转率、应收账款周转天数，以及对应收账款账龄进行分析的方法。

1. 应收账款周转率的计算

应收账款周转率是销售收入除以平均应收账款的比值，也就是某个时期内（通常为一年）应收账款转为现金的平均次数，它说明应收账款流动的速度。用时间表示的周转速度称为应收账款周转天数。

在实际应用中，应收账款周转率的计算公式有许多，其中一些存在缺陷。数据库系统为更科学地分析应收账款提供了技术支持。下面从多个角度对应收账款进行分析，结果样式见表 10-3。其中年应收账款周转率的计算公式如下。

年应收账款周转率 = 年销售收入/年平均应收账款余额

年应收账款周转天数 = 365/年应收账款周转率

年平均应收账款余额 = 年内每天应收账款余额之和/天数

$$= (\sum_{i=1}^{n} 销售收入_i \times 天数_i - \sum_{j=1}^{m} 回笼金额_j \times 天数_j)/365$$

这里，"天数$_i$"是每笔销售收入至期末的时间，"天数$_j$"则是每一笔回笼货款的回笼日至期末的时间。

表 10-3　应收账款平均周转天数分析表样式

客户编码 CustomerID	销售收入 OrderAmount	回笼金额 CollectionAmount	平均应收余额 AvgAccAmt	周转天数 TurnoverDays	周转率 TurnoverRate	欠款比率 Rate
ANATR	72269.76	61264.00	25542.13	129.0	2.83	15.23
ANTON	137485.78	35223.28	4996.89	13.3	27.51	74.38
AROUT	91832.20	73461.40	9857.24	39.2	9.32	20.00
BERGS	370783.27	216560.17	56509.53	55.6	6.56	41.59
BLAUS	43497.21	13040.21	7745.87	65.0	5.62	70.02
⋮						

实例 10-7　应收账款分析。根据销售订单表和货款回笼表，计算 **mySales** 数据库中 **2008 年度每个客户的应收账款、应收账款回收额、应收账款平均周转天数、应收账款周转率和欠款比率**。

本实例假设没有现款销售（即全部为赊销业务），应收账款借方取自订单明细表（OrderItems）中的销售发生额（Amount 列），日期取自订单表（Orders）中的开票日期（InvoiceDate 列），应收账款回收额和回收日期分别取自货款回笼表（OrdersCollections）中的 Amount 和 CollectionDate 列。

本实例第一个视图通过 UNION ALL 检索和计算出所有客户的应收账款（OrderAmount）、应收账款天数（OrderDays）、货款回笼额（CollectionAmount）及回笼天数（CollectionDays）。其中第一条 SELECT 语句检索每个客户每笔订单的销售额和至 2008 年年底的欠款天数。第二条 SELECT 语句检索每个客户每笔订单的回笼金额与至 2008 年底的回笼天数。

第二个视图根据第一个视图的结果按客户编码进行分组汇总，得到每个客户的应收账款、应收账款平均周转天数、应收账款周转率和欠款比率。

```
IF( OBJECT_ID('myAccView1') IS NOT NULL)    DROP VIEW myAccView1
IF( OBJECT_ID('myAccView2') IS NOT NULL)    DROP VIEW myAccView2
GO
CREATE VIEW myAccView1 AS
    SELECT CustomerID , Amount as 'OrderAmount' , DateDiff( day , InvoiceDate , '2008-12-31') as 'OrderDays' ,
    0 as 'CollectionAmount' , 0 as 'CollectionDays' From Orders a
    JOIN OrderItems b ON a. OrderID = b. OrderID and InvoiceDate < = '2008-12-31'
    UNION ALL
    SELECT CustomerID , 0 , 0 , Amount , DateDiff( day , CollectionDate , '2008-12-31') FROM Orders a JOIN OrderCollections
    b ON a. OrderID = b. OrderID and b. CollectionDate < = '2008-12-31'
GO
CREATE VIEW myAccView2 as
    SELECT CustomerID , SUM( OrderAmount) as 'OrderAmount' , SUM( CollectionAmount) as 'CollectionAmount' ,
    SUM ( OrderAmount * OrderDays-CollectionAmount * CollectionDays) as 'TurnoverDays' FROM myAccView1
    GROUP BY CustomerID WITH ROLLUP
GO
SELECT CustomerID , STR( OrderAmount , 12 , 2)    as 'OrderAmount' , CollectionAmount , STR( TurnoverDays/365 ,
12 , 2)    as 'AvgAccAmt' , STR( TurnoverDays/OrderAmount , 6 , 1) as 'TurnOverDays' , STR( 365 * OrderAmount/
TurnoverDays , 8 , 2)    as 'TurnOverRate' ,
STR( 100-100 * CollectionAmount/OrderAmount , 6 , 2) as 'Rate'    FROM myAccView2
```

2. 应收账款账龄分析

应收账款账龄分析是指对应收账款欠款时间（即账龄）长短的结构进行分析，具体方法是将拖欠时间的长短分为若干时间区间，计算至某一日为止各个区间上应收账款余额。

下面以 mySales 数据库中的 Orders、OrderItems 和 OrderCollections 表为例，介绍账龄分析的数据处理方法。

实例 10-8 应收账款账龄分析。 根据销售订单中销售金额、发票日期和货款回笼日期及金额，编写一个用户定义函数，输入一个日期，输出到这天为止，所有客户在 1 ~ 90 天、91 ~ 180 天、181 ~ 360天及 360 天以上等 4 个区间中的应收账款余额，其分析结果样式见表10-4。

表 10-4　应收账款账龄分析表样式

客户编码 CustomerID	应收账款合计 AccReceivable	货款回笼合计 AccReceived	1 ~ 90 天 Period1	91 ~ 180 天 Period2	181 ~ 360 天 Period3	360 天以上 Period4
ANATR	72269.76	61264.00	25542.13	129.0	2.83	15.23
ANTON	137485.78	35223.28	4996.89	13.3	27.51	74.38
AROUT	91832.20	73461.40	9857.24	39.2	9.32	20.00
BERGS	370783.27	216560.17	56509.53	55.6	6.56	41.59
BLAUS	43497.21	13040.21	7745.87	65.0	5.62	70.02
⋮						

应收账款借贷方取值与例 10-7 相同。账龄分析的主要算法如下。

① 在用户定义函数中，使用相关子查询计算到某一个时间为止每笔订单的应收账款、货款回笼额及欠款天数。

② 创建一个视图，调用该用户定义函数，提取所有存在欠款（即回笼额 < 借方额）的应收账款记录。

③ 利用带 CASE…WHEN 语句的 SUM 函数，对各个时间区间段的应收账款按客户编码进行分组汇总，最后得到每个客户的账龄分析数据。

```
IF OBJECT_ID('AccInaPeriod') IS NOT NULL Drop Function AccInaPeriod
IF OBJECT_ID('Accview1') IS NOT NULL    DROP VIEW Accview1
IF OBJECT_ID('Accview2') IS NOT NULL    DROP VIEW Accview2
GO
/* 创建一个用户定义函数,计算给定日期区间内每笔订单的应收账款额和已回笼额。*/
CREATE FUNCTION AccInaPerio(@Date1 Datetime)
RETURNS TABLE   AS
  RETURN(Select CustomerID, OrderID,
  (SELECT SUM(Amount) From OrderItems a Where a.OrderID = Orders.OrderID) as 'Amount1',
  (SELECT SUM(Amount) From Ordercollections a Where a.OrderID = Orders.OrderID and CollectionDate < =
@Date1) As Amount2, InvoiceDate, Datediff(Day, InvoiceDate, @Date1) as 'Days'
  FROM Orders Where InvoiceDate < = @Date1 )
GO
/* 创建一个视图,只列出到 2010 年 1 月 1 日为止还有欠款的订单。*/
CREATE VIEW Accview1 AS
  SELECT *, Amount1-Amount2 As 'Amount' From dbo.AccInaPeriod('2010-1-1') Where Amount1 > Amount2
GO
CREATE VIEW Accview2 AS
  /* 使用 CASE 语句求出每个区间中应收账款的和。*/
  SELECT CustomerID, SUM(Amount1) as 'AccReceivable', SUM(Amount2)   as 'AccReceived',
  SUM(CASE WHEN Days Between 01 And 90    THEN Amount ELSE 0 End)  as 'Period1',
  SUM(CASE WHEN Days Between 91 And 180   THEN Amount ELSE 0 End)  as 'Period2',
  SUM(CASE WHEN Days Between 181 And 360 THEN Amount ELSE 0 End)  as 'Period3',
  SUM(CASE WHEN Days >360 THEN Amount ELSE 0 End)   as 'Period4'
  FROM Accview1 GROUP BY CustomerID WITH ROLLUP
```

```
GO
SELECT * FROM Accview2
```

10.3　销售营销系统中常用的数据挖掘技术

销售营销系统是管理信息系统中的一个重要子系统，其中包含许多典型的数据分析与挖掘过程。本节以客户盈利能力分析、发货准时率分析、销售趋势分析、业务员绩效考核等管理决策问题为主题，介绍 T-SQL 程序设计技术在销售营销管理决策支持系统中的应用。

10.3.1　盈利能力分析

盈利能力分析可以分为产品盈利能力分析、客户盈利能力分析和销售人员盈利能力分析等多个方面。这里通过销售利润率、成本利润率和销售成本率来分析不同产品的盈利能力，其中：

销售利润率 =（销售单价 – 成本单价）／销售单价 =（销售收入 – 销售成本）／销售收入
成本利润率 =（销售单价 – 成本单价）／成本单价 =（销售收入 – 销售成本）／销售成本
销售成本率 = 销售成本／销售收入

产品销售盈利能力分析结果样式见表 10-5。

表 10-5　产品盈利能力分析表样式

产品编码 ProductID	销售收入 Amount	销售成本 Cost	销售利润 Profit	销售利润率 ProfitRate	成本利润率 CostRate	销售成本率 SaleCostRate
1	691820. 60	611442. 00	80378. 60	11. 62	13. 15	88. 38
2	700682. 37	647710. 00	52972. 37	7. 56	8. 18	92. 44
3	195615. 00	152860. 00	42755. 00	21. 86	27. 97	78. 14
4	413631. 56	352924. 00	60707. 56	14. 68	17. 20	85. 32
5	288653. 69	243176. 50	45477. 19	15. 75	18. 70	84. 25
⋮						
合计	46041906. 97	38767975. 35	273931. 62	15. 80	18. 76	84. 20

实例 10-9　产品盈利能力分析。根据 mySales 数据库中的订单明细表和产品表，计算每个产品的盈利情况，包括销售利润率、成本利润率、销售成本率和盈利额。

本实例在计算销售成本中只考虑产品成本单价，不考虑其他销售成本。产品成本单价取自产品表（Products）中的 UnitPrice 列，产品销售单价取自 OrderItems 表中的 UnitPrice * (1-Discount) 列（即打折后的单价），销售收入取自 Amount 列。在计算销售利润率、成本利润率和销售成本率时，先创建一个视图，计算出每个产品的销售收入、销售成本，然后计算利润率和销售成本率，具体实现程序如下。

```
IF( OBJECT_ID('profitview1')IS NOT NULL)    DROP VIEW profitview1
GO
CREATE VIEW profitview1 AS
  SELECT a. ProductID,SUM(Amount) as 'Amount',SUM(Quantity * b. UnitPrice) as 'Cost' FROM
  OrderItems a JOIN Products b ON a. ProductID = b. ProductID GROUP BY a. ProductID WITH ROLLUP
GO
SELECT ProductID,Str(Amount,12,2) as 'Amount',Cost,Str(Amount-Cost,12,2) as 'Profit',
STR(100 * (Amount-Cost)/Amount,8,2) as 'ProfitRate',Str(100 * (Amount-Cost)/Cost,8,2) as 'CostRate',
STR(100 * Cost/Amount,8,2)    as 'SaleCostRate' FROM profitview1
```

实例 10-10　客户盈利能力分析。根据 **mySales** 数据库中的客户表、订单表、订单明细表和产品表，计算每个客户的盈利情况，并通过排序分析得到盈利排名前 **30%** 的客户其利润额的合计值占总利润的百分比。

本实例主要算法如下。

① 创建第一个视图，计算每笔订单的盈利额，并通过 GROUPBY 汇总得到每个客户的盈利额。

② 创建第二个视图，计算每个客户的盈利占总盈利的百分比。

③ 对盈利的客户进行排序，统计得到排名前 30% 的客户的利润额占总利润额的百分比。

```sql
IF( OBJECT_ID( 'profitview') IS NOT NULL)    DROP VIEW profitview
IF( OBJECT_ID( 'rateview') IS NOT NULL)    DROP VIEW rateview
GO
/* 创建第一个视图，计算每个客户利润的汇总额。*/
CREATE VIEW ProfitView AS
   SELECT CustomerID, SUM( Amount-Quantity * c. UnitPrice) AS 'Profit' FROM Orders as a
   JOIN OrderItems as b ON a. OrderID = b. OrderID
   JOIN Products as c ON b. ProductID = c. ProductID
   GROUP BY CustomerID
GO
/* 创建第二个视图，计算得到每个客户利润额占总利润的百分比（即利润贡献率）。*/
CREATE VIEW RateView AS
   SELECT p. CustomerID, CompanyName as 'CustomerName', Profit,
   100. 0 * Profit/( SELECT SUM( Profit) FROM ProfitView) as 'Rate'
   FROM Profitview as s JOIN Customers as p ON s. CustomerID = p. CustomerID
GO
DECLARE @x Real, @total Real
/* 计算盈利排名前 30% 的客户的销售额比例的和。*/
SELECT @x = SUM( rate) From RateView WHERE CustomerID IN
( SELECT TOP 30 PERCENT CustomerID FROM RateView ORDER BY Rate DESC)
PRINT '盈利排名前 30% 的客户的利润和占总利润的百分比为:' + STR( @x,6,2) + '%'
```

实例 10-11 挖掘利润贡献最大的客户。分析哪些（前百分之多少）客户其利润的合计值占了总利润的 **70%**。

本实例借助例 10-10 中的 RateView 视图，利用游标和循环，从利润最大的客户开始逐一累加这些客户的利润。当累计利润占总利润的百分比大于等于 70% 时，循环中止，这样就可以统计得到 70% 的利润是由哪些客户贡献的。

```sql
/* 通过游标循环得到排名前多少位的客户的利润和占了总利润的 70%。*/
DECLARE @x real, @x1 real, @n int
DECLARE c1 CURSOR SCROLL FOR
SELECT Rate FROM RateView ORDER BY Rate DESC
OPEN c1
FETCH NEXT FROM c1 INTO @x1
SET @n = 0
SET @x = 0
WHILE @@FETCH_STATUS = 0
BEGIN
   SET @x = @x + @x1
   SET @n = @n + 1
   IF( @x > = 70) BREAK
   FETCH NEXT FROM c1 INTO @x1
END
DEALLOCATE c1
SELECT '排名前' + CAST ( @n AS VARCHAR)  + '位盈利的客户的利润和占总利润的百分比为：' + STR( @x,
6,2)
```

SELECT '这些客户占总客户数的百分比为' + STR(100.0 * @n/(Select count(*) FROM Rateview),6,2)

10.3.2 订单交货准时率分析

反映订单交货准时情况的指标可以有很多。要分析交货准时情况，订单表中一般需要包含订单日期、要货日期、发货日期和开票日期等信息。根据这些信息，可以统计分析订单交货的准时率、订单平均交货周期及发货金额与开票金额之间的差额。

实例 10-12 订单平均交货周期的计算。根据 mySales 数据库中销售订单表（Orders），统计 2009 年度每个月订单的平均交货天数及交货准时率。

本实例中的订单日期、要货日期和发货日期分别对应订单表（Orders）的 OrderDate、RequiredDate 和 ShippedDate 这 3 列。交货天数由 DateDiff 函数根据订单日期与交货日期之差而计算得到。当交货日期为空或交货日期大于要货日期时，该订单为逾期交货。

```
/*统计 2009 年度每个月的订单的平均交货天数。*/
SELECT Month(OrderDate) as 'Monthof',
AVG(1.0 * Datediff(day,OrderDate,ShippedDate)) as 'AvgShippedDays' FROM Orders
WHERE YEAR(OrderDate) = 2009 GROUP BY Month(OrderDate) WITH ROLLUP
GO
/*统计 2009 年度没有准时交货的订单信息。*/
SELECT *,DateDiff(day,RequiredDate,ShippedDate) as 'DelayedDays' FROM Orders
WHERE(ShippedDate > Requireddate or ShippedDate is NULL ) and YEAR(OrderDate) = 2009
GO
/*统计 2009 年度每个月的订单平均交货准时率,这里使用了衍生表。*/
SELECT *,STR(100-100.0 * DelayedOrders/TotalOrders,6,2) as 'OnTimeDeliveryRate' FROM(
SELECT MONTH(OrderDate) as 'Monthof',SUM(CASE
WHEN ShippedDate > RequiredDate or ShippedDate is NULL THEN 1 ELSE 0 END) as 'DelayedOrders',
COUNT(*) as TotalOrders FROM Orders WHERE YEAR(OrderDate) = 2009
GROUP BY MONTH(OrderDate) WITH ROLLUP) AS p
```

实例 10-13 发货与开票情况统计。根据 mySales 数据库中销售订单表 Orders，统计列出 2009 年度每月已开票未发货、已发货未开票、已开票已发货、未开票未发货的订单额。

本实例首先通过创建一个视图 AmountView，通过 4 次分组汇总分别计算得到 2009 年度每月已开票已发货、已开票未发货、已发货未开票及未开票未发货的订单额，并通过 UNION ALL 将 4 个查询的结果组合在一起。这时，在 AmountView 视图中每月包含 4 行记录，对该视图再进行按月汇总，每月将汇总成为一行记录，也就是说将同一月的 4 条记录汇总到同一条记录中，分析结果样式见表 10-6。

表 10-6 2009 年度每月订单开票与发货情况统计表

月份 MonthOf	已开票未发货 Amount1	已发货未开票 Amount2	已开票已发货 Amount3	未开票未发货 Amount4	销售额合计 TotalAmount
1	421150.17	128261.69	1155731.78	228794.74	1933938.38
2	199226.73	93818.81	1033170.30	431637.82	1757853.66
3	43579.70	72487.75	1525238.17	283786.81	1925092.43
4	232397.60	231756.41	1595535.88	643506.51	2703196.40
5	241950.41	166278.43	1362926.15	343271.66	2114426.65
⋮					
合计	3664381.37	1911225.76	18869132.70	5091362.39	29536102.22

```
IF(OBJECT_ID('AmountView')IS NOT NULL)  DROP VIEW AmountView
GO
CREATE VIEW AmountView AS
```

SELECT Month（OrderDate）as＇Monthof＇，SUM（Amount）As＇Amount1＇，0 as＇Amount2＇，0 as＇Amount3＇，
0 As＇Amount4＇，0 as＇TotalAmount＇From Orders a JOIN OrderItems b ON a. OrderID = b. OrderID
Where Datediff（Month，InvoiceDate，OrderDate）= 0 and（ShippedDate is NULL or Datediff（month，OrderDate，
ShippedDate）>0）and OrderDate between＇2009-01-1＇and＇2009-12-31＇   Group By month（OrderDate）
UNION ALL
SELECT Month（OrderDate），0，SUM（Amount），0，0，0 From Orders a
JOIN ORderitems bON a. OrderID = b. OrderID
Where Datediff（month，ShippedDate，OrderDate）= 0 and（InvoiceDate is NULL or Datediff（month，OrderDate，
InvoiceDate）>0）and OrderDate between＇2009-01-1＇and＇2009-12-31＇Group By month（OrderDate）
UNION ALL
SELECT month（OrderDate），0，0，SUM（Amount），0，0 From Orders a
JOIN OrderItems bON a. OrderID = b. OrderID
Where Datediff（Month，InvoiceDate，OrderDate）= 0 and Datediff（Month，ShippedDate，OrderDate）= 0 and
OrderDate Between＇2009-01-1＇and＇2009-12-31＇   Group By Month（OrderDate）
UNION ALL
SELECT month（OrderDate），0，0，0，SUM（Amount），0 From Orders a
JOIN OrderItems bON a. OrderID = b. OrderID
Where   （InvoiceDate Is NULL Or Datediff（Month，OrderDate，InvoiceDate）>0）and（ShippedDate Is NULL Or
Datediff（Month，OrderDate，ShippedDate）>0）and OrderDate Between＇2009-01-1＇and＇2009-12-31＇
Group By Month（OrderDate）
GO
/＊将每月 4 行的 4 个不同指标值汇总到一条记录的 4 个列中。＊/
SELECT Monthof，SUM（amount1）as＇Amount1＇，SUM（amount2）as＇Amount2＇，SUM（amount3）as＇Amount3＇，SUM
（amount4）as＇Amount4＇，SUM（Amount1 + Amount2 + Amount3 + Amount4）as＇TotalAmount＇FROM Amountview
Group By monthof WITH ROLLUP

10.3.3　销售趋势分析

销售趋势分析可以从客户、产品和业务员等多个角度去展开。这里通过实例对客户销售趋势进行分析。

实例 10-14　销售趋势分析。根据销售订单表（Orders）、订单明细表（OrderItems）等数据，统计列出哪些客户在 2009 年 7～12 月份连续这 6 个月中都有销售发生额发生且销售额是逐月递增的。

本实例首先使用 GROUP BY 按客户和月份分组汇总得到每个客户 2009 年 7～12 月份每个月的销售情况（结果样式见表 10-7），并将该检索结果定义为视图 Saleview1。在这个视图中，一个客户一个月有一条记录（如果该月有销售额发生），例如，客户 ALFKI 只有 7、9、10 这 3 个月份有销售额，而客户 HILAA 和 SAVEA 在 7～12 月份中的每个月都有销售额。

表 10-7　2009 年 7～12 月份客户销售额统计表

客户 CustomerID	月份 Month	销售额 Amount	客户 CustomerID	月份 Month	销售额 Amount
ALFKI	7	10285. 92	LACOR	7	29025. 12
ALFKI	9	7019. 92	LACOR	9	47861
ALFKI	10	28406. 7	LACOR	10	62276. 6
HILAA	7	19917. 49	SAVEA	7	66967. 17
HILAA	8	172236. 6	SAVEA	8	175954. 3
HILAA	9	86756. 47	SAVEA	9	177949. 6
HILAA	10	14910. 95	SAVEA	10	227600. 4
HILAA	11	41137. 72	SAVEA	11	231531. 6
HILAA	12	220422. 6	SAVEA	12	354170. 5
⋮			⋮		

```
IF( OBJECT_ID( 'Saleview1' ) IS NOT NULL)    DROP VIEW Saleview1
GO
CREATE VIEW Saleview1 AS
SELECT CustomerID, Month( OrderDate )'Month', SUM( Amount ) as 'Amount' From Orders a, OrderItems b WHERE
a. OrderID = b. OrderID and( OrderDate Between '2009-07-01' and '2009-12-31')
Group By CustomerID, Month( OrderDate )
GO
```

　　如何检索每个月都有销售额发生且销售额是逐月递增的这些客户，本实例给出两种不同算法。

　　算法 1：如果某个客户在这 6 个月中都有发生额，那么该客户一定有且只有 6 行记录，因此只要对视图 Saleview1 再按客户进行分组汇总，过滤出包含 6 行记录的那些客户，就可以检索出连续 6 个月都有销售额发生的那些客户了。将这个检索结果定义为视图 Saleview2。在这两个视图的基础上，利用自连接和排除法，在视图 Saleview2 中检索出那些当月销售额都大于上月销售额的客户。在 SQL Server 2000 中，按算法 1 求解问题，语句如下。

```
IF( OBJECT_ID( 'Saleview1' ) IS NOT NULL)    DROP VIEW Saleview1
GO
CREATE VIEW Saleview2 AS
SELECT CustomerID From Saleview1 Group By CustomerID HAVING COUNT( * ) = 6
GO
SELECT * FROM Saleview2 Where CustomerID NOT IN
( SELECT a. CustomerID From Saleview1 as a, Saleview1 as b
WHERE a. CustomerID = b. CustomerID and a. month = b. month + 1 and a. Amount < b. Amount)
GO
```

　　由于算法 1 使用了自连接，当记录很多时，其查询效率很低。在 SQL Server 2008 中，可以利用排名函数和 With as 语句来构造一个快速检索的算法。

　　算法 2：在视图 Saleview1 的基础上，利用 With as 语句和排名函数的 Partition By CustomerID 子句，求出每个客户每月销售额的排名序号（结果样式见表 10-8）。如果某个客户的排名序号最大值为 6，说明该客户 6 个月都有销售发生额（如 HILAA 和 SAVEA 客户）。另外，如果某个客户销售额的排名序号与月份的顺序相一致（如 SAVEA 客户），那么说明该客户的销售额是逐月递增的。最后利用排除法，去掉不满足上述条件的记录，得到与算法 1 相同的结果。

表 10-8　2009 年 7 ~ 12 月份客户销售额及逐月排名统计表

排名序号 RowID	客户 CustomerID	月份 Month	销售额 Amount	排名序号 RowID	客户 CustomerID	月份 Month	销售额 Amount
1	ALFKI	9	7019. 92	1	LACOR	7	29025. 12
2	ALFKI	7	10285. 92	2	LACOR	9	47861
3	ALFKI	10	28406. 7	3	LACOR	10	62276. 6
1	HILAA	10	14910. 95	1	SAVEA	7	66967. 17
2	HILAA	7	19917. 49	2	SAVEA	8	175954. 3
3	HILAA	11	41137. 72	3	SAVEA	9	177949. 6
4	HILAA	9	86756. 47	4	SAVEA	10	227600. 4
5	HILAA	8	172236. 6	5	SAVEA	11	231531. 6
6	HILAA	12	220422. 6	6	SAVEA	12	354170. 5
⋮				⋮			

```
/* 在本实例中, 如果 RowID = Month - 6, 说明销售发生额的大小与月份顺序一致。*/
;WITH Tmp AS
(SELECT Row_Number( ) Over (Partition By CustomerID Order By Amount) as 'RowID', * From Saleview1)
SELECT * From Tmp Where RowID = 6 And CustomerID NOT IN
(SELECT CustomerID From Tmp Where RowID < > Month - 6)    Order By CustomerID
GO
```

实例 10-15 创建一个用户定义函数，输入一个产品编码 @Pid，统计列出哪个（些）产品与 @Pid 这个产品一起销售的频率最高。通过调用该函数，列出所有产品中哪些产品在一起销售的频率最高。

本实例算法分析如下。

① 在订单明细表中检索与产品 @pid 在一张订单中并同时在一起销售的其他产品，并把它定义在一个临时表或视图中。

② 在临时表或视图中，按产品编码分组汇总（GROUP BY）与 @pid 产品一起销售时出现的次数（Count(*)）。

③ 列出同时在一起销售频率最高的产品（可能不止一个），并通过用户定义函数返回。

④ 使用游标，逐行调用这个用户定义函数，输入一个产品编码，将这个产品的所有订单中同时一起销售频率最高的其他产品都罗列出来，存放在一个表变量结果集中（分析结果样式见表 10-9）。

⑤ 在这个结果集中求同时一起销售次数最多的一对产品。

表 10-9　产品同时销售频数统计表

产品 A ProductA	产品 B ProductB	频数 Number	产品 A ProductA	产品 B ProductB	频数 Number	产品 A ProductA	产品 B ProductB	频数 Number
1	71	7	4	55	3	6	14	4
2	59	6	4	62	3	7	55	6
3	59	4	4	69	3	8	60	4
4	8	3	4	74	3	9	29	3
4	24	3	4	77	3	9	51	3
4	33	3	5	72	5	9	73	3
⋮			⋮			⋮		

在 SQL Server 2008 中，该算法的实现语句如下。

```
IF(OBJECT_ID('FN1') IS NOT NULL)    DROP FUNCTION Fn1
GO
/* 创建一个函数, 计算与产品 @Pid 一起销售次数最多的产品。*/
CREATE FUNCTION Fn1(@Pid Int)
RETURNS @T1 Table(ProductIDa Int, ProductIDb Int, Number Int)
AS
BEGIN
  ;WITH Tmp1 AS
  (SELECT * From OrderItems Where OrderID IN(SELECT OrderID From OrderItems Where ProductID = @Pid))
  ,Tmp2 AS
  (SELECT ProductID, Count( * ) As 'Num' From Tmp1 Group By ProductID Having ProductID < > @Pid)
  INSERT INTO @T1 Select @Pid, ProductID, Num From Tmp2 Where Num = (Select Max(Num) From Tmp2)
  RETURN
END
GO
DECLARE @Tmp1 Table(ProductIDa Int, ProductIDb Int, Number Int)
/* 利用游标提取每个产品编码, 然后调用函数, 将与每个产品同时在一起销售频率最高的产品全部检索出
```

来。*/
```
DECLARE C1 Cursor For Select ProductID From Products
DECLARE @Pid Int,@Sql nvarchar(1000)
OPEN C1
SET @Sql ="
FETCH NEXT From C1 Into @Pid
WHILE @@Fetch_Status =0
BEGIN
  INSERT INTO @Tmp1 Select * From dbo. Fn1(@Pid)
  FETCH NEXT From C1 Into @Pid
END
DEALLOCATE C1
```
/* 求与每个产品同时在一起销售频数值最大的另一些产品。*/
```
SELECT * FROM @Tmp1
```
/* 求所有产品中同时在一起销售频数值最大的那一对(些)产品。*/
```
SELECT * FROM @Tmp1 Where Number =(SELECT Max(Number)From @Tmp1)
```

10.3.4 销售绩效考核

销售绩效考核主要计算销售业务人员的奖励工资。数据库技术为科学合理地开展绩效考核提供技术支持。这里以销售额、账款回笼额、销售完成率、账款回笼率和应收账款超期罚息作为销售人员的绩效奖励工资的考核依据。

实例 10-16 销售人员绩效考核。根据数据库 mySales 中的订单表(Orders 和 OrderItems)**、货款回笼表**(OrdersCollections)**等数据，计算员工表**(Employees)**中每个员工在 2008 年度的绩效考核工资。**

假设绩效考核计算公式为：

绩效考核工资 = 回笼额 × 提成系数 × 绩效考核系数 - 应收账款超期罚息。

绩效考核系数 = 销售完成率 × 40% + 应收账款回笼率 × 40% + 其他考核系数

这里不考虑 2008 年初的应收账款余额，并假设提成系数为 7.5%，每个员工当年销售额完成计划为 50 万元，其他考核系数为 20%，各个应收账款超期区间及其罚息规定如下。

① 0 ~ 30 天：不计息；

② 31 ~ 60 天：每天罚息 1/10000。

③ 61 ~ 120 天：每天罚息 1.5/10000。

④ 121 ~ 180 天以上：每天罚息 2/10000。

⑤ 180 天以上：每天罚息 2.5/10000。

绩效考核工资计算结果样式见表 10-10。利用 T-SQL 语句的具体实现步骤如下。

① 检索每笔订单的开票额和回笼额，并通过 UNION ALL 将两个结果集合并在一起；按订单日期排列，将检索结果保存到 myOrders 表中。

② 在 myOrders 表中添加两个列 xdays 和 xrate，分别存储应收账款的拖欠时间和对应的罚息率。

③ 计算每一笔应收账款的拖欠时间 xdays；使用 CASE 语句，根据应收账款的拖欠日期区间确定对应的罚息率(xrate)。

④ 使用 CTE 递归，计算每笔订单每次货款回笼后的余额，并据此计算每笔订单的罚息。

⑤ 使用 GROUP BY 计算汇总每个员工的销售额、回笼额、罚息额，并把结果保存到

myPerformance表中。

⑥ 按照绩效考核的公式，计算 myPerformance 表中每个员工的绩效奖励工资。

表 10-10　销售绩效考核工资统计表

员工编码 EmployeeID	销售额 OrderAmount	回笼额 CollectionAmount	罚息 Charge	销售完成率 CompletionRate	回笼率 CollectionRate	绩效工资 Pay
AMD154F	673566.04	408505.36	8290.25	134.71	60.65	21779.17
ATF328M	837215.32	663737.73	15392.99	167.44	79.28	43690.74
DBT394M	861956.72	521056.51	8658.98	172.39	60.45	35553.98
ENL442F	1014011.31	681742.60	11539.07	202.80	67.23	53915.28
F-C163M	598045.05	373715.68	6449.37	119.61	62.49	19572.28
⋮						

```
IF( OBJECT_ID('myOrders') IS NOT NULL) DROP TABLE myOrders
IF( OBJECT_ID('myPerformance') IS NOT NULL) DROP TABLE myPerformance
GO
/* 检索 2009 年度每笔订单的销售额和回笼额。*/
;WITH tmp AS(
SELECT b. OrderID, EmployeeID, InvoiceDate as 'BillDate', SUM( Amount) a 'OrderAmount',
0 as 'CollectionAmount' FROM OrderItems a JOIN Orders b ON a. OrderID = b. OrderID WHERE InvoiceDate
Between '2008-1-1' and '2008-12-31' GROUP BY b. OrderID, EmployeeID, InvoiceDate
UNION ALL
SELECT b. OrderID, EmployeeID, CollectionDate, 0, Amount FROM OrderCollections a
JOIN Orders b ON a. OrderID = b. OrderID WHERE InvoiceDate Between '2008-1-1' and '2008-12-31'
and CollectionDate Between '2008-1-1' and '2008-12-31')
/* 按订单编号排序，将结果存放到 myOrders 表中。*/
SELECT Row_number( ) Over( Partition by OrderID Order by OrderID, BillDate) as 'RowID', * INTO myOrders
FROM tmp
GO
/* 在 myOrders 表中添加两个列，分别存储应收账款拖欠天数和罚息率。*/
ALTER TABLE myOrders ADD xdays int, xrate decimal( 8,6)
GO
/* 计算每笔订单的应收账款拖欠天数。*/
UPDATE myOrders SET xdays = DateDiff( day, BillDate, ( SELECT BillDate From myOrders as a
WHERE RowID = myOrders. RowID + 1 and OrderID = myOrders. OrderID))
UPDATE myOrders SET xdays = DateDiff( day, BillDate, '2008-12-31') WHERE xdays IS NULL
GO
/* 计算每笔订单的应收账款的罚息率。*/
UPDATE myOrders SET xrate = ( CASE WHEN xdays > 0 and xdays < = 30 Then 0
WHEN xdays > 30 and xdays < = 60 Then 1. 0/10000
WHEN xdays > 60 and xdays < = 120 Then 1. 5/10000
WHEN xdays > 120 and xdays < = 180 Then 2. 0/10000
ELSE 2. 5/10000 END )
GO
/* 使用 CTE 递归，计算每笔订单的应收账款余额。*/
;WITH tmp1 AS(
SELECT * , OrderAmount-CollectionAmount as 'Balance'   FROM myOrders WHERE RowID = 1
UNION ALL
SELECT a. * , a. OrderAmount-a. CollectionAmount + b. Balance From myOrders a
JOIN tmp1 b ON a. RowID = b. RowID + 1 and a. OrderID = b. OrderID   WHERE a. RowID > 1 ),
/* 计算每笔订单的拖欠罚息额。*/
tmp2 AS
( SELECT * , CAST( xrate * Balance * xdays as decimal( 12,2)) as 'Charge' From tmp1 )
/* 汇总每个员工的销售额、回笼额、罚息，并把结果保存到 myPerformance 表中。*/
```

```
SELECT EmployeeID,SUM(OrderAmount) as 'OrderAmount',
SUM(CollectionAmount) as 'CollectionAmount',SUM(Charge) as 'Charge'
INTO myPerformance From tmp2 GROUP BY EmployeeID
GO
/* 按公式计算 myPerformance 表中每个员工的绩效薪资。*/
SELECT * ,STR(100 * OrderAmount/500000,8,2) as 'CompletionRate',
STR(100 * CollectionAmount/OrderAmount,6,2) as 'CollectionRate',CollectionAmount * 0.075 *
(0.4 * OrderAmount/500000 + 0.4 * CollectionAmount/OrderAmount + 0.2)-Charge as 'Pay' From myPerformance
```

习题

1. 产品盈利能力分析：统计列出销售额排名前多少的产品其利润的合计值占总销售利润的 70%。

2. 应收账款分析：创建一个用户定义函数，输入一个日期，输出到这天为止所有客户的平均应收账款的天数和应收账款占销售额的比例。

3. 产品销售趋势分析：统计列出哪些产品在 2009 年度下半年销售量每月都是递增的。

4. 产品价格趋势分析：创建一个用户定义函数，输入一个产品，统计列出 2009 年度该产品每个月的平均销售单价的变化情况。

5. 统计列出每个产品销售单价最高的这些客户和订单信息。

6. 统计列出 2009 年度每个客户每个月销售额的环比增长率。

7. 创建一个存储过程，要求输入一个客户编号和年份，生成一张表格，输出该客户该年度每个月份的销售汇总额。要求表头(列名)显示月份，表体(行)显示产品类别名称。输出参考格式见表 10-11。

表 10-11　习题 7 输出参考格式

产品类别	总计	1 月	2 月	3 月	...	12 月
Beverages	215000.00	0	78045.00	0		
Condiments	126000.00	12800.00	0	56400.00		
⋮						
Seafood						

8. 创建一个存储过程，要求输入一个日期，生成一张表格，输出该月份各大类产品的销售额情况汇总表。要求表头(列名)显示产品类别名称，表体(行)显示客户名称。输出参考格式见表 10-12。

表 10-12　习题 8 输出参考格式

客户名称	总计	Beverages	Condiments	...	Seafood
ALFKI	312000.00	0	50000.00	0	
ANATR	45608.00	14350.00			
ANTON	240000.00	12600.00	0	1600.00	
CHOPS	312689.46		6578.60		13462.30
⋮					

9. 参照实例 10-4，编写 T-SQL 程序，利用递归 CTE 分级汇总科目表（Accounts）中各级科目的借贷方发生额。

10. 参照实例 10-6，编写 T-SQL 程序，利用递归 CTE 计算客户应收账款明细账中每笔借贷业务发生之后的科目余额。

参 考 文 献

[1] 王珊, 萨师煊. 数据库系统概论[M]. 4 版. 北京: 高等教育出版社, 2007.

[2] 王珊, 陈红. 数据库系统原理教程[M]. 北京: 清华大学出版社, 2009.

[3] 苗雪兰, 刘瑞新, 宋歌. 数据库系统原理及应用教程[M]. 3 版. 北京: 机械工业出版社, 2009.

[4] 郭建校, 陈翔. 数据库技术及应用教程(SQL Server 版)[M]. 北京: 北京大学出版社, 2008.

[5] 何宁, 黄文斌, 熊建强. 数据库技术应用教程[M]. 北京: 机械工业出版社, 2007.

[6] 黄少华, 陈翠娥. SQL 语法范例大全[M]. 北京: 电子工业出版社, 2008.

[7] 王征, 李家兴. SQL Server 2005 实用教程[M]. 北京: 清华大学出版社, 2006.

[8] Ben Forta. SQL Server 编程必知必会[M]. 刘晓霞, 钟鸣, 等译. 北京: 人民邮电出版社, 2009.

[9] Joseph Sack. SQL Server 2005 范例代码查询辞典[M]. 朱晔, 金迎春, 译. 北京: 人民邮电出版社, 2008.

[10] Thomas M. Connolly, Carolyn E. Begg. 数据库设计教程[M]. 2 版. 何玉洁, 黄婷儿, 译. 北京: 机械工业出版社, 2005.

[11] Jeffrey D. Ullman, Jennifer Widom. 数据库系统基础教程[M]. 岳丽华, 龚育昌, 等译. 北京: 机械工业出版社, 2003.

[12] David M. kroenke. 数据库处理——基础、设计与实现[M]. 10 版. 施伯乐, 顾宁, 孙未未, 等译. 北京: 电子工业出版社, 2006.

[13] Patrick O'Neil, Elizabeth O'Neil. 数据库——原理、编程与性能[M]. 2 版. 北京: 高等教育出版社, 2001.

[14] Robin Dewson. SQL Server 2008 基础教程[M]. 董明, 等译. 北京: 人民邮电出版社, 2009.

[15] 姚一永, 吕峻闽. SQL Server 2008 数据库实用教程[M]. 北京: 电子工业出版社, 2010.

[16] 闪四清, 邵明珠. SQL Server 2008 数据库应用实用教程[M]. 北京: 清华大学出版社, 2010.

[17] 康会光, 等. SQL Server 2008 中文版标准教程[M]. 北京: 清华大学出版社, 2009.

[18] 邵超, 张斌, 张巧荣. 数据库实用教程——SQL Server 2008 [M]. 北京: 清华大学出版社, 2009.

[19] 陈京民. 数据仓库与数据挖掘技术[M]. 北京: 电子工业出版社, 2007.

[20] 陈志泊. 数据仓库与数据挖掘[M]. 北京: 清华大学出版社, 2009.

[21] 张智强, 孙福兆, 余健, 等. SQL Server 2005 课程设计案例精编[M]. 北京: 清华大学出版社, 2008.

[22] 李启炎. 企业商业智能教程[M]. 上海: 同济大学出版社, 2007.

[23] KennethC. Laudon, JaneP. Laudon. 管理信息系统[M]. 薛华成, 译. 北京: 机械工业出版社, 2007.

[24] 郭鲜凤, 郭翠英. SQL Server 数据库应用开发技术[M]. 北京: 北京大学出版社, 2009.

[25] 秦斌. Delphi 2005 数据库系统开发与应用[M]. 北京: 中国水利水电出版社, 2006.

[26] 教育部考试中心. 全国计算机等级考试四级教程——数据库工程师[M]. 北京: 高等教育出版社, 2010.

[27] 钱博. 全国计算机等级考试考纲·考点·考题透解与模拟——四级数据库工程师[M]. 北京: 清华大学出版社, 2010.